RISC-V 计算机系统

原理、架构、指令与编程

李正军　李潇然　编著

清华大学出版社
北京

内容简介

本书是一本全面介绍 RISC-V 微控制器开发的实用指南，从基础理论出发，详细讲解了 RISC-V 架构的设计原理、指令集体系结构、中断和异常处理机制、内存管理等核心概念，并通过丰富的编程示例和项目指导，引导读者深入理解 RISC-V 微控制器的开发过程。

本书的特色在于对 RISC-V 架构的透彻解析、对编程与应用实践的重视、对软硬件协同设计内容的创新介绍，突出了自主可控的重要性，并提供了实用的学习资源。

全书共 14 章，主要内容包括：绪论、RISC-V 微控制器与开发平台、RISC-V 架构的中断和异常、内存管理与高速缓存、TLB 管理与原子操作、内存屏障指令、RISC-V 指令集、RISC-V 汇编语言程序设计、嵌入式编译工具、CH32V307 嵌入式微控制器、MounRiver Studio 集成开发环境、CH32V307 GPIO、CH32V307 外部中断系统和 CH32V307 定时器。

本书可作为高等院校的自动化、机器人、自动检测、机电一体化、人工智能、电子与电气工程、计算机应用、信息工程、物联网等相关专业的专科、本科学生及研究生的教材，也可作为从事 RISC-V 嵌入式系统开发的工程技术人员的参考书。

版权所有，侵权必究。举报：010-62782989，beiqinquan@tup.tsinghua.edu.cn。

图书在版编目(CIP)数据

RISC-V 计算机系统：原理、架构、指令与编程 / 李正军，李潇然编著. -- 北京：清华大学出版社，2025.4. --（RISC-V 工程技术丛书）. -- ISBN 978-7-302-69056-6

Ⅰ. TP303

中国国家版本馆 CIP 数据核字第 2025KX8708 号

策划编辑：盛东亮
责任编辑：范德一
封面设计：李召霞
责任校对：时翠兰
责任印制：杨 艳

出版发行：清华大学出版社
网　址：https://www.tup.com.cn，https://www.wqxuetang.com
地　址：北京清华大学学研大厦A座　　邮　编：100084
社 总 机：010-83470000　　邮　购：010-62786544
投稿与读者服务：010-62776969，c-service@tup.tsinghua.edu.cn
质量反馈：010-62772015，zhiliang@tup.tsinghua.edu.cn
课件下载：https://www.tup.com.cn，010-83470236

印 装 者：三河市龙大印装有限公司
经　　销：全国新华书店
开　　本：186mm×240mm　　印　张：26.25　　字　数：591 千字
版　　次：2025 年 6 月第 1 版　　印　次：2025 年 6 月第 1 次印刷
印　　数：1～1500
定　　价：79.00 元

产品编号：107884-01

前言
PREFACE

在技术不断进步的今天，微控制器的应用几乎遍布人们生活的每个角落，从智能家居到工业自动化，从可穿戴设备到复杂的通信系统。随着开源硬件运动的兴起，RISC-V 架构以其开放性、灵活性和高性能的特点，成为微控制器领域的一股新兴力量。本书旨在为读者提供一个全面的实用指南，从基础原理到实际应用，从硬件架构到软件开发，深入浅出地讲解了如何在 RISC-V 微控制器上进行高效的开发工作。

RISC-V 在全世界范围内引起了广泛的关注，当前中国的众多院校与公司都开始研究和使用 RISC-V 架构，并将其用于学术或者工程项目中。尤其是在深嵌入式领域（对于嵌入式系统的性能、资源利用率、功耗、实时性等要求极其严格的应用领域），无论是硬件处理器核，还是软件工具链，RISC-V 架构处理器已经具备了替代传统商用深嵌入式处理器（例如 ARM Cortex-M 处理器）的能力。但是由于 RISC-V 诞生时间太短，在很多方面亟须系统而翔实的中文资料来帮助初学者快速掌握这门新兴的处理器架构。

在中国，RISC-V 虽然起步较晚，但传播速度非常迅猛。2016 年，几乎没有人听说过 RISC-V，而 2017 年 RISC-V 便频频被报道。进入 2018 年，RISC-V 已经开始被业界广泛接纳，很多大学开始使用它进行计算机体系结构和嵌入式相关的教学。可以说，RISC-V 像种子一样，迅速地发芽生长。

本书的特色有以下几点。

（1）透彻讲解 RISC-V 架构。

本书对 RISC-V 的基本架构进行了全面而深入的解析，帮助读者从零基础理解其核心原理。通过比较分析与其他处理器架构的差异，明确了 RISC-V 的设计优势和应用范围。

（2）编程与应用实践。

本书强调实践的重要性，为读者提供了丰富的 RISC-V 编程示例和详细的项目指导，确保读者可以将理论知识应用于实际项目中。

（3）创新的软硬件协同设计内容。

本书着重介绍了 RISC-V 在软硬件协同设计中的应用，探讨了如何通过 RISC-V 优化系统性能和功能。这部分内容不仅为读者提供了系统优化的思路，也展示了 RISC-V 技术的灵活性和广泛的应用前景。

（4）实用的学习资源。

结合图解、案例分析和步骤指导，本书为读者提供了一套完整的学习方案。无论是初学者还是经验丰富的工程师，都能在这本书中找到合适的学习路径和提升技能的机会。

(5) 采用我国流行的 RISC-V 微控制器。

CH32V307 为单核 32 位微控制器，是目前在我国流行的 RISC-V 微控制器，其开发板和仿真器在购物软件上就可以买到，价格低廉，提供的电子资源丰富。

本书通过全面的内容覆盖、深入浅出的讲解方式及对实践应用的强调，为广大读者提供了一个理解和掌握 RISC-V 技术的优秀指南，特别适合那些想在 RISC-V 领域深造或实际应用 RISC-V 技术的学生、专业人士和爱好者。

本书共分为 14 章，从基础理论到实践应用，详细介绍了使用 RISC-V 架构进行嵌入式系统开发的全过程。

第 1 章　绪论：介绍了计算机系统基本工作原理、指令集体系结构的基本概念、RISC-V 架构的特点、RISC-V 架构与 ARM 指令集的比较和 RISC-V 的未来发展前景。

第 2 章　RISC-V 微控制器与开发平台：探讨了 RISC-V 架构的先驱产品和关键微控制器，包括 SiFive 公司产品、HPM6750、CH32V307、蜂鸟 E203 SoC 等，并介绍了 RISC-V 人工智能芯片和集成开发环境。

第 3 章　RISC-V 架构的中断和异常：详细讲述了 RISC-V 架构中的中断和异常处理机制、核心局部中断控制器、平台级中断控制器的作用，以及相关的控制与状态寄存器。

第 4 章　内存管理与高速缓存：解释了内存管理的基本概念、RISC-V 的内存管理方式、物理内存属性与保护，以及高速缓存的作用。

第 5 章　TLB 管理与原子操作：讨论了变换旁查缓冲器的管理和原子操作的重要性及其在 RISC-V 中的实现。

第 6 章　内存屏障指令：介绍了内存屏障指令的概念、产生的原因、RISC-V 的约束条件，以及具体的内存屏障指令。

第 7 章　RISC-V 指令集：详细介绍了 RISC-V 的指令集体系结构、寄存器、汇编语言的基础和函数调用规范。

第 8 章　RISC-V 汇编语言程序设计：讲述了 RISC-V 汇编语言程序设计，全面覆盖了从程序的开发与运行、计算机系统的层次结构，到 RISC-V 汇编程序的基础和高级特性。

第 9 章　嵌入式编译工具：讲解了 GNU 汇编器和链接器的使用方法、链接脚本的编写，以及 RISC-V 的函数调用规范与栈的管理。

第 10 章　CH32V307 嵌入式微控制器：深入介绍了 CH32V307 微控制器的结构、功能和最小系统设计。

第 11 章　MounRiver Studio 集成开发环境：介绍了 MRS 集成开发环境的安装和使用，以及 CH32V307 开发板和仿真器的选择。

第 12 章　CH32V307 GPIO：详细讲述了通用输入/输出接口(GPIO)的功能、库函数、使用流程，以及 GPIO 的应用实例。

第 13 章　CH32V307 外部中断系统：讲述了中断的基本概念、CH32V307 中断系统的结构和控制，以及外部中断的使用流程。

第 14 章　CH32V307 定时器：介绍了 CH32V307 定时器的概述、结构、功能、库函数使用流程和应用实例。

本书适合具有一定编程基础和电子技术背景的读者阅读学习，无论是嵌入式系统开发者、硬件设计工程师，还是对 RISC-V 技术感兴趣的学生和研究人员，都能从中获益。通过本书的学习，读者不仅能够深入理解 RISC-V 架构的理论基础和技术特性，还能够掌握使用 RISC-V 进行嵌入式系统开发的实际技能。随着 RISC-V 技术的不断发展和成熟，掌握 RISC-V 将为读者开启一片广阔的技术天地。

本书数字资源丰富，配有教学课件、程序代码、电路文件、教学大纲、习题答案和官方手册。读者可以到清华大学出版社网站的本书页面下载。

在此，向本书中所引用的参考文献的作者表示真诚的感谢。由于编者水平有限，书中难免存在不妥之处，敬请广大读者不吝指正。

编　者
2025 年 4 月

目录
CONTENTS

第1章 绪论 ··· 1

1.1 计算机系统基本工作原理 ··· 2
    1.1.1 一个简单的 C 程序示例 ···································· 2
    1.1.2 冯·诺依曼体系结构计算机 ································ 3
1.2 ISA 概述 ··· 5
    1.2.1 ISA 的发展 ··· 6
    1.2.2 CISC 与 RISC ·· 8
    1.2.3 32 位与 64 位架构 ··· 8
    1.2.4 知名 ISA ·· 9
    1.2.5 CPU 的应用领域 ··· 12
1.3 RISC-V 架构 ·· 12
    1.3.1 RISC-V ISA 和社区 ··· 13
    1.3.2 开源与开放标准的重要性 ······························· 14
    1.3.3 RISC 和开放 ISA 的历史 ································ 15
    1.3.4 RISC-V 起源：美国加利福尼亚大学伯克利分校的架构研究 ··········· 16
    1.3.5 RISC-V 架构的诞生 ·· 17
    1.3.6 RISC-V 国际 ··· 18
    1.3.7 RISC-V 生态系统 ·· 20
    1.3.8 RISC-V 沟通渠道 ·· 21
    1.3.9 RISC-V 交流平台 ·· 22
    1.3.10 为 RISC-V 作出贡献 ······································ 22
    1.3.11 RISC-V ISA 规范 ··· 23
    1.3.12 RISC-V 的 ISA ··· 24
    1.3.13 RISC-V 体系结构的特点 ······························· 28
    1.3.14 RISC-V 的优势 ·· 29
    1.3.15 RISC-V 的应用领域 ······································ 30
1.4 RISC-V 的 ISA 与 ARM 的 ISA 的区别 ························ 31

第 2 章　RISC-V 微控制器与开发平台 ·· 33

2.1　RISC-V 架构指令集的先驱——SiFive 公司产品 ····························· 33
2.1.1　SiFive 公司推出的微控制器 ·· 34
2.1.2　SiFive 公司推出的 RISC-V 架构的微控制器特点 ·················· 36
2.1.3　SiFive 公司的微控制器应用领域 ······································· 37
2.1.4　HiFive Unmatched Rev B 开发板 ······································ 37
2.1.5　SiFive 微控制器所用的 RISC-V 集成开发环境 ···················· 39

2.2　HPM6750 高性能微控制器 ·· 39
2.2.1　RISC-V 微控制器 HPM6700/HPM6400 系列/ HPM6300 系列 ··· 39
2.2.2　HPM6750EVK 开发板 ··· 42
2.2.3　HPM 微控制器开发软件 ·· 43

2.3　CH32V307 微控制器 ·· 44
2.3.1　青稞 RISC-V 通用系列产品概览 ······································· 44
2.3.2　互联型 RISC-V 微控制器 CH32V307 ································· 45

2.4　开源蜂鸟 E203 SoC ··· 46
2.4.1　Freedom E310 SoC 简介 ·· 46
2.4.2　蜂鸟 E203 处理器 ·· 47
2.4.3　蜂鸟 E203 处理器的特性 ·· 47
2.4.4　蜂鸟 E203 配套 SoC ··· 49

2.5　智能视觉处理平台——昉·惊鸿 JH-7110 ···································· 51
2.5.1　JH-7110 微控制器概述 ·· 51
2.5.2　昉·星光 2 开发板 ·· 57

2.6　玄铁处理器 C906 ·· 63
2.6.1　玄铁系列微处理器 ·· 63
2.6.2　玄铁处理器的应用领域 ·· 65
2.6.3　全志 D1-哪吒开发板 ··· 65
2.6.4　玄铁 CXX 系列 CSI-RTOS SDK 开发包 ····························· 67

第 3 章　RISC-V 架构的中断和异常 ··· 69

3.1　中断和异常 ·· 70
3.1.1　中断 ·· 70
3.1.2　异常 ·· 70
3.1.3　广义上的异常 ·· 71

3.2　RISC-V 架构异常处理机制 ·· 72
3.2.1　进入异常 ·· 74

3.2.2　退出异常 …………………………………………………………… 77
　　　3.2.3　异常服务程序 ………………………………………………………… 77
　3.3　RISC-V 架构中断 ………………………………………………………………… 78
　　　3.3.1　中断类型 …………………………………………………………… 78
　　　3.3.2　中断处理过程 ………………………………………………………… 84
　　　3.3.3　中断委派和注入 ……………………………………………………… 85
　　　3.3.4　中断屏蔽 …………………………………………………………… 86
　　　3.3.5　中断等待 …………………………………………………………… 86
　　　3.3.6　中断优先级与仲裁 …………………………………………………… 87
　　　3.3.7　中断嵌套 …………………………………………………………… 87
　　　3.3.8　中断和异常比较 ……………………………………………………… 88
　3.4　核心局部中断控制器 ………………………………………………………………… 88
　3.5　PLIC 管理多个外部中断 …………………………………………………………… 90
　　　3.5.1　PLIC 的特点 ………………………………………………………… 90
　　　3.5.2　PLIC 的中断分配 …………………………………………………… 91
　　　3.5.3　PLIC 寄存器 ………………………………………………………… 92
　3.6　RISC-V 结果预测相关 CSR ……………………………………………………… 93

第 4 章　内存管理与高速缓存 ………………………………………………………… 95

　4.1　内存管理概述 ……………………………………………………………………… 96
　　　4.1.1　早期的内存管理 ……………………………………………………… 97
　　　4.1.2　地址空间的抽象 ……………………………………………………… 99
　　　4.1.3　分段机制 …………………………………………………………… 101
　　　4.1.4　分页机制 …………………………………………………………… 102
　4.2　RISC-V 内存管理 ………………………………………………………………… 106
　4.3　物理内存属性与物理内存保护 …………………………………………………… 109
　　　4.3.1　物理内存属性 ………………………………………………………… 109
　　　4.3.2　物理内存保护 ………………………………………………………… 110
　4.4　高速缓存 …………………………………………………………………………… 111
　　　4.4.1　高速缓存的作用 ……………………………………………………… 112
　　　4.4.2　高速缓存的访问时延 ………………………………………………… 113
　　　4.4.3　高速缓存的工作原理 ………………………………………………… 114
　　　4.4.4　虚拟高速缓存与物理高速缓存 ……………………………………… 116

第 5 章　TLB 管理与原子操作 ………………………………………………………… 119

　5.1　TLB 管理 …………………………………………………………………………… 120

    5.1.1 TLB 管理策略 ·· 120
    5.1.2 TLB 的工作原理 ·· 120
  5.2 原子操作 ··· 125
    5.2.1 原子操作介绍 ·· 127
    5.2.2 保留加载与条件存储指令 ··· 128
    5.2.3 LR 和 SC 指令执行失败的情形 ··· 130
    5.2.4 独占内存访问工作原理 ·· 131
    5.2.5 原子内存访问操作指令 ·· 135

第 6 章 内存屏障指令 ··· 138
  6.1 内存屏障指令概述 ·· 138
  6.2 内存屏障指令产生的原因 ·· 139
  6.3 RISC-V 约束条件 ··· 141
    6.3.1 全局内存次序与保留程序次序 ··· 141
    6.3.2 RVWMO 的约束规则 ·· 141
  6.4 RISC-V 中的内存屏障指令 ··· 143
    6.4.1 使用内存屏障的场景 ··· 143
    6.4.2 FENCE 指令 ··· 144

第 7 章 RISC-V 指令集 ··· 146
  7.1 RISC-V 的 ISA ·· 146
    7.1.1 模块化的指令子集 ·· 147
    7.1.2 可配置的通用寄存器组 ·· 147
    7.1.3 规整的指令编码 ··· 148
    7.1.4 简洁的存储器访问指令 ·· 148
    7.1.5 高效地分支跳转指令 ··· 149
    7.1.6 简洁的子程序调用 ·· 149
    7.1.7 无条件码执行 ·· 150
    7.1.8 无分支时延槽 ·· 150
    7.1.9 零开销硬件循环 ··· 151
    7.1.10 简洁的运算指令 ··· 151
    7.1.11 优雅的压缩指令子集 ··· 152
    7.1.12 特权模式 ·· 152
    7.1.13 CSR ··· 152
    7.1.14 中断和异常 ··· 153
    7.1.15 矢量指令子集 ·· 156

  7.1.16 自定制指令扩展 ………………………………………………………… 156

  7.1.17 RISC-V ISA 与 x86 或 ARM 架构的比较 ……………………………… 158

7.2 RISC-V 寄存器 …………………………………………………………………… 159

  7.2.1 通用寄存器 ………………………………………………………………… 159

  7.2.2 系统寄存器 ………………………………………………………………… 160

  7.2.3 用户模式下的系统寄存器 ………………………………………………… 162

  7.2.4 监管模式下的系统寄存器 ………………………………………………… 163

  7.2.5 机器模式下的系统寄存器 ………………………………………………… 165

7.3 汇编语言简介 ……………………………………………………………………… 169

7.4 函数调用规范 ……………………………………………………………………… 172

7.5 RISC-V 架构及程序的机器级表示 ……………………………………………… 173

  7.5.1 RISC-V 指令系统概述 …………………………………………………… 174

  7.5.2 RISC-V 指令参考卡和指令格式 ………………………………………… 175

  7.5.3 RV32I 指令编码格式 ……………………………………………………… 177

  7.5.4 RISC-V 的寻址方式 ……………………………………………………… 183

  7.5.5 学习 RISC-V 汇编语言的必要性 ………………………………………… 184

  7.5.6 RISC-V 指令概述 ………………………………………………………… 185

  7.5.7 加载与存储指令 …………………………………………………………… 187

  7.5.8 程序计数器相对寻址 ……………………………………………………… 190

  7.5.9 移位操作 …………………………………………………………………… 195

  7.5.10 位操作指令 ……………………………………………………………… 199

  7.5.11 算术指令 ………………………………………………………………… 200

  7.5.12 比较指令 ………………………………………………………………… 203

  7.5.13 无条件跳转指令 ………………………………………………………… 204

  7.5.14 条件跳转指令 …………………………………………………………… 205

  7.5.15 CSR 指令 ………………………………………………………………… 208

  7.5.16 寻址范围 ………………………………………………………………… 209

第 8 章 RISC-V 汇编语言程序设计 ……………………………………………… 210

8.1 程序的开发与运行 ………………………………………………………………… 210

  8.1.1 程序设计语言和翻译程序 ………………………………………………… 211

  8.1.2 从源程序到可执行目标文件 ……………………………………………… 213

  8.1.3 可执行文件的启动和执行 ………………………………………………… 214

8.2 计算机系统的层次结构 …………………………………………………………… 215

  8.2.1 计算机系统抽象层的转换 ………………………………………………… 215

  8.2.2 计算机系统的不同用户 …………………………………………………… 217

8.3 RISC-V 汇编程序 ········· 217
8.4 RISC-V 汇编程序伪操作 ········· 220
8.5 RISC-V 汇编程序示例 ········· 221
    8.5.1 定义标签 ········· 221
    8.5.2 定义宏 ········· 222
    8.5.3 定义常数 ········· 223
    8.5.4 立即数赋值 ········· 223
    8.5.5 标签地址赋值 ········· 224
    8.5.6 设置浮点舍入模式 ········· 226
    8.5.7 RISC-V 环境下的完整实例 ········· 226
8.6 RISC-V 环境下的汇编程序实例 ········· 228
    8.6.1 汇编程序实例 1 ········· 228
    8.6.2 汇编程序实例 2 ········· 229
8.7 在 C/C++ 程序中嵌入汇编 ········· 230
    8.7.1 GCC 内联汇编 ········· 231
    8.7.2 GCC 内联汇编输出操作数和输入操作数 ········· 232
8.8 RISC-V 过程调用约定 ········· 233
    8.8.1 过程调用的执行步骤 ········· 233
    8.8.2 RISC-V 中用于过程调用的指令 ········· 234
    8.8.3 RISC-V 寄存器使用约定 ········· 234
    8.8.4 RISC-V 中的栈和栈帧 ········· 236
    8.8.5 RISC-V 的过程调用 ········· 238

第 9 章 嵌入式编译工具 ········· 240

9.1 GNU 汇编器 ········· 241
    9.1.1 编译流程与 ELF 文件 ········· 242
    9.1.2 简单的汇编程序实例 ········· 246
9.2 链接器 ········· 248
9.3 链接脚本 ········· 251
    9.3.1 简单的链接程序实例 ········· 252
    9.3.2 设置入口点 ········· 253
    9.3.3 基本概念 ········· 254
    9.3.4 符号赋值与引用 ········· 254
9.4 RISC-V 的函数调用规范与栈 ········· 256
    9.4.1 RISC-V 函数调用规范 ········· 256
    9.4.2 RISC-V 栈的管理 ········· 258

9.5　GCC 工具链 ……………………………………………………………………………… 260
　　9.5.1　GCC 工具链概述 ………………………………………………………………… 260
　　9.5.2　Binutils …………………………………………………………………………… 262
　　9.5.3　C 运行库 ………………………………………………………………………… 263
　　9.5.4　GCC 命令行选项 ………………………………………………………………… 264
9.6　ELF 文件分析 …………………………………………………………………………… 265
　　9.6.1　ELF 文件介绍 …………………………………………………………………… 265
　　9.6.2　ELF 文件的段 …………………………………………………………………… 265
　　9.6.3　查看 ELF 文件 …………………………………………………………………… 266
　　9.6.4　反汇编 …………………………………………………………………………… 266
9.7　嵌入式开发的特点 ……………………………………………………………………… 266
　　9.7.1　交叉编译和远程调试 …………………………………………………………… 267
　　9.7.2　移植 newlib 或 newlib-nano 作为 C 运行库 ………………………………… 267
　　9.7.3　嵌入式引导程序和中断异常处理 ……………………………………………… 268
　　9.7.4　嵌入式系统链接脚本 …………………………………………………………… 268
　　9.7.5　减少代码体积 …………………………………………………………………… 269
　　9.7.6　支持 printf 函数 ………………………………………………………………… 269
　　9.7.7　提供板级支持包 ………………………………………………………………… 270
9.8　RISC-V GCC 工具链 …………………………………………………………………… 271
　　9.8.1　RISC-V GCC 工具链种类 ……………………………………………………… 271
　　9.8.2　riscv-none-embed 工具链下载 ………………………………………………… 272
　　9.8.3　RISC-V GCC 工具链的选项 …………………………………………………… 272
　　9.8.4　RISC-V GCC 工具链的预定义宏 ……………………………………………… 273
　　9.8.5　RISC-V GCC 工具链应用举例 ………………………………………………… 273

第 10 章　CH32V307 嵌入式微控制器 ………………………………………………………… 275

10.1　CH32V307 微控制器概述 …………………………………………………………… 276
　　10.1.1　青稞 V4F 微处理器内部结构 ………………………………………………… 276
　　10.1.2　青稞 V4F 微处理器的内部寄存器 …………………………………………… 277
　　10.1.3　青稞 V4 内核的 CH32 系列微控制器 ……………………………………… 277
　　10.1.4　CH32V30X 系列微控制器的特性 …………………………………………… 279
10.2　CH32V307 系列微控制器外部结构 ………………………………………………… 281
　　10.2.1　CH32 系列微控制器命名规则 ……………………………………………… 281
　　10.2.2　CH32V307 系列微控制器引脚功能 ………………………………………… 283
10.3　CH32V307 微控制器内部结构 ……………………………………………………… 285
　　10.3.1　CH32V307 微控制器内部总线结构 ………………………………………… 285

10.3.2　CH32V307微控制器内部时钟系统 ·················· 287
10.3.3　CH32V307微控制器内部复位系统 ·················· 290
10.3.4　CH32V307微控制器内部存储器结构 ················ 292
10.4　触摸按键检测 ··· 294
10.4.1　TKEY_F 功能描述 ································· 294
10.4.2　TKEY_F 操作步骤 ································· 295
10.5　CH32V307微控制器最小系统设计 ·························· 296

第 11 章　MounRiver Studio 集成开发环境 ···················· 298

11.1　MounRiver Studio 集成开发环境的安装 ····················· 298
11.1.1　MounRiver Studio 集成开发环境的特点 ················ 299
11.1.2　MounRiver Studio 安装 ····························· 299
11.2　MounRiver Studio 开发运行界面 ··························· 303
11.2.1　菜单栏 ··· 303
11.2.2　快捷工具栏 ······································· 309
11.2.3　工程目录窗口 ····································· 310
11.2.4　其他显示窗口 ····································· 310
11.3　MounRiver Studio 工程 ··································· 311
11.3.1　新建工程 ··· 311
11.3.2　打开工程 ··· 312
11.3.3　编译代码 ··· 313
11.4　工程调试 ··· 316
11.4.1　工程调试快捷工具栏 ······························· 316
11.4.2　设置断点 ··· 316
11.4.3　观察变量 ··· 317
11.5　工程下载 ··· 319
11.6　CH32V307 开发板的选择 ·································· 320
11.7　CH32V307 仿真器的选择 ·································· 321

第 12 章　CH32V307 GPIO ···································· 323

12.1　CH32V307x GPIO 概述 ··································· 323
12.1.1　GPIO 的模块基本结构 ······························ 324
12.1.2　输入配置 ··· 325
12.1.3　输出配置 ··· 326
12.1.4　复用功能配置 ····································· 327
12.1.5　模拟输入配置 ····································· 327

12.2　GPIO 功能 ·· 327
　　12.2.1　工作模式 ··· 328
　　12.2.2　GPIO 的初始化功能 ·· 328
　　12.2.3　外部中断 ··· 328
　　12.2.4　复用功能 ··· 329
　　12.2.5　锁定机制 ··· 329
12.3　GPIO 库函数 ·· 329
12.4　CH32V307 的 GPIO 使用流程 ··· 333
　　12.4.1　CH32V307 普通 GPIO 配置 ··· 334
　　12.4.2　CH32V307 引脚复用功能配置 ·· 334
12.5　CH32V307 的 GPIO 按键输入应用实例 ···································· 336
　　12.5.1　触摸按键输入硬件设计 ··· 336
　　12.5.2　触摸按键输入软件设计 ··· 336
　　12.5.3　工程下载 ··· 341
　　12.5.4　串口助手测试 ··· 343
　　12.5.5　WCH-LinkUtility 独立下载软件 ······································· 344
12.6　CH32V307 的 GPIO LED 输出应用实例 ··································· 345
　　12.6.1　LED 输出硬件设计 ··· 345
　　12.6.2　LED 输出软件设计 ··· 346

第 13 章　CH32V307 外部中断系统 ·· 351

13.1　中断的基本概念 ·· 352
　　13.1.1　中断的定义 ·· 353
　　13.1.2　中断的应用 ·· 353
13.2　CH32V307 中断系统的组成结构 ··· 354
　　13.2.1　CH32V307 中断系统的主要特征 ······································ 354
　　13.2.2　系统定时器 ·· 354
　　13.2.3　中断和异常的向量表 ··· 355
　　13.2.4　外部中断系统结构 ·· 358
13.3　中断控制 ··· 360
　　13.3.1　中断屏蔽控制 ··· 360
　　13.3.2　中断优先级控制 ··· 360
13.4　EXTI 常用库函数 ··· 361
　　13.4.1　PFIC 库函数 ··· 362
　　13.4.2　CH32V307EXTI 库函数 ··· 364
13.5　外部中断使用流程 ·· 367
　　13.5.1　PFIC 配置 ··· 367

- 13.5.2 中断端口设置 ... 368
- 13.5.3 中断处理 ... 368
- 13.6 CH32V307 的外部中断设计实例 ... 369
  - 13.6.1 CH32V307 的外部中断硬件设计 ... 369
  - 13.6.2 CH32V307 的 EXTI 软件设计 ... 370

第 14 章　CH32V307 定时器 ... 376

- 14.1 CH32V307 定时器概述 ... 377
  - 14.1.1 CH32V307 定时器的类型 ... 377
  - 14.1.2 CH32V307 定时器的计数模式 ... 378
  - 14.1.3 CH32V307 定时器的主要功能 ... 379
- 14.2 CH32V307 通用定时器的结构 ... 379
  - 14.2.1 输入时钟 ... 379
  - 14.2.2 核心计数器 ... 381
  - 14.2.3 比较捕获通道 ... 381
  - 14.2.4 通用定时器的功能寄存器 ... 381
  - 14.2.5 通用定时器的外部触发及 I/O 通道 ... 382
- 14.3 CH32V307 通用定时器的功能 ... 382
  - 14.3.1 输入捕获模式 ... 383
  - 14.3.2 比较输出模式 ... 383
  - 14.3.3 强制输出模式 ... 384
  - 14.3.4 PWM 输入模式 ... 384
  - 14.3.5 PWM 输出模式 ... 384
  - 14.3.6 单脉冲模式 ... 385
  - 14.3.7 编码器模式 ... 385
  - 14.3.8 定时器同步模式 ... 386
  - 14.3.9 调试模式 ... 386
- 14.4 通用定时器常用库函数 ... 387
- 14.5 CH32V307 通用定时器使用流程 ... 395
  - 14.5.1 PFIC 设置 ... 395
  - 14.5.2 定时器中断配置 ... 396
  - 14.5.3 定时器中断处理 ... 396
- 14.6 CH32V307 定时器应用实例 ... 397
  - 14.6.1 CH32V307 的定时器应用硬件设计 ... 397
  - 14.6.2 CH32V307 的定时器应用软件设计 ... 397

参考文献 ... 403

第 1 章 绪　　论

在当今快速进步的技术世界中，指令集体系结构(Instruction Set Architecture，ISA)成为连接计算机硬件与软件的关键桥梁。本章全面介绍了 ISA 的核心概念、发展历程及其在计算机科学中的重要性，特别聚焦于精简指令集计算机第 5 代(Reduced Instruction Set Computer V，RISC-V)架构的创新及其对全球计算领域的影响。

本章主要讲述了以下 4 方面内容。

(1) 计算机系统的基本工作原理。

介绍了计算机系统的基本工作原理，包括简单的 C 语言程序示例，该程序展示了如何计算并输出两个整数的和。接着详细阐述了冯·诺依曼体系结构的计算机，这是现代计算机架构的基础，特点包括程序存储原理和顺序执行指令。还介绍了冯·诺依曼体系结构计算机的基本组成部分，包括存储器、运算器、控制器和输入输出设备，以及它们之间的交互和工作方式。

(2) ISA 概述。

首先介绍 ISA 的基本概念，探讨它作为软件与硬件之间关键接口的角色。本节深入分析了复杂指令集计算机(Complex Instruction Set Computer，CISC)与 RISC 的对比，32 位与 64 位架构的差异，以及一些知名的 ISA。此外，还讨论了中央处理器(Central Processing Unit，CPU)在不同应用领域中的特定需求。

(3) RISC-V 架构。

从 RISC-V 的起源、架构特点、社区和生态系统等多个方面进行了详细的讲解。特别强调了开源与开放标准的重要性，以及 RISC-V 如何在这些领域作出贡献。此外，本节还探讨了 RISC-V 如何促进全球合作和沟通，以及个人和组织如何参与促进 RISC-V 的发展。

(4) RISC-V 的 ISA 与 ARM 的 ISA 的区别。

比较了 RISC-V 的 ISA 与 ARM 的 ISA 的主要区别，强调了 RISC-V 在设计理念、开放性和应用领域上的独特优势。

本章旨在为读者提供对 ISA，尤其是 RISC-V 架构的深入理解，包括其设计理念、生态系统的构建，以及在未来技术革新中的重要作用。

1.1 计算机系统基本工作原理

计算机系统的基本工作原理基于冯·诺依曼体系结构,该架构将计算机定义为由 5 个基本部件组成的系统,包括:运算器、控制器、存储器、输入设备和输出设备。这些组件通过总线相连,共同完成计算任务。

计算机的基本工作过程遵循"取指—译码—执行"循环(Fetch-Decode-Execute Cycle)。

(1) 取指(Fetch):控制器从存储器中按程序计数器(Program Counter,PC)指示的地址取出下一条指令,并将其存入指令寄存器(Instruction Register,IR)。然后,程序计数器更新为下一条指令的地址。

(2) 译码(Decode):控制器解析 IR 中的指令,确定所需的操作和操作数。

(3) 执行(Execute):根据译码结果,控制器指挥运算器或其他部件完成指定操作。该操作可能涉及算术逻辑部件(Arithmetic Logic Unit,ALU)进行计算,或是数据在存储器和输入输出(Input/Output,I/O)设备之间的传输。

通过这个循环过程,计算机能够自动执行存储在存储器中的程序,完成复杂的计算和数据处理任务。

1.1.1 一个简单的 C 程序示例

这个程序示例的功能是计算两个数的和,并将结果输出到控制台。这个程序是一个非常基础的例子,展示了 C 语言程序的基本结构和一些基础语法。

```c
#include <stdio.h>
int main() {
    // 定义两个整数变量
    int num1, num2, sum;
    // 提示用户输入两个整数
    printf("请输入两个整数,用空格隔开:");
    scanf("%d %d", &num1, &num2);
    // 计算两个整数的和
    sum = num1 + num2;
    // 输出结果
    printf("%d + %d = %d\n", num1, num2, sum);
    return 0; // 程序执行成功返回 0
}
```

这个程序的工作流程如下。

(1) 包含标准 I/O 头文件:#include <stdio.h>。这一行代码使编译器包含标准 I/O 库,这样程序就可以使用 printf( )和 scanf( )这样的函数进行 I/O 操作。

(2) 定义 main( )函数:int main( )。每个 C 语言程序都必须有一个 main( )函数,它是程序的入口点。程序的执行从这里开始。

(3) 声明变量:在 main( )函数内部,首先声明了 3 个整数变量 num1、num2 和 sum,用于存储用户输入的两个数和它们的和。

（4）输入：使用 printf( ) 函数提示用户输入两个整数，然后使用 scanf( ) 函数读取用户输入的两个整数，并将它们分别存储在变量 num1 和 num2 中。

（5）处理：计算 num1 和 num2 的和，并将结果存储在变量 sum 中。

（6）输出：使用 printf( ) 函数输出两个整数的和。

（7）返回：return 0；表示程序执行成功结束。

要运行这个程序，用户需要安装 C 语言编译器，如 GNU 编译器套件（GNU Compiler Collection，GCC）。将上述代码保存到一个文件中（例如 sum.c），然后使用编译器编译并运行它。执行程序时，它会提示用户输入两个整数，输入后会显示它们的和。

1.1.2　冯·诺依曼体系结构计算机

冯·诺依曼体系结构是现代计算机架构的基础，由匈牙利数学家约翰·冯·诺依曼在 1945 年提出。这种架构的核心思想是将程序指令和数据以相同的形式存储在计算机的内存中，并按顺序执行程序指令。冯·诺依曼体系结构的提出，标志着现代计算机时代的开始。

冯·诺依曼体系结构的特点如下。

（1）程序存储原理：程序被存储在计算机内存中，计算机可以按照程序的指令顺序自动执行运算。与之前的计算机设计相比这是一大革新，之前的计算机需要人工重新配置来改变其执行的任务。

（2）顺序执行：程序指令按顺序执行，尽管现代计算机采用了各种技术（如流水线、并行处理）来提高执行效率，但基本原理仍然遵循冯·诺依曼体系结构。

冯·诺依曼体系结构的一个主要限制是"冯·诺依曼瓶颈"：CPU 和内存之间的数据传输速度限制了计算机的处理速度。尽管如此，冯·诺依曼体系结构仍然是现代计算机设计的基础，并且在未来可预见的时间内仍将继续使用。

世界上第一台实际使用的通用电子数字式计算机是 1946 年在美国诞生的埃尼阿克（Electronic Numerical Integrator And Computer，ENIAC）。ENIAC 的研制主要是为了解决美军复杂的弹道计算问题。它用十进制表示信息，通过设置开关和插拔电缆手动编程，每秒能进行 5000 次加法运算或 50 次乘法运算。1944 年夏季的一天，冯·诺依曼巧遇美国弹道实验室的军方负责人戈尔斯坦。于是，冯·诺依曼经戈尔斯坦介绍加入了 ENIAC 研制组。在研制 ENIAC 的同时，冯·诺依曼等开始考虑研制另一台电子计算机——电子离散变量自动计算机（Electronic Discrete Variable Automatic Computer，EDVAC）。1945 年，冯·诺依曼以"关于 EDVAC 的报告草案"为题，起草了一份长达 101 页的报告，发表了全新的存储程序通用电子计算机方案，宣告了现代计算机结构思想的诞生。

"存储程序"方式的基本思想是：必须将事先编好的程序和原始数据送入存储器后才能执行程序，一旦程序被启动执行，计算机能够在没有操作人员干预的情况下，自动完成逐条取出指令并执行。

自现代电子计算机诞生以来,尽管硬件技术已经经历了电子管、晶体管、集成电路和超大规模集成电路4个发展阶段,计算机体系结构也取得了很大发展,但绝大部分通用计算机硬件的基本组成仍然具有冯·诺依曼结构特征。

冯·诺依曼结构的基本思想主要包括以下4个方面。

(1) 采用"存储程序"工作方式。

(2) 计算机由存储器、运算器、控制器、输入设备和输出设备5个基本部件组成。

(3) 存储器不仅能存储数据,也能存储指令。形式上,数据和指令没有区别,但计算机应能区分它们。控制器应能自动执行指令。运算器应能进行算术运算,也能进行逻辑运算。操作人员可以通过I/O设备使用计算机。

(4) 计算机内部以二进制形式表示指令和数据;每条指令由操作码和地址码两部分组成,操作码指出操作类型,地址码指出操作数的地址;程序由一串指令组成。

根据冯·诺依曼结构的基本思想,可以给出一个模型计算机的硬件基本结构,如图1-1所示。

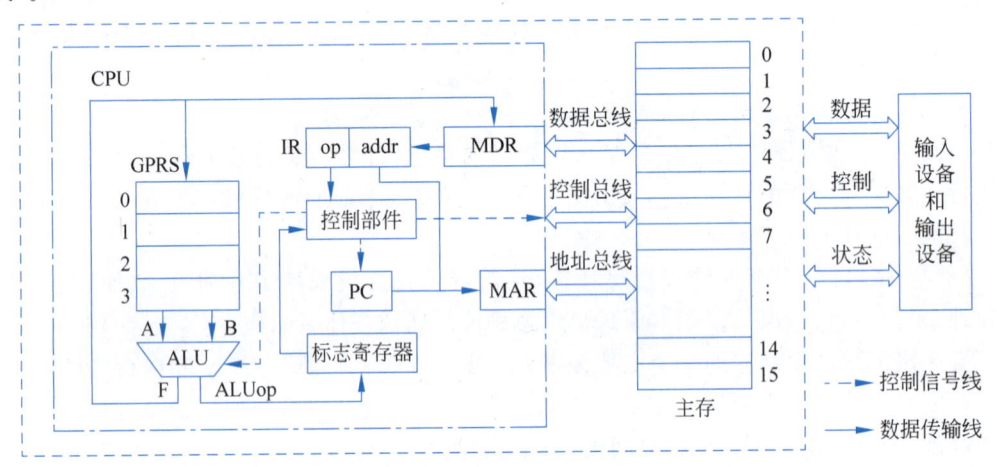

图1-1 模型计算机的硬件基本结构

注:存储器地址寄存器(Memory Address Register,MAR);存储器数据寄存器(Memory Data Register,MDR);算术逻辑部件(Arithmetic and Logic Unit,ALU);通用寄存器组(General Purpose Register Set,GPRS)

通常,把由控制部件、运算部件和各类寄存器互连组成的电路称为CPU,简称为处理器;把用来存放指令和数据的存储部件称为主存储器,简称为主存或内存。

1. 存储器

冯·诺依曼结构计算机采用"存储程序"的工作方式,在程序执行前,指令和数据都需要事先输入存储器中。这里的存储器就是指图1-1中的主存。主存中的每个单元都需要编号,称为主存地址,如图1-1中的主存地址为0、1、2、3、…、15。

CPU为了从主存中读取指令和存取数据,需要通过传输介质与主存相连。通常把连接不同部件进行信息传输的介质称为总线,其中包含分别用于传输地址信息、数据信息和控制信息的地址总线、数据总线和控制总线。CPU访问主存时,需要先将主存地址、读/写命令分别送到地址总线、控制总线,然后通过数据总线发送或接收数据。CPU 送到地址总线的主存地址应先存放在 MAR 中,要发送到数据线或从数据线取来的信息存放在 MDR 中。显然,MAR 的位数与地址线的位数相同,MDR 的位数与数据线的位数相同。

2. 运算器

在计算机中,最基本的运算器是用于进行算术和逻辑运算的部件,即图 1-1 中的 ALU。为了向 ALU 提供操作数,以及临时存放从主存取来的数据或运算的结果,还需要若干通用寄存器,组成通用寄存器组(General Purpose Register Set,GPRS)。CPU 需要从通用寄存器中读取数据并送到 ALU 进行运算,或把 ALU 运算的结果保存到通用寄存器中,因此,需要给每个通用寄存器编号。通用寄存器和主存都属于存储部件,计算机中的存储部件从"0"开始编号。如图 1-1 所示,通用寄存器的编号为 0、1、2、3。

此外,ALU 运算的结果会产生标志信息,例如,结果是否为 0(零标志 ZF)、是否为负数(符号标志 SF)等,这些标志信息需要记录在专门的标志寄存器中。

3. 控制器

若要计算机能够自动逐条读取出指令并执行,需要有一个能够自动读取指令并对指令进行译码的部件,这就是图 1-1 中的控制部件,也称控制器或控制单元。为了配合控制部件工作,还需要有指令寄存器和程序计数器。IR 用于存放从主存读取来的指令,程序计数器用于存放将要执行的下一条指令所在的主存地址。为了自动按序读取主存中的指令,在执行当前指令的过程中将自动计算出下一条指令的主存地址,并送到程序计数器中保存。

4. I/O 设备

I/O 设备用来与用户进行交互。早期,人们通过控制台按钮和开关等与计算机进行交互,后来发明了卡片和纸带等穿孔机,将程序及数据通过穿孔卡片或纸带输入计算机中。现代计算机系统则使用键盘、鼠标、显示器、手写笔、触摸屏等 I/O 设备,可以非常方便地实现人机交互。

1.2 ISA 概述

指令集是 CPU 能够执行所有指令的集合。CPU 的硬件实现和软件编译指令需要遵从相同的规范,这个规范就是 ISA。ISA 可以理解为对 CPU 硬件的抽象,里面包含了编译器需要的硬件信息,是 CPU 硬件和软件编译器之间的一个接口。具体实现 CPU 时使用的技术或者方案称为微架构。使用 ISA 作为规范,一方面,不同厂商可以采用各自的微架构设计具有相同 ISA 的 CPU,但各厂商的 CPU 性能会存在差异;另一方面,相同 ISA 的应用程序可以运行在不同厂商生产的 CPU 上,这些 CPU 都遵从 ISA。

ISA 是计算机体系结构中的一个核心概念,它定义了处理器能理解和执行的一系列指令。ISA 作为软件和硬件之间的桥梁,不仅决定了程序员如何编写程序控制硬件,也影响了处理器的设计和实现。ISA 的设计对于计算机的性能、功耗、成本和软件生态系统都有深远的影响。

1. ISA 的关键组成部分

ISA 的关键组成部分包括指令集、数据类型、寄存器集、内存寻址和指令格式。

（1）指令集。指令集是 ISA 的核心，包含了所有处理器可以直接执行的操作。这些操作包括算术运算（如加、减、乘、除）、逻辑运算（如与、或、非）、数据移动（如加载、存储）、控制流操作（如跳转、条件分支）等。每条指令都有一个唯一的操作码和一定数量的操作数。

（2）数据类型。ISA 定义了处理器可以操作的基本数据类型，如整数、浮点数、定点数等，以及这些数据类型的大小（如 8 位、16 位、32 位、64 位等）和表示方式（如有符号、无符号）。

（3）寄存器集。寄存器是处理器内部用于临时存储数据的小容量存储单元。ISA 规定了寄存器的数量、类型（如通用寄存器、浮点寄存器、程序计数器）和用途。寄存器的设计对于处理器的性能有直接影响。

（4）内存寻址。ISA 定义了处理器如何访问内存中的数据，包括不同的寻址模式（如直接寻址、间接寻址、基址寻址、索引寻址等）和内存地址空间的组织方式。

（5）指令格式。指令格式决定了一条指令的结构，包括操作码、操作数、寻址方式等的编码方式。指令格式的设计影响着指令的可读性、灵活性和处理器的实现复杂度。

2. ISA 的重要性

ISA 直接影响着软件的可移植性和硬件的实现。一个设计良好的 ISA 可以提高处理器的性能、降低功耗、减少成本，并支持丰富的软件生态系统。随着计算需求的不断发展，ISA 也在不断进化，引入新的特性和扩展，如向量指令、加密指令、虚拟化支持等，以满足更高效的数据处理和更先进的计算需求。

1.2.1 ISA 的发展

ISA 的发展历程不仅反映了技术的进步，还体现了设计理念的演变。

1. 早期指令集和定制指令集

20 世纪 40 年代到 20 世纪 50 年代是计算机科学发展的早期，计算机如 ENIAC、UNIVAC Ⅰ 等使用的是针对特定机器设计的指令集。这些指令集通常非常基础，且与硬件紧密相关，缺乏通用性和可扩展性。由于编程通常需要直接与硬件交互，因此编写和维护程序都非常困难。

2. CISC 架构的兴起

从 20 世纪 60 年代到 20 世纪 80 年代，随着集成电路技术的发展，计算机的能力大幅提升，出现了 CISC 架构。CISC 架构的设计理念是通过在硬件中实现更多的复杂操作，以减少程序的长度，提高程序的执行效率。这一时期的代表性架构包括 Intel 的 x86 系列。CISC 架构的特点是指令数目多、指令长度不一、执行周期可变等。

3. RISC 架构的诞生

20 世纪 80 年代初，研究人员开始重新审视指令集的设计理念，RISC 架构的概念应运而生。RISC 架构的核心思想是减少指令集的复杂度，通过简化指令集提高指令的执行速度和处理器的性能。RISC 架构的特点包括指令数目少、指令长度固定、执行周期固定等。

代表性的 RISC 架构包括进阶精简指令集机器(Advanced RISC Machine,ARM)、无内部互锁流水级的微处理器(Microprocessor without interlocked piped stages)和可扩展处理器体系结构(Scalable Processor ARChitecture,SPARC)。

4. VLIW 和 EPIC 的探索

20 世纪 90 年代,为了进一步提高处理器的性能,出现了非常长指令字(Very Long Instruction Word,VLIW)和显式并行指令计算(Explicit Parallel Instruction Computing,EPIC)架构。这些架构试图通过在单个指令中编码多个操作,显式地利用指令级并行性(Instruction Level Parallelism,ILP),从而提高处理器的执行效率。这种方法要求编译器在编译时期进行复杂的调度和优化。

5. 并行计算的发展：多核和 SIMD

随着技术的发展,单核处理器性能的提升遇到了物理和技术的限制。21 世纪初,多核处理器成为主流,这要求指令集能够更好地支持并行处理。同时,为了提高数据处理的效率,单指令多数据(Single Instruction Multiple Data,SIMD)技术被广泛应用,特别是在图形处理、多媒体和科学计算等领域。

6. 开放指令集和标准化：RISC-V 的崛起

近年来,随着开源运动的兴起和对计算技术标准化的需求增加,开放和标准化的指令集体系结构开始受到重视。RISC-V 是一个开放、免费的 ISA,它不仅继承了 RISC 架构的精简特点,还具有高度的可扩展性和模块化设计。RISC-V 的出现促进了创新,为定制化硬件解决方案的开发提供了可能。

指令集的发展历程是计算机科学和工程领域中一段精彩的进化史,从早期的机器特定指令集,到 CISC 和 RISC 架构的竞争与共存,再到并行计算和开放指令集的探索,不仅展示了技术进步的轨迹,也反映了随着计算需求的变化,指令集设计理念的不断演进和优化。

7. ISA 是 CPU 的灵魂

ISA 简称"架构"或"处理器架构",它的出现允许使用不同的微架构设计不同性能的处理器。虽然不同的微架构可能造成性能与成本的差异,但是,这些微架构无须做任何修改便可完全运行在任何一款遵循同一 ISA 的处理器上。因此 ISA 可以理解为一个抽象层,如图 1-2 所示。该抽象层构成处理器底层硬件与运行其上的软件之间的桥梁与接口,也是现在计算机处理器中重要的一个抽象层。

8. 当代 ISA 的发展

(1) 多核和众核：随着摩尔定律的放缓,单核处理器性能的提升遇到了瓶颈。多核和众核架构成为提升处理器性能的主要途径。在这一背景下,ISA 也在不断演进,以更好地支持并行计算和多线程执行。

(2) 异构计算：异构计算是指在同一计算系统中结合使用多种类型的处理器或加速器(如 CPU、GPU、FPGA 等)提高计算效率。ISA 在这一领域的发展包括支持异构计算的指令和编程模型。

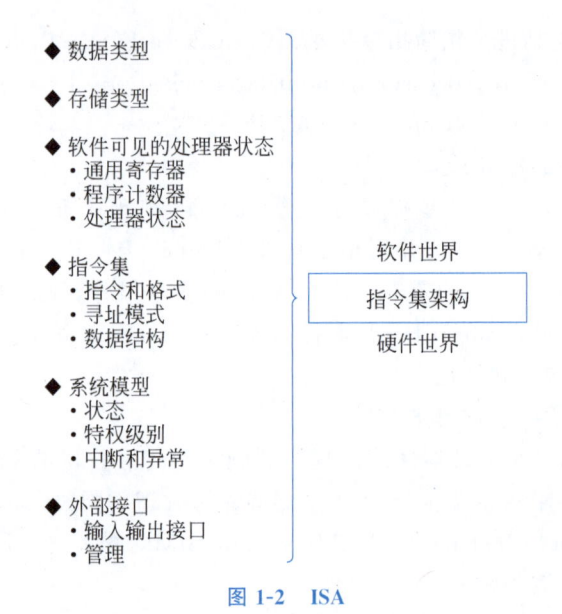

```
◆ 数据类型

◆ 存储类型

◆ 软件可见的处理器状态
  • 通用寄存器
  • 程序计数器
  • 处理器状态

◆ 指令集
  • 指令和格式
  • 寻址模式
  • 数据结构

◆ 系统模型
  • 状态
  • 特权级别
  • 中断和异常

◆ 外部接口
  • 输入输出接口
  • 管理
```

软件世界 ── 指令集架构 ── 硬件世界

图 1-2 ISA

（3）域特定 ISA：随着计算需求的多样化，出现了针对特定应用领域（如人工智能、图形处理、网络处理等）优化的域特定 ISA。这些 ISA 通过在硬件级别支持特定的操作或数据类型，提高了特定应用的性能和效率。

1.2.2 CISC 与 RISC

CISC 和 RISC 的主要区别如下。

（1）CISC 不仅包含了处理器常用的指令，还包含了许多不常用的特殊指令。其指令数比较多，所以称为复杂指令集。

（2）RISC 只包含处理器常用的指令，而对于不常用的操作，通过执行多条常用指令的方式实现同样的效果。由于其指令数目比较精简，所以称为精简指令集。

在 CPU 诞生的早期，CISC 是主流，因为其可以使用较少的指令完成更多的操作，但是随着指令集的发展，越来越多的特殊指令被添加到 CISC 指令集中，CISC 的诸多缺点开始显现出来。

（1）在典型程序的运算过程中，使用到的 80% 指令只占所有指令类型的 20%，也就是说 CISC 定义的指令只有 20% 经常被使用到，有 80% 很少被用到；

（2）那些很少被用到的特殊指令让 CPU 设计变得极为复杂，大幅增加了硬件设计的时间成本与面积开销。

基于以上原因，在 RISC 诞生之后，大部分现代 ISA 都选择使用 RISC 架构。

1.2.3 32 位与 64 位架构

除了 CISC 与 RISC 之分，ISA 的位数也是一个重要的概念。通俗地讲，处理器架构的位数是指通用寄存器的宽度,其决定了寻址范围的大小、数据运算能力的强弱,例如 32 位架构处理器的通用寄存器的宽度为 32 位,能够寻址的范围为 2^{32} B,即 4GI 的寻址空间,运算指令可以操作的操作数为 32 位。

4GI 的寻址空间指的是 4GB 的地址空间,其中 GI 代表"Giga",表示十进制中的十亿。这意味着系统可以寻址的内存和外设空间总共为 4GB。

ISA 的宽度与指令的编码长度无任何关系,并不是说 64 位架构的指令长度为 64 位(这是一个常见的误区)。从理论上来讲,指令本身的编码长度越短越好,因为可以节省代码的存储空间,因此即便在 64 位的架构中,也大量存在 16 位编码的指令,且基本上很少出现 64 位长的指令编码。

1.2.4 知名 ISA

经过几十年的发展,在世界范围内,至今已经相继诞生或消亡了几十种不同的 ISA。下面将介绍几款比较知名的 ISA。

1. x86

x86 是 Intel 公司推出的一种 RISC,在 1978 年推出的 Intel 8086 处理器中首次出现,Intel 8086 处理器如图 1-3 所示。Intel 8086 处理器在 3 年后被 IBM 选用,之后 Intel 与微软公司结成了"Windows-Intel(Wintel)商业联盟",垄断了个人计算机软硬件平台。x86 架构也因此几乎成为个人计算机的标准处理器架构。

除 Intel 之外,最成功的制造商之一为 AMD。目前,Intel 与 AMD 公司是主要的 x86 处理器芯片提供商。其他公司也制造过 x86 架构的处理器,包括 Cyrix(被 VIA 收购)、NEC、IBM、IDT,以及 Transmeta。

图 1-3 Intel 8086 处理器

Cyrix 是一家在 1988 年成立的美国微处理器公司,以开发和销售 x86 微处理器闻名。

日本电气股份有限公司(NEC)是一家总部位于日本的跨国信息技术和电子公司,成立于 1899 年,是日本历史最悠久的 IT 公司之一。NEC 提供广泛的产品和服务,涵盖 IT 和网络解决方案、通信系统、电子设备,以及社会基础设施系统。

IBM 是一家总部位于美国的跨国信息技术公司。自 1911 年成立以来,IBM 已经成为全球领先的技术和咨询服务公司之一。

IDT 是一家全球领先的半导体公司,专注于设计、开发、制造和市场销售一系列集成电路(IC)产品。IDT 成立于 1980 年,总部位于美国加利福尼亚州的圣何塞。该公司为多个市场提供产品和解决方案,包括通信、计算、消费电子、汽车和工业领域。

全美达公司是一家总部位于美国的主要研发微处理器和相关技术的公司,成立于 1995 年。它最为人熟知的是开发了 Crusoe 和 Efficeon 两款微处理器,这两款产品主要针对移动计算市场,如笔记本电脑和嵌入式系统。全美达的微处理器设计以低功耗和高效能为特点,旨在提供较长的电池使用寿命和减少发热量,这对于移动设备尤为重要。

经过 Intel 与 AMD 的共同努力，x86 相继从最初的 16 位架构发展到如今的 64 位架构，不仅在个人计算机领域取得了统治性的地位，还在服务器市场取得了巨大成功。

2. SPARC

1985 年，Sun 公司设计出了 SPARC 架构，这是一种非常有代表性的高性能 RISC 架构。之后，Sun 公司和 TI 公司合作开发了基于该架构的处理器芯片。

1995 年，Sun 公司又推出了 UltraSPARC 处理器，开始使用 64 位架构。SPARC 架构设计的出发点是服务于工作站，它被应用在 Sun、富士通等企业制造的大型服务器上。基于 SPARC 架构的服务器如图 1-4 所示。

图 1-4　基于 SPARC 架构的服务器

1989 年，SPARC 作为独立的公司成立，目的是推广 SPARC，并为该架构进行兼容性测试。在 Oracle 收购 Sun 公司之后，SPARC 架构归 Oracle 所有。

由于 SPARC 架构是针对服务器领域设计的，其最大的特点是拥有一个大型的寄存器窗口，SPARC 架构的处理器需要实现 72～640 个的通用寄存器，每个寄存器宽度为 64 位，组成一系列的寄存器组，称为寄存器窗口。这种寄存器窗口的架构由于可以切换不同的寄存器组，从而快速地响应函数调用与返回，因此能够带来非常高的性能，但是这种架构由于功耗代价太大，并不适用于程序计数器与嵌入式领域处理器。

SPARC 架构应用的另外一个比较知名的领域是航天领域。由于美国的航天星载系统中普遍使用增强精简指令集计算机性能优化（Performance Optimization with Enhanced RISC，POWER）架构，欧洲太空局为了独立发展自己的航天能力而选择了开发基于 SPARC 架构的 LEON 处理器，并对其进行了抗辐射加固设计，使之能够应用于航天环境中。

2017年9月，Oracle公司宣布正式放弃硬件业务，包括收购自Sun的SPARC处理器，至此，SPARC处理器正式退出了历史舞台。

3. MIPS

MIPS架构是一种简洁、优化的RISC架构，亦为每秒百万条指令（Millions of Instructions Per Second）的相关语，由斯坦福大学的Hennessy教授领导的研究小组研制开发。

由于MIPS是经典的RISC架构，因此是除了ARM之外被人耳熟能详的RISC架构。最早的MIPS架构是32位，最新的版本已有64位。

自从1981年由MIPS科技公司开发并授权后，MIPS架构曾经作为最受欢迎的RISC架构被广泛应用在电子产品、网络设备、个人娱乐装置与商业装置上。它曾经在嵌入式设备与消费领域里占据很大的份额，如SONY、Nintendo的游戏机、Cisco的路由器和SGI超级计算机都有MIPS的身影。

4. POWER

POWER架构是IBM开发的一种RISC架构。1980年，IBM推出了全球第一台基于RISC架构的原型机，证明RISC相比于CISC在高性能领域优势明显。1994年，IBM基于此推出PowerPC604处理器，其强大的性能在当时处于全球领先地位。

基于POWER架构的IBM Power服务器系统在可靠性、可用性和可维护性等方面表现出色，使得IBM设计的从芯片到系统的整机方案有着独有的优势。POWER架构的处理器在超算、银行金融、大型企业的高端服务器等多个方面应用十分成功。

5. ARM

ARM的ISA是ARM处理器所遵循的一套指令集，它定义了处理器能够理解和执行的所有操作。ARM ISA是一种RISC架构，这意味着它在设计上更加简洁高效，专注于执行更少但更快速的指令。这种设计有助于提高处理器的性能，同时降低能耗，使其成为移动和嵌入式设备的理想选择。

ARM ISA的主要特点包括以下4个方面。

(1) 高效的RISC：ARM采用RISC设计原则，使每条指令都能在一个时钟周期内完成，提高了执行效率。

(2) 负载/存储架构：ARM ISA主要通过负载和存储指令进行数据处理，这意味着所有的算术和逻辑操作都是在寄存器上执行的，而内存访问仅限于负载和存储操作。

(3) 条件执行指令：ARM ISA支持条件执行指令，这允许在满足特定条件时执行指令，有助于减少分支指令的使用，从而提高程序的执行效率。

(4) Thumb指令集：为了进一步提高代码密度，ARM引入了Thumb指令集，它是一种压缩的16位指令集，可以与32位ARM指令集混合使用，减少了程序的体积，提高了缓存的效率。

随着技术的发展，ARM ISA也经历了多个版本的迭代，每个版本都引入了新的特性和改进。主要版本包括：

(1) ARMv6：引入了SIMD指令集扩展，改善了多媒体处理能力。

（2）ARMv7：分为 A（应用）、R（实时）、M（微控制器）3 个系列。支持更高的性能和更低的功耗。ARMv7 引入了 Thumb-2 技术，进一步提高了代码密度和性能。

（3）ARMv8：引入了对 64 位处理的支持（AArch64），同时保持对 32 位应用的兼容性（AArch32）。ARMv8 架构具有显著的性能提升和新的安全特性。

（4）ARMv9：最新的架构版本，重点在于提高机器学习和人工智能的处理能力，增强安全性和可扩展性。ARMv9 引入了新的向量和标量指令集扩展，以支持更高效的数据处理。

1.2.5 CPU 的应用领域

在传统的计算机体系结构分类中，处理器应用分为 3 个领域——服务器领域、计算机域和嵌入式领域。

（1）服务器在早期还存在着不同的架构各自拥有一方天地的情况，不过，由于 Intel 公司在商业策略上的成功，目前 Intel 的 x86 处理器芯片几乎成为了这个领域的霸主。

（2）计算机是由 Windows/Intel 软硬件组合并不断发展壮大的，因此，x86 架构是目前计算机领域的垄断者。

（3）传统的嵌入式领域所指范围非常广泛，是除了服务器和计算机领域之外，处理器的主要应用领域。"嵌入式"是比喻在芯片中，处理器就像嵌入在里面一样。

近年来随着各种新技术新领域的发展，嵌入式领域也被发展成了几个不同的子领域。

首先，随着智能手机和手持设备的发展，移动设备逐渐发展成了规模可以匹敌甚至超过计算机的一个独立领域，其主要被 ARM 的 Cortex-A 系列处理器架构垄断。移动设备的处理器由于需要加载 Linux 操作系统，同时涉及复杂的软件生态，因此和计算机一样产生依赖软件生态。目前 ARM Cortex-A 系列已经取得了绝对的统治地位，其他的处理器架构很难再进入该领域。

其次，实时嵌入式领域相对而言没有那么严重的软件依赖性，因此没有形成绝对的垄断，但是由于 ARM 处理器 IP 商业推广的成功，目前仍然是 ARM 的处理器架构占据大多数市场份额，其他处理器架构例如 Synopsys ARC 等也有不错的市场成绩。

最后，深嵌入式领域更像传统嵌入式领域。该领域的需求量非常大，但往往注重低功耗、低成本和高能效比，无须加载像 Linux 这样的大型应用操作系统，软件大多是需要定制的裸机程序或者简单的实时操作系统，因此对软件生态的依赖性相对比较低。在该领域很难形成绝对的垄断，但是目前仍然是 ARM 的 Cortex-M 处理器占据大多数市场份额，其他的架构例如 Synopsys ARC 和 Andes 等也有非常不错的表现。

1.3 RISC-V 架构

RISC-V（读作"risk-five"）是一种开放标准的 ISA 基于 RISC 原则的架构。与其他指令集如 x86 或 ARM 不同，RISC-V 作为一个开放标准，任何人都可以免费使用它，不需要支付版税。这个特点使 RISC-V 在学术界、研究机构，以及商业实践中得到了广泛的关注和采用。

1.3.1　RISC-V ISA 和社区

RISC-V ISA 是基于 RISC 原则设计的一种开放标准指令集。它由美国加利福尼亚大学伯克利分校（以下简称伯克利分校）的研究人员于 2010 年提出，目的是创建一个完全开放且免费使用的指令集，以便于教学、研究及商业应用。RISC-V 的设计理念强调简洁、模块化和可扩展性，使其能够适应从小型嵌入式系统到大型数据中心处理器等多种计算需求。

RISC-V 不仅是一种技术规范，它还催生了一个活跃的全球社区，包括学术界、工业界和爱好者。这个社区通过共享设计、工具、资源和最佳实践推进 RISC-V 的发展和应用。

1. RISC-V 指令集

RISC-V 指令集被设计为模块化的，以支持各种不同的应用场景，从小型嵌入式设备到大型服务器和超级计算机。这种模块化的设计允许开发者根据需要选择适合其特定应用的指令集扩展。

（1）RISC-V 基本指令集。

RISC-V 的基本指令集分为 3 个主要的变体，分别对应不同的地址空间大小。

① RV32I：32 位基本整数指令集，提供 32 位整数运算和 32 位地址空间。

② RV64I：64 位基本整数指令集，提供 64 位整数运算和 64 位地址空间。

③ RV128I（尚处于开发中）：128 位基本整数指令集，将提供 128 位整数运算和 128 位地址空间。

这些基本指令集包含了进行整数运算、控制流（例如分支和跳转）、加载和存储操作所需的指令。

（2）RISC-V 指令集扩展。

RISC-V 通过一系列的指令集扩展增强其功能，这些扩展用单个字母表示，可以根据需要组合使用，以下是一些主要的扩展。

① M：乘法和除法扩展，添加了整数乘法、除法和取模运算指令。

② A：原子操作扩展，提供了用于多处理器同步的原子"读-改-写"操作。

③ F 和 D：浮点指令扩展，分别提供了单精度和双精度浮点运算指令。

④ C：压缩指令扩展，减少了指令的位宽，以减小程序的大小，提高执行效率。

⑤ V：向量指令扩展，为数据并行运算提供支持，适用于多媒体处理和科学计算等领域。

⑥ B：位操作扩展，提供了一系列用于位级操作的指令，以提高处理位字段和位掩码操作的效率。

（3）编程模型。

RISC-V 指令集定义了一个简单的编程模型，其中包括一组通用寄存器和一些特殊用途的寄存器。对于 RV32I，有 32 个 32 位的通用寄存器；RV64I 和 RV128I 分别扩展了这些寄存器的大小到 64 位和 128 位。

（4）特权模式。

RISC-V 定义了几种特权模式，以支持操作系统的需求，包括用户模式、监管模式和机器模式。这些模式允许操作系统实现如虚拟内存管理、异常处理和中断处理等功能。

RISC-V 指令集以其开放性、模块化和可扩展性，为各种计算需求提供了强大的支持。它的设计允许开发者根据应用需求选择合适的基本指令集和扩展，从而优化其产品的性能和功耗。随着 RISC-V 生态系统的不断成熟，预计会有越来越多的硬件和软件产品采用这一开放标准。

2. RISC-V 社区

与由私人公司或联盟开发的技术不同，RISC-V 是由一个社区开发的，这个社区是由一群个人和组织组成的，他们都为这些规范的开发作出了贡献。社区的成员来自各行各业——行业专家、学生、培训师，以及任何对开放技术感兴趣并愿意进一步了解它的人。

虽然所有成员参与的原因各不相同，但他们都有一个共同的兴趣，那就是开发一个可公开使用的 ISA 规范及其周围的生态系统。这个生态系统由多种元素组成。

（1）物理硬件：处理器、开发板、片上系统（SoC）、模块化系统（SoM）及其他物理系统。

（2）可以加载到仿真器、现场可编程门阵列（Field Programmable Gate Array，FPGA）或在硅中实现的"软"IP 处理器核心。

（3）完整的软件栈，从引导加载程序和固件，到完整的操作系统和应用程序。

（4）教育材料，包括课程、课程大纲、课程计划、在线课程、教程、博客、实验作业，甚至书籍。

（5）服务，包括验证、定制板设计等。

所有这些社区产出都在 RISC-V 交换平台上得到了认可，这是 RISC-V 网站上的一个有组织的部分，它从可用的硬件和软件、服务、学习材料及讨论要点等方面描述了生态系统。

该网站还列出了更多关于社区的信息，包括指向成员工作组的链接和公共邮件列表，组织好的 Wiki 页面上的信息，当然还有规范本身——既包括完成的、已批准的版本，也包括正在开发的最新规范。

1.3.2 开源与开放标准的重要性

RISC-V 的故事始于伯克利分校的并行计算实验室。作为铺垫，首先讨论开源和开放标准的重要性，因为这些直接适用于 RISC-V ISA 的开发过程和开放授权。

技术不会在孤立中持续存在，除非像手电筒这样异常简单的非连接设备，可是即便在这种情况下，也依赖国际标准连接电池和灯泡。随着技术变得更加复杂和互联，国际标准可以确保社会能够从发明者到消费者实现互操作。

标准在基础平台级别推动创新，从机器螺钉的标准螺纹到连接微处理器上硅的螺纹。在工程学中设定自愿标准的做法可以追溯到一个多世纪以前。在 20 世纪 80 年代末到 90 年代，蒂姆·伯纳斯·李引领了一场革命，标准化了在互联网上使用的协议（URL、HTML、HTTP、W3C），这无疑是现代历史上技术实用性最大的进步之一。

通过全球合作和共识，开源开发，交付软件和硬件设计，软硬件标准化以前所未有的全球规模加速了技术进步。将 RISC-V 发布给开放社区，无论是为了标准化还是通过开放合作持续改进，都是 RISC-V 国际核心所在。如果没有合作和对 RISC-V ISA 及其开放扩展的开放访问，社区就有碎片化、分叉和建立多个标准的风险。

作为一种 ISA，RISC-V 本身并不像软件那样是"开源"的，因为 ISA 并不是由源代码组成的。然而，它是一个开放的规范，并且是在创意共享许可下发布的。RISC-V 内的其他成果，如软件和合规性测试，使用适当的许可证（例如伯克利软件分发（Berkeley Software Distribution，BSD）许可证和 MIT 许可证），保留了 RISC-V 对每个人都可用的原始宽松意图。

1.3.3　RISC 和开放 ISA 的历史

RISC 旨在通过使用较少的、更简单的指令提高计算机的性能。RISC 架构的核心思想是通过优化硬件加速指令的执行，从而提高整体系统的效率和性能。RISC 系统的主要特点包括以下 5 点。

（1）指令集简化：RISC 处理器的指令集相对较小，指令的格式通常很简单，这使得指令的解码更为高效。

（2）大量使用寄存器：RISC 系统倾向于使用较多的寄存器以减少对内存的访问次数，因为寄存器的访问速度远远高于内存。

（3）固定长度的指令：RISC 架构中的指令长度固定，这简化了指令的解码过程。

（4）更容易地实现指令的流水线处理：在 RISC 架构中，只有专门的加载和存储指令可以访问内存，其他指令仅在寄存器之间操作数据。

（5）优化的指令流水线：由于指令的简单性，RISC 处理器能够更有效地实现指令流水线技术，这是一种将指令执行过程分解为多个步骤的技术，每个步骤由不同的处理器部件并行处理。

RISC 架构因其高效性而广泛应用于移动设备、嵌入式系统和高性能计算领域。例如，ARM、PowerPC 和 RISC-V 都是基于 RISC 设计理念的处理器架构。

RISC 是一种在 20 世纪 80 年代初基于简易性提出的计算机架构，与当时 CISC 的微处理器形成对比。RISC 架构诞生于学术环境，因此其设计追求简单和高效，提出了一系列与当时受商业利益驱动的 CISC 截然相反的特性。在许多方面，RISC 是 CISC 的对立面。通常，CISC CPU 拥有少量寄存器和大量指令，其中大多数可以访问内存，而 RISC CPU 拥有大量寄存器和一个非常简约的指令集，内存访问仅限于少数的加载和存储指令。

RISC 这个缩写是在 1980 年左右由伯克利分校的大卫·帕特森教授创造的，他与斯坦福大学的约翰·亨尼西教授合作，编写了著名的书籍《计算机组织与设计》和《计算机体系结构：定量方法》。由于在 RISC 架构上的工作，他们在 2017 年获得了图灵奖。

开放一个 ISA 既是极具价值的，也是一项非常困难的任务。它需要许多利益相关者的合作、保护免受专利巨鳄和其他诉讼的侵扰，以及为任何依赖其成果为生的人提供明确的所有权路径。RISC-V 之所以取得巨大成功，是因为它致力于完全开放的架构、由所有成员提供并同意的保护措施，以及对社区的全面承诺。

1.3.4　RISC-V 起源：美国加利福尼亚大学伯克利分校的架构研究

Krste Asanović 教授和研究生 Yunsup Lee 与 Andrew Waterman 于 2010 年 5 月作为伯克利分校并行计算实验室（Par Lab）的成员启动了 RISC-V 指令集项目，该实验室的主任是大卫·帕特森教授。Par Lab 是一个为期 5 年的项目，旨在推进并行计算，由 Intel 和微软资助，从 2008 年到 2013 年，资金达到 1000 万美元。它还获得了其他几家公司和加利福尼亚州的资金支持。用于设计许多 RISC-V 处理器的 Chisel 硬件构建语言也是在 Par Lab 中开发的。

Par Lab 中的所有项目都使用 BSD 许可证开源，包括 RISC-V 和 Chisel。

ISA 规范本身，即指令集的编码，当 ISA 技术报告发布时，采用了宽松的许可证（类似于 BSD 许可证的语言）。尽管如此，实际的技术报告文本（规范的表述）后来被置于创意共享许可证下，以允许外部贡献者进行改进，包括 RISC-V 基金会。

在这些项目中没有针对 RISC-V 提交任何专利，因为 RISC-V ISA 本身并不代表任何新技术。RISC-V ISA 基于的计算机架构思想至少可以追溯到 40 年前。基于 RISC 处理器的实现，包括一些基于其他开放 ISA 标准的实现，在全球各地的各种供应商处都可以轻松获得。

全世界对 RISC-V 的兴趣并非因为它是一项伟大的新芯片技术，而是因为它是一个共同的自由和开放标准，软件可以移植到该标准上，任何人都可以自由开发自己的硬件运行软件。RISC-V 国际不管理或提供任何开源 RISC-V 实现，只提供标准规范。RISC-V 软件由各自的开源软件项目管理。

RISC-V 发明后，被众多公司在许多地方使用。包括由美国国防高级研究计划局（Defense Advanced Research Projects Agency，DARPA）资助的研究项目在内的无数项目都使用了它。

伯克利分校的 ASPIRE 实验室接替了 Par Lab，由 Krste Asanović 领导，从 2013 年持续到 2018 年，构建了几款兼容 RISC-V 的微处理器。它获得了 DARPA 和许多公司的资金支持。

将基础研究资金提供给大学主要用于不受限制的研究，并允许公开传播结果，这种合同是美国联邦政府向大学提供资金的标准模型，允许资助工作的结果在开放文献中发布，并使全世界的公众都能访问。政府保留使用在研究中开发的任何技术的权利，除非明确说明，否则不限制技术。

一个与 DARPA 相关的光子学项目早于 RISC-V，并在 2006 年资助了麻省理工学院的研究。这项研究支持了集成硅光子学的发展。后期在麻省理工学院和伯克利分校的资金用于构建原型芯片，其中包括以 RISC-V 核心作为基础设施展示光子链接。

ASPIRE 实验室由 DARPA 的嵌入式计算技术功率效率革命（Power Efficiency

Revolution For Embedded Computing Technologies，PERFECT）计划资助。该计划的目标是开发革命性的方法，以及技术和技巧，以提供使嵌入式计算系统成为可能需要的功率效率。研究人员使用基于 RISC-V 的系统演示该计划中的想法。

在所有这些资助的项目中，RISC-V ISA 规范和 RISC-V 开源核心都不是合同交付物。RISC-V 只是分别开发的基础设施，用于支持资助的研究。

虽然 DARPA 没有资助最初的 RISC-V ISA 定义，但 DARPA 的资金在其后期发展中发挥了重要作用。

DARPA 资助了一大批关于开源硬件技术的项目。然而，RISC-V 国际（RISC-V 的目前所有者）从未获得过 DARPA 的资金，也没有追求或接受过任何政府的资助。

1.3.5 RISC-V 架构的诞生

RISC-V 架构主要由伯克利分校的 Krste Asanović 教授、Andrew Waterman 和 Yunsup Lee 等开发人员于 2010 年发明，并且得到了计算机体系结构领域的 David Patterson 的大力支持。之所以发明一套新的 ISA，而不是使用成熟的 x86 或者 ARM 架构，是因为这些架构经过多年的发展变得极为复杂和冗繁，并且存在着高昂的专利和架构授权的费用问题，此外不支持修改 ARM 处理器的存储器传输级（Register Transfer Level，RTL）代码，而 x86 处理器的源代码根本不可能获得。其他的开源架构（例如 SPARC、OpenRISC）均有或多或少的问题。虽然计算机体系结构和 ISA 已发展得非常成熟，但是像伯克利分校这样的研究机构竟然选择不出合适的 ISA 使用。基于以上原因，伯克利分校的教授与研发人员决定发明一种全新的、简单且免费开放的 ISA，于是 RISC-V 架构诞生了。

RISC-V 的"V"包含两层意思：第一层，这是 Berkeley 从 RISC-I 开始设计的第 5 代 ISA；第二层，它代表了变化和量。

经过几年的开发，伯克利分校为 RISC-V 架构开发出了完整的软件工具链，以及若干开源的理想实例，得到越来越多的人的关注。2016 年，RISC-V 基金会正式成立，开始运作。RISC-V 基金会是一个非营利性组织，负责维护标准的 RISC-V 指令集手册与架构文档，并推动 RISC-V 架构的发展。

RISC-V 的不同寻常之处，除了它是最近诞生的和开源的以外，还与几乎所有以往的 ISA 不同，它是模块化的。RISC-V 的核心是一个名为 RV32I 的基础 ISA，运行一个完整的软件栈。RV32I 是固定的，永远不会改变。这为编译器编写者、操作系统开发人员和汇编语言程序员提供了稳定的目标。模块化来源于可选的标准扩展，根据应用程序的需要，硬件可以包含或不包含这些扩展。这种模块化特性使 RISC-V 具有了袖珍化、低能耗的特点，而这对于嵌入式应用至关重要。当 RISC-V 编译器得知当前硬件包含哪些扩展后，便可以生成当前硬件条件下的最佳代码，然后把代表扩展的字母附加到指令集名称之后作为指示，例如，RV32IMFD 将乘法（RV32M）、单精度浮点（RV32F）和双精度浮点（RV32D）的扩展添加到了基础指令集（RV32I）中。

加利福尼亚大学伯克利分校的科学家发明 RISC-V 就是希望"指令集想要自由 (Instruction Sets Want to be Free)"——全世界任何公司、大学、研究机构与个人都可以开发兼容 RISC-V 的处理器,都可以融入基于 RISC-V 构建的软硬件生态系统,而不需要为指令集支付一分钱。这是伟大的理想!

RISC-V 的目标是成为一个通用的 ISA。

(1) 它要能适应包括从最袖珍的嵌入式控制器,到最快的高性能计算机等各种规模的处理器。

(2) 它应该能兼容各种流行的软件栈和编程语言。

(3) 它应该适应所有实现技术,包括 FPGA、专用集成电路(Application Specific Integrated Circuit,ASIC)、全定制芯片,甚至未来的设备技术。

(4) 它应该对所有微体系结构样式都有效,例如微编码或硬连线控制,顺序或乱序执行流水线,单发射或超标量等。

(5) 它应该支持广泛的专业化,成为定制加速器的基础,因为随着摩尔定律的消退,加速器的重要性日益提高。

(6) 它应该是稳定的,基础的 ISA 不应该改变。更重要的是,它不能像以前的专有 ISA 一样被弃用,如 AMD Am29000,Digital Alpha,Digital VAX,Hewlett Packard PA-RISC,Intel i860,Intel i960,Motorola 88000,以及 Zilog Z8000。

RISC-V 基金会负责维护标准的 RISC-V 架构文档和编译器等 CPU 所需的软件工具链,任何组织和个人可以随时在 RISC-V 基金会网站上免费下载(无须注册)。

RISC-V 的推出和基金会的成立,受到了学术界与工业界的巨大欢迎。著名的科技行业分析公司 Linley Group 将 RISC-V 评为"2016 年最佳技术",RISC-V 架构标志如图 1-5 所示。

图 1-5 RISC-V 架构标志

RISC-V 架构的诞生不仅对高校与研究机构是个好消息,为前期资金缺乏的创业公司、成本极其敏感的产品,以及对现有软件生态依赖不大的领域,都提供了另外一种选择,并且得到了业界主要科技公司的拥戴,包括谷歌、惠普、Oracle 和西部数据等都是 RISC-V 基金会的创始会员。众多的芯片公司(比如,三星、英伟达等)已经开始使用或者计划使用 RISC-V 开发其自有的处理器用于其产品。

1.3.6 RISC-V 国际

RISC-V 确实是一个社区。实际上,它是一个跨越 40 多个国家和数千人的全球社区。这个社区的核心和指导力量是 RISC-V 国际协会。

RISC-V 国际是一家瑞士的非营利组织,成立的目的是组织围绕 ISA 的开发和其他诸如软件、非 ISA 规范、测试和合规框架等活动。RISC-V 是为其成员组织的,这些成员包括 200 多个组织,以及许多以个人身份参与的成员,这些个人成员与公司或大学无关。董事会来自每个会员级别的投票代表,因此 RISC-V 真正是一个平等的、基于社区的组织。

RISC-V 国际提供全球组织所需的所有管理活动——执行管理、推广和市场营销、会员支持、运营支持、技术项目管理和创意服务。它为 RISC-V 的知识产权提供法律支持，包括规范 RISC-V 商标和图像。

RISC-V 国际雇用了一小部分员工协助和指导社区的自我组织，并且与 Linux 基金会维持合同，以提供管理服务，包括人力资源、IT 和工具支持、财务支持等。Linux 基金会拥有多年运营开源基金会和项目的经验，这有利于 RISC-V 社区帮助实现其使命。

RISC-V 国际不生产硬件，但它为所有会员组织提供基础，使它们能够基于 RISC-V ISA 的基础支持创新技术。作为一个开放规范项目，RISC-V 的主要生产形式为规范的文档，如 ISA，测试和调试规范，跟踪规范，以及其他相关文档。这些文档是由数千人的协作产生的，经过了严格的反馈和监督。RISC-V 国际的成立是为了引导使用者使用标准组织和开源过程的最佳实践整理规范，并为会员和更多的社区提供价值。

RISC-V 国际的发展 RISC-V 基金会于 2015 年成立，旨在基于 RISC-V ISA 建立一个开放、协作的软件和硬件创新者社区。作为一家由其成员控制的非营利性公司，基金会指导了 RISC-V ISA 的最初采用过程以推动其发展。

RISC-V 国际贡献和生产的知识产权是根据行业和全球标准许可持有的，这些许可已经对任何司法管辖区的公司开放。这种许可是一种常见的开源方法，旨在促进合作，而不受任何地理法规的限制。开源知识产权尚未受到出口控制。RISC-V 国际鼓励组织、个人和爱好者加入他们的生态系统，共同通过开放标准和开源合作，开启处理器创新的新时代。

会员资格分为不同的级别，成员可获得丰富的福利。所有福利都在会员页面上列出。

为什么 RISC-V 坚持要求会员资格，而不是像 Linux 内核和许多其他开源软件项目那样，向公众开放贡献和参与呢？主要原因是 IP 保护。RISC-V 会员协议和章程仅为实际签署了协议的成员提供坚实的保护。但 RISC-V 的整个技术过程对非成员透明（以只读方式），并为非成员提供了大量学习机会，以及一系列公开讨论列表，经验丰富的 RISC-V 开发者经常在其中贡献经验。

个人、学术机构和非营利组织可以免费加入 RISC-V。对于营利性公司，提供三个会员级别供其选择，并需支付年费。这些费用用于支付 RISC-V 的持续集体支持、推广和倡导工作。

会员成为高级会员是为了在 RISC-V 自身的治理中拥有一席之地。高级技术指导委员会（Technical Steering Committee，TSC）会员可以在技术指导委员会获得一个席位，该委员会管理技术流程，而完整的高级会员会在董事会和 TSC 获得席位。

社区组织包括学术和非营利组织，其中许多组织还参与学术与培训特别兴趣小组，以交流想法和教育材料。社区组织不需要支付会费，尽管其中有许多选择赞助 RISC-V 的事件。社区组织每年选举一名小组代表进入董事会。

所有组织会员，高级、战略和社区组织，都可以使用 RISC-V 商标，包括 RISC-V 名称和标志。

社区个人是 RISC-V 社区中最活跃的成员之一。所有技术和非技术工作组，以及特别兴趣小组中都有活跃的个人。社区个人不需要支付会费，他们每年选举一名小组代表进入董事会。个人无法使用 RISC-V 商标，但他们中的许多人能够说服他们的雇主或他们所属的其他组织加入 RISC-V 作为一个组织。

2018 年 11 月，RISC-V 基金会宣布与 Linux 基金会联合。作为这项合作的一部分，Linux 基金会为 RISC-V 国际提供运营、技术和战略支持，包括会员管理、会计、培训计划、基础设施工具、社区外展、营销、法律，以及其他开源服务和专业知识。

1.3.7 RISC-V 生态系统

RISC-V 依赖其成员运作。跨越许多不同技术和应用领域的会员群体被称为 RISC-V 生态系统。可以通过访问 RISC-V 网站查看全面视图。在这里可以找到 RISC-V 主要贡献者的交互式视图，也可以单击链接了解更多关于他们的信息。这些贡献者按照他们提供的产品或服务类型进行组织，包括软件和硬件，有应用、库、操作系统、实现等类别。RISC-V 生态系统的众多应用领域如图 1-6 所示。

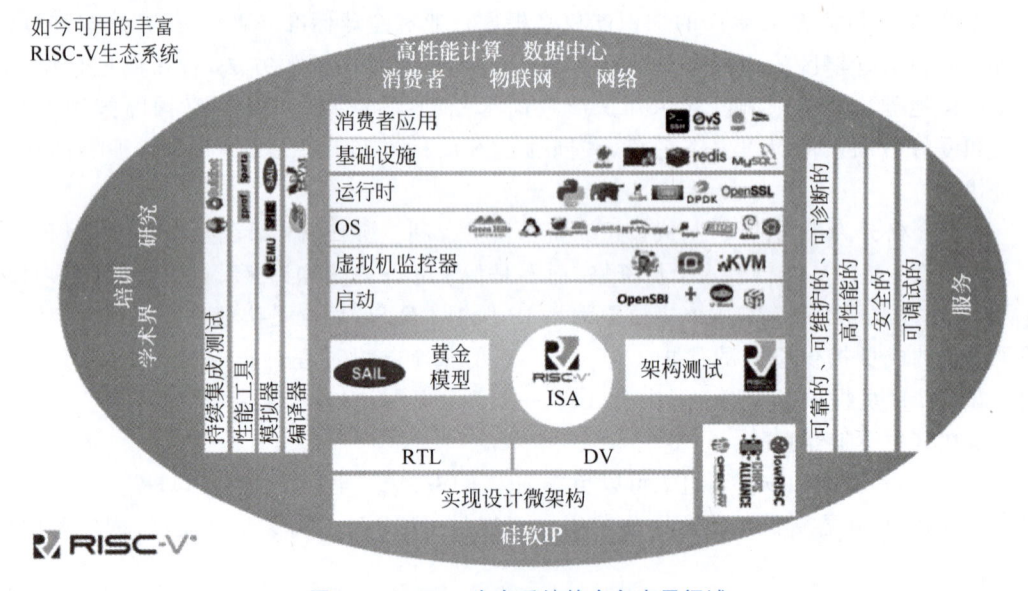

图 1-6 RISC-V 生态系统的众多应用领域

随着越来越多的应用领域不断涌现，RISC-V 生态系统正在不断增长。RISC-V 生态系统在某些特定领域有独立的组织，可以通过访问 RISC-V 网站了解 RISC-V 软件生态系统。这是由行业领导者主导的，旨在促进 RISC-V 开放软件的发展。仅通过查看主要成员的标志，就可以了解软件行业对 RISC-V 的重视程度，以及未来对计算架构投入的投资类型。

1.3.8　RISC-V 沟通渠道

沟通是基于社区的开发中最关键的部分，无论是在开源软件、开放规范、开放标准还是任何其他类型的共享资源开发中。RISC-V 采用了从数十年的开源和学术经验中提炼出的最佳实践。

下面讨论最重要的沟通点类型及如何访问它们。

（1）邮件列表：RISC-V 邮件列表由受监控的、仅限成员参与的讨论组成，涉及 RISC-V ISA、其他规范、测试框架和软件的开发。邮件列表是异步沟通的宝贵工具，因为它们以可搜索的形式保存了带有日期标记的完整对话。

RISC-V 内的大多数技术小组（委员会、任务组和 SIG）都具有公开可见性，活跃参与限于成员，但任何人都可以阅读档案。RISC-V 内的行政和执行小组仅对 RISC-V 成员可见。

（2）会议：邮件列表很好，但会议可以大幅提高沟通效率。大多数 RISC-V 工作组定期使用 Zoom 开会，会议被记录下来，因此不会有任何遗漏。

（3）Slack：除了邮件列表和会议之外，许多 RISC-V 开发者还使用同步在线通信，特别是在事件期间。RISC-V 提供了一个 Slack 空间，其中包含许多不同主题的频道。这些频道的活动不会被保存，但频道是进行实时讨论的好方法，无需会议或电话会议。

Slack 是一个基于云的团队协作和通信工具，它提供了一种集中化的方式帮助团队成员进行有效沟通、文件共享、任务协调和项目管理。Slack 由 Stewart Butterfield 创立，于 2013 年发布，旨在取代传统的电子邮件和即时消息工具，提供一个更加灵活、高效的工作环境。

Slack 的主要特点包括以下 6 个。

① 频道：用户可以创建不同的频道讨论不同的主题或项目。频道可以是公开的，供所有团队成员访问；也可以是私有的，仅供特定成员访问。

② 直接消息：用户可以直接与其他团队成员进行一对一的私密对话。

③ 集成：Slack 提供了其他应用程序和服务的集成，例如 Google Drive、Trello、GitHub 等，用户可以在一个平台上管理多个工具和服务。

④ 文件共享：用户可以在 Slack 中轻松地共享文件和文档，并对这些文件进行评论和讨论。

⑤ 搜索功能：Slack 提供了强大的搜索功能，用户可以快速查找消息、文件和内容。

⑥ 跨平台支持：Slack 提供了 Web 版、桌面客户端（Windows，macOS，Linux）和移动应用（iOS，Android），用户可以在不同设备上无缝协作。

Slack 被广泛应用于各种规模的组织和团队中，从小型创业公司到大型企业，都在使用 Slack 改善团队沟通，提高工作效率。

（4）GitHub：大多数交付物的工作都是使用 GitHub 完成的，它提供了一个非常适合技术开发的工作模型。GitHub 提供版本控制、软件和文档的持续集成和构建、问题跟踪，以及记录良好的审批链。

（5）RISC-V Wiki：像大多数开源项目一样，RISC-V 有一个 Wiki，其中包含大量信息。Wiki 中的所有信息都对公众开放，但某些链接可能仅限于 RISC-V 成员使用。

（6）公开讨论组：还有一组不需要会员资格的公开讨论组。用户可以使用 RISC-V 国际网站技术页面上的链接加入这些讨论和其他讨论。

（7）公开会议、研讨会和地方活动：RISC-V 国际每年主办多项活动，以每年 12 月的 RISC-V 峰会为高潮。此外，RISC-V 还赞助并参与了许多行业活动，RISC-V 附属机构也在世界各地举办活动。地方活动为了解 RISC-V 和会见特定领域的人提供了绝佳机会。活动在 RISC-V 网站上进行跟踪，并经常在市场活动委员会电话会议上开展讨论。

1.3.9　RISC-V 交流平台

技术组织经常更新政策以纳入最佳实践。这些政策构成了 RISC-V 内部开发流程的基础，使得超过 2000 名开发者能够共同工作。

RISC-V 交流平台是一个特殊的资源，它提供了一个窗口，展示了全球 RISC-V 社区中人们完成的工作，包括教育材料、实体硬件、IP 核心和大量软件。随着硬件和软件的持续创造，网站正在不断增长。

交流平台包含以下 5 项内容。

（1）可用的板卡：基于 RISC-V 的单板计算机（Single Board Computer，SBC）包括开源硬件和专有设计，范围从简单的微控制器板到复杂的单片系统（System on Chip，SoC）设计。

（2）可用的核心和 SoC：这些硬件设计可能是开源的或专有的，并且可能免费或出售。

（3）可用的软件：软件以二进制形式和源代码形式提供。许可证颁发范围从宽松的开源到限制性的专有许可证。

（4）可用的服务：许多组织提供与 RISC-V 产品开发相关的服务，包括设计、验证、软件工具等。

（5）可用的学习资源：书籍、在线课程、课程大纲、学术材料，以及与学习 RISC-V 相关的任何其他内容。

1.3.10　为 RISC-V 作出贡献

为 RISC-V 作出贡献的方式有很多。以下是可以为 RISC-V 社区作出贡献的一些方式：

（1）通过学习资源构建 RISC-V 知识；

（2）成为 RISC-V 大使技术专家；

（3）在 RISC-V 职业页面发布 RISC-V 技术职位空缺；

（4）成为导师，指导一个 RISC-V 导师项目；

（5）帮助维护技术规范；

（6）编写并分享自己的 RISC-V 项目。

1.3.11 RISC-V ISA 规范

RISC-V ISA 规范文档在定义时尽可能避免了实现细节。它应被视为对广泛实现的软件可见接口，而不是某个特定硬件工件的设计。然而，多个设计决策受到了简化 ISA 精神中硬件实现的影响，例如将乘法扩展与基本整数 ISA 分离。

RISC-V 手册分为两卷。第一卷涵盖了基础非特权指令的设计，包括可选的非特权 ISA 扩展。非特权指令是指在所有特权模式和所有特权架构中通常可用的指令，尽管根据特权模式和特权架构的不同，行为可能会有所不同。第二卷提供了第一个特权架构的设计。

RISC-V 规范：一个模块化的 ISA。

作为从 1980 年开始的研究项目的第 5 代，RISC-V 是一个经验丰富的架构，旨在成功地克服过去其他架构失败的地方，从它们的错误中学习。因此，与 ARM Cortex 系列等商用处理器中的传统增量式 ISA 不同，RISC-V 被设计为一个模块化的 ISA。

这种模块化意味着 RISC-V 的实现由一个强制性的基础 ISA 和多个 ISA 扩展组成，以便可以根据应用的需求定制 CPU。任何扩展都可以用于特定的实现，也可以省略。

相反，增量式架构要求一个 ISA 包含它扩展的所有 ISA 中的内容。例如，ARM Cortex-M4 指令集包含 Cortex-M3 指令集中的所有指令，以此类推，包含 Cortex-M0＋指令集中的所有指令。ARM Cortex-M4 处理器不可能只包含 M4 和 M0＋指令集中的指令，而跳过中间的 M3 指令集。

目前市场上许多嵌入式微控制器使用的流行 RISC-V 核心都实现了 RV32IMAC ISA。

定制 RISC-V ISA 的命名由字母 RV（代表 RISC-V）开头，后跟位宽，然后是一系列表示基础 ISA 及其扩展的 1 个字母标识符组成。

以此为基础，RV32IMAC 的含义如下。

（1）RV32I：一个具有基础整数 ISA 的 32 位 CPU。这包括基本操作必需的指令。

（2）M：整数乘法和除法扩展。

（3）A：原子指令扩展。

（4）C：压缩指令扩展。该扩展为现有 RV32I 指令的一个特殊子集提供了 16 位的替代编码，这些指令在 32 位中编码。

一个非特权 RV32IMAC 指令集如图 1-7 所示。指令集显示了 RISC-V 的模块化（非增量）性质，一个强制性的基础 ISA 与一组扩展相结合。

另一个流行的 ISA 是 RV32IMAFD，通常缩写为 RV32G。字母 G 并不代表一个 ISA 扩展，而是代表通用（General）。

想要了解更多关于 RISC-V ISA 的信息，可以考虑阅读 David Patterson 和 Andrew Waterman 所著的《RISC-V Reader》（RISC-V 指南）一书，西班牙语、葡萄牙语、中文和韩语的翻译版本可以免费下载。

RV32IMAC

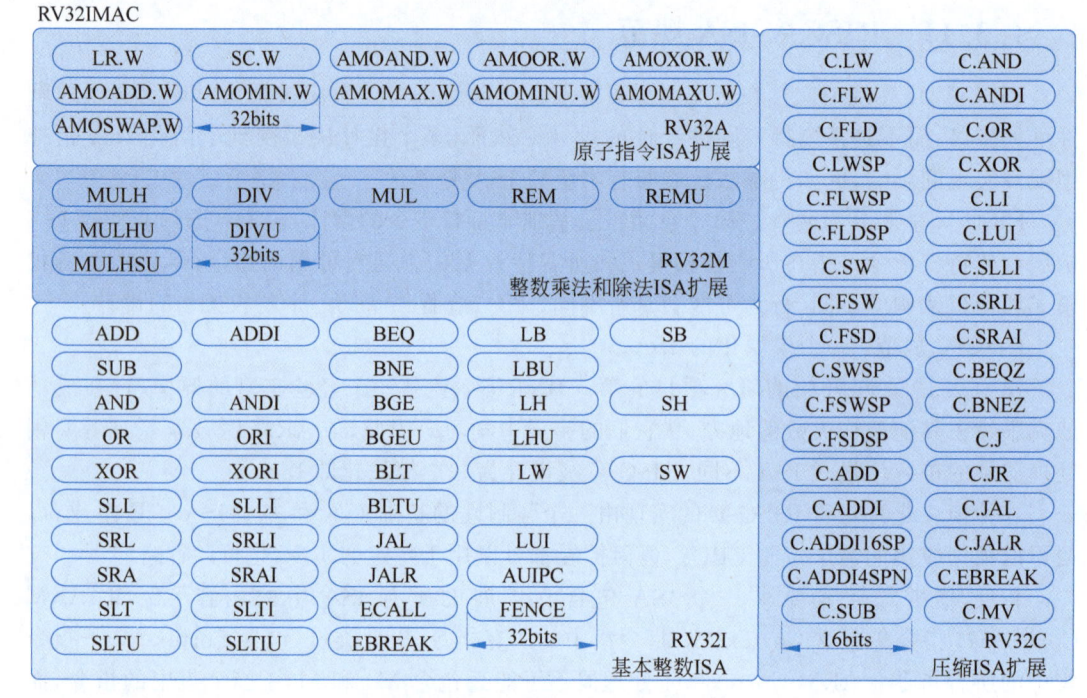

RV32A 原子指令ISA扩展
LR.W, SC.W, AMOAND.W, AMOOR.W, AMOXOR.W, AMOADD.W, AMOMIN.W, AMOMAX.W, AMOMINU.W, AMOMAXU.W, AMOSWAP.W (32bits)

RV32M 整数乘法和除法ISA扩展
MULH, DIV, MUL, REM, REMU, MULHU, DIVU, MULHSU (32bits)

RV32I 基本整数ISA
ADD, ADDI, BEQ, LB, SB, SUB, BNE, LBU, AND, ANDI, BGE, LH, SH, OR, ORI, BGEU, LHU, XOR, XORI, BLT, LW, SW, SLL, SLLI, BLTU, SRL, SRLI, JAL, LUI, SRA, SRAI, JALR, AUIPC, SLT, SLTI, ECALL, FENCE, SLTU, SLTIU, EBREAK (32bits)

RV32C 压缩ISA扩展
C.LW, C.AND, C.FLW, C.ANDI, C.FLD, C.OR, C.LWSP, C.XOR, C.FLWSP, C.LI, C.FLDSP, C.LUI, C.SW, C.SLLI, C.FSW, C.SRLI, C.FSD, C.SRAI, C.SWSP, C.BEQZ, C.FSWSP, C.BNEZ, C.FSDSP, C.J, C.ADD, C.JR, C.ADDI, C.JAL, C.ADDI16SP, C.JALR, C.ADDI4SPN, C.EBREAK, C.SUB, C.MV (16bits)

图 1-7 非特权 RV32IMAC 指令集

1.3.12 RISC-V 的 ISA

RISC-V ISA 是一种基于 RISC 原则设计的开放源码指令集。它的设计目标是提供一种简洁、可扩展、高效的指令集,适用于从小型嵌入式系统到大型高性能计算系统。RISC-V ISA 的一个显著特点是其模块化设计,允许开发者根据具体需求选择需要的指令集组合。

为了让软件程序员能够编写底层的软件,ISA 不仅是一组指令的集合,它还要定义任何软件程序员需要了解的硬件信息,包括支持的数据类型、存储器、寄存器状态、寻址模式和存储器模型等。

ISA 才是区分不同 CPU 的主要标准,这也是 Intel 和 AMD 公司分别推出几十款不同的 CPU 芯片产品的原因。虽然来自两个不同的公司,但是它们仍被统称为 x86 架构 CPU。

RISC-V ISA 设计为支持不同的地址空间大小,主要包括 32 位(RV32)、64 位(RV64)和 128 位(RV128)架构。这些不同的版本使 RISC-V 架构适应各种计算需求,从低功耗的嵌入式设备到高性能的服务器和超级计算机。

(1) RV32:32 位版本的 RISC-V 用于需要较低功耗和较小物理空间的应用,如嵌入式系统和物联网(Internet of Things,IoT)设备。RV32 提供了一个 32 位的地址空间,足以满足许多轻量级应用的需求。

(2) RV64:64 位版本的 RISC-V 提供了更大的地址空间,适用于需要处理大量数据和内存的应用,如桌面计算、服务器和数据中心。RV64 允许更高效的数据处理和更大的内存寻址能力，以适合更复杂和要求更高的计算任务。

（3）RV128：虽然目前应用较少，但 RISC-V 还设计有 128 位版本(RV128)，为未来可能出现的超大内存寻址需求提供了支持。随着技术的发展和数据量的增加，RV128 可能会在特定领域找到其应用场景。

RISC-V 的多版本设计体现了其灵活性和扩展性，允许开发人员根据具体的应用需求选择最合适的架构版本。此外，RISC-V 还支持多种可选的扩展（如整数乘法和除法、原子操作、浮点运算等），进一步增加了其适用性和灵活性。

1. 基本指令集

RISC-V 的基础整数指令集构成了 RISC-V ISA 的核心，它们为不同的处理器设计和应用提供了基本的运算能力。这些指令集按照位宽进行分类，分别适用于不同的处理器和应用场景。基础指令集解释如下。

（1）RV32I：32 位基础整数指令集。

RV32I 是 RISC-V ISA 的基石，提供了一套 32 位整数运算的基本指令。这个指令集包括了算术、逻辑、控制转移、加载和存储等操作指令。RV32I 的设计目标是简洁高效，它既适用于低成本、低功耗的嵌入式系统，也适用于教学和研究目的。由于 RV32I 的简洁性，它成为很多 RISC-V 初学者和嵌入式系统开发者的首选。

（2）RV64I：64 位基础整数指令集。

RV64I 在 RV32I 的基础上进行了扩展，支持 64 位的数据和地址空间。这使 RV64I 能够处理更大的数据集，拥有更广阔的内存地址，适用于需要更高计算能力和内存容量的应用，如服务器、云计算和高性能计算等。RV64I 保留了与 RV32I 相同的指令集结构，确保了良好的向下兼容性，同时增加了一些专用于 64 位操作的指令。

（3）RV128I：128 位基础整数指令集。

RV128I 是对 RV64I 的进一步扩展，支持 128 位的数据和地址空间。虽然目前还未广泛采用，但 RV128I 展示了 RISC-V 架构的前瞻性和可扩展性，为未来可能出现的超大规模数据处理和地址空间需求做好准备。随着技术的发展，尤其是在大数据、人工智能和量子计算等领域，RV128I 可能会成为未来高性能计算需求的一个重要选项。

这 3 个基础整数指令集构成了 RISC-V ISA 的基础，它们为不同的处理能力和应用场景提供了灵活的选择。从 RV32I 的简洁高效到 RV64I 的强大处理能力，再到 RV128I 的未来潜能，RISC-V 通过这些指令集展现了其设计的通用性、可扩展性和前瞻性。这种分层次、模块化的设计使 RISC-V 能够适应从微型控制器到高性能计算机的不同应用，满足不断发展的技术需求。

2. 标准扩展

RISC-V 通过引入标准扩展的概念，为其核心指令集提供了一种灵活的扩展机制，以满足不同应用场景的特定需求。这些标准扩展允许开发者根据需要为基础整数指令集（如 RV32I、RV64I 或 RV128I）添加额外的功能。下面是对这些常见标准扩展的详细介绍。

(1) M：乘法和除法指令扩展。

M 扩展为 RISC-V 指令集引入了整数乘法和除法指令。虽然乘法和除法是基本的算术运算，但它们在最基础的整数指令集中并未包含，以保持核心指令集的简洁性。M 扩展的加入，使得处理器能够直接执行乘法和除法运算，而无须通过软件模拟这些操作，从而提高了运算的效率。这对于算术密集型的应用尤其重要。

(2) A：原子操作指令扩展。

A 扩展添加了原子操作指令，这对于支持并发编程极为关键。原子操作指令允许在多线程环境中安全地进行复合"读-改-写"操作，确保在操作的过程中不会被其他线程打断。这对于实现线程同步、构建无锁数据结构等并发编程技术至关重要。

(3) F：单精度浮点指令扩展。

F 扩展引入了对单精度（32 位）浮点数的支持，包括浮点数的算术运算、比较和数据类型转换等指令。对于需要执行浮点数计算的应用，比如图形处理、科学计算和某些数据分析任务，F 扩展提供了必要的硬件支持，以提高浮点运算的效率。

(4) D：双精度浮点指令扩展。

D 扩展在 F 扩展的基础上，进一步添加了对双精度（64 位）浮点数的支持。它提供了更高精度和更大范围的浮点数计算能力，适合于对计算精度要求更高的应用场景，如某些科学计算和工程模拟任务。

(5) C：压缩指令扩展。

C 扩展通过引入更短的指令格式来减少程序的大小，提高代码密度和可能的执行效率。这对于资源受限的嵌入式系统特别有用，因为它可以帮助减少对存储和内存的需求。

(6) V：向量指令扩展。

V 扩展为 RISC-V 架构添加了向量处理能力，允许单个指令对一组数据同时进行操作。这种数据并行处理方式极大地提高了处理效率，特别适用于需要大量数值计算的应用，如机器学习、深度学习、科学计算和图形处理等领域。

RISC-V 的标准扩展为使用者提供了一种灵活的方式，可以根据特定应用的需求定制处理器的功能。通过选择合适的扩展组合，开发者可以为其应用构建一个既满足性能需求又经济高效的处理器。这种模块化和可扩展的设计理念是 RISC-V 架构的一大优势，使其能够适应从简单的嵌入式系统到高性能计算应用的广泛需求。

3. 特权模式和其他扩展

RISC-V 架构不仅在其基础和标准扩展指令集上具有灵活性和扩展性，还通过定义特权模式指令和一系列专用扩展，为操作系统级别的管理和控制提供了支持。这些特权模式和专用扩展是实现高级功能、操作系统支持和硬件资源管理的关键。

(1) 特权模式。

RISC-V 定义了几种特权模式，以支持不同级别的系统访问和控制。这些模式允许操作系统和其他系统级软件以受限制的方式访问硬件资源，同时保护用户的应用程序不受不当访问的影响。特权模式包括机器模式、监督模式和用户模式。

① 机器模式(Machine Mode，M-Mode)：这是最高权限级别的模式，提供对所有硬件资源的完全访问。M-Mode 通常用于引导程序和固件，如基本输入输出系统(Basic Input Output System，BIOS)或统一可扩展固件接口(Unified Extensible Firm ware Interface，UEFI)，以及实现最底层的操作系统功能，包括中断处理和系统初始化。

② 监管模式(Supervisor Mode，S-Mode)：这个模式为操作系统的内核提供了运行环境。S-Mode 允许操作系统执行资源管理、进程调度和虚拟内存管理等任务，同时限制对某些敏感硬件资源的访问。

③ 用户模式(User Mode，U-Mode)：这是最低权限级别的模式，用于运行普通用户程序。U-Mode 限制了程序对硬件资源的直接访问，确保了系统的安全性和稳定性。

(2) 其他专用扩展。

除了特权模式，RISC-V 还定义了一系列专用扩展支持特定的系统级功能和优化。

① 中断和异常处理(I 扩展)：虽然不是正式的扩展，中断和异常处理机制是特权架构的一部分。它们允许系统响应外部事件和内部错误，是实现有效系统管理的关键。

② 虚拟内存和内存管理单元(Memory Management Unit，MMU)支持：这些功能通常与 S-Mode 结合使用，允许操作系统实现虚拟内存管理，包括页表管理和地址转换，这对于现代操作系统是必不可少的。

③ 定时器和计数器扩展：提供了硬件级别的定时器和计数器支持，用于实现时间管理和性能监控功能。

④ 调试和性能监控(D 扩展和其他相关扩展)：这些扩展提供了调试支持和性能监控功能，允许开发者和系统管理员监控、调试软件和硬件，优化系统性能。

通过特权模式和这些专用扩展，RISC-V 提供了一套完整的机制支持操作系统的运行和管理，以及高级功能的实现。这些特性使 RISC-V 不仅适用于简单的嵌入式应用，也能够满足复杂的操作系统和应用程序的需求，从而确保其在各种计算环境中的适用性和灵活性。

除了基础指令集和标准扩展之外，RISC-V 还定义了特权模式指令和其他一些专用扩展，用于控制和管理硬件资源，支持操作系统的运行和高级功能的实现。

4．兼容性和可扩展性

RISC-V 的兼容性和可扩展性是最显著的特点之一，这些特性不仅为硬件开发者提供了前所未有的灵活性，也为软件生态系统的建设打下了坚实的基础。下面对 RISC-V 在兼容性和可扩展性的设计理念做进一步阐述。

(1) 兼容性。

RISC-V 的基础整数指令集(RV32I、RV64I、RV128I)为所有 RISC-V 的实现提供了一致的基线。这意味着任何遵循基础指令集的 RISC-V 处理器都能够运行为该指令集编写的软件，无论它们是否实现了额外的扩展。这种向后兼容性是 RISC-V 架构的关键优势之一，它保证了软件的可移植性和长期有效性，同时也为未来的技术进步留出了空间。

(2) 可扩展性。

RISC-V 的可扩展性体现在其设计允许以模块化的方式添加或定义新的指令集扩展，

而不会影响到基础指令集的稳定性。这种设计使开发者可以根据应用需求定制处理器,选择性地集成适用于特定领域的功能,如浮点运算、向量处理、加密或定制加速器等。这种灵活性意味着 RISC-V 能够适应从低功耗嵌入式设备到高性能计算平台等许多应用场景。

RISC-V 的兼容性和可扩展性不仅为硬件的创新和定制提供了可能,也为软件开发者提供了一个稳定且富有弹性的平台。这种设计理念有助于形成一个活跃的生态系统,其中硬件和软件能够共同进步,满足从最简单到最复杂应用的需求。随着越来越多的公司和组织采用 RISC-V,其在全球范围内的影响力和应用场景预计将持续扩大。

其中,指令集的定义如下:存储在 CPU 内部,引导 CPU 运算,并帮助 CPU 更高效运行,介于软件和底层硬件之间的一套程序指令合集。计算机里的 CPU 如图 1-8 所示。

图 1-8　计算机里的 CPU

CPU 的架构一直以来是 x86 与 ARM 的"天下",而自 2010 年 RISC-V 诞生以后,CPU 主流架构呈现出三足鼎立的趋势。CPU 的主流架构如图 1-9 所示。

图 1-9　CPU 的主流架构

1.3.13　RISC-V 体系结构的特点

RISC-V 基于 RISC 原则,其体系结构主要包括 8 项特点。

(1) 开放和免版税:RISC-V 是完全开放的,任何个人或组织都可以自由使用,不需要支付版税。这一特点降低了 RISC-V 的使用门槛,鼓励创新和定制。

(2) 模块化和可扩展:RISC-V 的设计高度模块化,基础指令集可以通过标准化的扩展增强功能。这使 RISC-V 可以适应从简单的嵌入式微控制器到高性能服务处理器的许多应用需求。

（3）简洁高效：遵循 RISC 原则，RISC-V 指令集简洁而高效，易于实现和优化。这有助于实现高性能和低功耗的处理器设计。

（4）支持多种编程模型：RISC-V 支持多种编程模型，包括 32 位（RV32）、64 位（RV64）和 128 位（RV128）指令集，以满足不同应用场景的需求。

（5）社区和生态系统支持：RISC-V 拥有一个活跃的开发者和用户社区，以及不断增长的硬件和软件生态系统。这包括操作系统、编译器、模拟器、开发板和商业处理器等。

（6）安全和可靠：RISC-V 体系结构支持现代安全特性，如内存保护、加密加速和可信执行环境等，以满足安全敏感应用的需求。

（7）可定制和专用化：RISC-V 的开放性和模块化设计使得它特别适合设计和定制专用处理器。开发者可以根据特定应用需求添加自定义指令和扩展。

（8）跨平台和跨领域：RISC-V 已经被应用于云计算、数据中心、IoT、人工智能、移动设备、汽车和航空航天等多个领域。

RISC-V 体系结构以其开放性、灵活性和高效性，在全球范围内受到了广泛的欢迎和采用，为未来的计算技术发展提供了新的可能性。

1.3.14　RISC-V 的优势

RISC-V 作为一种开放标准的 ISA，在现代计算领域中具有多项显著优势。这些优势不仅促进了 RISC-V 在各种应用领域的广泛采用，也为未来的技术创新铺平了道路。

RISC-V 的关键优势如下。

（1）开放和免费。

RISC-V 是完全开放的，任何人都可以免费使用其 ISA，无须支付版税或面对复杂的授权协议。这种开放性降低了进入门槛，鼓励了创新，并允许学术界、研究机构和商业公司自由地开发、分享和改进基于 RISC-V 的设计。

（2）可扩展性。

RISC-V 允许开发者根据需求添加自定义指令集扩展，而不会破坏对基础 ISA 的兼容性。这种可扩展性使 RISC-V 能够灵活适应从微控制器到高性能计算等不同的应用场景。

（3）简洁性。

遵循 RISC 的原则，RISC-V 的设计简洁高效。这不仅使硬件实现更为简单、成本更低，而且有助于提高性能和能效比。简洁的 ISA 还简化了软件开发，使编译器、操作系统和其他软件工具的优化更为直接。

（4）模块化设计。

RISC-V 采用模块化设计理念，基础 ISA 可以通过标准化的扩展来增强功能。这种模块化方式支持高度定制化的处理器设计，使得开发者可以为特定应用构建优化的处理器，而不必从头开始设计 ISA。

（5）生态系统和社区支持。

RISC-V 背后拥有一个活跃的全球社区，包括学术界、工业界和爱好者。社区成员共同努力推动 RISC-V 的发展，包括开发新的硬件设计、软件工具、教育资源和技术标准。这种强大的社区支持加速了 RISC-V 技术的创新和推广。

（6）安全性。

RISC-V 的开放性和可扩展性也为安全相关的创新提供了平台。开发者可以实现定制的安全扩展，如加密指令和安全启动机制，以满足特定应用的安全需求。此外，RISC-V 的简洁性有助于减少安全漏洞。

（7）跨平台兼容性。

RISC-V 的设计保证了跨不同硬件实现软件的兼容性，使基于 RISC-V 的应用和操作系统可以在不同的 RISC-V 处理器上运行，无须重大修改。这种兼容性对于建立一个健康的软件生态系统至关重要。

RISC-V 通过其开放性、可扩展性、简洁性和强大的社区支持，RISC-V 不仅为现有的计算需求提供了高效的解决方案，也为未来的技术创新开辟了新的可能性。

1.3.15　RISC-V 的应用领域

1. 嵌入式系统

RISC-V 非常适合用于嵌入式系统，如家用电器、汽车电子、工业控制器和 IoT 设备等。RISC-V 的简洁和高效使它能够在资源受限的环境中提供足够的计算能力，同时保持低功耗。

2. IoT

IoT 设备通常需要低功耗和高效的处理器进行数据的收集、处理和通信任务。RISC-V 的高度可定制性使它可以优化特定的 IoT 应用，如智能家居、智能穿戴设备和智能城市技术。

3. 高性能计算（High Performance Computing，HPC）

在 HPC 领域，RISC-V 可以通过添加专门的指令集扩展优化复杂的数学运算和数据处理任务，使其成为科学研究、人工智能、大数据分析和图形处理等计算密集型应用的理想选择。

4. 数据中心

数据中心需要具有高效能的能效比的处理器处理大量的数据。RISC-V 的可扩展性允许使用定制处理器以满足特定的性能和能效要求，同时开放标准降低了成本并促进了创新。

5. 人工智能和机器学习

RISC-V 的可扩展性使其能够集成专门的人工智能和机器学习指令集扩展，以提高运算效率、降低能耗。这使得 RISC-V 成为智能设备、边缘计算和云计算中人工智能推理和训练任务的有力候选。

6. 自定义硬件和加速器

RISC-V 允许开发者根据特定应用需求定制指令集，这为在领域特定的加速器（如加密、网络处理和存储管理）中使用 RISC-V 提供了可能。

7. 教育和研究

由于 RISC-V 的开放和免费特性，它已成为学术界和研究机构中教学和研究的热门选择。学生和研究人员可以自由地研究、修改和实现 RISC-V 架构，从而促进了计算机架构和硬件设计领域的创新和教育。

8. 航天和国防

在对可靠性和安全性要求极高的航天和国防应用中，RISC-V 的可定制性和开放性为了实现高度安全和抗干扰系统提供了可能性。

RISC-V 的开放性、可扩展性和成本效益使其在广泛的应用领域中具有很大的吸引力。从嵌入式系统到高性能计算，再到教育和研究，RISC-V 正展现出其强大的潜力和多样化的应用前景。

1.4 RISC-V 的 ISA 与 ARM 的 ISA 的区别

RISC-V 和 ARM 都是 RISC 架构的实现，但它们在设计理念、许可模式、可扩展性和应用范围等方面存在明显差异。下面详细探讨这两种架构的主要区别。

1. 开放性与许可模式

RISC-V 是一种完全开放和免费的 ISA。任何个人或组织都可以免费使用 RISC-V，创建自己的微处理器设计，无须支付版税或遵守严格的许可协议。

ARM ISA 属于商业模式，其设计和使用权由 ARM Holdings 控制。使用 ARM 架构设计芯片的公司需要向 ARM Holdings 支付版税，并遵循其许可协议。

2. 可扩展性和定制性

RISC-V 采用模块化设计，允许用户根据需要添加自定义扩展，非常灵活。这使 RISC-V 非常适合需要特定优化的应用，例如定制的硬件加速器。

ARM 提供了多个不同的架构版本和扩展（如 ARMv7，ARMv8 等），但其定制性相对有限，主要由 ARM 公司决定和提供新的特性和扩展。

3. 设计理念

RISC-V 以其简洁的核心指令集为基础，强调可扩展性和简单性。它旨在为各种计算提供一个统一的基础，同时允许在此基础上进行广泛的定制。

ARM 虽然也遵循 RISC 设计原则，但其架构包含更多的指令和特性，以满足广泛的市场需求。ARM 架构的设计更注重在不牺牲性能的前提下实现高效的能效比。

4. 生态系统和支持

RISC-V 生态系统正在快速增长，但相对于 ARM 来说，它还是较新的参与者。RISC-V 的支持和可用工具正在不断发展中，包括编译器、操作系统和开发工具。

ARM 拥有一个成熟且广泛的生态系统，包括广泛的第三方支持、成熟的开发工具、大量的现有代码库和文档。这使得开发基于 ARM 的产品相对容易和快速。

5. 应用领域

RISC-V 由于其开放性和可扩展性，正被广泛用于从嵌入式系统到高性能计算的各种领域。它特别受到学术界和研究机构的欢迎，也在商业领域获得越来越多的关注。

ARM 已经在移动设备、嵌入式系统、服务器和更多领域确立了强大的市场地位。ARM 处理器因其高性能和高能效比而被广泛用于智能手机、平板计算机、嵌入式设备等。

虽然 RISC-V 和 ARM 都是基于 RISC 原则的架构，但它们在开放性、许可模式、可扩展性和市场定位等方面存在显著差异。RISC-V 以其开放和可扩展的特性为其在特定市场和应用中提供了独特的优势，而 ARM 凭借其成熟的生态系统和广泛的市场应用保持着强大的市场地位。

6. 性能优化和实现

RISC-V 允许开发者在其基础指令集上添加自定义指令，这为针对特定应用的性能优化提供了可能。这种灵活性意味着对于特定的应用领域，如加密或数字信号处理，可以设计出高度优化的 RISC-V 处理器。

ARM 的性能优化主要通过 ARM 提供的标准扩展和版本迭代实现。虽然 ARM 架构也允许一定程度的定制，但这主要限于 ARM 授权的合作伙伴，并且在许可条款下受到更多限制。

7. 安全性

RISC-V 由于其开放性，允许开发者实现自定义的安全特性和协议。此外，RISC-V 社区正在积极开发针对安全的扩展，如加密指令扩展，以增强其在安全敏感领域的应用。

ARM 提供了一系列的安全相关技术，如 TrustZone，这是一种在 ARM 架构中广泛使用的安全技术，用于创建一个受保护的执行环境以隔离敏感的操作和数据。

8. 开发者和社区支持

RISC-V 的开放和免费模式吸引了一个快速增长的开发者社区。这促进了大量开源项目和工具的发展，为 RISC-V 的学习和使用提供了丰富的资源。

ARM 拥有庞大的全球开发者社区和广泛的工业支持。多年来，ARM 架构的广泛采用促进了大量商业和开源工具，以及操作系统支持和开发资源的积累，为开发者提供了丰富的学习和开发资源。

9. 指令集的复杂性和大小

RISC-V 指令集保持了极简主义的设计理念，基础指令集相对较小，这有助于减少实现的复杂性并提高处理器的能效。

ARM 的指令集随着时间的推移而逐渐庞大，尤其是为了支持广泛的应用和性能需求。虽然这提高了处理器的能力，但也增加了设计复杂性。

10. 跨平台兼容性

RISC-V 作为一个开放标准，为跨平台兼容性和未来的可扩展性提供了良好的基础。它的设计允许在不同的硬件和软件平台上实现一致的行为和性能。

ARM 通过其广泛的生态系统支持，也实现了良好的跨平台兼容性。ARM 架构的处理器被广泛应用于从嵌入式设备到服务器的各种平台。

第 2 章 RISC-V 微控制器与开发平台

RISC-V 作为一种开放源 ISA,因其灵活性、可扩展性和高效性,已经吸引了全球众多厂商的关注和使用。

本章介绍了 RISC-V 微控制器及其开发平台的发展和应用。内容分为以下几个关键部分。

(1) SiFive 公司产品:探讨了 SiFive 作为 RISC-V 架构的先驱,其微控制器的特点、应用领域及 HiFive Unmatched Rev B 开发板和 IDE。

(2) HPM6750 高性能微控制器:介绍了 HPM6750 及其系列产品的特性和开发板,强调了其高性能特点。

(3) CH32V307 微控制器:简述了青稞 RISC-V 通用系列产品和互联型微控制器 CH32V307 的概览。

(4) 开源蜂鸟 E203 SoC:介绍了 Freedom E310 SoC 和蜂鸟 E203 处理器的特性及其配套 SoC。

(5) 昉·惊鸿 JH-7110 智能视觉处理平台:概述了 JH-7110 微控制器的特性和昉·星光 2 开发板。

(6) 玄铁处理器 C906:介绍了玄铁系列微处理器、应用领域及全志 D1-哪吒开发板。

通过本章的学习,读者能够对 RISC-V 微控制器及其开发平台有清晰、分层次的认识,为进一步的学习和应用打下坚实基础。

2.1 RISC-V 架构指令集的先驱——SiFive 公司产品

SiFive 是一家领先的 RISC-V 技术公司,致力于推动 RISC-V 架构的发展和应用。RISC-V 是一种开放、免费的 ISA,因其灵活性、可扩展性和低成本而受到广泛关注。SiFive 成立于 2015 年,由 RISC-V 的创始人 Yunsup Lee、Krste Asanović 和 Andrew Waterman 共同创立。公司总部位于美国加利福尼亚州圣马特奥。

SiFive 致力于提供基于 RISC-V 的微控制器、SoC、知识产权(Intellectual Property,IP)核心等产品和解决方案,旨在加速 RISC-V 生态系统的发展。

2.1.1　SiFive 公司推出的微控制器

SiFive 是一家在 RISC-V ISA 领域处于领先地位的公司。SiFive 的微控制器产品包括 E 系列、S 系列和 U 系列，这些系列的微控制器针对不同的市场需求和应用场景进行了优化设计。

主要分为以下几个系列。

1. E 系列

E 系列是专为嵌入式市场设计的，它们是高效、可配置的 32 位微控制器，适用于低功耗、低成本的应用场景。E 系列微控制器以其高效能和低功耗特性而著称，非常适合于需要紧凑、能效比高的解决方案的应用，如 IoT 设备、可穿戴设备和其他嵌入式系统。

SiFive 的 E 系列微控制器因其在小型化设计中提供的高性能和低功耗而受到市场的欢迎，它们为开发者提供了灵活的 RISC-V 核心，可以根据应用需求进行定制和优化。E 系列产品包括以下 6 个核心。

（1）E31 Coreplex：适用于微控制器、IoT 和嵌入式设备，提供高性能和低功耗的特性。

（2）E20 Coreplex：是面向低功耗应用的高效 RISC-V 核心，适合于简单的控制任务。

（3）E21 Coreplex：提供了比 E20 更高的性能，同时保持了低功耗的特性，适用于需要更高计算性能的嵌入式应用。

（4）E24 Coreplex：设计用于需要更高性能和可选浮点支持的嵌入式应用。

（5）E34 Coreplex：提供了更高的性能和可选的浮点单元，适用于更高端的嵌入式和微控制器应用。

（6）E76 Coreplex：是 E 系列中性能最强的核心之一，提供了多核配置选项，适用于需要高计算能力和高吞吐量的应用。

下面以 FE310-G003 微控制器为例，介绍 SiFive 公司的 RISC-V 内核的结构。

FE310-G003 微控制器是通用 FE300 系列的第 3 版，增加了数据紧密集成内存（Data Tightly Integrated Memory，DTIM）的容量。FE310-G003 微控制器以 Freedom E300 平台实例化的 E31 内核组件构成，并以台积电（TSMC）CL018G 180nm 工艺制造。本章介绍 FE310-G003 微控制器的体系架构和微控制器集成的外设。

FE310-G003 微控制器包含一个 32 位的 E31 RISC-V 内核，该内核具有一个高性能的单发射有序执行流水线，每个时钟周期的峰值可持续执行一条指令。E31 RISC-V 内核支持机器模式、用户模式，支持标准的乘法及不会被线程调度机制打断的原子操作和压缩的 RISC-V 扩展（RV32IMAC）。FE310-G003 微控制器的结构如图 2-1 所示。

图 2-1 中的 Tile Bus 通常指的是一种用于片上网络（Network on Chip，NoC）或多核处理器架构中的通信机制。它是一种总线结构，旨在连接多个处理器核心（或"瓦片"）以实现高效的数据传输和通信。

在多核处理器中，每个核心或"瓦片"可能有自己的缓存、内存控制器和其他资源。Tile Bus 的设计目标是提供一种高效的方式，使这些核心能够共享数据和资源，同时最大限度地

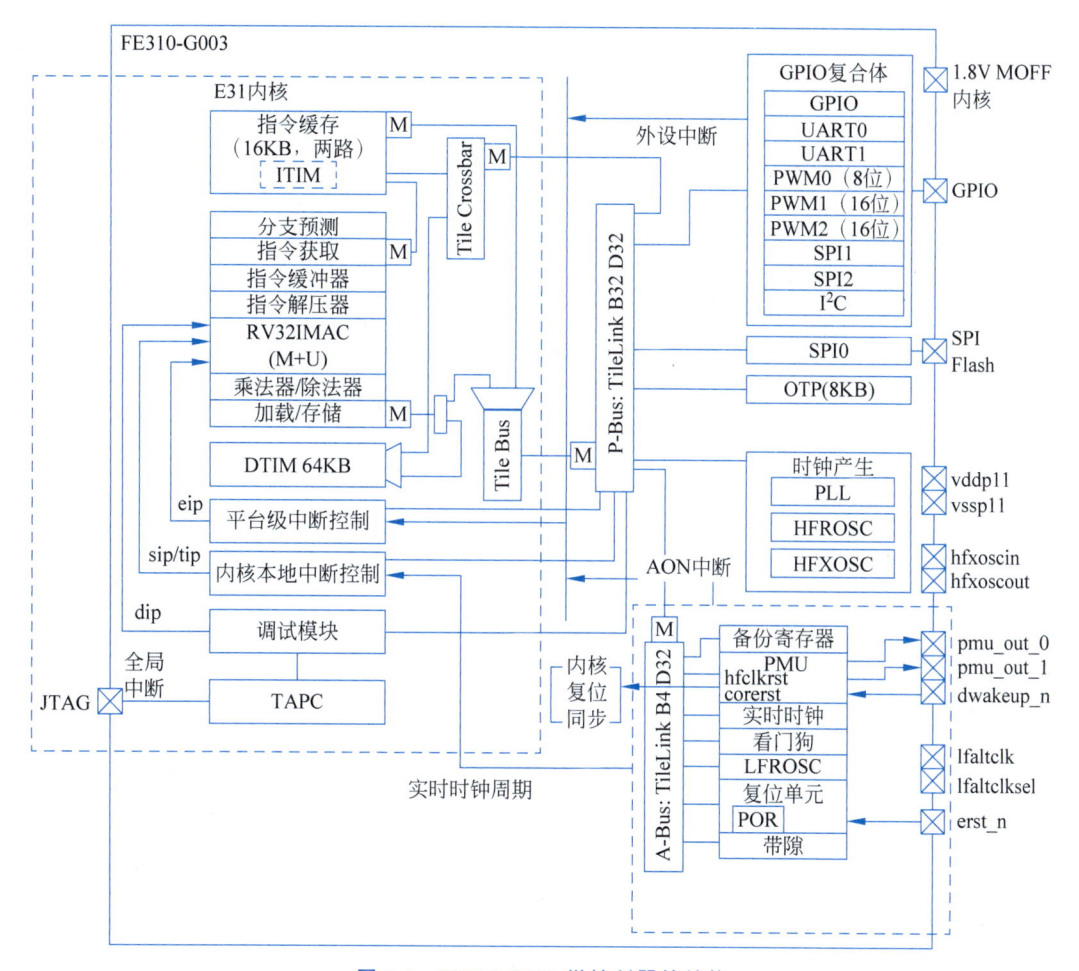

图 2-1 FE310-G003 微控制器的结构

注：(1)指令紧耦合存储器(Instruction Tightly Coupled Memory,ITIM)；(2)联合测试行动小组(Joint Test Action Group,JTAG)；(3)测试访问端口控制器(Test Access Port Controller,TAPC)；(4)瓦片总线(Tile Bus)；(5)瓦片交叉开关(Tile Crossbar)；(6)常开(Always-On,AON)；(7)电源管理单元(Power Management Unit,PMU)；(8)高频时钟复位(High Frequency Clock Reset,hfclkrst)；(9)核心复位(Core Reset,corerst)；(10)上电复位(Power-On Reset,POR)；(11)相位锁定环路(Phase-Locked Loop,PLL)；(12)高频环形振荡器(High Frequency Ring Oscillator,HFROSC)；(13)高频晶体振荡器(High Frequency Crystal Oscillator,HFXOSC)。

减少通信延迟和功耗。

这种架构的优点包括以下三点。

(1) 可扩展性：可以通过增加更多的"瓦片"来扩展处理器的性能。

(2) 模块化设计：每个"瓦片"可以独立设计和优化。

(3) 高效通信：通过优化的总线结构,实现核心之间的快速数据传输。

Tile Bus 在一些高性能计算和嵌入式系统中得到了应用,尤其是在需要高并行处理能力的场景中。

FE310-G003 微控制器特性如表 2-1 所示。

表 2-1 FE310-G003 微控制器特性

特 性	描 述	在 QFN48 封装中可用
RISC-V 内核	具有机器模式和用户模式,16KB2 路一级指令高速缓存（L1 I-cache）和 64KB DTIM 的 1 个 E31 RISC-V 内核	
中断	定时器和软件中断,与平台级中断控制器连接的 52 个外设中断,具有 7 个优先级	√
UART0	通用异步/同步发送器,用于串行通信	v
UART1	通用异步/同步发送器,用于串行通信	√
SPI0	串行外围设备接口,具有 1 个片选信号	√(4 条 DQ 线)
SPI1	串行外围设备接口,具有 4 个片选信号	(3 条 CS 线)(2 条 DQ 线)
SPI2	串行外围设备接口,SPI2 具有 1 个片选信号	
PWM0	具有 4 个比较器的 8 位脉宽调制器	√
PWM1	具有 4 个比较器的 16 位脉宽调制器	√
PWM2	具有 4 个比较器的 16 位脉宽调制器	√
I2C	I2C 控制器	
GPIO	32 个通用 I/O 引脚	
AON 域	支持低功耗操作和唤醒	

2. S 系列

S 系列是面向嵌入式市场的 32 位微控制器,提供了更高的性能和更多的特性选项,适合需要较高处理能力的嵌入式应用。

S 系列提供多种配置,适用于物联网(IoT)、消费电子以及工业自动化等领域。这些微控制器支持灵活的内存架构和丰富的外设接口,具有出色的性能和能效。通过开放的 RISC-V 指令集,S 系列允许开发者根据特定需求进行定制,促进快速创新和实现低成本解决方案。SiFive 的 S 系列微控制器是现代嵌入式系统设计的理想选择。

这些系列覆盖了从简单的嵌入式应用到复杂的高性能计算需求,展示了 SiFive 在基于 RISC-V 架构的微控制器和处理器设计领域的广泛应用。请注意,SiFive 可能会随时更新其产品线,引入新的产品系列或淘汰旧的系列。因此,建议访问 SiFive 的官方网站以获取最新的产品信息。

3. U 系列

U 系列是面向 Linux 和高级操作系统应用的高性能多核处理器系列。这些处理器提供了高性能的 RISC-V 核心,支持复杂的处理任务和操作系统。

U 系列产品主要面向高性能计算领域,包括 Linux 兼容的 RISC-V 处理器核心。这些核心用于需要高性能和高吞吐量的应用,如服务器、网络基础设施、边缘计算和高级嵌入式系统。U 系列处理器核心以其高性能、高能效,以及对复杂操作系统的支持而著称。

2.1.2 SiFive 公司推出的 RISC-V 架构的微控制器特点

SiFive 公司推出的基于 RISC-V 架构的微控制器具的特点体现在以下 6 个方面。

(1) 开源架构：SiFive 的微控制器基于 RISC-V ISA，这是一种开源、高度可扩展的指令集。这意味着任何人都可以免费使用 RISC-V 指令集设计、制造芯片，无须支付版税。这个特点促进了硬件设计的创新和多样化。

(2) 高度可定制：SiFive 提供的微控制器支持高度定制。客户可以根据自己的具体需求，选择不同的性能、功耗和面积配置，甚至可以添加特定的指令扩展。这种灵活性使 SiFive 的微控制器能够满足各种不同应用场景的需求。

(3) 低功耗：SiFive 的微控制器设计重点之一是低功耗，这对于移动设备、IoT 设备和嵌入式系统等应用尤为重要。通过优化微控制器的设计和使用先进的制造工艺，SiFive 能够提供低功耗而不牺牲性能。

(4) 高性能：尽管 SiFive 的微控制器注重低功耗，但它们也能提供高性能。这是通过采用高效的 ISA、优化的硬件设计，以及支持并行处理和高速缓存等技术实现的。这使 SiFive 的微控制器适用于需要高计算性能的应用，如边缘计算、数据分析和机器学习。

(5) 生态系统支持：SiFive 不仅提供微控制器硬件，还积极参与建设和支持 RISC-V 的生态系统。这包括开发工具、操作系统支持、软件库和教育资源等。一个强大的生态系统可以帮助开发者更容易地开发和部署基于 RISC-V 的解决方案。

(6) 安全性：随着安全需求日益增加，SiFive 的微控制器也在设计上注重安全特性。这包括支持加密、安全引导、硬件隔离等技术，以保护设备免受攻击和未授权访问。

通过这些特点，SiFive 的基于 RISC-V 架构的微控制器为各种应用领域提供了高效、可定制、安全的解决方案，从而推动了 RISC-V 技术的广泛应用和发展。

2.1.3　SiFive 公司的微控制器应用领域

SiFive 公司推出的微控制器应用领域如下。

(1) IoT：SiFive 的微控制器广泛应用于 IoT 设备中，包括智能传感器、智能表计和各种连接设备，以实现高效的数据收集和处理。

(2) 边缘计算：S 系列微控制器特别适合边缘计算应用，能够在数据产生的地点进行高效处理，减少数据传输时延和带宽需求。

(3) 工业自动化：E 系列和 S 系列微控制器因其高性能和低功耗特性，非常适合用于工业自动化领域，如控制系统、机器人和生产线监控。

(4) 高端嵌入式系统：S 系列微控制器的高性能使其成为高端嵌入式系统的理想选择，包括高级图像处理、数据分析和机器学习等应用。

SiFive 通过其 E 系列和 S 系列微控制器，为不同领域和应用提供了广泛的选择，推动了 RISC-V 技术的应用和发展。

2.1.4　HiFive Unmatched Rev B 开发板

基于 HiFive Unleashed 和 Linux 软件生态系统的成功，HiFive Unmatched 引领着 RISC-V Linux 新时代的开发，它提供了一个在标准 PC 形态中具备高性能开发平台的选择。HiFive Unmatched Rev B 开发板如图 2-2 所示。

图 2-2　HiFive Unmatched Rev B 开发板

该开发板由 SiFive Freedom U740(FU740)驱动,其中包括一款高性能多核、64 位双发射、超标量的 RISC-V 处理器(SiFive Essential U74-MC),配备 16GB DDR4 内存、千兆以太网、PCIe 扩展插槽、USB 3 接口,以及用于 Wi-Fi、蓝牙和 NVMe 存储的 M.2 插槽。另外还有第 5 个核心(SiFive Essential S71 监控核心)用于实时应用。SiFive Mix+Match 技术提供了应用和实时处理的强大组合。S71(RV64IMAC)核心可以处理辅助功能并与 U74-MC 集群协同工作,使其成为一个理想的异构软件开发平台,同时 Linux 和实时操作系统可以共存。

HiFive Unmatched Rev B 开发板的特性如下。

(1) SoC:SiFive Freedom U740 SoC。

(2) 内存:16GB DDR4。

(3) 闪存:32MB Quad SPI 闪存。

(4) 可移动存储:MicroSD 卡。

(5) 网络:千兆以太网端口。

(6) 用户输入/输出:4 个 USB 3.2 Gen 1 A 型端口(1 个充电端口),1 个 MicroUSB 控制台端口。

(7) 扩展能力:×16 PCIe® Gen 3 扩展插槽(8 通道可用),用于 NVME 2280 SSD 模块的 M.2 M-Key 插槽;(PCIe Gen 3×4),用于 Wi-Fi/蓝牙模块的 M.2 E-Key 插槽(CIe Gen 3 ×1)。

(8) 电路板外形尺寸:行业标准 Mini-ITX。

Mini-ITX 是一种常见的小型主板或电路板标准,由 VIA Technologies 在 2001 年引入。这种标准的设计目的是支持小型化的计算设备,同时保持足够的扩展性和灵活性。Mini-ITX 主板广泛应用于小型计算机、媒体中心、嵌入式系统和其他紧凑型设备中。

2.1.5 SiFive 微控制器所用的 RISC-V 集成开发环境

针对 RISC-V 开发，市场上有多种集成开发环境（Integrated Development Environment，IDE）可供选择，SiFive 官方推荐使用的 IDE 包括自由工作室和基于 Eclipse 的 IDE。

（1）自由工作室：SiFive 自家开发的 IDE 专为 RISC-V 设计，支持 SiFive 的硬件产品，提供了丰富的调试和开发功能。

（2）基于 Eclipse 的 IDE：如 Eclipse for C/C++ Developers，通过添加 RISC-V 支持插件，也可以用于 RISC-V 开发。

SiFive 通过提供高性能、低功耗的 RISC-V 微控制器、开发板和专用 IDE，为 RISC-V 生态系统的建设和发展作出重要贡献。随着 RISC-V 架构的不断成熟和应用领域的扩大，SiFive 的产品和技术将在未来发挥更大的作用。

SiFive 公司的定位和基于 Linux 开源社区的 RedHat 公司与基于 Spark 开源社区的 Databricks 公司一样，为用户提供高性能的处理器 IP 核，以及集成了外围部件 IP 的 SoC。

2.2 HPM6750 高性能微控制器

上海先楫半导体科技有限公司（以下简称"先楫公司"）是一家集成电路设计企业，主要专注于 x86 架构的 CPU 的研发和销售。虽然它以 x86 处理器为主，但近年来，随着 RISC-V 架构的兴起和发展，先楫公司也开始探索和研究 RISC-V 技术，目标是利用 RISC-V 架构的开放性和灵活性，开发出适用于特定市场需求的微处理器，以拓宽公司产品线和市场竞争力。先楫公司是非常具有发展前景的公司，开发的双核 32 位 RISC-V 高性能微控制器在不同领域得到了广泛的应用。先楫公司的 Logo 如图 2-3 所示。

图 2-3 先楫公司的 Logo

2.2.1 RISC-V 微控制器 HPM6700/HPM6400 系列/ HPM6300 系列

下面对先楫公司的 HPM6700/HPM6400 系列、HPM6300 系列和 HPM6E00 高性能微控制器进行介绍。

1. HPM6700/HPM6400 系列

HPM6700/HPM6400 系列功能如下。

（1）RISC-V 内核支持双精度浮点运算及强大的 DSP 扩展，主频高达 816MHz，创下了高达 9220CoreMark 和高达 4651DMIPS 的微控制器单元（Micro Controller Unit，MCU）性能新记录。

（2）支持多种外部存储器：QSPI/OSPI NOR Flash、PSRAM、Hyper-RAM/HyperFlash、16b/32b SDRAM 166MHz，支持连接外部静态随机存储器（Static RAM，SRAM）或者兼容 SRAM 访问接口的器件。SD 卡和嵌入式多媒体卡（Embedded Multi Media Card，eMMC）。

（3）显示设备：24 位红绿蓝液晶显示器（Red Green Blue Liquid Crystal Display，

RGBLCD)控制器,1366×768,60fps,双目摄像头,2D 图形加速和 JPEG 编解码。

(4)通信接口:2 个高速 USBOTG,集成物理层(Physical Layer,PHY)接口,2 个千兆网口,4 个控制器局域网灵活数据速率(Controller Area Network Flexible Data-Rate,CANFD)接口,17 个通用异步接收发送设备(Universal Asynchronous Receiver-Transmitter,UART)接口,4 个 SPI,4 个集成电路总线(Inter Integrated Circuit,I2C)。

(5)电机系统:4 组共 32 路脉冲宽度调制(Pulse Width Modulation,PWM)输出,精度为 2.5ns,4 个正交编码器接口和 4 个霍尔传感器接口。

(6)模拟外设:3 个 12 位高速模拟数字转换器 5 兆样本每秒(Analog to Digital Converter 5 Mega Samples Per Second,ADC5MSPS)外设,1 个 16 位高精度模拟数字转换器 2 兆样本每秒(Analog-to-Digital Converter 2 Mega Samples Per Second,ADC2MSPS)外设,4 个模拟比较器,28 个模拟输入通道。

(7)安全:集成 AES-128/256,SHA-1/256 加速引擎,支持固件软件签名认证、加密启动和加密执行。

2. HPM6300 系列

HPM6300 系列功能如下。

(1)RISC-V 内核支持双精度浮点运算及强大的 DSP 扩展,主频超过 600MHz,性能超过 3390 CoreMarkTM 和 1710 DMIPS。

(2)支持多种外部存储器:QSPI/OSPI NOR Flash,PSRAM,Hyper-RAM/HyperFlash,16b SDRAM 166MHz,支持连接外部 SRAM 或者兼容 SRAM 访问接口的器件。还支持 SD 卡。

(3)通信接口:1 个高速 USBOTG,集成 PHY,1 个百兆网口,2 个 CAN FD,9 个 UART,4 个 SPI,4 个 I2C。

(4)电机系统:2 组共 32 路 PWM 输出,精度为 3.0ns,2 个正交编码器接口和 2 个霍尔传感器接口。

(5)模拟外设:3 个 16 位高速 ADC2MSPS 配置为 12 位精度时,转换率为 4MSPS,28 个模拟输入通道。

(6)2 个模拟比较器和 1 个 1MSPS 12 位数字模拟转换器(Digital to Analog Converter,DAC)。

(7)安全:集成 AES-128/256,SHA-1/256 加速引擎,支持固件软件签名认证、加密启动和加密执行。

3. HPM6E00

IT 之家 2024 年 2 月 12 日消息,先楫公司宣布,中国首款由德国倍福公司(Beckhoff)正式授权的以太网控制自动化技术(Ethernet for Control Automation Technology,EtherCAT)从站控制器(EtherCAT Slave Controller,ESC)的高性能 MCU 产品——HPM6E00 芯片,成功点亮并顺利完成第一阶段验证。

"芯片成功点亮"是什么意思?"芯片成功点亮"是一个在半导体行业中常用的术语,它指的是在芯片设计和制造过程中的一个重要节点。具体来说,当一个新设计的芯片首次被制造出来,并且能够正常工作,显示出预期的基本功能时,这个过程被称为"点亮"。这意味着芯片可以成功执行一些基本的操作或测试程序,证明其设计的有效性和制造的正确性。

先楫公司称 HPM6E00 系列产品的推出,填补了中国市场的空白,代表中国在 EtherCAT 上内嵌 ESC 的高性能 MCU 产品已经达到国际水平。

EtherCAT 最早是由德国 Beckhoff 公司研发,作为一项高性能、低成本、应用简易、拓扑灵活的工业以太网技术,已经成为全球市场上最通用和增长最快的工业实时以太网协议,在中国和全球拥有大量的用户。EtherCAT 技术在中国工业领域有广泛的应用,但使用的 MCU 芯片均被国外品牌垄断。

先楫公司的 HPM6E00 系列产品采用 RISC-V 架构,主频为 600MHz,有单双核选项,集成了德国倍福公司授权的 EtherCAT 从站控制器,同时支持千兆工业以太网互联、时间敏感网络(Time Sensitive Networking,TSN),可以满足总线型工业自动化设备的各种通信需求。

HPM6E00 系列同时配备精确位置电动控制系统、硬件坐标轴变换和环路计算模块,以及 32 路 100ps 分辨率 PWM 输出。

1ps 等于 10^{-12}s,即一万亿分之一秒。这是一个极短的时间单位,用于描述非常高速或高精度的时间事件。

PWM 是一种常见的信号或功率控制技术,通过调整脉冲的宽度(即开启时间的长短)控制电力或信号的平均值。PWM 输出的分辨率是指系统能够产生或识别的最小脉冲宽度变化。因此,100ps 的 PWM 分辨率意味着该系统能够控制脉冲宽度的变化,最小为 100ps。这表明该 PWM 系统具有极高的时间分辨率,能够进行非常精细的调节,适用于对时间精度要求极高的应用场景。

具有 100ps 分辨率的 PWM 输出通常用于高速通信、精密测量、高速数字电路等领域,其中对信号控制的时间精度有极高的要求。这样高精度的 PWM 技术的实现,往往依赖先进的电子设计和制造技术。

EtherCAT 是一种基于以太网的高性能工业自动化网络协议。它被用于高速、高效的工业自动化控制,通过其独特的传输方式,能够实现极低的通信时延和高数据吞吐量,适用于实时控制系统。由于这些优势,EtherCAT 在多个工业领域中得到了广泛应用,包括但不限于以下 7 个方面。

(1) 机器人技术:在机器人控制系统中,EtherCAT 用于实现高速、实时的机器人动作控制和传感器数据采集,确保机器人动作的精确和同步。

(2) 包装和印刷机械:在包装和印刷行业,高速和精确的控制对于提高生产效率和产品质量至关重要。EtherCAT 可以实现对包装机械和印刷机械中多轴运动控制的高精度同步。

(3) 汽车制造:在汽车制造领域,EtherCAT 用于生产线的自动化控制,包括焊接机器人、装配线、涂装线等,以提高生产效率和灵活性。

(4) 可再生能源:在风力发电和太阳能发电系统中,EtherCAT 用于实时监控和控制发电设备,优化发电效率和系统稳定性。

(5) 过程控制:在石油化工、食品饮料等行业的生产过程中,EtherCAT 用于过程控制系统，实现对生产过程中温度、压力、流量等参数的实时监测和控制。

（6）测试和测量设备：在高速数据采集和处理的应用中，如汽车碰撞测试，EtherCAT 提供了低时延和高同步性的数据传输能力。

（7）医疗设备：在一些高端医疗设备，如医疗影像设备和手术机器人中，EtherCAT 用于实现高速数据交换和精确的设备控制。

EtherCAT 技术的高性能、灵活性和开放性使其成为工业自动化领域的首选解决方案之一。随着工业 4.0 和智能制造的发展，EtherCAT 在工业自动化领域的应用将进一步扩大。

另外，RISC-V 微控制器还有 HPM6200 系列和 HPM5300 系列。

2.2.2　HPM6750EVK 开发板

HPM6750EVK 官方 HPM6750EVK 开发板如图 2-4 所示，HPM6750EVK 开发板上对应编号的名称如表 2-2 所示。

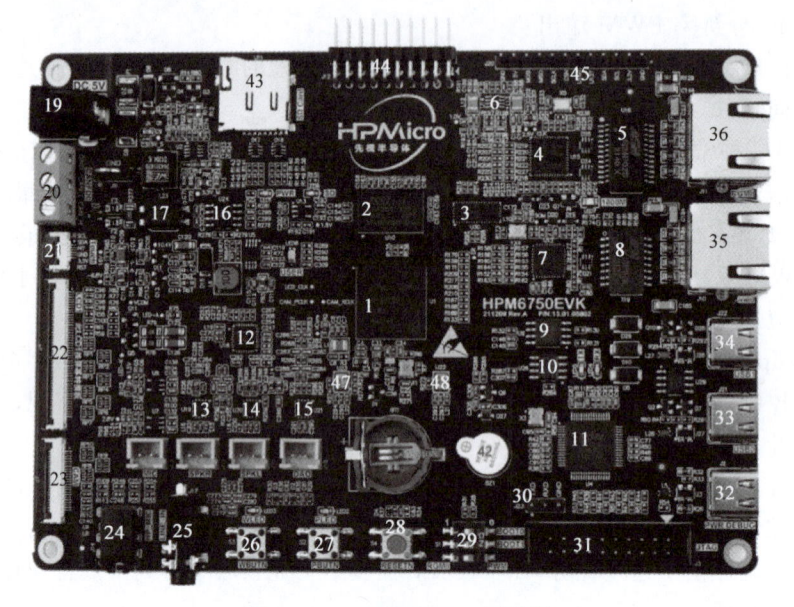

图 2-4　HPM6750EVK 开发板

表 2-2　HPM6750EVK 开发板上对应编号的名称

序号	名称	序号	名称
1	HPM6750	8	百兆网变压器
2	SDRAM	9	Flash
3	多路开关	10	E2PROM
4	千兆网芯片	11	DEBUG 芯片
5	千兆网变压器	12	音频 CODEC
6	DCDC	13	数字功放
7	百兆网芯片	14	数字功放

续表

序号	名称	序号	名称
15	数字功放	32	DEBUG 接口
16	CAN 收发器	33	USB0 接口
17	共模电感	34	USB1 接口
18	USB 电源输出保护	35	百兆网接口
19	5V 电源插头	36	千兆网接口
20	CAN 接口	37	麦克风接口
21	触摸屏接口	38	扬声器接口(右声道)
22	LCD 接口(接 LCD 转接板)	39	扬声器接口(左声道)
23	CAM 接口	40	DAO 接口
24	耳机和麦克风接口	41	电池座
25	LINE IN 接口	42	蜂鸣器
26	WBUTN 按键	43	TF 座
27	PBUTN 按键	44	电机接口
28	RESET 按键	45	UART、SPI 和 I2C 接口
29	拨码开关	46	LCD 接口(接 LCD 屏)
30	UART 接口	47	数字麦克风(右声道)
31	JTAG 接口	48	数字麦克风(左声道)

2.2.3 HPM 微控制器开发软件

HPM SDK 是 HPM 推出的一个完全开源、基于 BSD3-Clause 许可证的综合性软件支持包,适用于先楫公司的所有微控制器产品。

1. HPM SDK 软件开发包

HPM SDK 软件开发包包含先楫公司微控制器上外设的底层驱动代码,集成了丰富的组件如 RTOS、网络协议栈、USB 栈、文件系统等,以及相应的示例程序和文档。它提供的丰富构建块,使用户可以更专注于业务逻辑本身。

2. 第三方开发工具:Segger Embedded Studio for RISC-V

Segger Microcontroller 在嵌入式系统领域拥有近 30 年的经验,提供尖端的嵌入式系统软件和硬件。

Embedded Studio 囊括了基于 C 和 C++ 的所有专业的、高效的嵌入式开发所需的工具和特性。它拥有一个强大的工程管理器和构建系统,一个含代码补全和代码折叠功能的源代码编辑器,以及一个分包管理系统下载和安装板卡和器件的支持包。它还包括了 SEGGER 高度优化的 emRun 运行时库和 emFloat 浮点库,以及 SEGGER 的智能连接器,所有这些都是专门为资源受限的嵌入式系统量身定制的。Embedded Studio 内置的调试器包括了所有需要的功能,配合 J-Link 一起使用以提供卓越的性能和稳定性。

先楫公司向用户提供免费商用的许可证,用户可自行申请。

2.3 CH32V307 微控制器

南京沁恒微电子股份有限公司(以下简称"沁恒微电子")是一家专注于高性能微控制器和接口芯片的设计与研发的高科技企业。沁恒微电子采用 RISC-V 架构,推出了多款微控制器产品,这些产品广泛应用于工业控制、消费电子、汽车电子和 IoT 等领域。沁恒微电子的 RISC-V 产品以其高性能、低功耗和高集成度等特点,满足了市场对于高效能微控制器的需求。

随着技术的不断成熟和市场的持续发展,预计会有更多的中国企业加入基于 RISC-V 的微处理器开发行列中,推动相关技术和产品的创新与进步。

沁恒微电子官网如图 2-5 所示。

图 2-5 沁恒微电子官网

2.3.1 青稞 RISC-V 通用系列产品概览

青稞 RISC-V 通用系列主要有 CH32V、CH32X、CH32L 三个产品。青稞内核基于 RISC-V 生态兼容、优化扩展的理念,融合了虚拟任务帧(Virtual Task Frame,VTF)等中断提速技术,拓展了协议栈和低功耗应用指令,精简了调试接口。搭载青稞内核的通用和高速接口 MCU 减少了对第三方芯片技术的依赖和对国外软件平台的依赖,免除了外源内核的授权费和提成费,为客户节省了成本。沁恒微电子是国内第一批基于自研的 RISC-V 内核构建芯片、共建生态并实现产业化的企业。多层次内核与高速 USB、USB PD、以太网、低功耗蓝牙等专业外设的灵活组合,注重适配性和可持续性,使沁恒微电子的 MCU 芯片在连接能力、性能、功耗、集成等方面表现出色,品类丰富且具有针对应用和面向未来的可扩展性。

青稞 RISC-V 通用系列产品概览如图 2-6 所示。

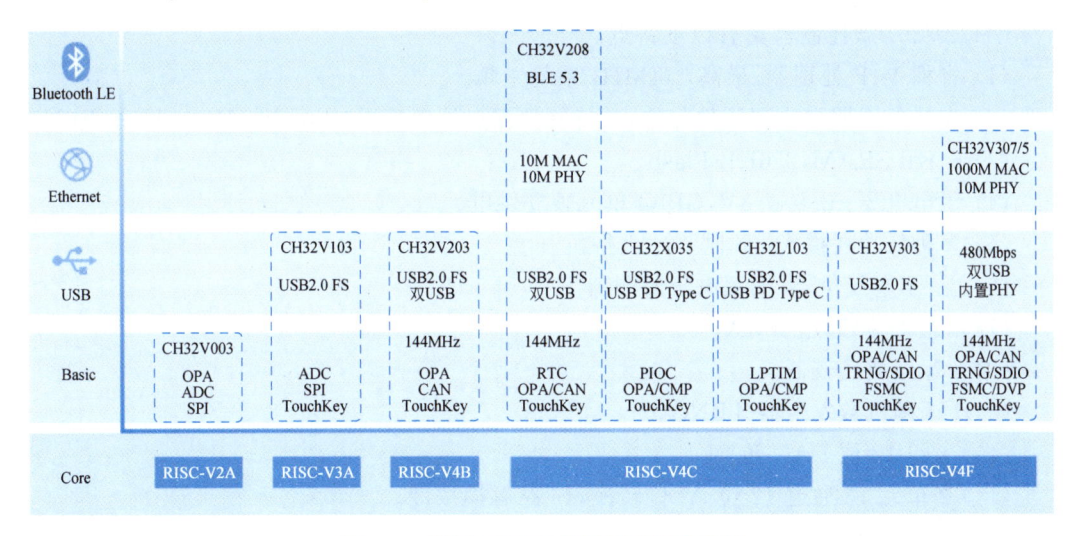

图 2-6 青稞 RISC-V 通用系列产品概览

2.3.2 互联型 RISC-V 微控制器 CH32V307

CH32V305/CH32V307 系列是基于 32 位 RISC-V 设计的互联型微控制器，配备了硬件堆栈区、快速中断入口，在标准 RISC-V 基础上大幅提高了中断响应速度。加入单精度浮点指令集，扩充堆栈区，具有更高的运算性能。扩展串口 UART 数量到 8 组，电机定时器数量到 4 组。提供 USB2.0 高速接口（480Mb/s），并内置了 PHY 收发器，以太网 MAC 升级到千兆并集成了 10M-PHY 模块。

CH32V307 微控制器系统框架如图 2-7 所示。

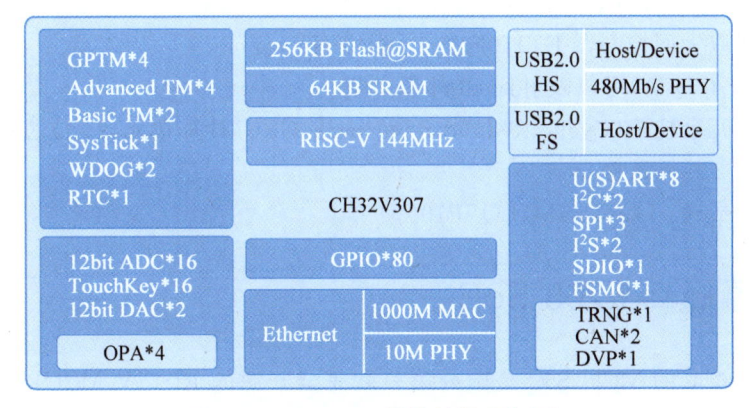

图 2-7 CH32V307 微控制器系统框架

注：高级（Advanced）；滴答定时器（SysTick）；看门狗（WDOG）；实时时钟（RTC）；位（bit）；触摸按键（TouchKey）；通用输入输出接口（GPIO）；主设备（Host）；从设备（Device）；通用同步/异步接收发送设备（Universal Synchronous/Asynchronous Receiver/Transmitter，USART）；以太网（Ethernet）。

CH32V307 微控制器具有以下特点。

(1) 青稞 V4F 处理器,最高 144MHz 系统主频。

(2) 支持单周期乘法和硬件除法,支持硬件浮点处理单元(Floating Point Unit,FPU)。

(3) 64KB SRAM,256KB Flash。

(4) 供电电压：2.5/3.3V,GPIO 单元独立供电。

(5) 多种低功耗模式：睡眠、停止、待机。

(6) 上/下电复位、可编程电压监测器。

(7) 2 组 18 路通用 DMA。

(8) 4 组运放比较器。

(9) 1 个随机数发生器 TRNG。

(10) 2 组 12 位 DAC 转换。

(11) 2 单元 16 通道 12 位 ADC 转换,16 路触摸按键。

(12) 10 组定时器。

(13) USB2.0 全速 OTG 接口。

(14) USB2.0 高速主机/设备接口(480Mb/s 内置 PHY)。

(15) 3 个 USART 接口和 5 个 UART 接口。

(16) 2 个控制器局域网络(Controller Area Network,CAN)接口(2.0B 主动)。

(17) 安全数字输入输出(Secure Digital Input and Output,SDIO)接口、灵活的静态存储控制器(Flexible Static Memory Controller,FSMC)接口、数字图像接口(Digital Video Port,DVP)。

(18) 2 组 I2C 接口、3 组串行外设接口(Serial Peripheral Interface,SPI)、2 组集成电路内置音频(Inter-IC Sound,I2S)接口。

(19) 千兆以太网控制器 ETH(内置 10MB PHY)。

(20) 80 个 I/O 口,可以映射到 16 外部中断。

(21) 循环冗余校验(Cyclic Redundancy Check,CRC)计算单元,96 位芯片唯一 ID。

(22) 串行 2 线调试接口。

(23) 封装形式：LQFP64M,LQFP100。

2.4 开源蜂鸟 E203 SoC

蜂鸟 E203 配套的 MCU SoC 是国内第一款完全开源的 RISC-V MCU SoC。其 Verilog RTL 源代码于 GitHub 上的 e200_opensource 项目(请在 GitHub 中搜索"e200_opensource")中托管开源。

2.4.1 Freedom E310 SoC 简介

由于蜂鸟 E203 MCU SoC 基本上借鉴开源的 Freedom E310 SoC 平台,因此本节先对

Freedom E310 SoC 进行简单的介绍。

Freedom E310 SoC 平台是 Freedom E300 平台的一个具体平台型号。Freedom E300 平台由 SiFive 公司推出，SiFive 公司是由伯克利分校发明 RISC-V 架构的几个主要发起人创办的商业公司，力图加速 RISC-V 的商业化进程与生态推广。

SiFive 公司目前已经发布了几款 RISC-V 架构的商用处理器核 IP，不仅如此，还发布了几款 SoC 平台系列，其中"Freedom Everywhere"是一款可配置的 RISC-V SoC 家族系列，主要面向低功耗的嵌入式 MCU 领域。而 E300 平台是 Freedom Everywhere SoC 家族系列中的第一款 SoC 平台，关于 Freedom Everywhere E300 平台的具体信息，请在 SiFive 的官方网址中(无须注册)下载其技术手册"SiFive-E300-platform-reference-manual.pdf"。

Freedom Everywhere E310-G000(简称 Freedom E310)是使用 Freedom Everywhere E300 平台配置出的一款特定配置 SoC，并且 SiFive 将此 SoC 的代码完全开源，读者可以在 GitHub 中搜索"freedom"下载其源代码。Freedom E310 SoC 基于 Rocket Core，架构配置为 RV32IMAC 架构，配备 16KB 的指令缓存与 16KB 的数据静态随机存取存储器(Static RAM，SRAM)、硬件乘除法器、调试模块，并配有丰富的外设，如 PWM、UART、SPI 等。

2.4.2 蜂鸟 E203 处理器

蜂鸟是世界上最小的鸟类，体积虽小，却有着极高的速度与敏锐度，可以说是"能效比"最高的鸟类。E203 处理器以蜂鸟命名便寓意于此，旨在将其打造为一款高能效比的开源 RISC-V 处理器。

蜂鸟 E203 与其他的 RISC-V 开源处理器实现相比，具有以下显著特点。

(1) 蜂鸟 E203 处理器使用稳健的 Verilog 2001 语法编写可综合寄存器传输语言 (Register Transfer Language，RTL)代码，以工业级代码编写标准进行开发，代码为人工编写，添加丰富的注释且可读性强，非常易于理解。

(2) 蜂鸟 E203 处理器不仅提供处理器核的实现，还提供完整的配套 SoC、详细的 FPGA 原型平台搭建步骤和详细的软件运行实例。用户可以按照步骤重现出整套 SoC 系统，轻松将蜂鸟 E203 处理器核应用到具体产品中。

(3) 蜂鸟 E203 处理器不仅提供处理器核的实现、SoC 实现、FPGA 平台和软件示例，还提供了调试方案，具备基本的 GDB 交互调试功能。蜂鸟 E203 处理器是从硬件到软件、从模块到 SoC、从运行到调试的一套完整解决方案。

(4) 蜂鸟 E203 提供丰富的文档和实例。蜂鸟 E203 开源 RISC-V 项目的源代码托管于著名的开源网站 GitHub。在 GitHub 中，任何用户无须注册即可从网站上下载源代码，众多的开源项目均将源代码托管于此。请在 GitHub 中搜索"e200_opensource"，获取 E203 项目网址。

2.4.3 蜂鸟 E203 处理器的特性

蜂鸟 E203 主要面向极低功耗与极小占用面积的场景，作为结构精简的处理器核，可谓

"麻雀虽小,五脏俱全",源代码全部开源公开,文档翔实,非常适合作为大中专院校师生学RISC-V处理器设计(使用Verilog语言)的教学或自学案例。

蜂鸟E203处理器核的特性如下。

(1) 蜂鸟E203处理器核能够运行RISC-V指令集,支持RV32IAMC等指令子集的配置组合,支持机器模式。

(2) 蜂鸟E203处理器核提供标准的JTAG调试接口,以及成熟的软件调试工具。

(3) 蜂鸟E203处理器核提供成熟的GCC编译工具链。

(4) 蜂鸟E203处理器核配套SoC提供紧耦合系统IP模块,包括中断控制器、计时器UART、四代串行外设接口(Queued Serial Peripheral Interface,QSPI)和PWM等,即时能用的SoC平台与FPGA原型系统。

蜂鸟E203处理器系统如图2-8所示。

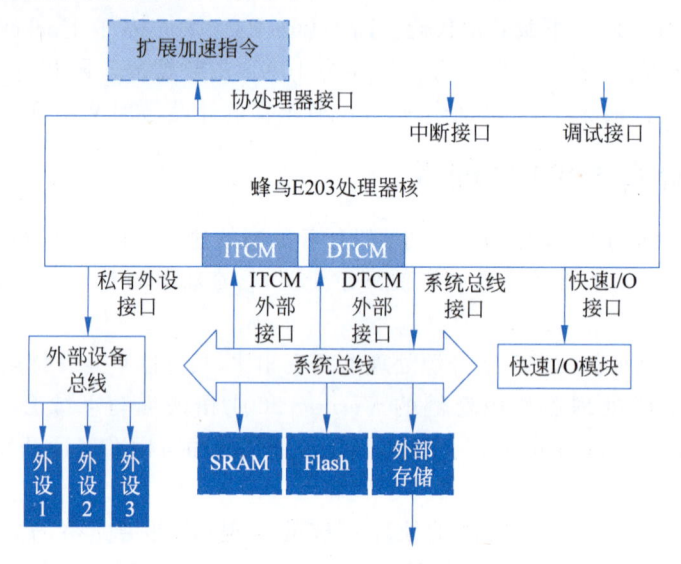

图 2-8 蜂鸟 E203 处理器系统

蜂鸟E203提供的存储和接口如下。

(1) 私有的指令紧耦合存储(Instruction Tightly Coupled Memory,ITCM)与数据紧耦合存储(Data Tightly Coupled Memory,DTCM),实现指令与数据的分离存储,同时提高性能。

(2) 中断接口用于与SoC级别的中断控制器连接。

(3) 调试接口用于与SoC级别的JTAG调试器连接。

(4) 系统总线接口,用于访存指令或者数据。可以将系统主总线接到此接口上,处理器核可以通过该总线访问总线上挂载的片上或者片外存储模块。

(5) 紧耦合的私有外设接口,用于访存数据。可以将系统中的私有外设直接接到此接口上,使得处理器核无须经过与数据和指令共享的总线便可访问这些外设。

(6) 紧耦合的快速I/O接口,用于访存数据。可以将系统中的快速I/O模块直接接到此接口上,使得处理器核无须经过与数据和指令共享的总线便可访问这些模块。

(7) 所有的 ITCM、DTCM、系统总线接口、私有外设接口,以及快速 I/O 接口均可以配置地址区间。

在全新推出的 RISC-V 处理器教学平台中,芯来科技有限公司(以下简称芯来科技)对开源蜂鸟 E203 SoC 进行了全面升级,在保持原本工业级开发标准的同时,内容更加丰富,可扩展性更强,符合当前处理器架构往特定领域架构(Domain Specific Architecture,DSA)发展的新趋势,能灵活地满足更多应用需求。

(1) 蜂鸟 E203 RISC-V 处理器内核(RV32IMAC),增加了蜂鸟内核指令协处理器扩展机制(Nuclei Instruction Counit Extension,NICE)接口,且提供了简单应用案例,方便用户进行自定义硬件加速单元的扩展。

(2) 蜂鸟 E203 SoC,集成了丰富的开源高级外围总线(Advanced Peripheral Bus,APB)接口外设(GPIO、I2C、UART、SPI 等),且这些外设实现采用 System Verilog 语言,具备良好的可读性。

提供系统级仿真验证平台,同时支持开源和商用仿真工具。

蜂鸟 E203 MCU SoC 中的所有外设资源如表 2-3 所示。

表 2-3 蜂鸟 E203 MCU SoC 中的所有外设资源

类 型	外 设	数 目
中断控制	外部中断控制器(PLIC)	1 组
	核心局部中断控制器(CLINT)	1 组
时钟控制	低速时钟生成模块(LCLKGEN)	1 组
	高速时钟生成模块(HCLKGEN)	1 组
端口控制	GPIO	32 个引脚
通信协议接口	SPI/QSPI	3 组
	I2C	1 组
	UART	2 组
脉宽调制输出	PWM	3×4 组输出
计时器	看门狗定时器(Watch Dog Timer,WDT)	1 组
	实时时钟(Real Time Counter,RTC)	1 组
	Timer(来自 CLINT)	1 组
电源管理	PMU	1 组

2.4.4 蜂鸟 E203 配套 SoC

许多开源处理器内核仅提供其实现的基本框架,然而,为了能够完整地使用这些内核,用户往往需要花费大量精力来构建完整的 SoC 平台或 FPGA 平台。此外,许多开源的处理器内核也未提供对调试器(Debugger)的支持。为了方便用户快速上手,蜂鸟 E203 不仅开源了自主设计的核心,还开源了以下配套组件。

(1) 完整的 SoC 平台。

(2) 软件开发环境和完整的工具链。

可以说,蜂鸟 E203 开源的不仅是一个处理器核,而且是一个完整的 MCU 原型的软硬件实现。

芯来科技为全新蜂鸟 E203 处理器提供了从硬件平台(Nuclei DDR200T,MCU200T)、软件开发平台(HBird SDK,Nuclei Studio)到板级实验包(Nuclei Board Labs)的完整应用平台,且配备翔实的用户手册,极大降低了开发者上手蜂鸟 E203 处理器使用与开发的门槛。

1. 硬件平台

芯来科技为其自研处理器定制了全新的 SoC 原型验证硬件平台,即 Nuclei DDR200T 和 MCU200T,两款硬件平台均集成了基于 Xilinx XC7A200T 的 FPGA 子系统,板载外设资源均很丰富,能满足芯来科技全系列处理器的原型验证需求。

一款基于 XilinxFPGA 的 RISC-V 评估开发板——Nuclei DDR200T 开发板如图 2-9 所示。

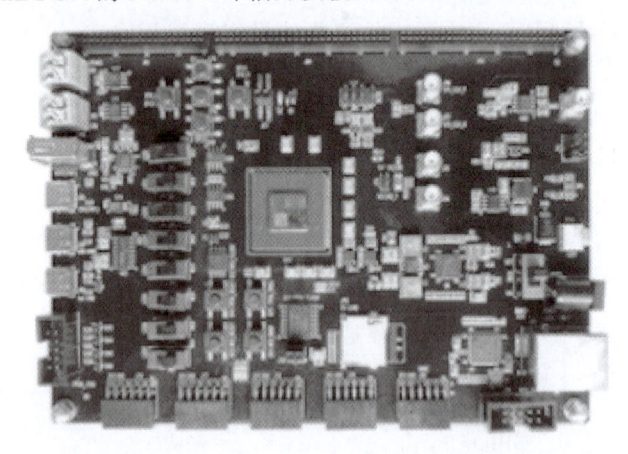

图 2-9　Nuclei DDR200T 开发板

一款集成了 FPGA 和通用 MCU 的 RISC-V 评估开发板——Nuclei MCU200T 开发板如图 2-10 所示。

图 2-10　Nuclei MCU200T 开发板

相较而言，Nuclei DDR200T 的存储资源更为丰富，板载 DDRIII、eMMC 等存储资源，可满足对存储需求高的应用场景，例如运行 Linux 操作系统。

此外，Nuclei DDR200T 还集成了基于 GD32VF103 的 MCU 子系统，可进行 RISC-V 通用 MCU 相关开发。

关于两款硬件平台的具体配置，可参见其官网。

全新蜂鸟 E203 SoC 对这两款硬件平台均进行了支持，开发者根据用户手册将蜂鸟 E203 SoC 实现至相应硬件平台的 FPGA 后，可便捷地进行 RISC-V 嵌入式开发。

2. 软件开发工具包（HBird SDK）

蜂鸟 E203 处理器配套软件开发平台 HBird SDK 由芯来科技全新开发，同适用于芯来科技商业 RISC-V 内核的 Nuclei SDK 架构一致，提供了底层驱动及实时操作系统（FreeRTOS、μC/OS-Ⅱ、RT-Thread）的支持。在开发方式上，与 Nuclei SDK 保持高度一致，可进行无缝切换。

3. 集成开发环境

Nuclei Studio 是芯来科技所推出的支持其自研处理器核产品的 IDE，为用户提供了图形化界面的开发方式。它充分与 HBird SDK 进行了整合，可以结合需求便捷地新建模板工程及修改工程设置选项。

4. 板级实验开发包

芯来科技的板级实验开发包涵盖了众多基于蜂鸟 E203 SoC 的板级嵌入式开发实验，极大方便了 Nuclei DDR200T 和 MCU200T 开发板使用者入门开源蜂鸟处理器的使用和开发。

2.5　智能视觉处理平台——昉·惊鸿 JH-7110

昉·惊鸿 JH-7110 是一款由上海赛昉科技有限公司（以下简称赛昉科技）开发的智能视觉处理平台，是全球首款 RISC-V 智能视觉处理平台昉·惊鸿 7100 的升级版本。它搭载了双核 U74，共享 2MB 的二级缓存，工作频率可达 1.2GHz，支持 Linux 操作系统。赛昉科技自主研发的 ISP 适配了主流的摄像机传感器，内置的图像视频处理子系统能够提供强大的处理能力。昉·惊鸿 7110 具有高性能、低功耗和高安全性的特点，其 SoC 集成了 GPU，拥有更强的图像处理能力。

2.5.1　JH-7110 微控制器概述

昉·惊鸿 7110 是全球首款 RISC-V 智能视觉处理平台昉·惊鸿 7100 的升级版本，具有高性能、低功耗和高安全性的特点。该 SoC 集成了 GPU 使其拥有更强的图像渲染能力，能完成各种复杂的视频图像处理与智能视觉计算，满足边缘端的多种视觉实时性处理需求。

昉·惊鸿 7110 为中端计算和边缘计算提供了完整的平台解决方案，将被广泛应用于云计算、工业控制、网络附加存储（Network Attached Storage，NAS）、平板电脑、HMI 人机界面等领域。

JH-7110 是一款高性能 RISC-V SoC，具有高性能、低功耗、丰富的接口选择，以及强大的图像和视频处理能力。JH-7110 配备了一个 64 位的高性能 4 核 RISC-V 处理器核心，共享 2MB 的缓存一致性，其工作频率为 1.5 GHz。JH-7110 拥有丰富的高速原生接口，支持 Linux 操作系统，并具有强大的图像和视频处理系统。StarFive ISP 与主流摄像头传感器兼容，内置的图像/视频处理子系统支持 H.264/H.265/JPEG 编解码。集成的 GPU 使其图像处理能力更强，例如 3D 渲染。凭借高性能，以及 OpenCL/OpenGL ES/Vulkan 支持，JH-7110 可以进一步增强智能和效率。JH-7110 可以完成多种复杂的图像/视频处理和智能视觉计算。此外，它满足边缘处多种视觉实时处理需求。

1. JH-7110 的系统结构

JH-7110 的系统结构如图 2-11 所示。

图 2-11 中的英文解释如下。

（1）RISC-V 64-bit：RISC-V 64 位。

（2）Quad-core CPU U74：4 核 CPU U74。

（3）L1 $ 16KB：L1 指令缓存 16KB。

（4）L1 32KB/32KB：L1 指令缓存 32KB/32KB。

（5）8 KB DTIM：8KB 数据紧密集成内存。

（6）L2Cache(2MB)：L2 指令缓存(2MB)。

（7）NOC/AXI BUS：片上网络（Network on Chip）/高级可扩展接口（Advanced Extensible Interface）总线。

（8）SGDMA：散布-聚集直接内存访问（Scatter-Gather Direct Memory Access）。

（9）RISC-V 32-bit：RISC-V 32 位。

（10）Mailbox：邮箱。

（11）DDR external memory I/F：双倍数据速率（Double Data Rate）外部内存接口。

（12）QSPI Flash Controller：QSPI 闪存控制器。

（13）Video Decoder：视频解码器。

（14）H264/H265：H.264 和 H.265 是两种视频压缩标准，用于记录、压缩和分发视频内容。它们都是通过减少文件大小实现高效的视频传输和存储，同时尽量保持视频质量。这两种标准由国际电信联盟（ITU）和国际标准化组织（ISO）的联合视频团队开发。

① H.264 也被称为高级视频编码（Advanced Video Coding，AVC）。自 2003 年发布以来，它已成为视频压缩的行业标准之一。H.264 广泛应用于从网络视频流媒体到蓝光光盘、手机视频及视频会议系统等多种场合。它提供了多种不同的压缩选项，包括高清（HD）、标清（SD）等多种分辨率，以及不同的文件大小和质量级别，以满足不同的需求和带宽条件。

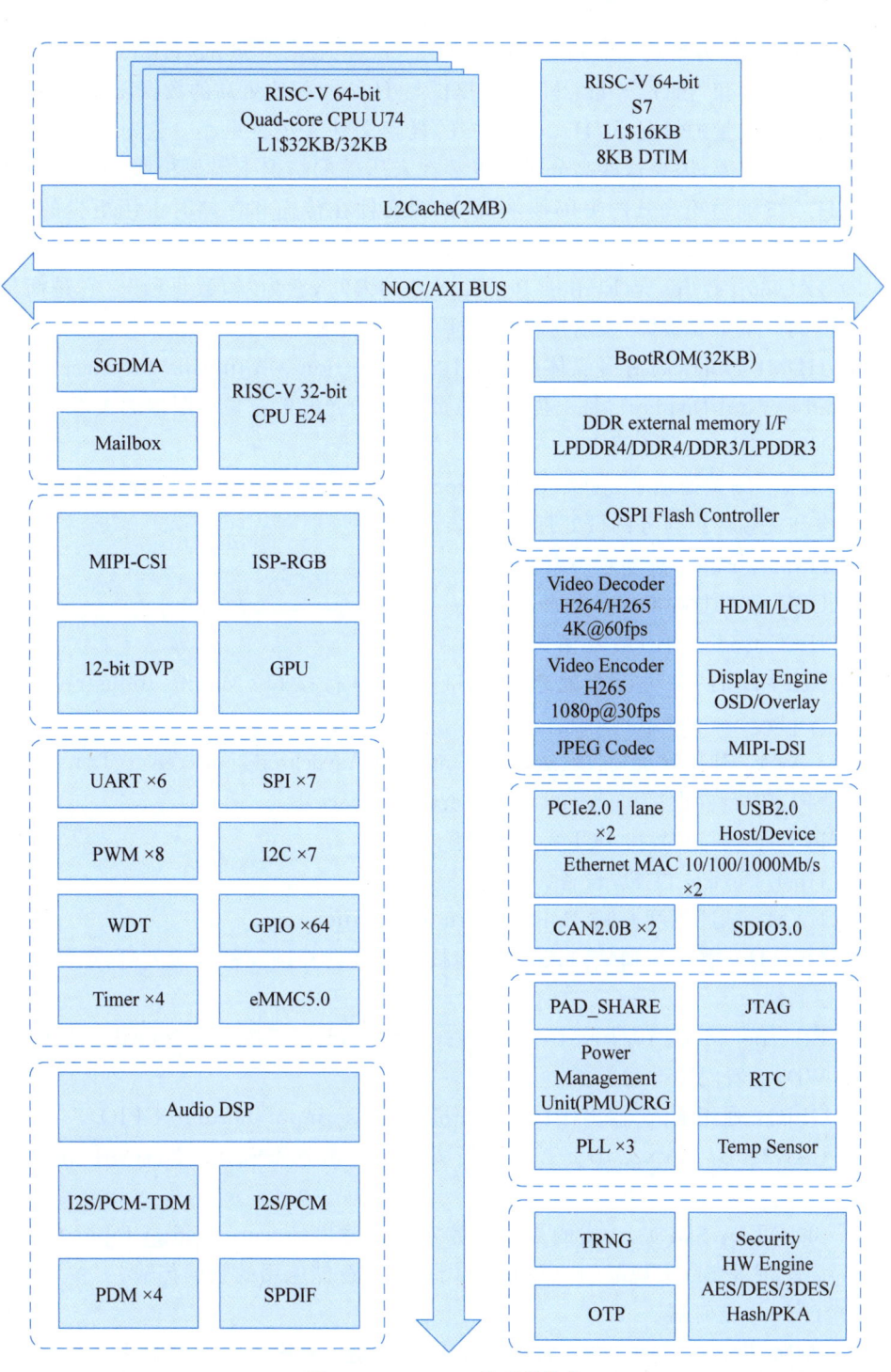

图 2-11　JH-7110 的系统结构

② H.265，也称为高效视频编码（High Efficiency Video Coding，HEVC），是 H.264 的继任者，于 2013 年获得批准。H.265 旨在提供与 H.264 相比更高的数据压缩率，这意味着在保持同等视频质量的情况下，H.265 压缩的视频文件大小将更小。这对于 4K 和 8K 分辨率的视频特别重要，因为这些高分辨率视频在未压缩的情况下需要极大的传输带宽和存储空间。H.265 通过更高效的编码技术，使视频文件在传输和存储时占用更少的空间，同时减少了对带宽的需求。

（15）4K@60fps：fps 是 Frames Per Second 的缩写，意为"帧数每秒"。它是衡量视频播放流畅度的一个重要指标，表示每秒可以播放多少帧图片。

（16）HDMI/LCD：高清多媒体接口（High-Definition Multimedia Interface）；液晶显示器（Liquid Crystal Display），是一种利用液晶材料的光电效应显示图像的技术。

（17）12-bit DVP：12 位 DVP。

（18）GPU：图像处理单元（Graphics Processing Unit），是一种专门设计用于快速和高效处理图像和视频渲染任务的微处理器。

（19）Display Engine：显示引擎。

（20）OSD/Overlay：OSD/叠加。

（21）JPEG Codec：JPEG 编解码器。

（22）MIPI-DSI：移动行业处理器接口-显示串行接口（Mobile Industry Processor Interface-Display Serial Interface）。

（23）UART：通用异步接收发送设备（Universal Asynchronous Receiver/Transmitter）。

（24）SPI：串行外设接口（Serial Peripheral Interface）。

（25）PCIe2.0 1lane×2：PCIe2.0 1 通道×2。

（26）Host/Device：主机/设备。

（27）PWM：脉冲宽度调制（Pulse Width Modulation）。

（28）I2C：是一种串行通信协议，用于连接低速度的外围设备到微处理器、微控制器或其他数字控制器。

（29）Ethernet MAC 10/100/1000Mb/s：以太网 MAC 10Mb/s、100Mb/s、1000Mb/s。

（30）WDT：看门狗计时器。

（31）GPIO：通用输入/输出接口（General-Purpose Input/Output，GPIO）。

（32）CAN2.0B：CAN2.0B 是控制器局域网络（Controller Area Network）的一种规范版本。

（33）SDIO3.0：SDIO3.0 指的是安全数字输入输出（Secure Digital Input Output）标准的 3.0 版本，它是 SD 卡规范的一部分，专门用于非存储应用的数据传输。

（34）Timer：定时器。

（35）eMMC5.0：eMMC（嵌入式多媒体卡）5.0 是一种嵌入式存储解决方案的规范，由 JEDEC 固态技术协会发布。

(36) PAD_SHARE：PAD 共享。

(37) JTAG：联合测试动作组(Joint Test Action Group)是一种标准化的测试接口。

(38) Power Management Unit (PMU)：电源管理单元。

(39) CRG：时钟复位生成器(Clock and Reset Generator)。

(40) RTC：实时时钟(Real Time Clock)。

(41) Audio DSP：音频 DSP。

(42) PLL：相位锁定环(Phase-Locked Loop)，是一种反馈控制系统，用于生成一个输出信号，其相位与输入信号的相位相关联或锁定。

(43) Temp Sensor：温度传感器。

(44) I2S/PCM-TDM：I2S 和脉冲编码调制-时分复用(Pulse Code Modulation-Time Division Multiplexing)都是数字音频接口协议，用于传输音频数据。

(45) I2S/PCM：脉冲编码调制(Pulse Code Modulation)。

(46) TRNG：真随机数生成器(True Random Number Generator)。

(47) Security：安全。

(48) HW Engine：硬件引擎。

(49) AES/DES/3DES/Hash/PKA：这些术语都与加密和信息安全相关，下面是对每个术语的简要解释。

① 高级加密标准(Advanced Encryption Standard，AES)是一种广泛使用的对称加密标准。

② 数据加密标准(Data Encryption Standard，DES)是一种较早的对称密钥加密算法，自 1977 年以来一直被美国政府和其他组织广泛使用。

③ 三重数据加密算法(Triple DES，3DES)是 DES 的一个更安全的变体，它通过连续 3 次使用 DES 算法(可以使用 3 个不同的密钥)增强安全性。

④ 哈希(Hash)是一种将任意大小的数据转换成固定大小的唯一值的过程，这个过程通过哈希函数完成。

⑤ 公钥算法(Public Key Algorithm，PKA)是一种使用不同的密钥进行加密和解密的加密方法。

这些技术和算法构成了现代加密和网络安全的基础，它们在保护数据安全和隐私方面发挥着关键作用。

(50) PDM：脉冲密度调制(Pulse Density Modulation)是一种模拟信号的数字表示方法，它通过脉冲的密度(即脉冲之间的间隔)表示模拟信号的幅度。

(51) SPDIF：索尼/飞利浦数字接口格式(SONY/PHILIPS Digital Interface Format)是一种用于传输数字音频信号的标准接口。它由索尼和飞利浦在 20 世纪 80 年代共同开发，目的是传输无损的立体声或多声道数字音频数据。

(52) OTP：一次性编程(One-Time Programmable)。

2. JH-7110 的应用场景

昉·惊鸿 JH-7110 可以应用到以下场景。

（1）商用电子产品：个人单板计算机、家用网络附加存储（Network Attached Storage，NAS）和路由（软路由）。

（2）智慧家居：扫地机器人、智能视觉家电（冰箱、微波炉等）。

（3）工业智能：工业机器人、无人商店、物流机器人和智能无人机。

（4）公共安全：视频监控、交通管理。

NAS 是一种网络联接的存储解决方案，它允许多个用户和异地客户端通过网络访问存储的数据。NAS 设备通常由一台或多台硬盘组成，这些硬盘以独立磁盘冗余阵列（Redundant Array of Independent Disks，RAID）配置运行，以提高数据的可靠性和访问速度。NAS 设备可以直接连接到局域网（LAN）上，使用标准的网络协议（如 TCP/IP）进行数据传输。

NAS 的主要特点如下。

（1）易于安装和管理：NAS 设备设计简单，易于安装和配置，不需要专业的 IT 技能即可进行管理。

（2）数据共享：NAS 允许网络上的多个用户同时访问存储的数据，便于数据共享和协作。

（3）灵活性：NAS 设备可以支持多种操作系统和网络协议，提供灵活的数据访问方式。

（4）可扩展性：随着数据量的增加，可以通过添加更多的硬盘或连接额外的 NAS 设备扩展存储容量。

（5）成本效益：对于小型企业或家庭用户而言，NAS 提供了一种相对经济的方式实现数据存储和备份。

NAS 常用于文件共享、数据备份、远程访问和多媒体服务等场景。它适用于家庭、小型办公室和中大型企业等不同规模的环境。

3. JH-7110 的特点

JH-7110 具有以下特点。

（1）4 核 RISC-V U74 和 S7 协处理器，搭载 2MB L2 缓存。

（2）支持内核版本 5.10 和 5.15 的 Linux 操作系统。

（3）CPU 工作频率最高可达 1.5GHz。

（4）GPU IMG BXE-4-32。

（5）32 位 LPDDR4/DDR4/LPDDR3/DDR3，传输速度最高可达 2800Mb/s。

（6）视频解码（H.264/H.265）最高为 4K@60fps，支持多路解码。

（7）视频编码（H.265）最高为 1080p@30fps，支持多路编码。

（8）提供 JPEG 编解码。

（9）支持 1080p@30fps 的全功能 ISP。

（10）支持视频输入：1×DVP、1×4D2C MIPI-CSI，最高为 4K@30fps。

（11）支持视频输出：4D1C MIPI 显示输出最高为 1080p@60fps。

(12) 支持一路 4K@30fps 的 HDMI2.0 接口显示。
(13) 支持 1080p@30fps 的 24 位 RGB 并行接口。
(14) 支持 2 个单通道 PCIe2.0 接口。
(15) 支持 USB3.0 主机/设备(通过占用 1 个 PCIe2.0 通道)。
(16) 支持 2 个以太网 MAC(传输速度 1000Mb/s),2 个 CAN2.0B。
(17) 支持 IEEE 1588-2002 和 IEEE 1588-2008 标准。
(18) 支持 TRNG,并支持 OTP,DMA,QSPI 和其他外设。
(19) 音频数字信号处理器(Digital Signal Processor,DSP)支持浮点指令。
(20) 专用的音频处理及其子系统。

赛昉科技的官网如图 2-12 所示。

图 2-12 赛昉科技的官网

2.5.2 昉·星光 2 开发板

昉·星光 2 是全球首款集成了 GPU 的高性能 RISC-V 单板计算机。与昉·星光相比,昉·星光 2 全面升级,在处理器速度、多媒体处理能力、可扩展性等方面均有显著提升。性能卓越,价格亲民,昉·星光 2 将成为迄今为止性价比最高的 RISC-V 开发平台。

1. 昉·星光 2 开发板资源

昉·星光 2 搭载 4 核 64 位 RV64GC ISA 的单片系统(SoC),工作频率最高可达 1.5GHz,集成 IMG BXE-4-32,支持 OpenCL 3.0,OpenGL ES 3.2 和 Vulkan 1.2。昉·星光 2 提供 2/4/8 GBLPDDR4 RAM 选项,外设 I/O 接口丰富,包括 M.2 接口、eMMC 插座、USB 3.0 接口、40-pinGPIO header、千兆以太网接口、TF 卡插槽等。昉·星光 2 不仅配有板载音频处理和视频处理能力,还具有多媒体外设接口 MIPI-CSI 和 MIPI-DSI。开源的昉·星光 2 具有强大的软件适配性,支持 Debian 操作系统及该系统上运行的各种软件。

昉·星光 2 开发板如图 2-13 所示。

图 2-13 昉·星光 2 开发板

昉·星光 2 开发板资源如表 2-4 所示。

表 2-4 昉·星光 2 开发板资源

类型	项目	描述
处理器	赛昉科技昉·惊鸿 7110	赛昉科技昉·惊鸿 7110 RISC-V 四核 64 位 RV64GC ISA SoC 搭载 2MB L2 缓存和协处理器，工作频率最高可达 1.5GHz
	Imagination GPU	IMG BXE-4-32 MC1，工作频率最高可达 600MHz
内存	2GB/4GB/8GB	LPDDR4 SDRAM，传输速度最高可达 2800Mb/s
存储	板载 TF 卡插槽	昉·星光 2 可从 TF 卡启动
	闪存	存储 U-Boot 和 Bootloader 的固件
多媒体	视频输出	(1) 1×2 通道 MIPI DSI 显示接口（最高 1080p@30fps） (2) 1×4 通道 MIPI DSI 显示接口，在单屏显示和双屏显示模式下支持最高 2K@30fps (3) 1×HDMI2.0，支持最高 4K@30fps 或 2K@60fps 注：两个 MIPI DSI 不得同时使用
	摄像头	1×2 通道 MIPI CSI 摄像头接口，支持最高 1080P@30fps
	编解码	(1) 视频解码（H264/H265）最高达 4K@60fps，支持多路解码 (2) 视频编码（H265）最高达 1080p@30fps，支持多路编码 (3) JPEG 编解码
	音频	4 极立体声音频插孔
连接	以太网	2×RJ45 千兆以太网接口
	USB Host	4USB 3.0 接口（通过 PCIe 2.0 1 条通道复用）

续表

类型	项目	描述
连接	USB Device	1×USB device 接口（和 USB-C 接口复用）
	M.2 连接器	M.2 M-Key
	eMMC 插槽	用于 eMMC 模块，如操作系统和数据存储
	2 针风扇接口	—
电源	USB-C 接口	通过 USB-C PD 快充端口输入 5V DC，最高 30W（最低 3A）
	GPIO 电源输入	通过 GPIO header 输入 5V DC（最低 3A）
	PoE（以太网供电）	可启用 PoE 功能，使用此功能需要另行购买 PoE 拓展版
GPIO	40 针通用输入输出接口排针	1 排 40 针通用输入输出接口（GPIO）排针。支持多种接口选项：3.3V（2 引脚）、5V（2 引脚）、接地引脚接口（8 引脚）、GPIO、CAN 总线、DMIC、I2C、I2S、PWM、SPI 和 UART 等
启动模式	启动模式引脚设置	可以选择以下启动模式之一：1 位 QSPI Nor Flash、SDIO3.0、eMMC 和 UART
按钮	Reset 键	需要重置昉·星光 2 时，请长按 Reset 键 3s 以上，以确保重置成功

2. 昉·星光 2 开发板功能

昉·星光 2 外观（顶部视图）如图 2-14 所示。

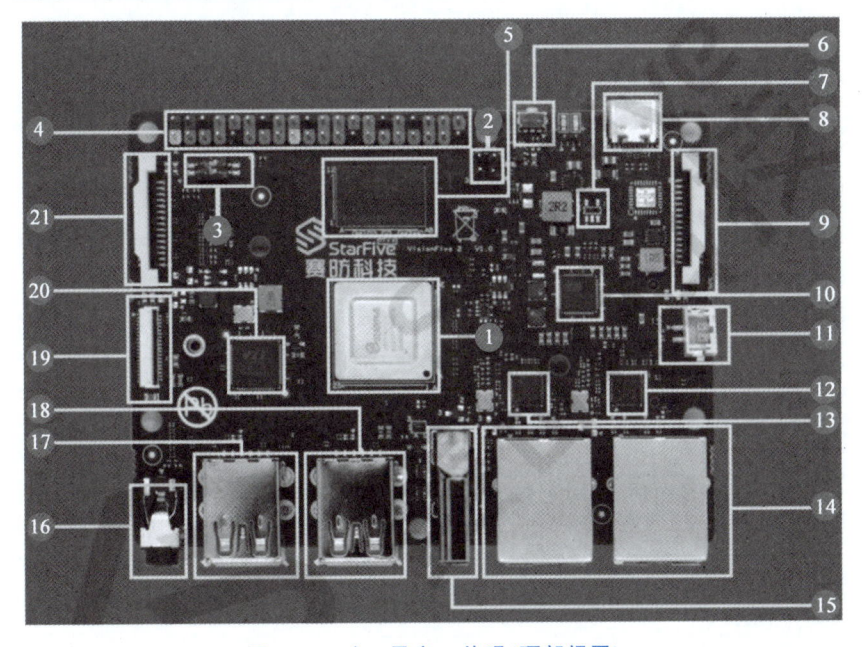

图 2-14　昉·星光 2 外观（顶部视图）

昉·星光 2 外观（底部视图）如图 2-15 所示。

昉·星光 2 组件如表 2-5 所示。

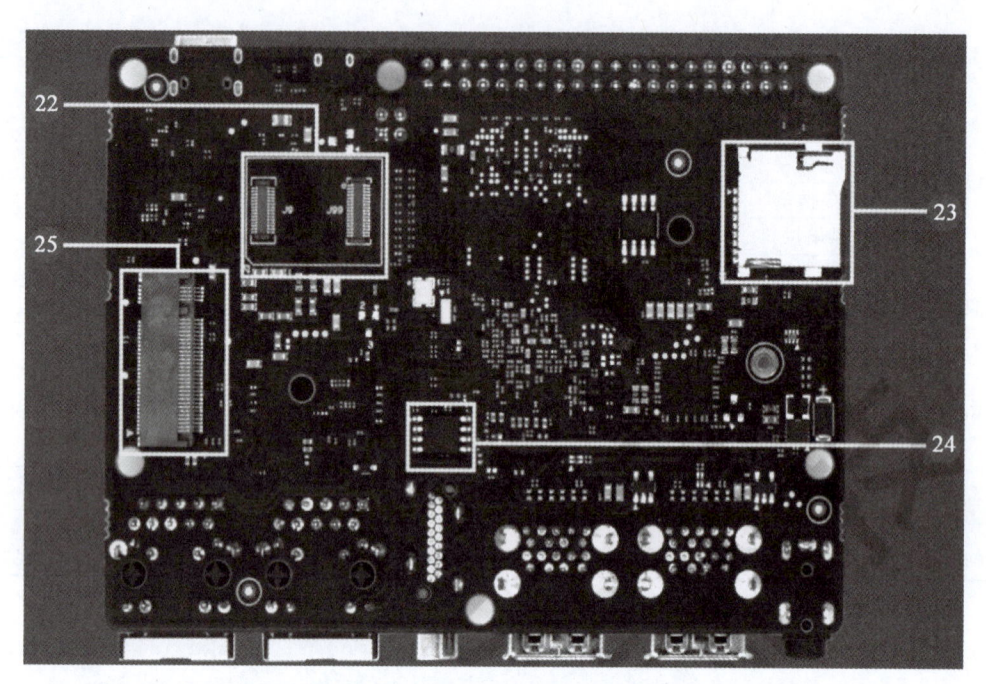

图 2-15　昉·星光 2 外观（底部视图）

表 2-5　昉·星光 2 组件

编号	描述	编号	描述
1	赛昉科技昉·惊鸿-7110 RISC-V 64 位 4 核 RV64GC ISA 芯片平台	14	2×以太网接口（RJ45）
2	PoE 接口头	15	HDMI 2.0 接口
3	启动模式引脚	16	3.5mm 音频插孔
4	40 针通用输入输出接口排针	17	2×USB 3.0 接口
5	2GB/4GB/8GB LPDDR4 SDRAM	18	2×USB 3.0 接口
6	Reset 键	19	4-lane MIPI DSI
7	EEPROM	20	USB 3.0 主机控制器
8	USB-C 接口，可用于供电和数据传输	21	2 通道 MIPI DSI
9	2 通道 MIPI CSI	22	eMMC 插槽
10	PMIC	23	TF 卡插槽
11	2 针风扇接口	24	QSPI Flash
12	GMAC0 PHY	25	M.2 M-Key
13	GMAC1 PHY	—	—

3. 昉·星光 2 开发板软件

操作系统：昉·星光 2 支持 Debian 操作系统。

如需获取更多软件资源,请访问赛昉科技 GitHub 仓库。

4. 快速入门

(1) 硬件准备。

在正式编程之前,用户需要确保已完成以下硬件准备事项。

① 昉·星光 2。

② 32GB(或更大)的 Micro SD 卡。

③ 带有 Linux/Windows/Mac 操作系统的计算机。

④ USB 转串口转换器。

⑤ 以太网电缆。

⑥ 电源适配器。

⑦ USB Type-C 数据线。

⑧ 用于桌面环境使用:键盘和鼠标、显示器或电视、HDMI 电缆。

此外,可能还需要准备一些可选组件:

① 以太网 LAN 电缆或兼容的 Wi-Fi dongle(默认启用 ESWIN6600U 或 AIC8800 模块);

② USB 转 UART 串行转换器模块。

(2) 将 OS 烧录到 Micro-SD 卡上。

将 Debian(Linux 发行版)烧录到 Micro-SD 卡上,以便于它可以在昉·星光 2 上运行。本章提供在 Linux 操作系统或 Windows 操作系统上,将 Debian 烧录到 Micro SD 卡上的示例步骤。

按照以下步骤,在 Linux 操作系统或 Windows 操作系统上烧录镜像。

① 使用 Micro-SD 卡读卡器或笔记本电脑上的内置读卡器,将 Micro SD 卡连接至计算机。

② 下载最新 Debian 镜像。

由于昉·星光 2 启动模式设置中包含几种启动模式,因此还准备了不同的 Debian 镜像,包括:非易失性存储器快速接口(Non-Volatile Memory Express,NVME)镜像、SD 镜像和 eMMC 镜像。

因此,根据自己的偏好,用户可以选择性地下载镜像内容。

③ 解压 .bz2 文件。

下载的镜像为一个 img.bz2 压缩文件。为提取镜像,用户需要在 Windows/Linux 操作系统下使用压缩工具解压,或者也可以使用 bzip2 命令解压文件。

对于 bzip2,用户可以使用以下命令,该命令将删除已有的 img.bz2 文件:

```
bzip2 -d <filename>.img.bz2
```

为保留原始文件,需要执行以下命令:

```
bzip2 -dk <filename>.img.bz2
```

④ 下载 BalenaEtcher。使用 BalenaEtcher 将 Debian 烧录到 Micro SD 卡上。
⑤ 安装并运行 BalenaEtcher。安装 BalenaEtcher 如图 2-16 所示。

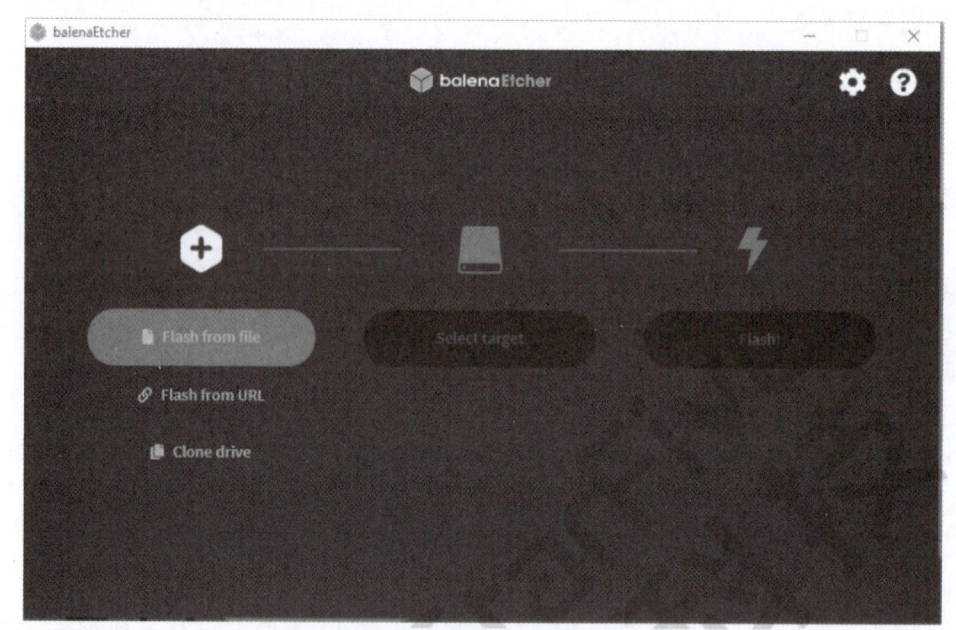

图 2-16 安装 BalenaEtcher

⑥ 单击 Flash from file,选择解压后的镜像文件:

```
starfive-jh7110-VF2-<Version>.img
```

提示:<Version>表示 Debian 镜像的版本号。

⑦ 单击 Select target,并选择连接好的 Micro SD 卡。
⑧ 单击 Flash!开始烧录。

(3) 登录 Debian。

按照以下步骤,登录 Debian。

① 通过 HDMI 将显示器连接到昉·星光 2。
② 根据要求设置启动模式。
③ 将烧录好 Debian 镜像的 Micro SD 卡插入昉·星光 2,并上电启动。
④ 输入以下登录信息。

```
Username:user
Password:starfive
```

2.6 玄铁处理器 C906

玄铁系列微处理器是基于 RISC-V 开放源 ISA 的处理器。这些处理器旨在推动中国及全球的半导体产业向更高的自主性、效率和性能水平迈进。玄铁系列微处理器覆盖了从高性能服务器、智能终端到 IoT 设备等多个领域，展现了 RISC-V 架构在不同应用场景下的广泛适用性和灵活性。

2.6.1 玄铁系列微处理器

下面分别对玄铁系列微处理器 8 系列和 9 系列、无剑 600 SoC 平台进行简单介绍。

1. 玄铁系列微处理器 8 系列和 9 系列

玄铁系列微处理器 8 系列如图 2-17 所示，玄铁系列微处理器 9 系列如图 2-18 所示。

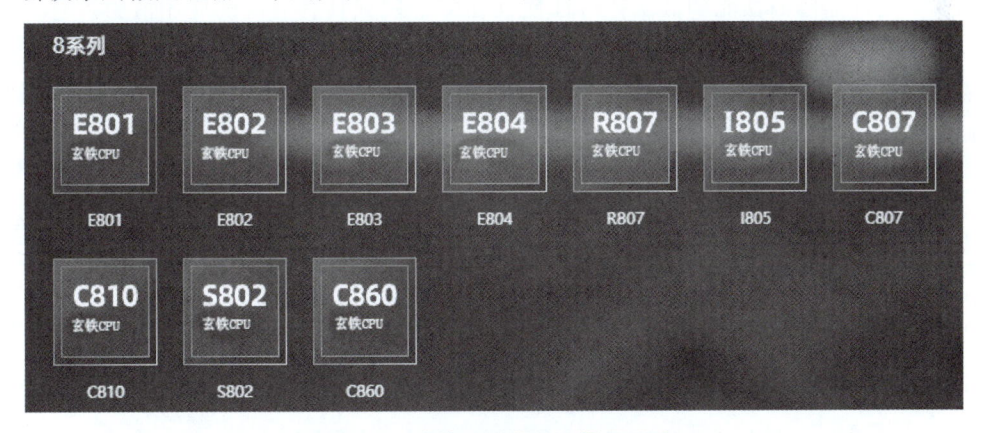

图 2-17　玄铁系列微处理器 8 系列

图 2-18　玄铁系列微处理器 9 系列

平头哥半导体有限公司(以下简称平头哥)致力于推动中国国产自主可控的处理器技术的发展，而 C906 处理器是其在 RISC-V 领域的重要成果之一。

(1) C906 处理器概述。

C906 处理器基于 RISC-V 开放源 ISA，是一款高性能、高效能的 32 位处理器核心。它采用 9 级流水线设计，支持整数、乘法、除法和原子操作指令集扩展，以及单精度和双精度浮点指令集。C906 还集成了高效的 MMU，支持大量的物理内存和虚拟内存管理，使其能够运行丰富的操作系统，包括但不限于 Linux。

（2）技术特点。

高性能：C906 采用 9 级流水线架构，优化了指令执行效率，提高了处理器的性能。

低功耗：基于 RISC-V 的简洁高效指令集，C906 在保证性能的同时，也注重能效比的优化，适用于功耗敏感的应用场景。

强大的内存管理：C906 处理器的 MMU 支持大量的物理和虚拟内存，为运行复杂操作系统和应用提供了支持。

广泛的适用性：C906 能够运行包括 Linux 在内的多种操作系统，适用于包括 IoT、智能硬件、网络设备等多个领域。

（3）应用领域。

C906 处理器的高性能和低功耗特性使其在多个领域具有广泛的应用潜力。它可以被用于智能家居、IoT 设备、网络安全设备、边缘计算节点、智能穿戴设备等多种场景。此外，C906 的高性能和支持 Linux 操作系统的能力，也使其成为一些高性能计算和工业控制应用的理想选择。

2. 无剑 600 SoC 平台

无剑 600 RISC-V 芯片设计平台是一个高性能异构芯片设计和软硬件全栈的平台，具有高性能、高内存带宽、异构计算和人工智能加持的特性。同时兼顾高安全、多模态感知和软硬一体的能力，可定制并允许更多的资源接入 RISC-V 生态，推动下游应用、缩短产品研发周期、降低开发难度。

曳影 1520 是首颗基于无剑 600 平台研发的多模态 AI 处理器 SoC 原型，采用高性能玄铁 RISC-V CPU，具备全链路数据通路性能均衡的特点，从硬件到软件均已完成了多种应用场景的适配。开发者在等待定制化芯片的同时，可以预先在曳影 1520 芯片上开发自己的系统，极大地缩短了最终产品量产的时间。

无剑 600 SoC 软件与工具平台优势如下。

（1）极高易用性的 AI 部署工具。

支持主流框架 PyTorch、TensorFlow、Caffe，一站式实现模型的自动量化，提供多种量化等算法和离线编译；支持具有硬件感知的跨图节点和跨层优化算法。

（2）安全软件框架。

遵循 GP TEE 安全认证和功能一致性的国际通用标准，兼容主流生态，支持不同安全等级场景化应用。

（3）操作系统支持度高。

支持 Linux 和最新版开源 Android 12。

2.6.2 玄铁处理器的应用领域

平头哥是阿里巴巴集团的一部分,致力于开发高性能的微处理器和人工智能芯片。平头哥的玄铁处理器是一种高性能的微处理器,玄铁处理器主要应用于以下领域。

(1) 云计算和数据中心:玄铁处理器具有高性能和高能效比,适用于云计算和大型数据中心的需求,可以提供高速的数据处理能力。

(2) 人工智能:玄铁处理器设计了专门的人工智能加速模块,能够高效处理深度学习和机器学习任务,广泛应用于图像识别、语音识别、自然语言处理等人工智能领域。

(3) IoT:由于其低功耗的特性,玄铁处理器也适用于 IoT 设备,可以为智能家居、智能穿戴设备和工业 IoT 提供强大的计算支持。

(4) 边缘计算:玄铁处理器能够部署在边缘设备上,支持边缘计算,减少数据在云和设备之间的传输,提高响应速度和数据处理效率。

(5) 自动驾驶:玄铁处理器的高性能计算能力可应用于自动驾驶系统,处理大量的传感器数据,支持实时的决策和控制。

(6) 智能安防:在视频监控和智能安防领域,玄铁处理器可以提供实时的图像分析和处理能力,支持人脸识别、行为分析等功能。

(7) 嵌入式系统:玄铁处理器也适合用于各种嵌入式系统和消费电子产品,如智能手表、智能音箱等,提供强大的计算能力和良好的能效比。

平头哥的玄铁处理器因其高性能、低功耗的特性,在多个领域都有广泛的应用,能够满足不同场景下对高速计算和智能处理的需求。

2.6.3 全志 D1-哪吒开发板

全志 D1-哪吒开发板采用玄铁 C906 处理器,支持 1GB/2GB DDR3、258MB spi-nand、Wi-Fi/蓝牙连接,具有丰富的音视频接口和强大的音视频编解码能力,可连接各种外设,集成了 MIPI-DSI+TP 接口、SD 卡接口、LEDC 灯、HDMI、麦克风子板接口、3.5mm 耳机接口、千兆以太网接口、USBHOST、Type-C 接口、UART Debug 接口、40pin-s 插针阵列等,可以满足日常科研教学、产品项目预研、开发爱好者 DIY 的需求。

玄铁 C906 处理器是基于 RISC-V 指令架构的 64 位超高效能处理器,主要面向安防监控、智能音箱、扫码/刷脸支付等领域。

C906 处理器体系结构的主要特点如下:

(1) RV64IMA[F]C[V]指令架构;

(2) 5 级单发按序执行流水线;

(3) 一级哈佛结构的指令和数据缓存,大小为 8KB/16KB/32KB/64KB 可配置,缓存行为 64B;

(4) Sv39 内存管理单元,实现虚实地址转换与内存管理;

(5) 支持 AXI4.0 128bit Master 接口;

(6) 支持核心局部中断控制器(Core-Local Interruptor,CLINT)和中断控制器 PLIC;

(7) 支持 RISC-V Debug 标准。

矢量计算单元的主要特征如下:

(1) 遵循 RISC-V V 矢量扩展标准(revision 0.7.1);

(2) 算力可达 4GFlops(@1GHz);

(3) 支持矢量执行单元运算宽度 64 位和 128 位硬件可配置;

(4) 支持 INT8/INT16/INT32/INT64/FP16/FP32/BFP16 矢量运算。

全志 D1-哪吒开发板如图 2-19 所示,全志 D1-哪吒开发板功能布局如图 2-20 所示。

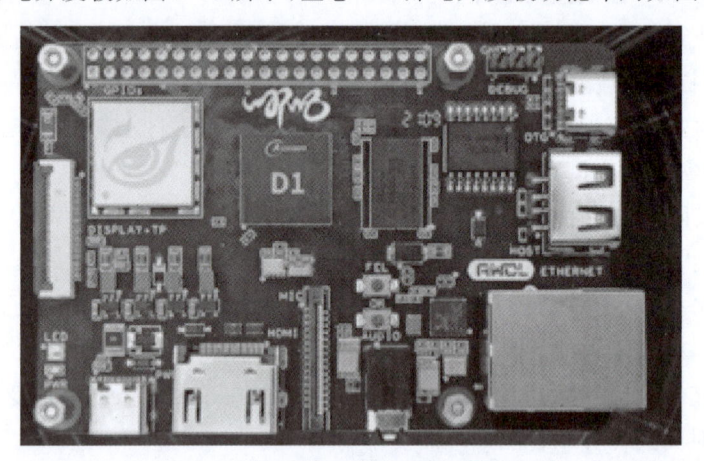

图 2-19 全志 D1-哪吒开发板

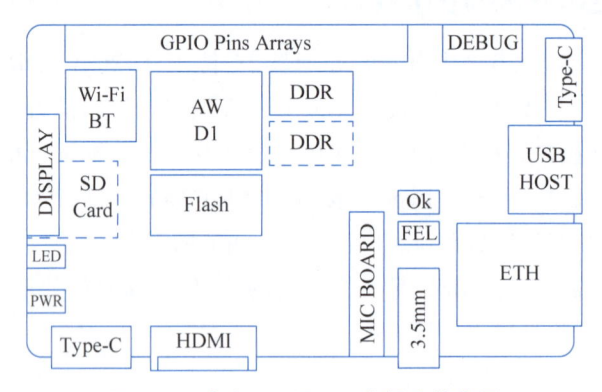

图 2-20 全志 D1-哪吒开发板功能布局

全志 D1-哪吒开发板硬件资源如图 2-21 所示,全志 D1-哪吒开发板硬件规格参数如表 2-6 所示。

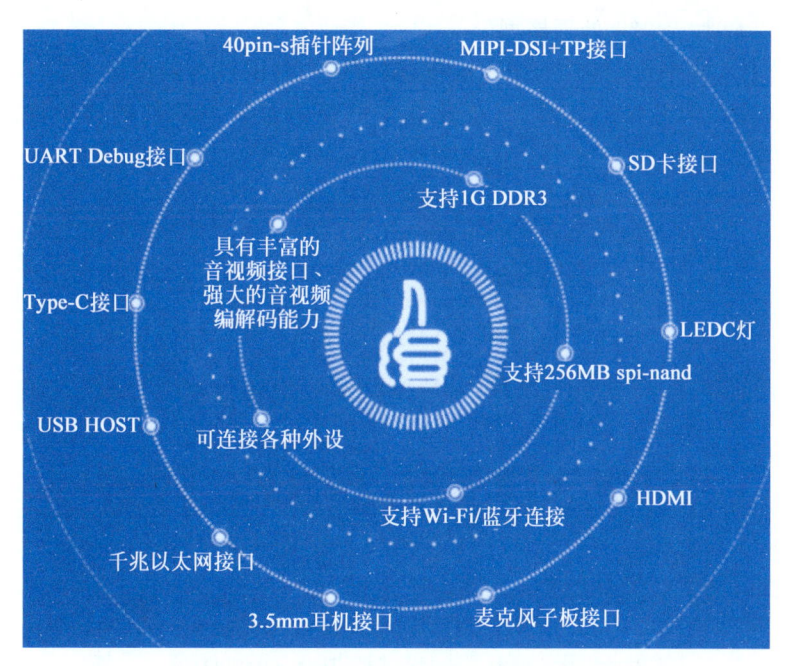

图 2-21 全志 D1-哪吒开发板硬件资源

表 2-6 全志 D1-哪吒开发板硬件规格参数

主　　控	全志 D1 C906 RISC-V
DRAM	DDR3 1GB/2GB，792MHz
存储	板载 256MB spi-nand，支持 USB 外接 U 盘及 SD 卡拓展存储
网络	支持千兆以太网，支持 2.4G Wi-Fi 及蓝牙，板载天线
显示	支持 MIPI-DSI＋TP 屏幕接口，支持 HDMI 输出，支持 SPI 屏幕
音频	麦克风子板接口，3.5mm 耳机接口
按键	FEL 按键 1 个，LRADC OK 按键 1 个
灯	电源指示灯，三色 LED
DEBUG	支持 UART 串口调试，支持 ADB USB 调试
USB	USB HOST，USB OTG，支持 USB2.0
PIN	40pins 插针阵列
电源输入	Type-C USB 5V-2A

注：动态随机存取存储器(Dynamic RAM，DRAM)；调试(DEBUG)。

2.6.4 玄铁 CXX 系列 CSI-RTOS SDK 开发包

CSI-RTOS SDK 是平头哥玄铁处理器配套的软件开发工具包，软件遵循芯片软件接口(Chip Software Interface，CSI)规范。用户可通过该 SDK 快速对玄铁处理器进行测试与评估。同时用户可以参考 SDK 中集成的各种常用组件，以及示例程序进行应用开发，快速形成产品方案。该套 SDK 兼容 C906、C906FD、C906FDV、C908、C908V、C9081、C910、C910V2、

C920、C920V2、R910、R920 处理器型号。

  CSI 针对嵌入式系统定义了 CPU 内核移植接口、外围设备操作接口、统一软件接口规范。其通过消除不同芯片的差异，可简化软件的使用及提高软件的移植性。CSI-RTOS SDK 架构如图 2-22 所示。

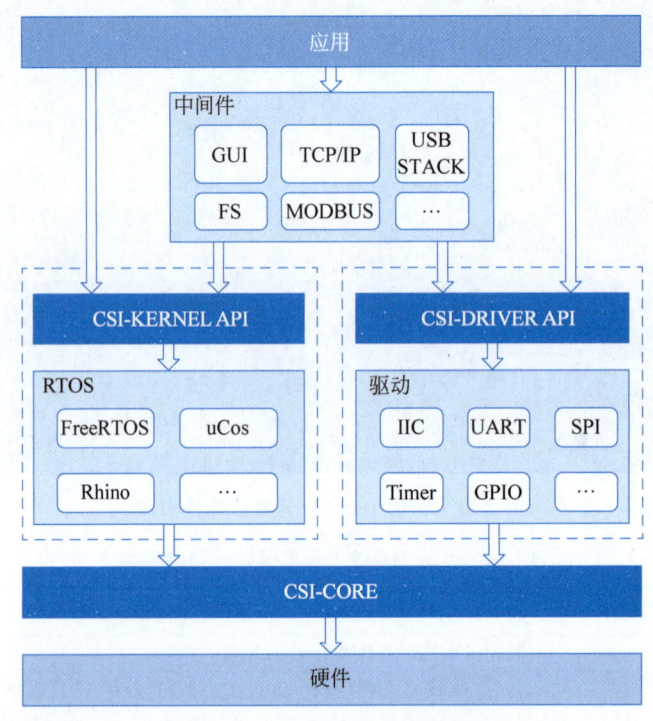

图 2-22 CSI-RTOS SDK 架构

其中主要内容包括：

（1）CSI-CORE：定义了 CPU 和相关紧耦合外设的接口规范；

（2）CSI-DRIVER：定义了常用的驱动的接口规范；

（3）CSI-KERNEL：定义实时操作系统的接口规范。

第 3 章 RISC-V 架构的中断和异常

RISC-V 架构中的中断和异常是处理器核心功能的重要组成部分,它们允许处理器响应内部和外部事件,以及处理非预期或非法的操作情况。理解这些概念对于开发和优化基于 RISC-V 的系统至关重要。

本章深入探讨了 RISC-V 架构中的中断和异常处理机制,旨在为读者提供一个关于如何识别、响应和管理中断与异常的全面指南。内容分为 6 个主要部分,每部分针对不同的概念和组件进行详细讲解,确保读者能够全面理解 RISC-V 架构下的中断和异常处理。

(1) 中断与异常基础。

介绍了中断和异常的基本概念,区分了异步发生的外部中断和同步发生的异常,以及广义上的异常,为后续深入讨论打下基础。

(2) 异常处理机制。

详细阐述了异常处理的整个流程,包括如何进入异常处理模式、在完成处理后如何退出,以及异常服务程序的角色和重要性。

(3) 中断处理。

深入探讨了中断处理的各个方面,包括 RISC-V 支持的中断类型、中断处理的完整流程、中断的委派和注入机制、中断屏蔽与等待、中断优先级与仲裁,以及中断嵌套处理。此外,还比较了中断与异常的不同点,帮助读者更好地理解这两个概念之间的区别。

(4) 核心局部中断控制器(CLINT)。

讲述了 CLINT 的作用和重要性,强调了其在管理和控制核心局部中断中的关键角色。

(5) PLIC 管理多个外部中断。

着重讲解了 PLIC 的功能和特点,包括其如何管理和分配多个外部中断,以及 PLIC 寄存器在中断管理中的应用。

(6) RISC-V 结果预测相关 CSR。

简要介绍了控制和状态寄存器(Control and Status Register,CSR)在结果预测和性能优化中的应用,突出了其在提高 RISC-V 架构性能中的作用。

通过本章的学习,读者将获得对 RISC-V 架构中中断和异常处理机制的深入理解,包括其工作原理、处理流程及相关硬件组件的知识,为进一步研究和应用 RISC-V 架构提供了坚实的基础。

3.1 中断和异常

在计算机体系结构中,中断和异常是核心概念,它们允许操作系统响应异步事件及处理程序错误和特殊情况。虽然这两个术语经常被一起讨论,但它们代表不同的概念和处理机制。

3.1.1 中断

中断(Interrupt)机制,即处理器核在顺序执行程序指令流的过程中突然被别的请求打断而中止执行当前的程序,转而去处理别的事情,待其处理完别的事情,然后重新回到之前程序中断的点继续执行之前的程序指令流,其要点如下。

(1) 打断处理器执行程序指令流的"别的请求"便称为中断请求(Interrupt Request),"别的请求"的来源称为中断源(Interrupt Source)。中断源通常来自外围硬件设备。

(2) 处理器转而去处理的"别的事情"称为中断服务程序(Interrupt Service Routine,ISR)。

(3) 中断处理是一种正常的机制,而非一种错误情形。处理器收到中断请求之后,需要保存当前程序的现场,简称为保存现场。等到处理完中断服务程序后,处理器需要恢复之前的现场,从而继续执行之前被打断的程序,简称为"恢复现场"。

(4) 可能存在多个中断源同时向处理器发起请求的情形,因此需要对这些中断源进行仲裁,从而选择哪个中断源被优先处理。此种情况称为"中断仲裁",同时可以给不同的中断分配优先级以便于仲裁,因此中断存在着"中断优先级"的概念。

(5) 还有一种可能是处理器已经在处理某个中断的过程中(执行该中断的 ISR 中),此时有一个优先级更高的新中断请求到来,此时处理器该如何是好呢? 有如下两种可能。

第一种可能是处理器并不响应新的中断,而是继续执行当前正在处理的中断服务程序,待到彻底完成之后才响应新的中断请求,这种称为处理器"不支持中断嵌套"。

第二种可能是处理器中止当前的中断服务程序,转而开始响应新的中断,并执行其"中断服务程序",如此便形成了中断嵌套(即前一个中断还没响应完,又开始响应新的中断),并且嵌套的层次可以有很多层。

3.1.2 异常

异常(Exception)机制,即处理器核在顺序执行程序指令流的过程中突然遇到了异常的事情而中止执行当前的程序,转而去处理该异常,其要点如下。

(1) 处理器遇到的"异常的事情"称为异常。异常与中断的最大区别在于中断往往是一种外因,而异常是由处理器内部事件或程序执行中的事件引起的,例如本身硬件故障、程序故障,或者执行特殊的系统服务指令而引起的,简而言之是一种内因。

(2) 与中断服务程序类似,处理器也会进入异常服务处理程序。

(3) 与中断类似,可能存在多个异常同时发生的情形,因此异常也有优先级,并且也可能发生多重异常的嵌套。

3.1.3 广义上的异常

中断和异常最大的区别是起因内外有别。除此之外,从本质上讲,中断和异常对于处理器而言基本上是一个概念。中断和异常发生时,处理器将暂停当前正在执行的程序,转而执行中断和异常处理程序;返回时,处理器恢复执行之前被暂停的程序。

因此,中断和异常的划分是一种狭义的划分。从广义上来讲,中断和异常都被认为是一种广义上的异常。处理器广义上的异常,通常只分为同步异常(Synchronous Exception)和异步异常(Asynchronous Exception)。

1. 同步异常

同步异常是指由于执行程序指令流或者试图执行程序指令流而造成的异常。这种异常的原因能够被精确定位于某一条执行的指令。同步异常的另外一个通俗的表象是,无论程序在同样的环境下执行多少遍,每次都能精确地重现出来。

例如,程序流中有一条非法的指令,那么处理器执行到该非法指令便会产生非法指令异常,能被精确地定位到这条非法指令,并且能够被反复重现。

2. 异步异常

异步异常是指那些产生原因不能够被精确定位于某条指令的异常。异步异常的另一个通俗的表象是,程序在同样的环境下执行很多遍,每次发生异常的指令 PC 都可能会不一样。

最常见的异步异常是"外部中断"。外部中断的发生是由外围设备驱动的,一方面外部中断的发生带有偶然性,另一方面中断请求抵达处理器核时,处理器的程序指令流执行到具体的哪条指令更带有偶然性。

对于异步异常,根据其响应异常后的处理器状态,可以分为两种。

(1) 精确异步异常(Precise Asynchronous Exception):指响应异常后的处理器状态能够精确反映为某条指令的边界,即某条指令执行完成后的处理器状态。

(2) 非精确异步异常(Imprecise Asynchronous Exception):指响应异常后的处理器状态无法精确地反映某条指令的边界,即可能是某条指令执行了一半然后被打断的结果,或者是其他模糊的状态。

常见的典型同步异常和异步异常如表 3-1 所示,此表可以帮助读者更加理解同步异常和异步异常的区别。

表 3-1 同步异常和异步异常

类　　型	典　型　异　常
同步异常	取指令访问到非法的地址区间。 例如外设模块的地址区间往往是不可能存放指令代码的,因此其属性是"不可执行",并且还是读敏感的。如果某条指令的 PC 位于外设区间,则会造成取指令错误。这种错误能够精确地定位到是哪条指令 PC 造成的
	读写数据访问地址属性出错。 例如有的地址区间的属性是只读或者只写的,假设 Load 或者 Store 指令以错误的方式访问了地址区间(例如写了只读的区间),这种错误方式能够被存储器保护单元(Memory Protection Unit,MPU)或者 MMU 及时探测出来,则能够精确地定位到是哪条 Load 或 Store 指令访存造成的。 MPU 和 MMU 是分别对地址进行保护和管理的硬件单元,本书限于篇幅在此对其不做赘述,感兴趣的读者请自行查阅其他资料
	取指令地址非对齐错误。 处理器 ISA 往往规定指令存放在存储器中的地址必须是对齐的,例如 16 位长的指令往往要求其 PC 值必须是 16 位对齐的。假设该指令的 PC 值不对齐,则会造成取指令不对齐错误。这种错误能够精确地定位到是哪条指令 PC 造成的
	非法指令错误处理器如果对指令进行译码后发现,这是一条非法的指令(例如不存在的指令编码),则会造成非法指令错误。这种错误能够精确地定位到是哪条指令造成的
	执行调试断点指令。 处理器 ISA 往往会定义若干条调试指令,例如断点(EBREAK)指令。当执行到该指令时处理器便会发生异常,进入异常服务程序。该指令往往用于调试器(Debugger)使用,例如设置断点。这种异常能够被精确地定位于具体是哪条 EBREAK 指令造成的
精确异步异常	外部中断是最常见的精确异步异常
非精确异步异常	读写存储器出错是一种最常见的非精确异步异常,由于访问存储器(简称访存)需要一定的时间,处理器不可能坐等该访问结束(否则性能会很差),而是会继续执行后续的指令。等到访存结果从目标存储器返回来之后,发现出现了访存错误并汇报异常,但是处理器此时可能已经执行到了后续的某条指令,难以精确定位。并且存储器返回的时间时延也具有偶然性,无法被精确地重现。 这种异步异常的另外一个常见示例便是写操作,将数据写入缓存行(Cache Line)中,然后该缓存行经过很久才被替换出来,写回外部存储器,但是写回外部存储器返回结果出错。此时处理器可能已经执行过了后续成百上千条指令,到底是哪条指令写的这个地址的缓存行早已是"前朝旧事",不可能被精确定位,更不要说复现了。有关缓存的细节,本书限于篇幅在此对其不做赘述,感兴趣的读者请自行查阅其他资料

3.2　RISC-V 架构异常处理机制

RISC-V 架构通过一套精心设计的异常处理机制管理和响应各种异常和中断。这些机制包括一系列控制状态寄存器(Control and Status Register,CSR),以及专门的指令和处理流程。这些组成部分共同确保了系统能够有效地识别异常(包括中断),并采取相应的处理措施。

(1) CSR。

RISC-V定义了多个CSR管理异常和中断,其中最关键的包括以下几个。

① 机器模式异常入口基地址寄存器(Machine Trap-Vector Base-Address Register, mtvec):存储异常处理程序的入口地址。它可以配置为直接模式或向量模式,分别用于所有异常使用单一入口点或为不同的异常指定不同入口点。

② 机器状态寄存器(Machine Status Register, mstatus):包含全局中断使能位和其他状态位,例如机器模式中断使能(Machine Mode Interrupt Enable, MIE)位用于全局控制中断的使能状态。

③ 机器模式异常原因寄存器(Machine Cause Register, mcause):记录最后一次异常或中断的原因,其中包括异常码和区分异常与中断的标志位。

④ 机器模式异常程序计数器(Machine Exception Program Counter, mepc):在发生异常时保存当前的程序计数器值,用于异常处理完成后返回到异常发生点。

⑤ 机器模式中断使能寄存器(Machine Interrupt Enable Register, mie)和机器中断等待寄存器(Machine Interrupt Pending Register, mip):分别用于控制各种中断源的使能状态和查看当前挂起的中断。

(2) 异常处理流程。

当RISC-V处理器检测到异常或中断时,它会自动执行以下步骤。

① 保存上下文:将当前的程序计数器(PC)值保存到mepc寄存器中。

② 更新状态:更新mstatus,禁用进一步的中断(清除MIE位),以避免在异常处理过程中被其他中断打断。

③ 设置原因:将异常或中断的原因写入mcause。

④ 跳转处理程序:根据mtvec的配置,跳转到异常处理程序的入口点。

(3) 返回正常执行。

异常处理程序完成后,通常使用特殊的指令,如机器返回(Machine RETurn, MRET)指令,恢复处理器状态并返回到异常发生前的位置继续执行。MRET指令会恢复mepc中保存的程序计数器值,并根据mstatus的内容恢复中断使能状态。

RISC-V的异常处理机制提供了灵活而强大的方式响应和处理各种异常和中断,确保了系统的稳定性和响应性。通过精心设计的CSR和处理流程,RISC-V支持高效的异常处理,同时为操作系统和应用程序提供了必要的灵活性和控制能力。

目前,RISC-V架构文档主要分为"指令集文档"和"特权架构文档"。RISC-V架构的异常处理机制定义在"特权架构文档"中。

狭义的中断和异常均可以被归于广义的异常范畴,以下将用"异常"作为统一概念进行论述,包含狭义上的"中断"和"异常"。

RISC-V的架构不仅可以有机器模式(Machine Mode)的工作模式,还可以有用户模式(User Mode)、监管模式(Supervisor Mode)等工作模式。在不同的模式下均可以产生异常,并且有的模式也可以响应中断。

RISC-V 架构要求机器模式是必须具备的模式，其他的模式均是可选而非必选的模式。

3.2.1 进入异常

进入异常时，RISC-V 架构规定的硬件行为可以简述如下。

(1) 停止执行当前程序流，转而从 CSRmtvec 定义的程序计数器地址开始执行。

(2) 进入异常不仅会让处理器跳转到上述的程序计数器地址开始执行，还会让硬件同时更新其他几个 CSR，分别是：mcause、mepc、机器模式异常值寄存器（Machine Trap Value Register，mtval）、mstatus。

1. 从 mtvec 定义的程序计数器地址开始执行

RISC-V 架构规定，在处理器的程序执行过程中，一旦遇到异常发生，则终止当前的程序流，处理器被强行跳转到一个新的程序计数器地址。该过程在 RISC-V 的架构中定义为"陷阱（trap）"，字面含义为"跳入陷阱"，更加准确的意译为"进入异常"。

RISC-V 处理器进入异常后跳入的程序计数器地址由 mtvec 的 CSR 指定，其要点如下。

(1) mtvec 是一个可读可写的 CSR，因此软件可以通过编程更改其中的值。

(2) mtvec 的详细格式如图 3-1 所示，其中的最低 2 位是 MODE 域，高 30 位是 BASE 域。

XLEN−1	2 1	0
BASE[XLEN−1:2](**WARL**)	MODE(**WARL**)	
XLEN−2	2	

图 3-1 mtvec 的详细格式

假设 MODE 的值为 0，则所有的异常响应时处理器均跳转到 BASE 值指示的程序计数器地址；

假设 MODE 的值为 1，则狭义的异常发生时，处理器跳转到 BASE 值指示的程序计数器地址。狭义的中断发生时，处理器跳转到 BASE+4xCAUSE 值指示的程序计数器地址。CAUSE 的值表示中断对应的异常编号（Exception Code）。例如机器计时器中断的异常编号为 7，则其跳转的地址为 BASE+4×7=BASE+28=BASE+0x1c。

2. 更新 CSR mcause

RISC-V 架构规定，在进入异常时，mcause 被同时更新，以反映当前的异常种类，软件可以通过读此寄存器查询造成异常的具体原因。

mcause 的详细格式如图 3-2 所示，其中最高 1 位为中断（Interrupt）域，低 31 位为异常编号域。

XLEN−1	XLEN−2	0
Interrupt	Exception Code(**WLRL**)	
1	XLEN−1	

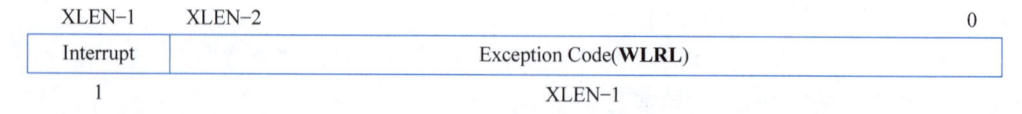

图 3-2 mcause 的详细格式

此两个域的组合用于指示 RISC-V 架构定义的 12 种中断类型和 16 种异常类型。

当 Interrupt 的值为 1、异常码的值为 0~11 时，对应的 12 种中断类型如下。

(1) 用户软件中断(User software interrupt)。

(2) 监督软件中断(Supervisor software interrupt)。

(3) 保留(Reserved)。

(4) 机器软件中断(Machine software interrupt)。

(5) 用户定时器中断(User timer interrupt)。

(6) 监督定时器中断(Supervisor timer interrupt)。

(7) 保留(Reserved)。

(8) 机器定时器中断(Machine timer interrupt)。

(9) 用户外部中断(User external interrupt)。

(10) 监督外部中断(Supervisor external interrupt)。

(11) 保留(Reserved)。

(12) 机器外部中断(Machine external interrupt)。

当序号≥12 时：保留(Reserved)。

当 Interrupt 的值为 0、异常码的值为 0~15 时，对应的 16 种异常类型。

(1) 指令地址错对齐(Instruction address misaligned)。

(2) 指令访问故障(Instruction access fault)。

(3) 非法指令(Illegal instruction)。

(4) 断点(Breakpoint)。

(5) 载入地址错对齐(Load address misaligned)。

(6) 载入访问故障(Load access fault)。

(7) 存储/AMO 地址错对齐(Store/AMO access misaligned)。

(8) 存储/AMO 访问故障(Store/AMO access fault)。

(9) 来自 U 模式的环境调用(Environment call from U-mode)。

(10) 来自 S 模式的环境调用(Environment call from S-mode)。

(11) 保留(Reserved)。

(12) 来自 M 模式的环境调用(Environment call from M-mode)。

(13) 指令页表错误(Instruction page fault)。

(14) 载入页表错误(Load page fault)。

(15) 保留(Reserved)。

(16) 存储/AMO 页表错误(Store/AMO page fault)。

当序号≥16 时：保留(Reserved)。

3. 更新 CSR mepc

RISC-V 架构定义异常的返回地址由 mepc 保存。在进入异常时，硬件将自动更新 mepc 的值为当前遇到异常的指令程序计数器值(即当前程序的停止执行点)。该寄存器将作为异常的返回地址,在异常结束之后,能够使用它保存的程序计数器值回到之前被停止执行的程序点。

(1) 值得注意的是,虽然 mepc 会在异常发生时自动被硬件更新,但是 mepc 本身也是一个可读可写的寄存器,因此软件也可以直接写该寄存器以修改其值。

(2) 对于狭义的中断和异常而言,RISC-V 架构定义它们的返回地址(更新的 mepc 值)有些细微差别。

① 出现中断时,中断返回地址 mepc 的值被更新为下一条尚未执行的指令。

② 出现异常时,中断返回地址 mepc 的值被更新为当前发生异常的指令程序计数器。

注意:如果异常由 ecall 或 ebreak 产生,由于 mepc 的值被更新为 ecall 或 ebreak 指令自己的程序计数器,因此在异常返回时,如果直接使用 mepc 保存的程序计数器值作为返回地址,则会再次跳回 ecall 或者 ebreak 指令,从而造成死循环(执行 ecall 或者 ebreak 指令导致重新进入异常)。正确的做法是,在异常处理程序中,软件改变 mepc 指向下一条指令,由于现在 ecall/ebreak(或 c.ebreak)是 4(或 2)字节指令,因此改写设定 mepc=mepc+4(或+2)即可。

4. 更新 CSR mtval

RISC-V 架构规定,在进入异常时,硬件将自动更新 mtval,以反映引起当前异常的存储器访问地址或者指令编码。

(1) 如果是由存储器访问造成的异常,例如遭遇硬件断点、取指令和存储器读写造成的异常,则将存储器访问的地址更新到 mtval 中。

(2) 如果是由非法指令造成的异常,则将该指令的指令编码更新到 mtval 中。

注意:mtval 又名 mbadaddr,在某些版本的 RISC-V 编译器中仅识别 mbadaddr 名称。

5. 更新 CSR mstatus

RISC-V 架构规定,在进入异常时,硬件将自动更新机器模式状态寄存器(Machine Status Register,mstatus)的某些域。

(1) mstatus 的详细格式如图 3-3 所示,其中的全局中断使能(MIE)域表示在机器模式下中断全局使能。

31	30					23	22	21	20	19	18	17
SD	WPRI						TSR	TW	TVW	MXR	SUM	MPRV
1	8						1	1	1	1	1	1

16 15	14 13	12 11	10 9	8	7	6	5	4	3	2	1	0
XS[1:0]	FS[1:0]	MPP[1:0]	WPRI	SPP	MPIE	WPRI	SPIE	UPIE	MIE	WPRI	SIE	UIE
2	2	2	2	1	1	1	1	1	1	1	1	1

图 3-3 mstatus 的详细格式

① 当该 MIE 域的值为 1 时,表示机器模式下所有中断的全局打开。

② 当该 MIE 域的值为 0 时,表示机器模式下所有中断的全局关闭。

(2) RISC-V 架构规定,异常发生时有如下情况发生。

① MPIE 域的值被更新为异常发生前 MIE 域的值。MPIE 域的作用是在异常结束之

后,能够使用 MPIE 的值恢复出异常发生之前的 MIE 值。

② MIE 的值被更新为 0(意味着进入异常服务程序后中断被全局关闭,所有的中断都将被屏蔽,不被响应)。

③ 机器先前特权(Machine Previous Privilege,MPP)的值被更新为异常发生前的模式。MPP 域的作用是在异常结束之后,能够使用 MPP 的值恢复出异常发生之前的工作模式。对于只支持机器模式的处理器核,则 MPP 的值永远为二进制的值 11。

3.2.2 退出异常

当程序完成异常处理之后,最终需要从异常服务程序中退出,并返回主程序。RISC-V 架构定义了一组专门的退出异常指令,包括 MRET,监控返回(Supervisor Return,SRET),用户返回(User Return,URET)指令。其中 MRET 指令是必备的,而 SRET 和 URET 指令仅在支持监管模式和用户模式的处理器中使用。

在机器模式下退出异常时,软件必须使用 MRET 指令。RISC-V 架构规定,处理器执行 MRET 指令后的硬件行为如下:

(1) 停止执行当前程序流,转而从 CSR mepc 定义的程序计数器地址开始执行;

(2) 执行 MRET 指令不仅会让处理器跳转到上述的程序计数器地址开始执行,还会让硬件同时更新 CSR mstatus。

1. 从 mepc 定义的程序计数器地址开始执行

在进入异常时,mepc 被同时更新,以反映当时遇到异常的指令的程序计数器值。通过这个机制,MRET 指令执行后,处理器回到了当时遇到异常的指令的程序计数器地址,从而可以继续执行之前被中止的程序流。

2. 更新 CSR mstatus

mstatus 的详细格式见图 3-3。RISC-V 架构规定,在执行 MRET 指令后,硬件将自动更新 mstatus 的某些域。

RISC-V 架构规定,执行 MRET 指令退出异常时有如下情况:

(1) mstatus MIE 域的值被更新为当前 MPIE 的值;

(2) mstatus MPIE 域的值则被更新为 1。

在进入异常时,MPIE 的值曾经被更新为异常发生前的 MIE 值,而 MRET 指令执行后,再次将 MIE 域的值更新为 MPIE 的值。通过这个机制,MRET 指令执行后,处理器的 MIE 值被恢复成异常发生之前的值(假设之前的 MIE 值为 1,则中断被重新全局打开)。

3.2.3 异常服务程序

当处理器进入异常后,即开始从 mtvec 定义的程序计数器地址执行新的程序,该程序通常为异常服务程序,并且程序还可以通过查询 mcause 中的异常编号决定进一步跳转到更具体的异常服务程序。例如当程序查询 mcause 中的值为 0x2,则得知该异常是由非法指令错误引起的,因此可以进一步跳转到非法指令错误异常服务子程序中去。

3.3 RISC-V 架构中断

在 RISC-V 架构中,中断是指由处理器外部的事件或内部的条件触发的异步事件,这些事件要求处理器暂停当前执行的任务,转而处理这个紧急事件。中断机制允许处理器响应外部设备、内部计时器等产生的信号,从而实现对这些事件的即时处理。RISC-V 架构中的中断可以分为几个主要类别,并且通过一套标准化的流程进行管理和处理。

3.3.1 中断类型

在 RISC-V 架构中,中断和异常是处理器响应外部和内部事件的机制。中断是由外部设备发起的,通常用于指示外部设备需要处理器注意,如输入/输出操作完成。异常则是由程序执行中的事件引起的,如非法指令或访问违规。

RISC-V 架构定义的中断类型分为 4 种。

(1) 外部中断。

外部中断通常是指来自处理器外部设备(如串口设备等)的中断。RISC-V 体系结构在 M 模式和 S 模式下都可以处理外部中断。为了支持更多的外部中断源,处理器一般采用中断控制器管理,例如,RISC-V 体系结构定义了一个平台级别的中断控制器(Platform-Level Interrupt Controller,PLIC),用于外部中断的仲裁和派发功能。

(2) 定时器中断。

定时器中断指的是来自定时器的中断,通常用于操作系统的时钟中断。在 RISC-V 体系结构中,在 M 模式和 S 模式下都有定时器。RISC-V 体系结构规定处理器必须有一个定时器,通常实现在 M 模式。RISC-V 体系结构还为定时器定义了两个 64 位的寄存器:机器模式计时器寄存器(Machine Time Register,mtime)和机器模式计时器比较值寄存器(Machine Time Compare Register,mtimecmp)。它们通常实现在 CLINT 中。

(3) 软件中断。

软件中断指的是由软件触发的中断,通常用于处理器内核之间的通信,即处理器间中断(Inter-Processor Interrupt,IPI)。

(4) 调试中断。

调试中断一般用于硬件调试功能。

在 RISC-V 处理器中,中断按照功能又可以分成如下两类。

(1) 本地中断:直接发送给本地处理器硬件线程,它是一个处理器私有的中断并且有固定的优先级。本地中断可以有效缩短中断时延,因为它不需要经过中断控制器的仲裁及额外的中断查询。软件中断和时钟中断是常见的本地中断。本地中断一般由处理器的 CLINT 产生。

(2) 全局中断:通常指的是外部中断,经过 PLIC 的路由,送到合适的处理器内核。

PLIC 支持更多的中断号、可配置的优先级和路由策略等。

中断框架如图 3-4 所示。

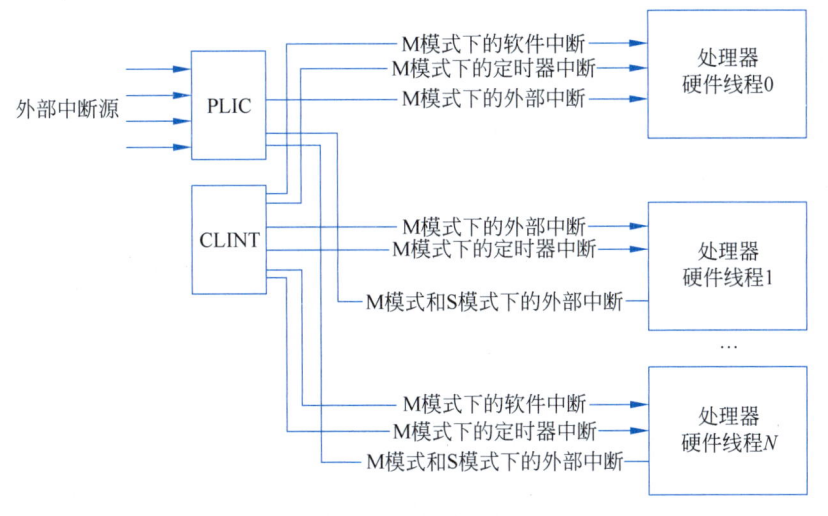

图 3-4 中断框架

下面将分别予以详述。

1. 外部中断

在 RISC-V 架构中，外部中断是由处理器外部的事件触发的中断，这些事件通常来自外部硬件设备，如 I/O 设备、网络接口或其他外部源。外部中断提供了一种机制，使处理器能够响应外部设备的事件，如数据的到达、设备就绪或其他重要的状态变化。这是实现异步事件处理的关键机制，对于构建响应式系统和操作系统非常重要。

(1) 外部中断的工作原理。

当外部设备发生一个事件需要处理器注意时，设备通过中断请求(Interrupt Request，IRQ)向处理器发送一个中断信号。处理器在完成当前指令的执行后，会检查中断信号。如果中断被允许，处理器会暂停当前的执行流程，保存当前的上下文(如寄存器状态)，然后跳转到预定的中断服务程序(Interrupt Service Routine，ISR)响应这个中断。

中断服务程序执行必要的操作处理这个外部事件，比如读取数据或者重置设备状态。完成这些操作后，ISR 会恢复之前保存的上下文，并通过特定的指令告诉处理器中断处理完成，处理器随后会返回到被中断的位置继续执行。

(2) RISC-V 中外部中断的处理。

在 RISC-V 中，中断处理由中断控制器负责，它负责管理和分发来自外部设备的中断请求。RISC-V 定义了两种中断模式：直接模式和向量模式。

① 直接模式：所有的中断都会导致处理器跳转到同一个入口点(通常是 mtvec 指定的地址)，ISR 需要在这个地方根据中断源进行区分处理。

② 向量模式：每种类型的中断都有其对应的入口点。在这种模式下，mtvec 指定的是

一个基地址，处理器会根据中断源的不同，跳转到这个基地址偏移量不同的位置。

对于外部中断，RISC-V 定义了两个重要的控制寄存器。

（1）mie：用于控制哪些中断是允许的。

（2）mip：用于指示哪些中断是待处理的。

外部中断通常通过 PLIC 管理，PLIC 负责接收来自外部设备的中断请求，优先级排序，然后将中断请求发送给处理器。处理器通过读取 PLIC 提供的信息确定中断源和优先级，然后执行相应的 ISR。

外部中断在 RISC-V 架构中是处理外部设备事件的关键机制。通过合理配置和使用中断控制器，RISC-V 处理器可以高效地响应外部设备的请求，实现快速和灵活的事件处理。

RISC-V 架构定义的外部中断要点如下。

（1）外部中断是指来自处理器核外部的中断，例如外部设备 UART、通用输入输出（General Purpose Input/Output，GPIO）等产生的中断。

（2）RISC-V 架构在机器模式、监管模式和用户模式下均有对应的外部中断。由于本书为简化知识模型，在此仅介绍"只支持机器模式"的架构，因此仅介绍机器模式外部中断。

（3）机器模式外部中断的屏蔽由 CSR mie 中的 MEIE 域控制，等待标志则反映在 CSR mip 中的 MEIP 域。

（4）机器模式外部中断可以作为处理器核的一个单比特输入信号，假设处理器需要支持很多个外部中断源，RISC-V 架构定义了一个 PLIC 可用于多个外部中断源的优先级仲裁和派发。

① PLIC 可以将多个外部中断源仲裁为一个单比特的中断信号送入处理器核，处理器核收到中断进入异常服务程序后，可以通过读 PLIC 的相关寄存器查看中断源的编号和信息。

② 处理器核在处理完相应的 ISR 后，可以通过写 PLIC 的相关寄存器和具体的外部中断源的寄存器，从而清除中断源（假设中断来源为 GPIO，则可通过 GPIO 模块的中断相关寄存器清除该中断）。

（5）虽然 RISC-V 架构只明确定义了一个机器模式外部中断，同时明确定义了可通过 PLIC 在外部管理众多的外部中断源，并将其仲裁成为一个机器模式外部中断信号传递给处理器核。但是 RISC-V 架构也预留了大量的空间供用户扩展其他外部中断类型，具体有以下 3 种。

① CSR mie 和 mip 的高 20 位可以用于扩展控制其他的自定义中断类型。

② 用户甚至可以自定义若干组新的 mie<n>和 mip<n>寄存器以支持更多自定义中断类型。

③ CSR mcause 的中断异常编号域为 12 及以上的值，均可以用于其他自定义中断的异常编号。因此，在理论上，通过扩展，RISC-V 架构可以支持无数个自定义的外部中断信号直接输入给处理器核。

2. 定时器中断

在 RISC-V 架构中,定时器中断是一种特殊类型的中断,用于处理与时间相关的事件。这种中断主要由处理器内部的计时器触发,而不是由外部设备直接引起。计时器中断在操作系统的调度、时间管理及实现定时任务等方面发挥着重要作用。

(1) 定时器中断的工作原理。

RISC-V 处理器通常包含一个或多个计时器(如 mtime 计时器),这些计时器以固定的频率递增计数值。当计时器的计数值达到某个预设的阈值时,就会触发一个计时器中断。处理器响应这个中断,执行相应的 ISR,以处理定时事件或者更新系统时间。

(2) RISC-V 中的定时器中断处理。

在 RISC-V 标准中,定时器中断是由机器模式和监管模式(如果实现了的话)处理的。中断的具体处理方式取决于处理器的配置和当前的执行模式。

① 机器模式定时器中断(Machine Timer Interrupt,MTI):这是最常见的定时器中断类型,由机器模式处理。当定时器中断发生时,处理器会跳转到机器模式的 ISR 响应这个中断。

② 监管模式定时器中断(Supervisor Timer Interrupt,STI):如果处理器实现了监管模式,并且操作系统运行在监管模式下,定时器中断也可以配置为由监管模式处理。

(3) 设置和使用计时器中断。

在 RISC-V 中,设置计时器中断通常涉及以下 4 个步骤。

① 设置计时器的比较值:通过写入一个特殊的控制寄存器(如 mtimecmp)设置计时器中断的触发时间。当计时器的当前时间达到或超过这个比较值时,计时器中断会被触发。

② 启用计时器中断:通过修改中断使能寄存器(如 mie)来启用计时器中断。这允许处理器响应计时器中断信号。

③ 实现 ISR:编写 ISR 响应计时器中断。这个程序可以更新系统时间,执行定时任务,或者进行其他与时间相关的处理。

④ 返回和恢复:在 ISR 执行完毕后,处理器会返回到被中断的程序继续执行。

计时器中断是 RISC-V 架构中非常重要的功能,它使处理器能够精确地管理时间和执行定时任务。通过合理配置和使用计时器中断,可以为操作系统和应用程序提供强大的时间管理能力。

RISC-V 架构定义的计时器中断要点如下。

(1) 计时器中断是指来自计时器的中断。

(2) RISC-V 架构在机器模式、监管模式和用户模式下均有对应的计时器中断。由于本书为简化知识模型,在此仅介绍"只支持机器模式"的架构,因此仅介绍机器模式计时器中断。

(3) 机器模式计时器中断的屏蔽由 mie 中的 MTIE 域控制,等待标志则反映在 mip 中的 MTIP 域。

(4) RISC-V 架构定义了系统平台中必须有一个计时器,并给该计时器定义了两个 64

位宽的寄存器 mtime 和 mtimecmp，分别如图 3-5 和图 3-6 所示。mtime 用于反映当前计时器的计数值，mtimecmp 用于设置计时器的比较值。当 mtime 中的计数值大于或等于 mtimecmp 中设置的比较值时，计时器便会产生计时器中断。计时器中断会一直拉高，直到软件重新写 mtimecmp 的值，使其比较值大于 mtime 中的值，从而将计时器中断清除。

```
63                                                    0
┌──────────────────────────────────────────────────────┐
│                        mtime                         │
└──────────────────────────────────────────────────────┘
                          64
```

图 3-5　mtime

```
63                                                    0
┌──────────────────────────────────────────────────────┐
│                      mtimecmp                        │
└──────────────────────────────────────────────────────┘
                          64
```

图 3-6　mtimecmp

值得注意的是，RISC-V 架构并没有定义 mtime 和 mtimecmp 为 CSR，而是定义其为存储器地址映射的系统寄存器，具体的存储器映射地址 RISC-V 架构并没有规定，而是交由 SoC 系统集成者实现。

另一点值得注意的是，RISC-V 架构定义 mtime 为实时计时器，系统必须以一种恒定的频率作为计时器的时钟。该恒定的时钟频率必须为低速的电源常开的时钟，低速是为了省电，常开是为了提供准确的计时。

3. 软件中断

在 RISC-V 架构中，软件中断是一种特殊类型的中断，它不是由硬件事件直接触发，而是由软件显式地请求的。软件中断主要用于在不同的软件层次之间进行通信和同步，比如操作系统内核与用户空间之间的通信，或者不同的处理器核心之间的通信（在多核系统中）。软件中断提供了一种机制，允许软件主动触发中断处理流程，以执行特定的服务或处理特定的任务。

（1）软件中断的类型。

RISC-V 架构定义了两种软件中断。

① 机器模式软件中断（Machine Software Interrupt，MSI）：这是最低级别的软件中断，由机器模式处理。它可以由操作系统或其他机器模式的软件用于触发机器模式下的处理流程。

② 监管模式软件中断（Supervisor Software Interrupt，SSI）：如果处理器支持监管模式，这种软件中断可以被用于监管模式下的软件，比如操作系统内核，触发监管模式下的处理流程。

（2）软件中断的使用。

软件中断的触发通常通过写入特定的控制寄存器实现。在 RISC-V 中，每个核心都有一个软件中断寄存器，通过对这个寄存器写入特定的值，可以触发相应模式下的软件中断。

① 触发软件中断：软件通过写入机器模式软件中断寄存器（Machine Mode Software

Interrupt Pending Register,msip)或监管模式软件中断寄存器(ssip)触发软件中断。这些寄存器位于内存映射的控制和状态寄存器(CSR)空间内,可以通过 CSR 访问指令操作。

② 处理软件中断:当软件中断被触发时,处理器会根据当前的执行模式和中断使能状态,跳转到预设的 ISR 响应这个中断。ISR 需要根据中断的原因执行相应的操作,比如处理来自用户程序的系统调用请求,或者处理来自其他核心的信号。

③ 中断返回:处理完软件中断后,ISR 通过特定的指令(如 mret 或 sret)完成中断处理,返回到被中断的程序继续执行。

软件中断在 RISC-V 架构中提供了一种灵活的机制,允许软件主动触发 ISR,实现不同软件层次或处理器核心之间的通信和同步。通过合理利用软件中断,可以有效地实现操作系统服务、进程间通信,以及多核处理器间的任务协调等功能。

RISC-V 架构定义的软件中断要点如下。

(1) 软件中断是指来自软件自己触发的中断。

(2) RISC-V 架构在机器模式、监管模式和用户模式下均有对应的软件中断。由于本书为简化知识模型,在此仅介绍"只支持机器模式"的架构,因此仅介绍机器模式软件中断。

(3) 机器模式软件中断的屏蔽由 mie 中的 MSIE 域控制,等待标志则反映在 mip 中的 MSIP 域。

(4) RISC-V 架构定义的机器模式软件中断可以通过软件写 1 至 msip 触发。

注意:msip 和 mip 中的 MSIP 域命名不可混淆。且 RISC-V 架构并没有定义 msip 为 CSR,而是定义其为存储器地址映射的系统寄存器,具体的存储器映射地址 RISC-V 架构并没有规定,而是交由 SoC 系统集成者实现。

(5) 当软件写 1 至 msip 触发了软件中断之后,CSR mip 中的 MSIP 域便会置高,反映其等待状态。软件可通过写 0 至 msip 清除该软件中断。

4. 调试中断

在 RISC-V 架构中,调试中断是用于支持处理器调试功能的一种特殊中断机制。它允许调试器(如硬件调试器或软件调试工具)在不干扰正常程序执行的情况下,访问和控制处理器的状态。调试中断是实现高效、灵活调试功能的关键组成部分,特别是对于嵌入式系统和复杂的多核处理器系统。

(1) 调试中断的工作原理。

调试中断允许调试器在任何执行状态下暂停处理器的执行,进入调试模式。在调试模式下,调试器可以读取和修改处理器的寄存器、内存和其他状态信息,设置断点和观察点,以及执行其他调试相关的操作。完成调试操作后,可以恢复处理器的执行,继续运行被调试的程序。

(2) 调试中断的触发方式。

调试中断可以通过多种方式触发,包括外部调试请求、异常和断点、调试命令。

① 外部调试请求:通过外部调试接口(如 JTAG 或 SWD 接口)发出的调试请求可以触发调试中断,使处理器进入调试模式。

② 异常和断点：程序中的异常或软件设置的断点也可以被配置为触发调试中断，允许调试器在特定条件下自动暂停程序执行。

③ 调试命令：调试器可以通过写入特定的调试控制寄存器直接请求调试中断。

(3) 调试模式下的操作。

进入调试模式后，调试器可以执行包括但不限于以下 4 种操作。

① 寄存器访问：读取和修改通用寄存器和 CSR 等。

② 内存访问：读取和修改处理器的内存空间。

③ 断点和观察点设置：设置断点以在特定程序地址处暂停执行，或设置观察点以在特定内存地址被访问时暂停执行。

④ 单步执行：允许调试器在每条指令执行后进行检查和修改。

(4) 调试中断与其他中断的关系。

调试中断与其他中断（如软件中断、时钟中断、外部中断等）在处理器内部是分开处理的。调试中断通常具有更高的优先级，可以在任何执行状态下触发，包括在其他中断处理过程中。这使得调试器能够在几乎任何情况下控制和检查处理器的状态，为复杂问题的调试提供了强大的工具。

调试中断在 RISC-V 架构中提供了一种强大的机制，用于支持复杂的调试和错误诊断操作。通过调试中断，开发者可以在不干扰正常程序执行的情况下，对处理器进行详细的检查和控制，极大地提高了软件开发和系统调试的效率。

3.3.2 中断处理过程

触发中断后，默认情况下由机器模式响应和处理。处理器所做的事情与异常处理类似。这里假设中断已经委派并由监管模式处理。处理器做如下事情。

(1) 保存中断发生前的中断状态，即把中断发生前的 SIE 位保存到处理器的状态寄存器（sstatus）中的 SPIE 字段。

(2) 保存中断发生前的处理器模式状态，即把异常发生前的处理器模式编码保存到 sstatus 的 SPP 字段中。

(3) 关闭本地中断，即设置 sstatus 中的 SIE 字段为 0。

(4) 把中断类型更新到 scause 中。

(5) 把触发中断时的虚拟地址更新到 stval 中。

(6) 当前程序计数器保存到系统模式程序计数器中。

(7) 跳转到异常向量表，即把 stvec 的值设置到程序计数器中。

操作系统软件需要读取和解析 scause 的值以确定中断类型，然后跳转到相应的中断处理函数中。

中断处理完成之后，需要执行子程序返回（SRET）指令退出中断。SRET 指令会执行如下操作。

(1) 恢复 SIE 字段，该字段的值从 sstatus 中的串行外设中断使能集（SPIE）字段获取，这相当于使能了本地中断。

(2) 将处理器模式设置成之前保存到 SPP 字段的模式编码。

(3) 设置程序计数器为 sepc 的值，即返回异常触发的现场。

下面以一个例子说明中断处理的一般过程，如图 3-7 所示。假设有一个正在运行的程序，这个程序可能运行在内核模式，也可能运行在用户模式，此时，一个外设中断发生了。

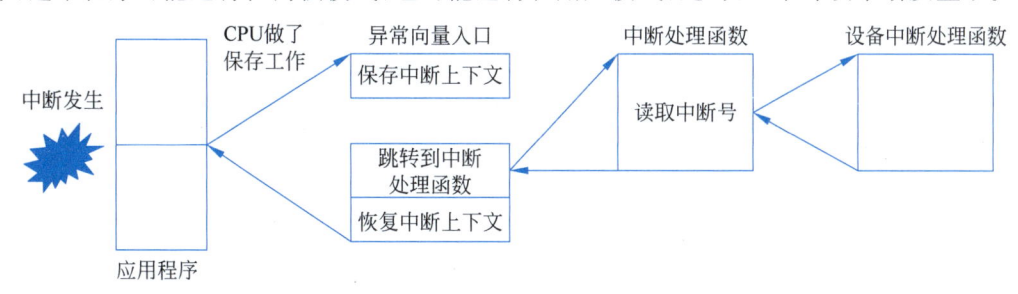

图 3-7 中断处理过程

(1) CPU 会自动做上文所述的事情，并跳转到异常向量表的基地址。

(2) 进入异常处理入口函数，如 do_exception_vector()。

(3) 在 do_exception_vector() 汇编函数里保存中断现场。

(4) 读取 scause 的值，解析中断类型，跳转到中断处理函数里。例如，在 PLIC 驱动里读取中断号，根据中断号跳转到设备中断处理程序。

(5) 在设备中断处理程序里处理这个中断。

(6) 返回 do_exception_vector() 汇编函数，恢复中断上下文。

(7) 调用 SRET 指令完成中断返回。

(8) CPU 继续执行中断现场的下一条指令。

3.3.3 中断委派和注入

在 RISC-V 体系结构中，与异常一样，在中断默认情况下由机器模式响应和处理。运行在机器模式的软件(如 OpenSBI)可以通过在机器中断委托(mideleg)寄存器中设置相应的位，有选择地将中断委托给监管模式。mideleg 寄存器用设置中断委托。mideleg 中的字段如表 3-2 所示。

表 3-2 mideleg 中的字段

字　　段	位	说　　明
SSIP	Bit[1]	把软件中断委托给监管模式
STIP	Bit[5]	把时钟中断委托给监管模式
SEIP	Bit[9]	把外部中断委托给监管模式

RISC-V 体系结构提供一种中断注入方式(例如，使用机器模式下的 mtimer 定时器)把机器模式特有的中断注入监管模式。mip 寄存器用来向监管模式注入中断，例如，设置 mip 中的 STIP 字段相当于把机器模式下的定时器中断注入监管模式，并由监管模式的操作系

统处理。

3.3.4 中断屏蔽

RISC-V 架构的狭义上的异常是不可以被屏蔽的，也就是说一旦发生狭义上的异常，处理器一定会停止当前操作转而处理异常。但是狭义上的中断则可以被屏蔽掉，RISC-V 架构定义了 CSR 机器模式中断使能寄存器 mie 可以用于控制中断的屏蔽。

(1) mie 的详细格式如图 3-8 所示，其中每个比特域用于控制每个单独的中断使能。

| WPRI | MEIE | WPRI | SEIE | UEIE | MTIE | WPRI | STIE | UTIE | MSIE | WPRI | SSIE | USIE |

图 3-8　mie 的详细格式

① 在 MEIE 域控制机器模式下软件对外部中断的屏蔽。
② 在 MTIE 域控制机器模式下软件对计时器中断的屏蔽。
③ 在 MSIE 域控制机器模式下软件对软件中断的屏蔽。

(2) 软件可以通过写 mie 中的值达到屏蔽某些中断的效果。假设 MTIE 域被设置成 0，则意味着将计时器中断屏蔽，处理器将无法响应计时器中断。

(3) 如果处理器只实现了机器模式，则监管模式和用户模式对应的中断使能位(SEIE、UEIE、STIE、UTIE、SSIE 和 USIE)无任何意义。

3.3.5 中断等待

RISC-V 架构定义了 CSR 机器模式中断等待寄存器 mip 可以用于查询中断的等待状态。

(1) mip 的详细格式如图 3-9 所示，其中的每个域用于反映每个单独的中断等待状态(Pending)。

| WPRI | MEIP | WIRI | SEIP | UEIP | MTIP | WIRI | STIP | UTIP | MSIP | WIRI | SSIP | USIP |

图 3-9　mip 的详细格式

① MEIP 域反映机器模式下的外部中断的等待状态。
② MTIP 域反映机器模式下的计时器中断的等待状态。
③ MSIP 域反映机器模式下的软件中断的等待状态。

(2) 如果处理器只实现了机器模式，则 mip 中监管模式和用户模式对应的中断等待状态位(SEIP、UEIP、STIP、UTIP、SSIP 和 USIP)无任何意义。

注意：为简化知识模型，在此仅介绍"只支持机器模式"的架构，因此对 SEIP、UEIP、STIP、UTIP、SSIP 和 USIP 等不做赘述。对其感兴趣的读者请参考 RISC-V"特权架构文档"原文。

(3) 软件可以通过读取 mip 中的值达到查询中断状态的效果。

如果 MTIP 域的值为 1，则表示当前有计时器中断正在等待。

注意：即使 mie 中 MTIE 域的值为 0(被屏蔽)，如果计时器中断到来，则 MTIP 域仍然能够显示为 1。

MSIP 和 MEIP 与 MTIP 同理。

（4）MEIP/MTIP/MSIP 域的属性均为只读，软件无法通过直接写这些域改变其值。只有这些中断的源头被清除后将中断源撤销，MEIP/MTIP/MSIP 域的值才能相应地归零。例如 MEIP 对应的外部中断需要程序进入 ISR 后配置外部中断源，将其中断撤销。MTIP 和 MSIP 同理。

3.3.6　中断优先级与仲裁

对于中断而言，多个中断可能存在着优先级仲裁的情况。对于 RISC-V 架构而言，分为以下 3 种情况。

（1）如果 3 种中断同时发生，其响应的优先级顺序如下，mcause 将按此优先级顺序选择更新异常编号的值。

① 外部中断优先级最高。
② 软件中断其次。
③ 计时器中断再次。

（2）调试中断比较特殊。只有调试器介入调试时才发生，正常情形下不会发生，因此在此不予讨论。

（3）由于外部中断来自 PLIC，而 PLIC 可以管理数量众多的外部中断源，多个外部中断源之间的优先级和仲裁可通过配置 PLIC 的寄存器进行管理。

3.3.7　中断嵌套

多个中断理论上可能存在着中断嵌套的情况。而对于 RISC-V 架构而言，过程如下。

（1）进入异常之后，mstatus 中的 MIE 域将会被硬件自动更新成为 0（意味着中断被全局关闭，从而无法响应新的中断）。

（2）退出中断后，MIE 域才被硬件自动恢复成中断发生之前的值（通过 MPIE 域得到），从而再次全局打开中断。

由上可见，一旦响应中断进入异常模式后，中断被全局关闭再也无法响应新的中断，因此 RISC-V 架构定义的硬件机制默认无法支持硬件中断嵌套行为。

如果一定要支持中断嵌套，需要使用软件的方式达到中断嵌套的目的，从理论上来讲，可采用如下方法。

（1）在进入异常之后，软件通过查询 mcause 确认这是响应中断造成的异常，并跳入相应的 ISR 中。在这期间，由于 mstatus 中的 MIE 域被硬件自动更新成 0，因此新的中断都不会被响应。

（2）待程序跳入 ISR 中后，软件可以强行改写 mstatus 的值，而将 MIE 域的值改为 1，意味着将中断再次全局打开。从此时起，处理器将能够再次响应中断。

但是在强行打开 MIE 域之前，需要注意如下事项：

① 假设软件希望屏蔽比它优先级低的中断,而仅允许优先级比它高的中断打断当前中断,那么软件需要通过配置 mie 中的 MEIE/MTIE/MSIE 域,有选择地屏蔽不同类型的中断。

② 对于 PLIC 管理的众多外部中断而言,由于其优先级受 PLIC 控制,假设软件希望屏蔽比其优先级低的中断,而仅允许优先级比它高的新来的中断打断当前中断,那么软件需要通过配置 PLIC 阈值寄存器的方式有选择地屏蔽不同类型的中断。

(3) 在中断嵌套的过程中,软件需要注意保存上下文至存储器堆栈中,或者从存储器堆栈中将上下文恢复(与函数嵌套同理)。

(4) 在中断嵌套的过程中,软件还需要注意将 mepc 和为了实现软件中断嵌套被修改的其他 CSR 的值保存至存储器堆栈中,或者从存储器堆栈中恢复(与函数嵌套同理)。

除此之外,RISC-V 架构也允许用户实现使用自定义的中断控制器实现硬件中断嵌套功能。

3.3.8 中断和异常比较

中断和异常虽说不是同一种指令,但却是处理器 ISA 非常重要的一环。同时中断和异常也往往是最复杂和难以理解的部分,可以说要了解一门处理器架构,熟悉其中断和异常的处理机制是必不可少的。

对 ARM 的 Cortex-M 系列或者 Cortex-A 系列比较熟悉的读者,可能会了解 Cortex-M 系列定义的嵌套向量中断控制器(Nested Vector Interrupt Controller,NVIC)和 Cortex-A 系列定义的通用中断控制器(General Interrupt Controller,GIC)。这两种中断控制器都非常强大,但也非常复杂。相比而言,RISC-V 架构的中断和异常机制要简单得多,这同样反映了 RISC-V 架构力图简化硬件的设计。

3.4 核心局部中断控制器

RISC-V 的 CLINT 是一种简单的中断控制器,主要用于处理与处理器核心相关的中断,特别是软件中断和定时器中断。CLINT 设计用于简化系统的中断管理,特别是在嵌入式系统和简单的多核系统中。它直接连接到一个或多个 RISC-V 处理器核心,为每个核心提供定时器和软件中断功能。

1. CLINT 的主要功能

软件中断:软件中断允许一个核心向另一个核心发送中断信号。这在多核处理器系统中非常有用,因为它允许实现核心之间的通信和同步。软件中断可以通过写入特定的寄存器触发。

定时器中断:CLINT 为每个连接的核心提供了一个 mtime,用于全局时间计数;一个 mtimecmp,用于设置定时器中断的触发时间。当 mtime 的值等于或超过 mtimecmp 的值时,会触发定时器中断。这对于实现定时任务和操作系统的时间片调度非常关键。

2. CLINT 的组成

CLINT 通常包含以下 3 个关键部分。

(1) 机器模式软件中断寄存器(msip)：每个核心都有一个 msip，用于控制和指示软件中断的状态。写入该寄存器可以触发软件中断。

(2) 机器模式计时寄存器(mtime)：一个 64 位的全局计数器，以固定频率递增，为系统提供一个统一的时间基准。

(3) 机器模式计时器比较值寄存器(mtimecmp)：每个核心都有一个 mtimecmp，用于设置定时器中断的触发时间。当 mtime 的值达到 mtimecmp 的值时，会触发定时器中断。

3. CLINT 的地址映射

在 RISC-V 系统中，CLINT 的寄存器通常通过内存映射的方式进行访问。这意味着 CLINT 的寄存器被映射到处理器的地址空间中的特定地址。软件通过读写这些内存地址控制 CLINT 的功能。CLINT 的具体地址映射可能会根据具体的硬件设计而有所不同，因此需要参考具体的硬件文档。

4. CLINT 的使用场景

CLINT 由于其简单和高效的设计，特别适用于资源受限的嵌入式系统和简单的多核系统。它为这些系统提供了基本的中断管理功能，而无须复杂的外部中断控制器。在更复杂的系统中，可能会使用 PLIC 或其他更高级的中断控制器提供更多的功能和灵活性。

CLINT 在 RISC-V 架构中扮演着重要的角色，特别是在简化系统的中断管理和支持多核处理器间通信方面。

RISC-V 处理器一般支持软件中断、时钟中断这两种本地中断，它们属于处理器内核私有的中断，直接发送到处理器内核，而不需要经过中断控制器的路由。CLINT 如图 3-10 所示。

图 3-10　CLINT

CLINT 支持的中断采用固定优先级策略，高优先级的中断可以抢占低优先级的中断。CLINT 支持的中断如表 3-3 所示。中断号越大，优先级越高。

表 3-3　CLINT 支持的中断

名　称	中　断　号	说　　明
ssip	1	监管模式下的软件中断
msip	3	机器模式下的软件中断
stip	5	监管模式下的时钟中断

续表

名称	中断号	说明
mtip	7	机器模式下的时钟中断
seip	9	监管模式下的外部中断
meip	11	机器模式下的外部中断

FU740 处理器的 CLINT 中的寄存器如表 3-4 所示。在 CLINT 控制器中，没有设置专门的寄存器使能每个中断，不过可以使用 mie 控制每个本地中断。另外，还可以使用 mstatus 中 MIE 字段关闭和打开全局中断。

表 3-4　CLINT 中的寄存器

名称	地址	属性	位宽	描述
msip	0x200 0000	RW	32	机器特权模式下的软件触发寄存器，用于处理器硬件线程 0
msip	0x200 0004	RW	32	机器特权模式下的软件触发寄存器，用于处理器硬件线程 1
msip	0x200 0008	RW	32	机器特权模式下的软件触发寄存器，用于处理器硬件线程 2
msip	0x200 000C	RW	32	机器特权模式下的软件触发寄存器，用于处理器硬件线程 3
msip	0x200 0010	RW	32	机器特权模式下的软件触发寄存器，用于处理器硬件线程 4
mtimecmp	0x200 4000	RW	64	定时器比较寄存器，用于处理器硬件线程 0
mtimecmp	0x200 4008	RW	64	定时器比较寄存器，用于处理器硬件线程 1
mtimecmp	0x200 4010	RW	64	定时器比较寄存器，用于处理器硬件线程 2
mtimecmp	0x200 4018	RW	64	定时器比较寄存器，用于处理器硬件线程 3
mtimecmp	0x200 4020	RW	64	定时器比较寄存器，用于处理器硬件线程 4
mtime	0x200 BFF8	RW	64	定时器寄存器

其中 MSIP 寄存器主要用触发软件中断，用于多处理器硬件线程之间的通信，如 IPI。

3.5　PLIC 管理多个外部中断

RISC-V 的 PLIC 是一个用于管理多个外部中断源的系统组件。它在 RISC-V 的中断处理架构中扮演着核心角色，特别是在支持多处理器系统中。

3.5.1　PLIC 的特点

PLIC 的主要特点如下。

（1）中断源管理：PLIC 能够管理来自不同外部设备（如定时器、串行端口、GPIO 等）的中断请求。每个中断源被分配一个唯一的 ID 号。

（2）优先级：在 PLIC 中，每个中断源都可以配置一个优先级。当多个中断同时到达时，优先级高的中断会被首先处理。这有助于确保关键任务的中断请求能够被及时响应。

（3）目标处理器：PLIC 支持将中断路由到一个或多个处理器。这意味着在多核处理器系统中，开发者可以指定哪些核心处理特定的中断，从而实现负载均衡和高效的中断处理。

(4) 中断使能：开发者可以通过配置 PLIC 使能或禁用特定的中断源。这提供了灵活的中断管理，允许系统根据需要动态地启用或禁用中断。

(5) 中断清除：对于某些类型的中断，处理器在处理完中断后需要向 PLIC 发送一个信号清除中断状态。这确保了中断线路被正确地重置，为接收后续的中断做好准备。

(6) 软件接口：PLIC 通过一组内存映射的寄存器提供软件接口，开发者可以通过读写这些寄存器，配置和管理中断。这包括设置优先级、使能中断、选择目标处理器等操作。

通过这些特点，RISC-V 的 PLIC 提供了一个强大而灵活的机制管理和处理多个外部中断，支持构建复杂的多任务和多处理器系统。

3.5.2 PLIC 的中断分配

PLIC 是 RISC-V 架构标准定义的系统中断控制器，主要用于多个外部中断源的优先级仲裁。

1. PLIC 支持的中断源

PLIC 理论上可以支持 1024 个外部中断源，在具体的 SoC 中，连接的中断源个数可以不同。PLIC 连接了 GIPO、UART、PWM 等多个外部中断源，PLIC 源中断号对应中断源分配如下。

PLIC 源中断号 0：预留位，表示没有中断。
PLIC 源中断号 1：WDOGCMPP。
PLIC 源中断号 2：RTCCMP。
PLIC 源中断号 3～4：UART0、UART1。
PLIC 源中断号 5～7：QSPI0、QSPIL、QSPI2。
PLIC 源中断号 8～39：GPIO0～GPIO31。
PLIC 源中断号 40～43：PWM0CMP0～PWM0CMP3。
PLIC 源中断号 44～47：PWM1CMP0～PWMLCMP3。
PLIC 源中断号 48～51：PWM2CMP0～PWM2CMP3。
PLIC 源中断号 52：I2C。

2. PLIC 的相关寄存器查看

PLIC 将多个外部中断源仲裁为一个单比特的中断信号，送入处理器核作为机器模式外部中断，处理器核收到中断进入异常服务程序后，可以通过读 PLIC 的相关寄存器查看中断源的编号和信息。

3. 清除中断源

处理器核在处理完相应的 ISR 后，可以通过写 PLIC 的相关寄存器和具体的外部中断源的寄存器清除中断源（假设中断来源为 GPIO，则可以通过 GPIO 模块的中断相关寄存器清除该中断）。

3.5.3　PLIC 寄存器

PLIC 是一个存储器地址映射的模块,在某一 RISC-V 架构的微控制器中,PLIC 寄存器的地址区间如表 3-5 所示。PLIC 的寄存器只支持操作尺寸为 32 位的读写访问。

表 3-5　PLIC 寄存器的地址区间

地　　址	寄存器英文名称	寄存器中文名称	复位默认值
0x0C00_0004	Source 1 priority	中断源 1 的优先级	0x0
0x0C00_0008	Source 2 priority	中断源 2 的优先级	0x0
⋮	⋮	⋮	
0x0C00_0FFC	Source 1023 priority	中断源 1023 的优先级	0x0
⋮	⋮	⋮	
0x0C00_1000	Start of pending array (read-only)	中断等待标志的起始地址	0x0
⋮	⋮	⋮	
0x0C00_107C	End of pending array	中断等待标志的结束地址	0x0
⋮	⋮	⋮	
0x0C00_2000	Target 0 enables	中断目标 0 的使能位	0x0
⋮	⋮	⋮	
0x0C20_0000	Target 0 priority threshold	中断目标 0 的优先级门槛	0x0
0x0C20_0004	Target 0 claim/complete	中断目标 0 的响应/完成	0x0

PLIC 理论上可以支持多个中断目标。

下面对表 3-5 中的内容进行说明。

(1)"Source 1 priority"～"Source 1023 priority"对应每个中断源的优先级寄存器(可读可写)。虽然每个优先级寄存器对应一个 32 位的地址区间(4B),但是优先级寄存器的有效位可以只有几位(其他位固定为 0 值)。例如,假设硬件实现优先级寄存器的有效位为 3 位,则其可以支持的优先级个数为 0～7 这 8 个优先级。由于 PLIC 理论上可以支持 1024 个中断源,所以此处定义了 1024 个优先级寄存器的地址。

(2)"Start of pending array"～"End of pending array"对应每个中断源的 IP 中断等待寄存器(只读)。由于每个中断源的 IP 仅有一位宽,而每个寄存器对应一个 32 位的地址区间(4B),因此每个寄存器可以包含 32 个中断源的 IP。按照此规则,例如"Start of pending array"寄存器包含中断源 0～31 的 IP 寄存器值,其他以此类推。每 32 个中断源的 IP 被组织在一个寄存器中,总共 1024 个中断源则需要 32 个寄存器,其地址为 0x0C00_1000～0x0C00_107C 的 32 个地址。

注意:由于 PLIC 理论上可以支持 1024 个中断源,所以此处定义了 1024 个等待阵列寄存器的地址。

(3)"Target 0 enables"对应每个中断源的中断使能寄存器(可读可写)。与 IP 寄存器同理,由于每个中断源的 IE 仅有一位宽,而每个寄存器对应于一个 32 位的地址区间(4B),

因此每个寄存器可以包含 32 个中断源的中断允许控制寄存器(Interrupt Enable,IE)。

按照此规则,对于"Target0"而言,每 32 个中断源的 IE 被组织在一个寄存器中,总共 1024 个中断源需要 32 个寄存器,其地址为 0x0C00_2000~0x0C00_207C 的 32 个地址区间。

(4)"Target 0 priority threshold"对应"Target 0"的阈值寄存器(可读可写)。虽然每个阈值寄存器对应一个 32 位的地址区间(4B),但是阈值寄存器的有效位个数应该与每个中断源的优先级寄存器有效位个数相同。

(5)"Target 0 claim/complete"对应"Target0"的"中断响应"寄存器和"中断完成"寄存器。

对于每个中断目标而言,由于"中断响应"寄存器为可读,"中断完成"寄存器为可写,因此将其合并作为一个寄存器共享同一个地址,成为一个可读可写的寄存器。

3.6　RISC-V 结果预测相关 CSR

在 RISC-V 架构中,与结果预测相关的 CSR 是指那些用于优化指令流执行、提高处理器性能的特殊寄存器。这些寄存器主要用于支持分支预测、指令预取、乱序执行等高级处理器功能。虽然 RISC-V 的基本设计保持了简洁性,但在其扩展中包含了对这些高级功能的支持,以适应不同应用场景对性能的需求。

结果预测相关的 CSR 可以分为几个类别,包括但不限于以下 4 项内容。

(1)分支预测控制寄存器:这类寄存器用于调整处理器的分支预测策略。分支预测是现代处理器用来减少分支指令引起的流水线停顿的一种技术。通过预测分支的走向,处理器可以提前加载并执行预测路径上的指令,从而提高执行效率。

(2)指令预取控制寄存器:指令预取是指处理器提前读取并缓存即将执行的指令的过程。通过调整预取策略,可以减少处理器访问指令存储时的时延,特别是在指令缓存未命中的情况下。

(3)乱序执行控制寄存器:乱序执行是一种允许处理器根据资源可用性而非程序顺序执行指令的技术。这需要复杂的硬件支持,包括用于跟踪指令依赖性和确保最终结果正确性的逻辑。

(4)内存访问预测控制寄存器:这些寄存器用于优化处理器对内存的访问,包括数据预取和缓存策略的调整。通过预测数据访问模式,处理器可以减少访问主内存时的时延。

尽管 RISC-V 的标准规范中定义了一些基本的 CSR,用于控制和监视处理器状态,但具体到与结果预测相关的 CSR,往往是在特定处理器实现的。这意味着,不同的 RISC-V 处理器可能会有不同的结果预测机制和相应的 CSR。因此,要了解特定处理器的结果预测相关的 CSR,最好的方式是参考该处理器的技术手册或设计文档。

将 RISC-V 架构中所有中断和异常相关的寄存器加以总结,如表 3-6 所示。

表 3-6 中断和异常相关的寄存器

类型	名称	全称	描述
CSR	mtvec	机器模式异常入口基地址寄存器	定义进入异常的程序计数器地址
	mcause	机器模式异常原因寄存器	反映进入异常的原因
	mtval(mbadaddr)	机器模式异常值寄存器	反映进入异常的信息
	mepc	机器模式异常程序计数器寄存器	用于保存异常的返回地址
	mstatus	机器模式状态寄存器	mstatus 中的 MIE 域和 MPIE 域用于反映中断全局使能
	mie	机器模式中断使能寄存器	用于控制不同类型中断的局部使能
	mip	机器模式中断等待寄存器	反映不同类型中断的等待状态
Memory Address Mapped	mtime	机器模式计时器寄存器	反映计时器的值
	mtimecmp	机器模式计时器比较值寄存器	配置计时器的比较值
	msip	机器模式软件中断等待寄存器	用以产生或者清除软件中断
	PLIC	PLIC 的所有功能寄存器	

第 4 章 内存管理与高速缓存

内存管理和高速缓存是现代计算机系统中两个至关重要的组成部分，它们共同确保了系统的高效运行和资源的有效利用。

本章深度探索了内存管理和高速缓存的基本原理、演进及其在 RISC-V 架构中的特定应用。本章为读者揭示了内存管理技术的发展轨迹，RISC-V 内存管理的独到之处，物理内存的关键属性及其保护策略，以及高速缓存的重要性和工作机制。本章分为以下几个主要部分。

（1）内存管理概述。

早期内存管理：探讨了初始阶段直接使用物理地址的管理方式及其限制。

地址空间的抽象：介绍了地址空间的概念，强调了其在提高内存管理灵活性和安全性方面的作用。

分段机制：详述了分段机制如何实现内存的逻辑划分和保护。

分页机制：解释了分页机制，包括页表的功能和虚拟地址到物理地址的转换流程。

（2）RISC-V 内存管理。

专项讨论了 RISC-V 架构特有的内存管理指令和页表结构，展现了其在内存管理方面的创新。

（3）物理内存属性与保护。

物理内存属性：分类介绍了物理内存的可读、可写、可执行等属性。

物理内存保护：详细讲解了物理内存保护的机制，包括如何设定内存属性以防止非法访问和数据篡改。

（4）高速缓存。

高速缓存的必要性：阐释了高速缓存存在的理由，主要是缩小 CPU 与内存之间的速度差异。

访问时延：讨论了影响高速缓存访问时延的因素及优化策略。

工作原理：详细介绍了高速缓存的工作原理，包括缓存行、映射策略和替换算法。

虚拟与物理高速缓存：比较了二者的差异及各自优缺点。

通过本章的学习，读者可以快速把握内存管理和高速缓存在 RISC-V 架构中的应用和重要性，为深入学习和研究提供坚实基础。

4.1 内存管理概述

　　内存管理是操作系统和编程语言在运行时环境和硬件之间协作的一个关键方面，旨在有效地分配、使用和回收计算机的内存资源。这一过程对于提高系统的性能和稳定性至关重要。内存管理可以分为 7 个主要的概念和组件。

　　(1) 内存分配。

　　静态分配：在编译时分配内存，其生命周期贯穿程序的整个执行过程。

　　动态分配：在运行时根据需要分配内存，通常通过 malloc、calloc、new 等函数或操作进行。

　　(2) 内存寻址。

　　物理寻址：直接访问物理内存地址。

　　虚拟寻址：通过操作系统提供的虚拟内存地址访问内存，这些虚拟地址通过 MMU 映射到物理地址。

　　(3) 虚拟内存。

　　分页：将虚拟内存分成固定大小的块(页)，并将它们映射到物理内存的页框上。

　　分段：将虚拟内存分成不同长度的段，每个段表示程序的不同部分(如代码、数据、堆栈)。

　　(4) 内存保护。

　　为了防止程序之间的内存访问冲突，操作系统会实施内存保护机制，如页表中的访问权限标志。

　　(5) 内存回收。

　　垃圾回收：在运行时环境(如 Java 虚拟机)自动识别和回收不再使用的内存。

　　手动管理：在诸如 C 和 C++ 等语言中，开发者需要显式释放不再使用的内存。

　　(6) 交换和页面置换。

　　当物理内存不足时，操作系统可以将不活跃的内存页或段移动到磁盘上的交换空间，以释放物理内存给需要的程序。当这部分内存再次被访问时，操作系统会将其加载回物理内存中。

　　(7) 内存碎片。

　　内部碎片：分配给程序的内存块比实际请求的大，未使用的部分构成内部碎片。

　　外部碎片：内存中分配和释放操作导致的小的、不连续的空闲内存块。

　　有效的内存管理策略可以最大化内存使用效率，提高系统的响应速度和稳定性。操作系统、编程语言和硬件的设计者都需要考虑内存管理的各个方面，以确保提供连贯、高效的内存访问和使用机制。

4.1.1　早期的内存管理

早期的内存管理相对简单，主要是因为当时的计算机硬件资源有限，操作系统和应用程序的复杂度也远低于现代标准。随着计算机科学的发展和硬件能力的提升，内存管理逐渐演化成为一个复杂且高度优化的系统。以下是一些早期内存管理的特点和技术。

（1）实模式内存管理。

在早期的计算机中，如基于 Intel 8086/8088 的系统，使用的是实模式内存管理。实模式是一种简单的内存管理模式，它不支持内存保护、多任务或虚拟内存等高级功能。在实模式下，程序直接访问物理内存，且内存地址空间仅限于 1MB。

（2）无内存保护。

早期的操作系统和计算机架构通常不提供内存访问保护机制。这意味着任何程序都可以访问系统的任何内存区域，这在当时的单任务操作系统中可能是可行的，但在多任务环境下会导致严重的安全和稳定性问题。

（3）手动内存管理。

在很多早期的编程语言中，如 C 语言，内存管理主要是手动进行的。程序员需要显式地分配和释放内存（使用 malloc 和 free 等函数），这要求程序员对程序的内存使用有深入的理解，同时也增加了内存泄漏和其他内存错误的风险。

（4）固定分区分配。

一种简单的内存管理技术是将内存分成固定大小的分区。每个程序根据其大小被分配到足够大的分区中。这种方法简单但效率不高，容易导致内存碎片和空间的浪费。

（5）叠加技术。

为了在有限的内存空间中运行较大的程序，早期系统采用了叠加技术。这种技术允许程序的不同部分（叠加）在同一内存区域按需加载和卸载。虽然这种方法可以节省内存，但它要求程序员仔细设计程序结构，并手动管理叠加的加载和卸载。

（6）交换。

在多任务系统中，早期的一种内存管理策略是在运行时，将整个进程的内存映像从内存交换到磁盘上，以便另一个进程可以使用内存。这种方法相比于现代的页面置换策略效率低下，因为它涉及大量的数据传输。

在操作系统还没有出来之前，程序存放在卡片上，计算机每读取一张卡片就运行一条指令，这种从外部存储介质上直接运行指令的方法效率很低。后来出现了内存存储器，也就是说，程序要运行，首先要加载，然后执行，这就是所谓的"存储程序"。这一概念开启了操作系统快速发展的道路，直至后来出现的分页机制。在以上演变历史中，出现了两种内存管理思想。

（1）单道编程的内存管理。所谓"单道"，就是整个系统只有一个用户进程和一个操作系统，形式上类似于 Unikernel 系统。在这种模型下，用户程序始终加载到同一个内存地址并运行，所以内存管理很简单。实际上，不需要任何的 MMU，程序使用的地址就是物理地址,也不需要保护地址,但是缺点也很明显。其一,系统无法运行比实际物理内存大的程序;其二,系统只运行一个程序,会造成资源浪费;其三,程序无法迁移到其他的计算机中。

(2)多道编程的内存管理。所谓"多道",就是系统可以同时运行多个进程。内存管理中出现了固定分区和动态分区两种技术。

对于固定分区,在系统编译阶段,内存被划分成许多静态分区,进程可以装入大于或等于自身大小的分区。固定分区实现简单,操作系统的管理开销比较小,但是缺点也很明显。一、程序大小和分区的大小必须匹配;二、活动进程的数目比较固定;三、地址空间无法增长。

动态分区的思想就是在一整块内存中划出一块内存供操作系统本身使用,剩下的内存空间供用户进程使用。当进程 A 运行时,先从这一大片内存中划出一块与进程 A 大小一样的内存空间供进程 A 使用。当进程 B 准备运行时,从剩下的空闲内存中继续划出一块和进程 B 大小相等的内存空间供进程 B 使用,以此类推。这样,进程 A 和进程 B 及后面进来的进程就可以实现动态分区了。

动态分区示意如图 4-1 所示。假设现在有一块 32MB 大小的内存,一开始操作系统使用了底部 4MB 大小的内存,剩余的内存要留给 4 个用户进程使用,如图 4-1(a)所示。进程 A 使用了操作系统往上的 10MB 内存,进程 B 使用了进程 A 往上的 6MB 内存,进程 C 使用了进程 B 往上的 8MB 内存。剩余的 4MB 内存不足以装载进程 D(因为进程 D 需要 5MB 内存),于是这块内存的末尾就形成了第一个空洞,如图 4-1(b)所示。假设在某个时刻,操作系统需要运行进程 D,但系统中没有足够的内存,那么需要选择一个进程换出,以便为进程 D 腾出足够的空间。假设操作系统选择进程 B 换出,进程 D 就加载到原来进程 B 的地址空间里,于是产生了第二个空洞,如图 4-1(c)所示。假设操作系统在某个时刻需要运行进程 B,这也需要选择一个进程换出,假设进程 A 被换出,于是系统中又产生了第三个空洞,如图 4-1(d)所示。

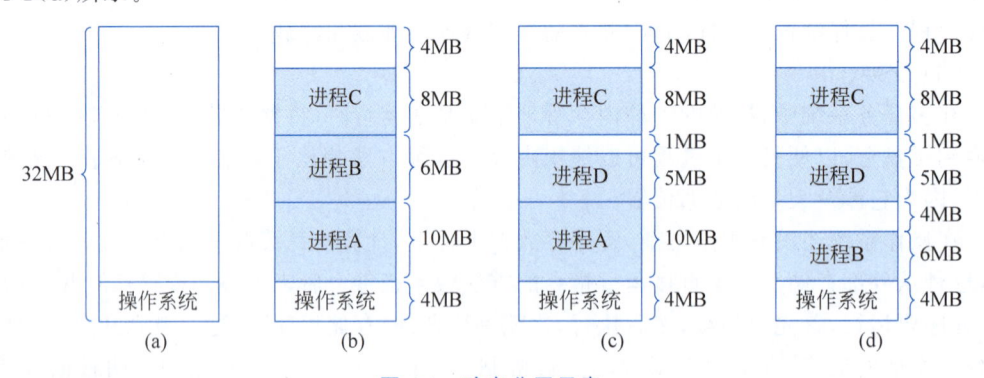

图 4-1 动态分区示意

这种动态分区方法在系统刚启动时效果很好,但是随着时间的推移会出现很多内存空洞,内存的利用率随之下降,这些内存空洞便是内存碎片。为了解决内存碎片化的问题,操作系统需要动态地移动进程,使进程占用的空间是连续的,并且所有的空闲空间也是连续的。整个进程的迁移是一个非常耗时的过程。

4.1.2 地址空间的抽象

地址空间的抽象是计算机科学中一项重要的概念，它允许软件开发者和操作系统以一种简化的方式管理和操作内存，而无须关心底层的物理内存布局。这种抽象提供了一系列关键的好处，包括简化编程模型、增强安全性和便于实现多任务处理。以下是地址空间抽象的5个主要方面。

(1) 虚拟内存。

虚拟内存是地址空间抽象的核心概念之一。它允许操作系统为每个进程提供一个看似连续的内存地址空间，这个地址空间被称为虚拟地址空间。虚拟地址空间可以大于实际的物理内存大小，因为它通过硬盘上的交换文件(或分页文件)扩展物理内存。

(2) 分页和分段。

分页：操作系统将虚拟内存分成固定大小的页，将物理内存分成同样大小的页框。虚拟页通过页表映射到物理页框，这使得内存的分配更加灵活，同时简化了内存管理。

分段：操作系统将虚拟内存分成可变大小的段，每个段代表程序的不同部分(如代码、数据、堆栈)。分段允许更自然地反映程序的逻辑结构，但管理起来比分页复杂。

(3) 内存保护。

地址空间的抽象也增强了内存的安全性。通过将每个进程的地址空间隔离，操作系统可以防止一个进程访问或修改另一个进程的数据。此外，操作系统可以设置不同的访问权限(如只读、可写、可执行)，以进一步保护内存区域不被非法访问。

(4) 简化编程模型。

对于程序员来说，地址空间的抽象简化了编程模型。开发者可以假设有一个大而连续的内存空间编写程序，而无须担心物理内存的限制或布局。这大幅降低了编程的复杂性，特别是对于大型和复杂的应用程序。

(5) 支持多任务。

地址空间的抽象是实现多任务操作系统的关键。通过为每个进程提供独立的虚拟地址空间，操作系统可以在同一物理机上同时运行多个进程，每个进程都认为它拥有整个计算机的资源。这种隔离机制还有助于提高系统的稳定性和安全性。

地址空间的抽象是现代计算机系统中不可或缺的一部分，它通过虚拟内存、分页、分段和内存保护等技术，提供了一个简化、安全和强大的内存管理机制。这使开发复杂的软件应用程序变得更加容易，同时也为操作系统的多任务处理和资源管理提供了基础。

站在内存使用的角度看，进程可能在3个地方需要用到内存。

(1) 在进程中。比如，代码段和数据段使用存储程序本身需要的数据。

(2) 在栈空间中。程序运行时需要分配内存空间保存函数调用关系、局部变量、函数参数，以及函数返回值等内容，这些也是需要消耗内存空间的。

(3) 在堆空间中。程序运行时需要动态分配程序需要使用的内存，比如，存储程序需要使用的数据等。

　　动态分区和地址空间的抽象如图 4-2 所示。不管是固定分区还是动态分区,进程、栈、堆都需要使用内存空间。动态分区如图 4-2(a)所示。但是,如果直接使用物理内存,在编写这样一个程序时,就需要时刻关心分配的物理内存地址是多少、内存空间够不够等问题。

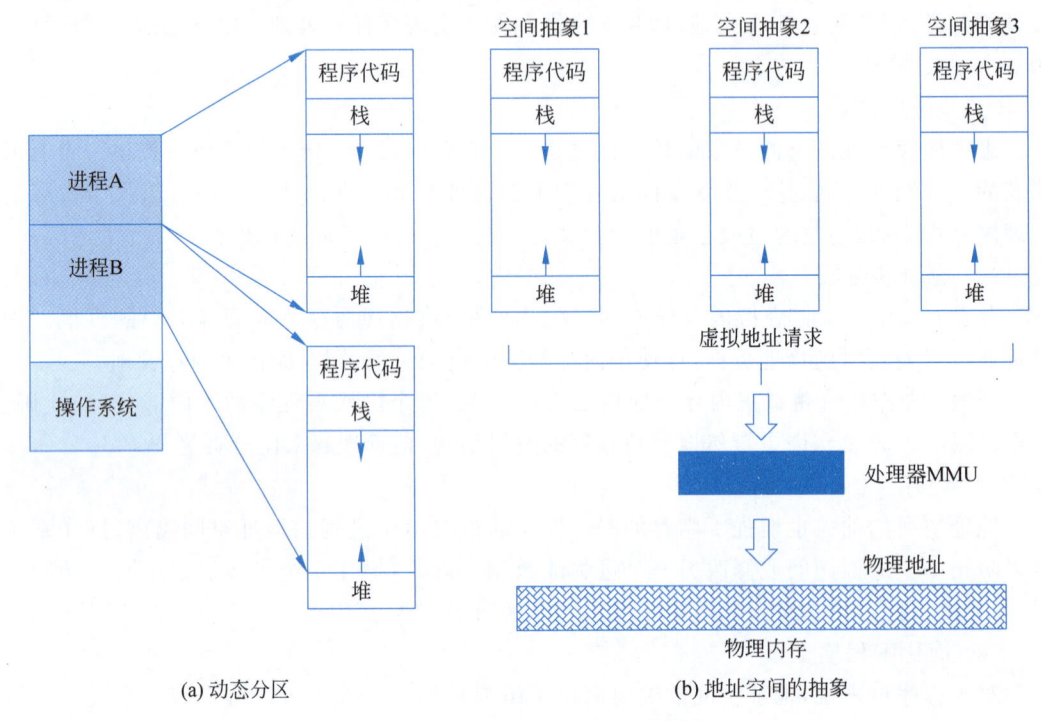

图 4-2　动态分区和地址空间的抽象

　　后来,设计人员对内存进行了抽象,把上述用到的内存抽象成进程地址空间或虚拟内存。进程不用关心分配的内存在哪个地址,它只管使用。最终由处理器处理进程对内存的请求,经过转换之后把进程请求的虚拟地址转换成物理地址。这个转换过程称为地址转换,而进程请求的地址可以理解为虚拟地址。地址空间的抽象如图 4-2(b)所示。在处理器里对进程地址空间做了抽象,让进程感觉到自己可以拥有全部的物理内存。进程可以发出地址访问请求,至于这些请求能不能完全满足,就是处理器的事情了。总之,进程地址空间是对内存的重要抽象,让内存虚拟化得到了实现。进程地址空间、进程的 CPU 虚拟化,以及文件对存储地址空间的抽象,共同组成了操作系统的 3 个元素。

　　虚拟内存机制可以提供隔离性。因为每个进程都感觉自己拥有了整个地址空间,可以随意访问,然后由处理器转换到实际的物理地址,所以进程 A 没办法访问进程 B 的物理内存,也没办法做破坏。

4.1.3 分段机制

分段机制是一种内存管理技术,旨在更好地反映程序的逻辑结构,并提高内存的使用效率。它基于进程地址空间的概念,将内存划分为逻辑上的段,每个段代表程序的一个逻辑部分,如代码、数据、堆栈等。这种机制允许程序和数据被分开处理,提供了更加灵活和高效的内存管理方式。分段机制具有5个关键特点。

(1) 逻辑分割。

分段机制按照程序的逻辑结构组织内存,每个段可以根据其功能(如代码段、数据段、堆栈段)独立地进行管理。这种逻辑分割使程序的组织和管理更加直观和有效。

(2) 动态大小。

与分页机制中的固定大小页面不同,段的大小是动态的,可以根据实际需要进行调整。这意味着段可以在运行时根据需要扩展或缩减,从而更有效地利用内存空间,减少内存碎片。

(3) 地址映射。

在分段机制中,虚拟地址由两部分组成:段号和段内偏移。操作系统维护一个段表,记录每个段的基址和长度。当访问一个虚拟地址时,操作系统会利用段号查找段表,得到段的基址,然后将段内偏移加到基址上,从而得到物理地址。这种映射机制提供了一种有效的地址转换方式。

(4) 保护和共享。

分段机制支持对段的保护和共享。操作系统可以为每个段设置不同的访问权限(如只读、可写、可执行),以防止非法访问。同时,通过允许不同进程共享某些段(如代码段),可以提高内存的使用效率。

(5) 简化链接和加载。

分段机制简化了程序的链接和加载过程。因为每个段都是独立的,所以可以单独编译和链接,然后在运行时动态地加载到内存中的任意位置。这种灵活性使程序的部署和更新变得更加容易。

分段机制将内存划分为与程序逻辑结构相对应的段,提供了一种灵活、高效的内存管理方式。它支持动态大小调整、有效的地址映射、内存保护和共享,以及简化的链接和加载过程。尽管分段机制在某些情况下可能导致外部碎片,但它在提高内存利用率、保护和组织程序方面仍然具有显著优势。

基于进程地址空间这个概念,人们最早想到的一种机制叫作分段(Segmentation)机制,其基本思想是把程序所需的内存空间的虚拟地址映射到某个物理地址空间。

分段机制可以解决地址空间保护问题。进程 A 和进程 B 会被映射到不同的物理地址空间,它们在物理地址空间中是不会有重叠的。因为进程看的是虚拟地址空间,不关心实际映射到哪个物理地址。如果一个进程访问了没有映射的虚拟地址空间,或者访问了不属于该进程的虚拟地址空间,那么 CPU 会捕捉到这次越界访问,并且拒绝此次访问。同时,CPU 会发送异常错误给操作系统,由操作系统处理这些异常情况,这就是常说的缺页异常。

另外，对于进程来说，它不再需要关心物理地址的布局，它访问的地址位于虚拟地址空间，只需要按照原来的地址编写程序并访问地址，程序就可以无缝地迁移到不同的系统上。

基于分段机制解决问题的思路可以总结为增加虚拟内存（Virtual Memory）。进程在运行时看到的地址是虚拟地址，然后需要通过 CPU 提供的地址映射方法把虚拟地址转换成实际的物理地址。当多个进程运行时，这种方法就可以保证每个进程的虚拟内存空间是相互隔离的，操作系统只需要维护虚拟地址到物理地址的映射关系。

虽然分段机制有了比较明显的改进，但是内存使用效率依然比较低。分段机制对虚拟内存到物理内存的映射通常采用粗粒度的块，即将代码段、数据段和堆分成几个段。当物理内存不足时，以段为单位换出到磁盘，因此会有大量的磁盘访问，进而影响系统性能。站在进程的角度看，以段为单位进行换出和换入的方法还不太合理。在运行进程时，根据局部性原理，只有一部分数据一直在使用。若把不常用的数据交换出磁盘，就可以节省很多系统带宽，而把常用的数据驻留在物理内存中也可以得到比较好的性能。另外，大小不一的段很容易引起物理内存的外碎片化（External Fragmentation）问题，即引入了很多离散的空洞，导致难以分配新的段空间，从而增加额外的管理负担。因此，在分段机制之后又发明了一种新的机制，这就是分页（Paging）机制。

4.1.4　分页机制

分页机制是现代操作系统中广泛使用的一种内存管理技术，它通过将物理内存和虚拟内存分割成固定大小的块（称为"页"或"页面"）工作。这种方法旨在提高内存的利用率，简化内存管理，并支持虚拟内存系统。分页机制的一些关键特点如下。

（1）内存抽象和隔离。

分页机制为每个进程提供了一个连续的虚拟地址空间，与物理内存的实际布局无关。这种抽象层次不仅简化了程序的内存管理，还通过隔离每个进程的地址空间，增强了进程间的安全性和稳定性。

（2）固定大小的页。

在分页系统中，虚拟内存和物理内存都被划分为大小相同的页。这些页的大小通常由硬件决定，常见的大小有 4KB、2MB 或 1GB 等。每个虚拟页都可以映射到任意的物理页框（物理内存中的页），这种映射关系由操作系统管理。

（3）页表。

操作系统使用页表维护虚拟页与物理页框之间的映射关系。每个进程都有自己的页表，当进程访问其虚拟内存时，硬件和操作系统会协同工作，通过查找页表将虚拟地址转换为相应的物理地址。

（4）简化内存分配。

由于所有的页都是固定大小的，操作系统可以更容易地管理空闲内存和分配内存给进程。这减少了内存碎片问题，尤其是内部碎片，因为每个页内的未使用空间都不会超过一页的大小。

(5) 支持虚拟内存。

分页机制是虚拟内存系统的基础。通过使用磁盘作为虚拟内存的扩展，操作系统可以让进程使用比物理内存更大的地址空间。当物理内存不足时，操作系统可以将不常用的页移动到磁盘（称为"交换"或"换出"），并在需要时再次加载它们（"换入"）。

(6) 内存保护。

分页机制还支持对内存的保护。操作系统可以为每个页设置不同的访问权限（如只读、可写、可执行），从而防止进程访问未授权的内存区域，或执行非法的代码。

分页机制将内存划分为固定大小的页，提供了一种有效的方式管理，充分利用了内存资源。它简化了内存分配，支持虚拟内存，增强了内存的保护和隔离，是现代操作系统中不可或缺的一部分。尽管分页机制可能导致一定程度的外部碎片和增加页表带来的开销，但其带来的好处远远超过了这些缺点。

程序运行所需要的内存往往大于实际物理内存，采用分段机制会把程序的段交换到交换磁盘，这不仅费时费力，而且效率很低。后来出现了分页机制，分页机制引入了虚拟存储器的概念。分页机制的核心思想是把程序中一部分不使用的内存存放到交换磁盘中，把程序正在使用的内存继续保留在物理内存中。因此，当一个程序运行在虚拟存储器空间时，它的寻址范围由处理器的位宽决定，比如，32位处理器的位宽是32位，地址范围是 $0\sim4GB$。假设64位处理器的虚拟地址位宽是48位，程序员可以访问 0x0000 0000 0000 0000 ~ 0x0000 FFFF FFFF FFFF 和 0xFFFF 0000 0000 0000 ~ 0xFFFF FFFF FFFF FFFF 这两段空间。在使能了分页机制的处理器中，通常把处理器能寻址的地址空间称为虚拟地址空间。和虚拟存储器对应的是物理存储器，它对应系统中使用的物理存储设备的地址空间。在没有使能分页机制的系统中，处理器直接寻址物理地址，把物理地址发送到内存控制器；在使能了分页机制的系统中，处理器直接寻址虚拟地址，这个地址不会直接发给内存控制器，而是先发送给 MMU。

MMU 负责虚拟地址到物理地址的转换和翻译工作。在虚拟地址空间里，可按照固定大小分页，典型的页面粒度为 4KB，现代处理器都支持大粒度的页面，如 16KB、64KB 甚至 2MB 的巨页。而在物理内存中，空间也分成和虚拟地址空间大小相同的块，称为页帧（Page Frame）。程序可以在虚拟地址空间里任意分配虚拟内存，但只有当程序需要访问或修改虚拟内存时，操作系统才会为其分配物理页面，这个过程叫作请求调页（Demand Page）或者缺页异常。

虚拟地址[31:0]可以分成两部分：一、虚拟页面内的偏移量，以 4KB 页为例，VA[11:0]是虚拟页面偏移量；二、用来寻找属于哪个页，这称为虚拟页帧号（Virtual Page Frame Number，VPN）。物理地址中，PA[11:0]表示物理页帧的偏移量，剩余部分表示物理页帧号（Physical Page Frame Number，PFN）。MMU 的工作内容就是把 VPN 转换成 PFN。处理器通常使用一张表存储 VPN 到 PFN 的映射关系，这张表称为页表（Page Table，PT）。页表中的每项称为页表项（Page Table Entry，PTE）。若将整张页表存放在寄存器中，则会占用很多硬件资源，因此通常的做法是把页表放在主内存里，由页表基地址寄存器指向这种页表的起始地址。页表查询过程如图 4-3 所示,处理器发出的地址是虚拟地址,通过 MMU 查询页表,处理器便得到了物理地址,最后把物理地址发送给内存控制器。

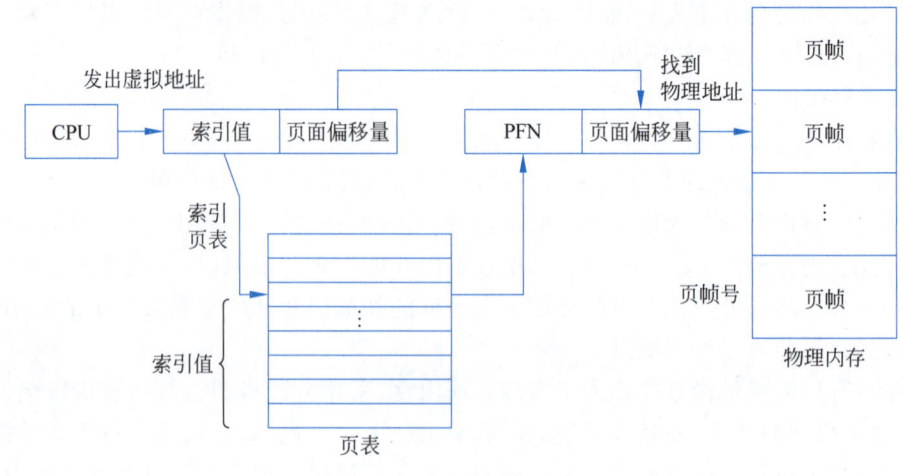

图 4-3 页表查询过程

下面以最简单的一级页表为例,如图 4-4 所示。处理器采用一级页表,虚拟地址空间的位宽是 32 位,寻址范围是 0~4GB,物理地址空间的位宽也是 32 位,最多支持 4GB 物理内存。另外,页面的大小是 4KB。为了能映射整个 4GB 地址空间,需要 4GB/4KB=2^{20} 个页表项,每个页表项占用 4 字节,需要 4MB 大小的物理内存存放这张页表。VA[11:0] 是页面偏移量,VA[31:12] 是 VPN,可作为索引值在页表中查询页表项。页表类似于数组,VPN 类似于数组的下标,用于查找数组中对应的成员。页表项包含两部分:一部分是 PFN,它代表页面在物理内存中的帧号(即页帧号),页帧号加上 VA[11:0] 页内偏移量就组成了最终物理地址(Physical Address,PA);另一部分是页表项的属性,如图 4-4 中的 V

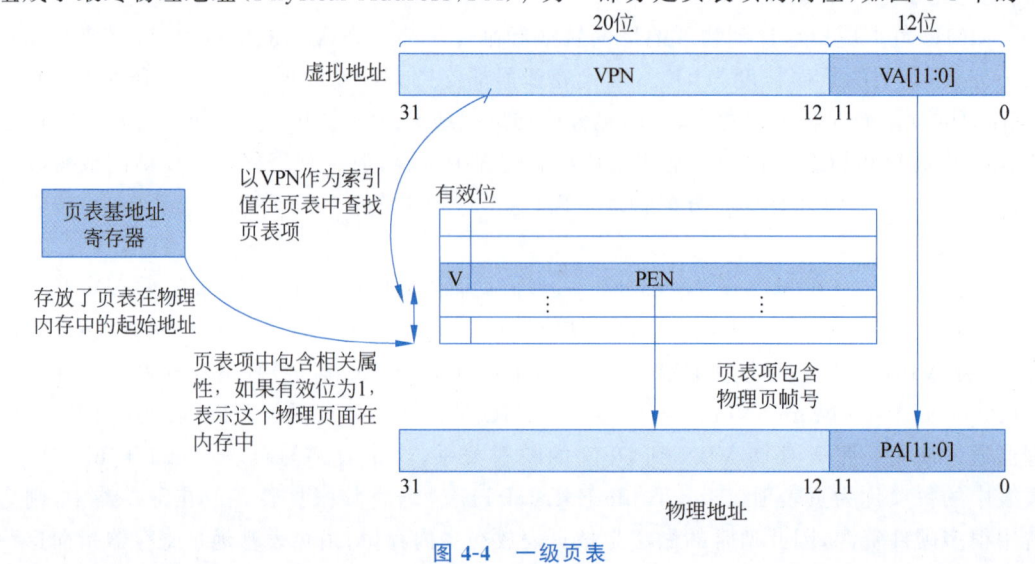

图 4-4 一级页表

表示有效位。若有效位为1,则表示这个页表项对应的物理页面在物理内存中,处理器可以访问这个页面的内容;若有效位为0,则表示这个页表项对应的物理页面不在内存中,可能在交换磁盘中。如果访问该页面,那么操作系统会触发缺页异常,可在缺页异常中处理这种情况。当然,实际的处理器中还有很多其他的属性位,如描述这个页面是否为脏页,是否可读、可写等。

通常操作系统支持多进程,进程调度器会在合适的时间(比如,当进程 A 用完时间片时)从进程 A 切换到进程 B。另外,分页机制也让每个进程都感觉到自己拥有全部的虚拟地址空间。为此,每个进程拥有一套属于自己的页表,在切换进程时需要切换页表基地址。比如,对于上面的一级页表,每个进程需要为其分配 4MB 的连续物理内存,这是无法接受的,因为这太浪费内存了。为此,人们设计了多级页表以减少页表占用的内存空间。二级页表查询过程如图 4-5 所示,把页表分成一级页表和二级页表,页表基地址寄存器指向一级页表的基地址,一级页表的页表项里存放了一个指针,指向二级页表的基地址。当处理器执行程序时,只需要把一级页表加载到内存中,并不需要把所有的二级页表都加载到内存中,而根据物理内存的分配和映射情况逐步创建和分配二级页表。这样做有两个原因:一是程序不会马上用完所有的物理内存;二是对于 32 位系统来说,通常系统配置的物理内存小于4GB,如仅有 512MB 内存等。

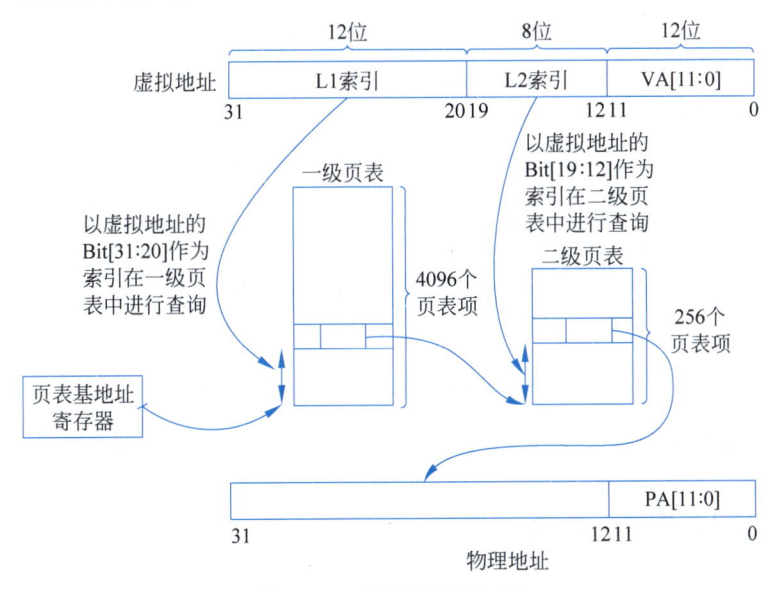

图 4-5 二级页表查询过程

图 4-5 展示了通用处理器体系结构的二级页表查询过程,VA[31:20]被用作一级页表的索引,一共有 12 位,最多可以索引 4096 个页表项;VA[19:12]被用作二级页表的索引,一共有 8 位,最多可以索引 256 个页表项。当操作系统复制一个新的进程时,首先会创建一级页表,分配 16KB 页面。在本场景中,一级页表有 4096 个页表项,每个页表项占 4 字节,因此一级页表一共有 16KB。当操作系统准备让进程运行时,会设置一级页表在物理内存

中的起始地址到页表基地址寄存器中。进程在执行过程中需要访问物理内存,因为一级页表的页表项是空的,这会触发缺页异常。在缺页异常里分配一个二级页表,并且把二级页表的起始地址填充到一级页表的相应页表项中。接着,分配一个物理页面,把这个物理页面的 PFN 填充到二级页表的对应页表项中,从而完成页表的填充。随着进程的执行,需要访问越来越多的物理内存,于是操作系统逐步地把页表填充并建立起来。

以图 4-5 为例,当转换后备缓冲器(Translation Lookaside Buffer,TLB)未命中时,处理器的 MMU 页表查询过程如下。

(1) 处理器的页表基地址控制寄存器(每个处理器体系结构都有类似的页表基地址寄存器,在 RISC-V 体系结构中是 satp 寄存器)存放着一级页表的基地址。

(2) 处理器以虚拟地址的 Bit[31:20]作为索引值,在一级页表中找到页表项,一级页表一共有 4096 个页表项。

(3) 一级页表的页表项中存放二级页表的物理基地址。处理器使用虚拟地址的 Bit[19:12]作为索引值,在二级页表中找到相应的页表项,二级页表有 256 个页表项。

(4) 二级页表的页表项里存放了 4KB 大小页面的物理基地址。这样,处理器就完成了页表的查询和翻译工作。

图 4-6 展示了 4KB 映射的一级页表的页表项。Bit[31:10]指向二级页表的物理基地址。

下一级的页表的基地址	属性	0	1
31　　　　　　　　　　　　10	9　　　　2	1	0

图 4-6　4KB 映射的一级页表的页表项

图 4-7 展示了 4KB 映射的二级页表的页表项。Bit[31:12]指向 4KB 大小页面的页帧号,页帧号加上低 12 位地址组成最终的物理基地址。

页帧号	属性
31　　　　　　　　　　　　12	11　　　　　　　　　　　　0

图 4-7　4KB 映射的二级页表的页表项

对于 RISC-V 处理器来说,通常会使用 3 级或者 4 级页表,但是原理和二级页表是一样的。

4.2　RISC-V 内存管理

RISC-V 设计的一个关键特点是其模块化,允许实现者根据需要选择和配置不同的扩展。这种灵活性也扩展到了内存管理方面,RISC-V 提供了一套机制支持现代操作系统中的内存管理需求,包括分页机制、虚拟内存和内存保护等特性。

RISC-V 内存管理主要特点包括 5 个方面。

(1) 物理内存保护。

RISC-V 支持物理内存保护,这是一种简单的内存访问控制机制,允许实现者限制对特定物理内存区域的访问。通过物理内存保护,可以为每个保护区域配置一组访问权限,包括读、写和执行权限。这对于嵌入式系统和简单的操作系统来说是一种有效的保护机制。

(2) 虚拟内存和分页。

RISC-V 的虚拟内存系统基于分页机制,支持多级页表,允许实现高效的地址转换和内存管理。RISC-V 定义了几种不同的分页模式,包括 Sv32、Sv39、Sv48 等,分别对应不同的地址空间大小和页表层次结构。这些模式支持从 32 位到 48 位的虚拟地址空间,以适应不同的系统需求。

(3) 内存映射 I/O。

RISC-V 支持通过内存映射 I/O 访问外设,这意味着外设的控制寄存器被映射到特定的内存地址范围。程序可以通过读写这些内存地址控制外设,这简化了 I/O 操作并提高了效率。

(4) 用户模式和监管模式。

RISC-V 定义了多种特权级别,包括用户模式和监管模式,以及可选的机器模式和超级用户模式。这些模式允许操作系统实现有效的权限分离和安全控制。在用户模式下运行的应用程序不能直接访问关键的系统资源,而必须通过系统调用,请求操作系统提供的服务。

(5) 中断和异常处理。

RISC-V 提供了一套灵活的中断和异常处理机制,支持同步和异步事件的处理。这对于实现高效的操作系统调度和资源管理非常重要。

RISC-V 内存管理的设计兼顾了灵活性和功能性,支持现代操作系统的需求,包括高效的内存保护、虚拟内存管理、I/O 操作和权限控制。通过提供多种分页模式和特权级别,RISC-V 可以在不同的应用场景中实现高效、安全的内存管理。

RISC-V 处理器的内存管理体系结构如图 4-8 所示。RISC-V 处理器内核的 MMU 包括 TLB 和页表遍历单元两个部件。TLB 是一个高速缓存,用于缓存页表转换的结果,从而缩短页表查询的时间。一个完整的页表翻译和查找的过程称为页表查询。页表查询的过程由硬件自动完成,但是页表的维护由软件完成。页表查询是一个较耗时的过程,在理想的状态下,TLB 里应存放页表的相关信息。当 TLB 未命中时,MMU 才会查询页表,从而得到翻译后的物理地址,而页表通常存储在内存中。得到物理地址之后,首先需要查询该物理地址的内容是否在高速缓存中有最新的副本。如果没有,则说明高速缓存未命中,需要访问内存。MMU 的工作职责就是把输入的虚拟地址翻译成对应的物理地址,以及相应的页表属性和内存访问权限等信息。另外,如果地址访问失败,那么会触发一个与 MMU 相关的缺页异常。

图 4-8 RISC-V 处理器的内存管理体系结构

对于多任务操作系统，每个进程都拥有独立的进程地址空间。这些进程地址空间在虚拟地址空间内是相互隔离的，但是在物理地址空间中可能映射到同一个物理页面。这些进程地址空间是如何映射到物理地址空间的呢？这就需要处理器的 MMU 提供页表映射和管理的功能。进程地址空间和物理地址空间的映射关系如图 4-9 所示，左边是进程地址空间，右边是物理地址空间。进程地址空间又分成内核空间和用户空间。无论是内核空间还是用户空间，都可以通过处理器提供的页表机制映射到实际的物理地址。

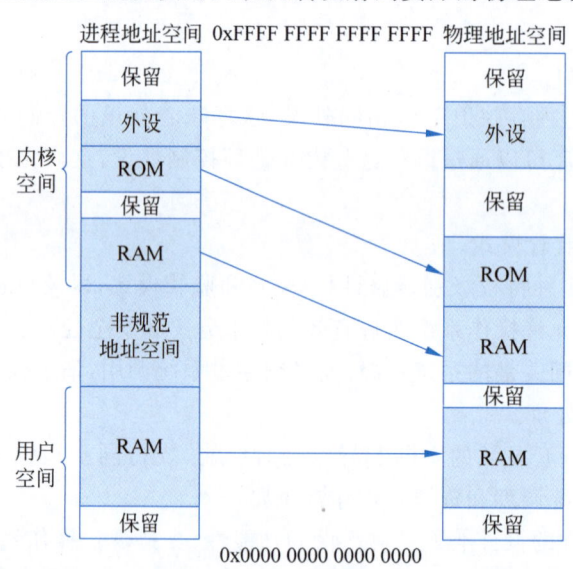

图 4-9 进程地址空间和物理地址空间的映射关系

在对称多处理器（Symmetric Multi Processor，SMP）系统中，每个处理器内核内置了 MMU 和 TLB 硬件单元。SMP 系统与 MMU 如图 4-10 所示。CPU0 和 CPU1 共享物理内存，而页表存储在物理内存中。CPU0 和 CPU1 中的 MMU 与 TLB 硬件单元也共享一份页表。

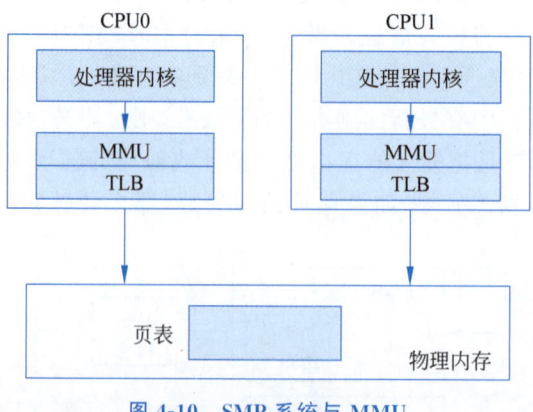

图 4-10 SMP 系统与 MMU

4.3 物理内存属性与物理内存保护

RISC-V 体系结构提供两种机制对物理内存访问进行检查与保护，它们分别是物理内存属性（Physical Memory Attributes，PMA）和物理内存保护（Physical Memory Protection，PMP）。在 RISC-V 处理器中，这两种机制可以同时发挥作用。

4.3.1 物理内存属性

RISC-V 架构通过 PMP 机制为物理内存区域提供一种灵活的保护方式。该机制允许实现者定义一系列的规则，用于控制对特定物理内存区域的访问权限。这些权限可以是读、写和执行操作的任意组合，从而为不同的应用场景提供内存保护。

（1）PMA。

在 RISC-V 中，PMA 主要通过 PMP 配置实现，具体属性包括读权限、写权限和执行权限。

① 读权限：允许对指定内存区域进行读取操作。

② 写权限：允许对指定内存区域进行写入操作。

③ 执行权限：允许从指定内存区域执行代码。

除了基本的读、写、执行权限之外，PMP 配置还可以指定其他属性，例如地址匹配模式和锁定。

① 地址匹配模式：定义了 PMP 条目如何匹配物理地址。可以是精确匹配（指定单个地址或地址范围的起始地址），或者是范围匹配（覆盖从起始地址到结束地址的连续内存区域）。

② 锁定：一旦设置，PMP 条目将被锁定，其配置将无法被修改，直到下一次复位。这可以防止恶意软件更改内存保护设置。

（2）配置 PMA。

RISC-V 使用一组 PMP 寄存器配置 PMA。每个 PMP 条目对应一个寄存器，用于定义内存区域的起始地址、长度和访问权限。具体的配置方法依赖于 RISC-V 的实现和操作系统的需求。

（3）应用场景。

PMA 的配置对于多种应用场景至关重要，包括操作系统内核与用户空间的隔离、设备驱动程序的保护和嵌入式系统的安全。

① 操作系统内核与用户空间的隔离：通过为内核空间和用户空间配置不同的访问权限，PMP 可以有效地防止用户程序访问或修改内核数据。

② 设备驱动程序的保护：为驱动程序分配专用的物理内存区域，并限制其他程序对这些区域的访问，从而保护硬件资源。

③ 嵌入式系统的安全：在嵌入式系统中，PMP 可以用来保护关键的系统资源和数据，

防止未授权的访问或篡改。

RISC-V 通过 PMP 机制提供了一种灵活而强大的方式管理和保护物理内存。通过精细地配置内存区域的访问权限，系统设计者可以实现高效的内存隔离和保护策略，增强系统的安全性和稳定性。

在一个完整的系统中，系统内存映射包含各种不同访问属性的地址空间，例如，有些用于普通读写的内存空间，有些用于内存映射输入/输出（Memory Mapped Input/Output，MMIO）的寄存器空间，有些可能不支持原子操作，有些可能不支持缓存一致性，有些支持不同的内存模型。在 RISC-V 体系结构中，使用 PMA 描述内存映射中的每个地址区域访问的属性。这些属性包含访问类型（如是否可执行、可读或可写），以及与访问相关的其他可选属性，例如，支持访问的内存单元的大小、对齐、原子操作和可缓存性等。

PMA 一般是在芯片设计阶段就固定下来的，有些（例如，连接到不同的芯片片选或者总线等）是在硬件开发板设计阶段固定下来的，在系统执行阶段很少修改它。在 RISC-V 处理器中通常实现了一个 PMA 检测器，当指令地址映射缓冲区（Instruction Translation Lookaside Buffer，ITLB）、数据翻译旁视缓冲器（Data Translation Lookaside Buffer，DTLB）及页表遍历单元获得物理地址之后，PMA 检测器会做物理地址权限和属性检查。检查到违规后，触发指令/加载/存储访问异常。

与页表属性不同，系统内存区域的 PMA 通常是固定的，或者只能在特定平台的控制寄存器中修改，不过大部分 RISC-V 处理器不具备修改 PMA 的能力。

4.3.2 物理内存保护

RISC-V 的 PMP 是一种重要的安全特性，它允许硬件对内存访问进行限制，以保护关键的系统资源不被未授权访问。PMP 为每个保护区域提供了一组配置寄存器，通过这些寄存器可以定义内存区域的起始地址、长度和访问权限。这些特性对于构建安全的操作系统和嵌入式系统至关重要。

（1）PMP 配置。

PMP 配置通过一组 PMP 寄存器实现，这些寄存器包括 PMP 地址寄存器和 PMP 配置寄存器。

① PMP 地址寄存器：定义了保护区域的起始地址或地址范围。

② PMP 配置寄存器：为每个保护区域指定访问权限和地址匹配模式。

访问权限包括读、写和执行操作，可以独立地开启或关闭。地址匹配模式定义了如何解释保护区域的地址值，例如，可以指定为精确地址匹配或基于范围的匹配。

（2）PMP 的工作原理。

当 CPU 尝试访问内存时，硬件会检查 PMP 配置，以确定该访问是否被允许。如果访问违反了任何 PMP 条目的配置，访问将被阻止，并且可能触发异常或其他形式的错误处理。

（3）使用场景。

PMP 可以用于多种安全和隔离场景。

① 保护操作系统内核：通过限制用户模式代码对内核内存的访问，增强操作系统的安全性。

② 隔离不同的应用程序：为每个应用程序分配独立的内存区域，防止它们相互干扰。

③ 保护设备驱动和关键数据：限制对特定硬件资源和敏感数据的访问，仅允许对授权的代码进行操作。

（4）限制和挑战。

尽管 PMP 提供了强大的保护机制，但它也有一些限制和挑战。

① 配置复杂性：正确配置 PMP 寄存器需要精确的地址计算和权限设置，这可能对系统开发者来说是一个挑战。

② 资源限制：PMP 条目的数量是有限的，这可能限制了保护区域的粒度和数量。

③ 性能影响：在某些情况下，频繁的内存访问检查可能会对系统性能产生影响。

RISC-V 的 PMP 提供了一种有效的机制，以保护系统资源免受未授权访问。通过精细的权限控制和地址匹配，PMP 支持构建高度安全和隔离的系统环境。尽管存在一些挑战，但通过仔细地设计和配置，可以最大限度地利用 PMP 提供的保护能力。

在 RISC-V 体系结构中，机器模式具有最高特权，拥有访问系统全部资源的权限。为了安全，在默认情况下监管模式和用户模式对内存映射的任何区域没有可读、可写或可执行权限，除非配置 PMP 以允许它们访问。

如果处理器运行在机器模式，只有当 L 字段被设置时才会去做 PMP 检查。当有效的处理器模式为监管模式或者用户模式时，会对每次的访问做 PMP 检查。另外，根据 mstatus 中的 MPRV 字段的值，在如下两种情况下，也需要做 PMP 检查。

（1）MPRV 为 0 并且处于用户模式或者监管模式下的指令预取和数据访问。

（2）当 MPRV 为 1 并且 MPP 为监管/用户模式时，在任意处理器模式下，对数据访问都需要做 PMP 检查。

4.4 高速缓存

高速缓存是一种特殊的、高速的存储器，用来提高数据访问速度。它位于处理器和主内存之间，用于暂存 CPU 近期访问的数据和指令，以减少未来访问这些数据和指令时的时延。高速缓存因其接近 CPU 的速度和较小的存储容量而显著影响计算机的性能。

为了平衡成本、容量和速度，现代计算机系统通常采用多级缓存（L1、L2、L3 等）。

（1）L1 缓存：位于最靠近 CPU 的位置，拥有最快的访问速度但容量最小。通常分为数据缓存（L1d）和指令缓存（L1i），分别用于存储数据和指令。

（2）L2 缓存：通常比 L1 缓存大，速度稍慢，但仍然比主内存快得多。有时候是每个处理器核心独享，有时是多个核心共享。

（3）L3 缓存：通常是所有 CPU 核心共享的，容量比 L1 和 L2 都要大，但访问速度较慢。L3 缓存旨在减少对主内存的访问次数。

高速缓存是处理器内部一个非常重要的硬件单元,虽然对软件是透明的,但是合理利用高速缓存的特性能显著提高程序的效率。

4.4.1 高速缓存的作用

在现代处理器中,处理器的访问速度已经远远超过了主存储器的访问速度。一条加载指令需要上百个时钟周期才能从主存储器读取数据到处理器内部的寄存器中,这不仅会导致使用该数据的指令需要等待加载指令完成才能继续执行,处理器处于停滞状态,还会严重影响程序的运行速度。解决处理器访问速度和内存访问速度严重不匹配问题是高速缓存设计的初衷。在处理器内部设置一个缓冲区,该缓冲区的速度与处理器内部的访问速度匹配。当处理器第一次从内存中读取数据时,也会把该数据暂时缓存到这个缓冲区里。这样,当处理器第二次读时,直接从缓冲区中读取数据,从而大幅地提升读的效率。同理,后续读操作的效率也得到了提升。这个缓冲区的概念就是高速缓存。第二次读的时候,如果数据在高速缓存里,称为高速缓存命中;如果数据不在高速缓存里,称为高速缓存未命中。

高速缓存一般是集成在处理器内部的 SRAM,相比外部的内存条造价昂贵。因此,高速缓存的容量一般比较小,成本高,访问速度快。如果程序的高速缓存命中率比较高,那么不仅能提升程序的运行速度,还能降低系统功耗。当高速缓存命中时,就不需要访问外部内存模块,这有助于降低系统功耗。

通常,在系统的设计过程中,需要在高速缓存的性能和成本之间权衡,因此现代处理器系统都采用多级高速缓存的设计方案。越靠近 CPU 内核的高速缓存速度越快,成本越高,容量越小。经典的高速缓存系统方案如图 4-11 所示,经典的处理器体系结构包含多级高速缓存。CPU 簇 0 和 CPU 簇 1 均包含两个 CPU 内核,每个 CPU 内核都有自己的 L1 高速缓存。L1 高速缓存采用分离的两部分高速缓存。图 4-11 中的 L1D 表示 L1 数据高速缓存,L1I 表示 L1 指令高速缓存。这两个 CPU 内核共享一个 L2 高速缓存。L2 高速缓存采用混合的方式,不再区分指令高速缓存和数据高速缓存。在这个系统中,还外接了一个扩展的 L3 高速缓存,CPU 簇 0 和 CPU 簇 1 共享这个 L3 高速缓存。

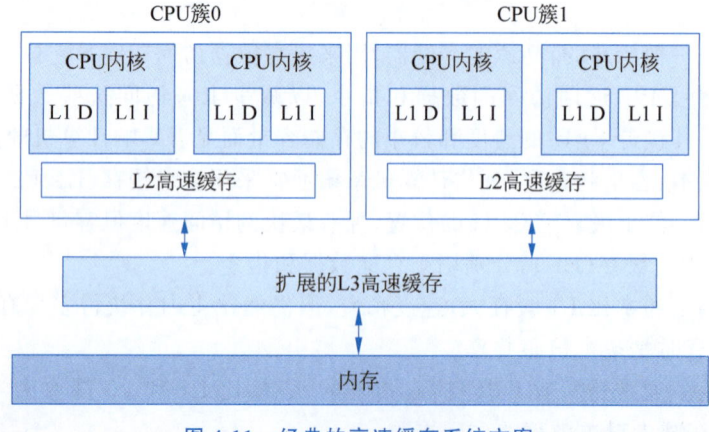

图 4-11　经典的高速缓存系统方案

高速缓存除带来性能的提升和功耗的降低之外,还会带来一些副作用。例如,高速缓存一致性、高速缓存伪共享、由自修改代码导致的指令高速缓存和数据高速缓存的一致性等问题。

4.4.2 高速缓存的访问时延

在现代广泛应用的计算机系统中,以内存为研究对象,体系结构可以分成两种:一种是均匀存储器访问(Uniform Memory Access,UMA)体系结构,另一种是非均匀存储器访问(Non-Uniform Memory Access,NUMA)体系结构。

(1) UMA体系结构:内存有统一的结构并且可以统一寻址。目前大部分嵌入式系统、手机操作系统,以及台式机操作系统采用UMA体系结构,如图4-12所示。该系统使用UMA体系结构,有4个CPU,它们都有L1高速缓存。其中,CPU0和CPU1组成一个簇(簇0),它们共享一个L2高速缓存。另外,CPU2和CPU3组成另外一个簇(簇1),它们共享另外一个L2高速缓存。4个CPU都共享同一个L3高速缓存。最重要的一点是,它们可以通过系统总线访问DDR物理内存。

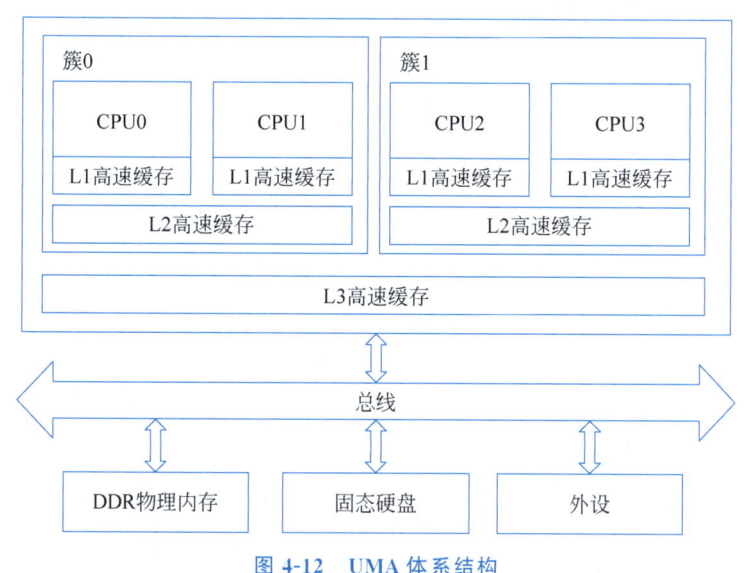

图 4-12 UMA 体系结构

(2) NUMA体系结构:系统中有多个内存节点和多个CPU节点,CPU访问本地内存节点的速度最快,访问远端内存节点的速度要慢一点,NUMA体系结构如图4-13所示。该系统使用NUMA体系结构,有两个内存节点。其中,CPU0和CPU1组成一个节点(节点0),它们可以通过系统总线访问本地DDR物理内存。同理,CPU2和CPU3组成另外一个节点(节点1),它们也可以通过系统总线访问本地的DDR物理内存。如果两个节点通过超路径互连(Ultra Path Interconnect,UPI)总线连接,那么CPU0可以通过这条内部总线访问远端内存节点的物理内存,但是访问速度要比访问本地物理内存慢很多。

在UMA和NUMA体系结构中,CPU访问各级内存的速度是不一样的。

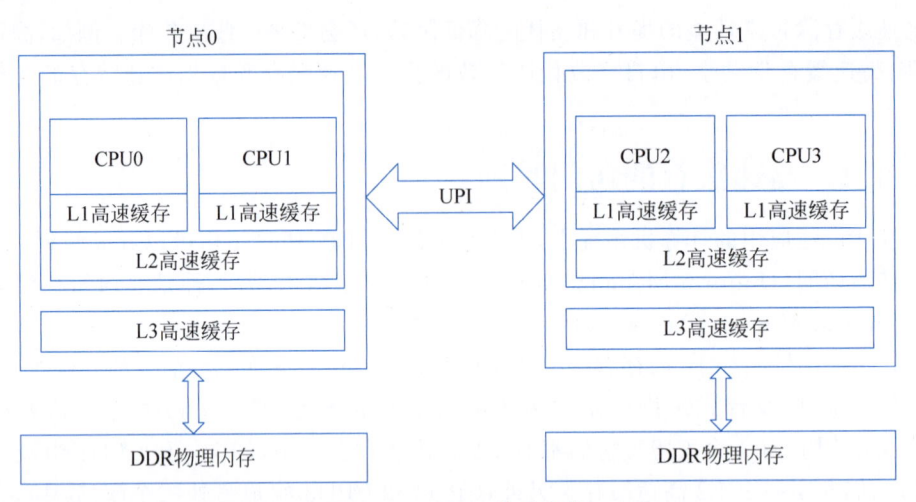

图 4-13　NUMA 体系结构

4.4.3　高速缓存的工作原理

处理器访问主存储器使用地址编码方式。高速缓存也使用类似的地址编码方式，因此处理器使用这些编码地址可以访问各级高速缓存。经典的高速缓存体系结构如图 4-14 所示。

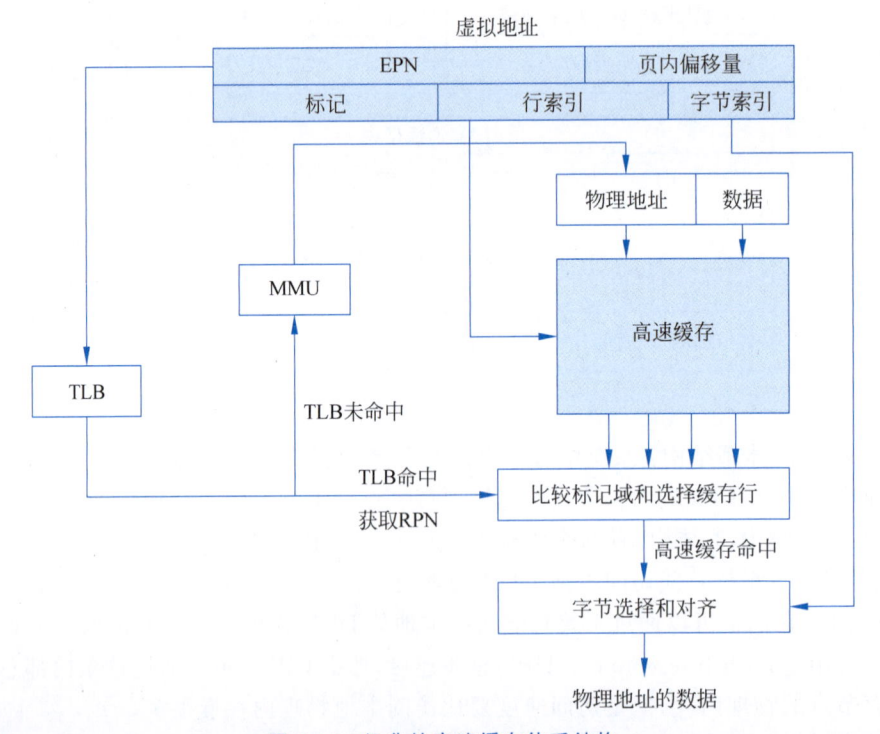

图 4-14　经典的高速缓存体系结构

处理器在访问存储器时会把虚拟地址同时传递给 TLB 和高速缓存。TLB 是一个用于存储虚拟地址到物理地址的转换结果的小缓存,处理器先使用有效页帧号(Effective Page frame Number,EPN)在 TLB 中查找最终的实际页帧号(Real Page frame Number,RPN)。如果其间发生 TLB 未命中,将会带来一系列严重的系统惩罚,处理器需要查询页表。假设发生 TLB 命中,就会很快获得合适的 RPN,并得到相应的物理地址。

同时,处理器通过高速缓存编码地址的索引域可以很快找到高速缓存行对应的组。但是这里高速缓存行中的数据不一定是处理器所需要的,因此有必要进行一些检查。将高速缓存行中存放的标记域和通过虚实地址转换得到的物理地址的标记域进行比较。如果相同并且状态位匹配,就会发生高速缓存命中,处理器通过字节选择与对齐,部件就可以获取所需要的数据。如果发生高速缓存未命中,处理器需要用物理地址进一步访问主存储器获得最终数据,数据也会填充到相应的高速缓存行中。上述为虚拟索引物理标记(Virtual Index Physical Tag,VIPT)类型的高速缓存组织方式。

高速缓存的基本结构如图 4-15 所示。

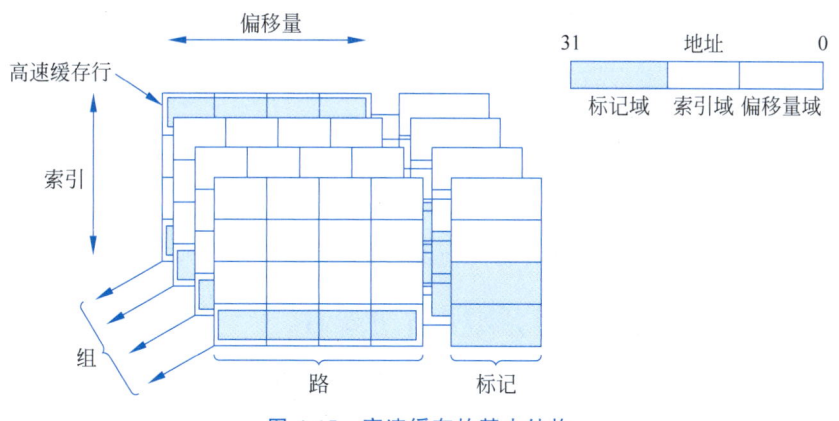

图 4-15 高速缓存的基本结构

(1) 地址:图 4-15 以 32 位地址为例,处理器访问高速缓存时的地址编码分成 3 部分,分别是偏移量域、索引域和标记域。

(2) 高速缓存行:高速缓存中最小的访问单元,包含一小段主存储器中的数据。常见的高速缓存行大小是 32B 或 64B。

(3) 索引:高速缓存地址编码的一部分,用于索引和查找地址在高速缓存的哪一组中。

(4) 路:在组相联的高速缓存中,高速缓存分成大小相同的几个块。

(5) 组:由相同索引的高速缓存行组成。

(6) 标记:高速缓存地址编码的一部分,通常是高速缓存地址的高位部分,用于判断高速缓存行缓存的数据地址是否和处理器寻找的地址一致。

(7) 偏移量:高速缓存行中的偏移量。处理器可以按字或者字节寻址高速缓存行的内容。

路和组容易混淆,一个 2 路组相联的高速缓存如图 4-16 所示,每路都有 256 个高速缓存行。在路 0 和路 1 中，相同索引号对应的高速缓存行组成一组，例如，路 0 中的高速缓存行 0 和路 1 中的高速缓存行 0 构成组 0，它一共有 256 组。

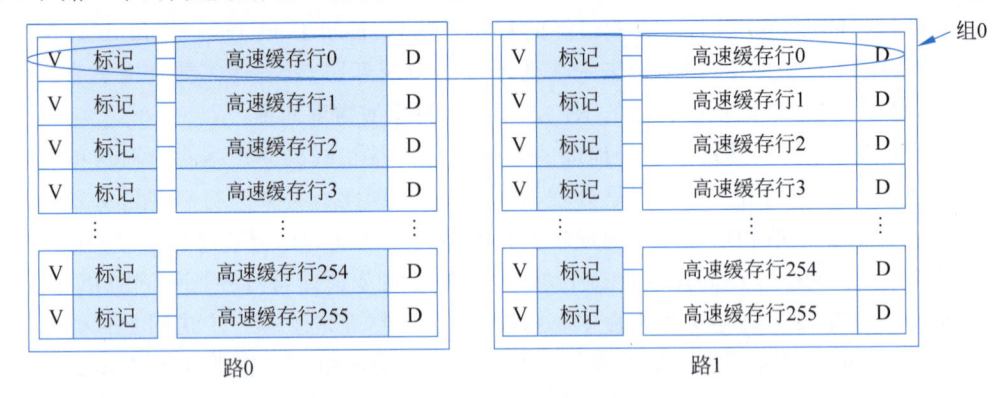

图 4-16　一个 2 路组相联的高速缓存

综上所述，处理器访问高速缓存的流程如下。

（1）处理器对访问高速缓存时的地址进行编码，根据索引域查找组。对于组相联的缓存，一组里有多个高速缓存行的候选者。在图 4-15 中，在一个 4 路组相联的高速缓存中，一组里有 4 个高速缓存行的候选者。

（2）在 4 个高速缓存行候选者中，通过标记域进行比对。如果标记域相同，说明命中高速缓存行。

（3）通过偏移量域寻址高速缓存行对应的数据。

4.4.4　虚拟高速缓存与物理高速缓存

处理器在访问存储器时，访问的地址是虚拟地址，经过 TLB 和 MMU 的映射后变成物理地址。TLB 只用于加速虚拟地址到物理地址的转换过程。得到物理地址之后，若每次都直接从物理内存中读取数据，显然会很慢。实际上，处理器都配置了多级的高速缓存加快数据的访问速度，那么查询高速缓存时使用虚拟地址还是物理地址呢？

1. 物理高速缓存

物理高速缓存是指直接映射到物理内存地址的高速缓存。在计算机架构中，高速缓存可以基于物理地址或虚拟地址进行设计，其中物理高速缓存是基于物理内存地址存储和检索数据的。

（1）物理高速缓存的工作原理。

物理高速缓存的工作原理如下。

① 地址映射：物理高速缓存使用物理内存地址标识和存储数据。当 CPU 需要访问内存时，它会使用物理地址查询高速缓存，看看所需的数据是否已经存在于高速缓存中。

② 缓存行：物理高速缓存通常被组织成多个"缓存行"，每行存储一定量的数据。每个缓存行都与一个特定的物理内存地址范围相关联。

③ 标签存储：为了确定一个特定的物理内存地址是否已经被缓存，每个缓存行都包含一个"标签"部分，该部分存储了缓存数据对应的物理地址的一部分。通过比较请求的物理地址与缓存行的标签，高速缓存可以快速判断所需数据是否已缓存。

（2）物理高速缓存的优点。

物理高速缓存的优点如下。

① 简化缓存一致性。在多处理器系统中，使用物理高速缓存可以简化缓存一致性的管理，因为每个物理地址在所有处理器的视角中都是唯一的。

② 减少地址转换开销。物理高速缓存直接使用物理地址，避免了虚拟地址到物理地址转换的开销。

（3）物理高速缓存的缺点。

物理高速缓存的缺点如下。

① 地址转换时延：在系统使用虚拟内存的情况下，CPU 产生的虚拟地址需要先转换为物理地址，然后才能在物理高速缓存中进行查找。这一转换过程可能引入额外的时延。

② 空间利用率：由于物理高速缓存基于物理地址，它可能无法有效地利用空间局部性原理，特别是当不同的虚拟地址映射到相同的物理地址时。

物理高速缓存是一种基于物理内存地址进行的数据存储和检索的高速缓存设计。它在多处理器系统中简化了缓存一致性的管理，但在使用虚拟内存的系统中可能引入了地址转换的额外时延。物理高速缓存的设计取决于特定的应用需求和系统架构，旨在平衡性能、成本和复杂度。

处理器在查询 MMU 和 TLB 并得到物理地址之后，使用物理地址查询高速缓存，这种高速缓存称为物理高速缓存。使用物理高速缓存的缺点是，处理器在查询 MMU 和 TLB 后才能访问高速缓存，增加了流水线的时延。物理高速缓存的工作流程如图 4-17 所示。

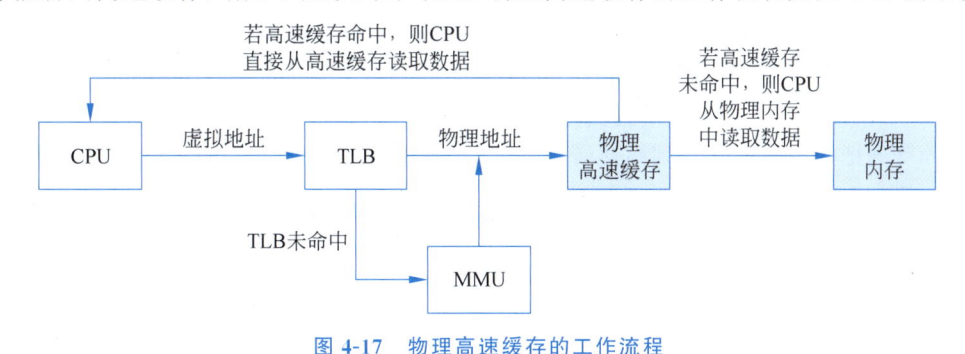

图 4-17 物理高速缓存的工作流程

2．虚拟高速缓存

虚拟高速缓存是一种基于虚拟地址空间进行数据存储和检索的高速缓存设计。在这种设计中，高速缓存的索引和标签检查是基于 CPU 生成的虚拟地址，而不是转换后的物理地址。这意味着 CPU 在访问高速缓存时无须等待虚拟地址转换为物理地址，从而可以减少访问时延。

(1) 虚拟高速缓存的工作原理。

虚拟高速缓存的工作原理如下。

① 地址映射：虚拟高速缓存使用虚拟内存地址标识和存储数据。当 CPU 需要访问内存时，它使用虚拟地址直接查询高速缓存。

② 缓存行：就像物理高速缓存一样，虚拟高速缓存也被组织成多个缓存行，每行存储一定量的数据。不过，缓存行在这里与虚拟内存地址范围相关联。

③ 标签存储：每个缓存行包含一个标签部分，这部分存储了缓存数据对应的虚拟地址的一部分。通过比较请求的虚拟地址与缓存行的标签，高速缓存可以判断所需数据是否已缓存。

(2) 虚拟高速缓存的优点。

虚拟高速缓存的优点如下。

① 减少地址转换时延：由于基于虚拟地址，虚拟高速缓存可以避免虚拟地址到物理地址转换的时延，从而加快数据访问速度。

② 提高空间局部性利用：虚拟高速缓存能够更好地利用空间局部性，因为它直接映射虚拟地址空间，而虚拟地址空间的布局可以通过软件进行优化。

(3) 虚拟高速缓存的缺点。

虚拟高速缓存的缺点如下。

① 同义性问题：当不同的虚拟地址映射到同一物理地址时，可能会导致数据不一致的问题。解决这一问题需要额外的机制，如使用标记位或者在缓存中同时存储物理地址信息。

② 缓存一致性复杂度：在多核或多处理器系统中，维护虚拟高速缓存的一致性比物理高速缓存更复杂，因为不同处理器的虚拟地址空间可能不同。

虚拟高速缓存通过直接使用虚拟地址缓存数据，可以减少地址转换的时延并提高数据访问速度。然而，它也引入了数据同义性和缓存一致性的挑战。虚拟高速缓存的设计需要仔细考虑这些挑战，并可能需要额外的硬件和软件支持，以确保数据的一致性和系统的正确性。

若处理器使用虚拟地址寻址高速缓存，这种高速缓存就称为虚拟高速缓存。处理器在寻址时，首先把虚拟地址发送到高速缓存，若在高速缓存中找到需要的数据，就不再需要访问 TLB 和 MMU。虚拟高速缓存的工作流程如图 4-18 所示。

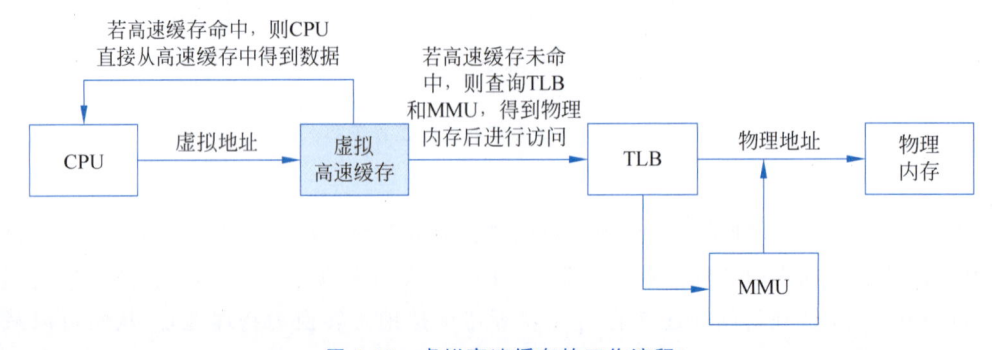

图 4-18 虚拟高速缓存的工作流程

第 5 章 TLB 管理与原子操作

转换后备缓冲器(Translation Lookaside Buffer,TLB)管理和原子操作是现代计算机系统中两个至关重要的概念,它们在提高系统性能和保证并发程序的正确性与稳定性方面发挥着核心作用。

本章深入探讨了计算机系统中的两个高级概念:TLB 管理和原子操作。这些概念对于理解和优化现代计算机系统的性能至关重要。

本章讲述的主要内容如下。

(1) TLB 管理策略。

TLB 管理策略关注于如何有效地维护和更新 TLB,这是一个专门存储最近虚拟地址到物理地址映射的小型缓存。有效的管理策略可以显著提高地址转换的效率,减少缓存未命中带来的性能损失。

(2) TLB 的工作原理。

TLB 工作原理基于局部性原理,缓存最近使用的地址映射,以加快虚拟地址到物理地址的转换过程。当处理器访问内存时,首先在 TLB 中查找地址映射,如果找到(命中),则直接使用该映射访问物理内存,极大提高访问速度。

(3) 原子操作介绍。

原子操作是指在多线程环境中,能够保证被执行的操作在开始到结束的过程中不会被其他线程干扰的操作。这对于保证并发程序的正确性和稳定性非常关键。

(4) 保留加载与条件存储指令。

这一机制允许一个线程"保留"一块内存区域,只有当该区域未被其他线程修改时,才能通过条件存储指令成功写入数据。这是实现原子操作的一种方式。

(5) 独占内存访问工作原理。

独占内存访问工作原理确保当一个线程执行原子操作时,其他线程不能同时访问相同的内存区域。这通过使用锁或其他同步机制实现,保证了操作的原子性。

(6) 原子内存访问操作指令。

现代处理器提供了一系列专门的指令直接支持原子操作,如原子加法、比较并交换等。

这些指令确保了在并发环境下对共享资源的安全访问。

通过深入了解 TLB 管理和原子操作的原理和应用，开发者和系统设计师可以更好地优化系统性能，确保并发程序的正确性和效率。TLB 管理通过提高地址转换的效率来优化内存访问速度，而原子操作是并发编程中保证数据一致性和系统稳定性的关键技术。

5.1 TLB 管理

TLB 是一种用于加速虚拟地址到物理地址转换过程的专用高速缓存。它是现代计算机体系结构中实现虚拟内存系统的关键组件之一。TLB 存储了最近使用的一部分虚拟地址到物理地址的映射关系，从而避免了每次内存访问都要查询页表的开销。

5.1.1 TLB 管理策略

TLB 管理策略如下。

（1）替换策略：由于 TLB 的容量有限，当 TLB 容量满时需要替换其中的一项以存储新的映射关系。常用的替换策略包括最近最少使用策略、随机策略等。

（2）写策略：涉及 TLB 中映射关系更新时的策略。当虚拟地址到物理地址的映射关系发生变化时（如页面被换出），需要相应地更新 TLB。常见的做法是直接从 TLB 中移除过时的映射关系。

（3）一致性维护：在多核心或多处理器系统中，确保 TLB 的一致性至关重要。当一个核心修改了页表项，其他核心的 TLB 可能会变得过时。因此，需要采取措施（如 TLB 无效化、广播更新等）维护 TLB 之间的一致性。

（4）地址空间标识符（Address Space Identifier，ASID）：为了避免在进程切换时必须清空 TLB 的开销，一些系统使用 ASID 区分不同进程的地址空间。这样，即使不同进程中的虚拟地址相同，系统也能通过 ASID 区分它们对应的物理地址。

TLB 是虚拟内存系统中的关键组件，用于加速虚拟地址到物理地址的转换过程。通过有效的管理策略，如合理的替换策略、一致性维护措施和 ASID 的使用，可以显著提高系统的性能。随着多核心处理器的普及，对 TLB 一致性的维护成为一个重要的研究和实现领域。

5.1.2 TLB 的工作原理

当 CPU 生成一个虚拟地址并尝试访问内存时，它首先查找 TLB 获取对应的物理地址。如果找到（TLB 命中），则直接使用该物理地址访问内存；如果未找到（TLB 未命中），则需要查询内存中的页表获取物理地址，并将此映射关系更新到 TLB 中。

第5章　TLB管理与原子操作

在现代处理器中，软件使用虚拟地址访问内存，而处理器的 MMU 负责把虚拟地址转换成物理地址。为了完成这个转换过程，软件和硬件要共同维护一个多级映射的页表。这个多级页表存储在主内存中，在最坏的情况下，处理器每次访问一个相同的虚拟地址都需要通过 MMU 访问内存里的页表，代价是访问内存导致处理器长时间的时延，并严重影响性能。

为了解决这个性能瓶颈，可以参考高速缓存的思路，把 MMU 的地址转换结果缓存到一个缓冲区中，这个缓冲区叫作 TLB，也称为快表。一次地址转换之后，处理器很可能很快就会再一次访问，所以对地址转换结果进行缓存是有意义的。当第二次访问相同的虚拟地址时，MMU 先从这个缓存中查询是否有地址转换结果。如果有，那么 MMU 不必执行地址转换，免去了访问内存中页表的操作，直接得到虚拟地址对应的物理地址，这叫作 TLB 命中。如果没有查询到，那么 MMU 执行地址转换，最后把地址转换的结果缓存到 TLB 中，这个过程叫作 TLB 未命中。TLB 的工作原理如图 5-1 所示。

图 5-1　TLB 的工作原理

TLB 是一个很小的高速缓存，专门用于缓存已经翻译好的页表项，一般在 MMU 内部。TLB 项的数量比较少，每项主要包含 VPN、PFN 和一些属性等。

当处理器要访问一个虚拟地址时，首先会在 TLB 中查询。如果 TLB 中没有相应的表项（称为 TLB 未命中），那么需要访问页表计算出相应的物理地址。当 TLB 未命中（也就是处理器没有在 TLB 找到对应的表项）时，处理器就需要访问页表，遵循多级页表规范查询页表。因为页表通常存储在内存中，所以完整访问一次页表，需要访问多次内存。RISC-V 体系结构中的 Sv48 页表映射机制可用于实现 4 级页表，因此完整访问一次页表需要访问内存 4 次。当处理器完整访问页表后，会把这次虚拟地址到物理地址的转换结果重填到相应的 TLB 项中，后续处理器再访问该虚拟地址时就不需要访问页表，从而提高性能，这个过程称为 TLB 重填。RISC-V 体系结构规范没有约定 TLB 重填机制该如何实现。一般来说，有两种实现方式：硬件重填和软件重填。软件重填机制在高性能处理器中可能是一个性能瓶颈。如果处理器采用软件重填机制，软件需要陷入机器模式填充 TLB 项。

如果 TLB 中有相应的项，那么直接从 TLB 项中获取物理地址，如图 5-2 所示。

RISC-V 体系结构手册中没有约定 TLB 项的结构，图 5-3 展示了一个 TLB 项，除 VPN 和 PFN 之外，还包括 V、G 等属性。

TLB 项的相关属性如表 5-1 所示。

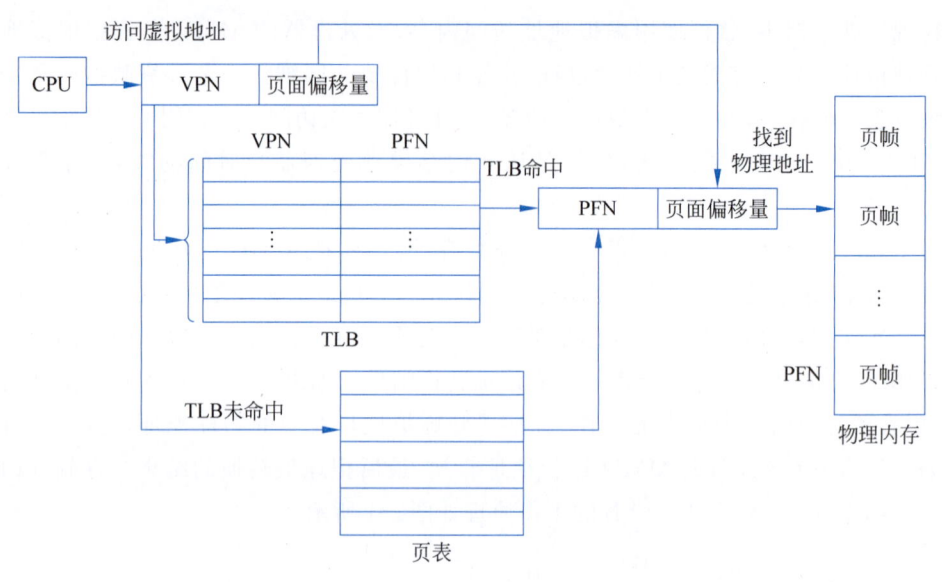

图 5-2 从 TLB 项中获取物理地址

图 5-3 一个 TLB 项

表 5-1 TLB 项的相关属性

属　　性	描　　述
VPN	虚拟页帧号
PFN	物理页帧号
V	有效位
G	表示是否是全局 TLB 或者进程特有的 TLB
D	脏(Dirty)位,用来指示相应的内存页是否被修改过
AP	访问权限
ASID	进程地址空间 ID

TLB 类似于高速缓存,支持直接映射方式、全相联映射方式及组相联映射方式。为了提高效率,现代处理器中的 TLB 大多采用组相联映射方式。一个 3 路组相联的 TLB 如图 5-4 所示。

当处理器采用组相联映射方式的 TLB 时,虚拟地址会分成 3 部分:标记域、索引域和页内偏移量。处理器首先使用索引域查询 TLB 对应的组,采用组相联 TLB 的查询过程如图 5-5 所示。在一个 3 路组相连的 TLB 中,每组包含 3 个 TLB 项。在找到对应组之后,再用标记域比较和匹配。若匹配成功,说明 TLB 命中,再加上页内偏移量即可得到最终物理地址。

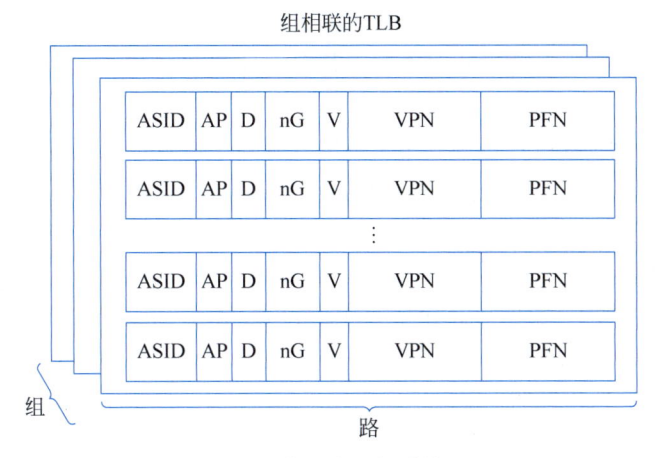

图 5-4　一个 3 路组相联的 TLB

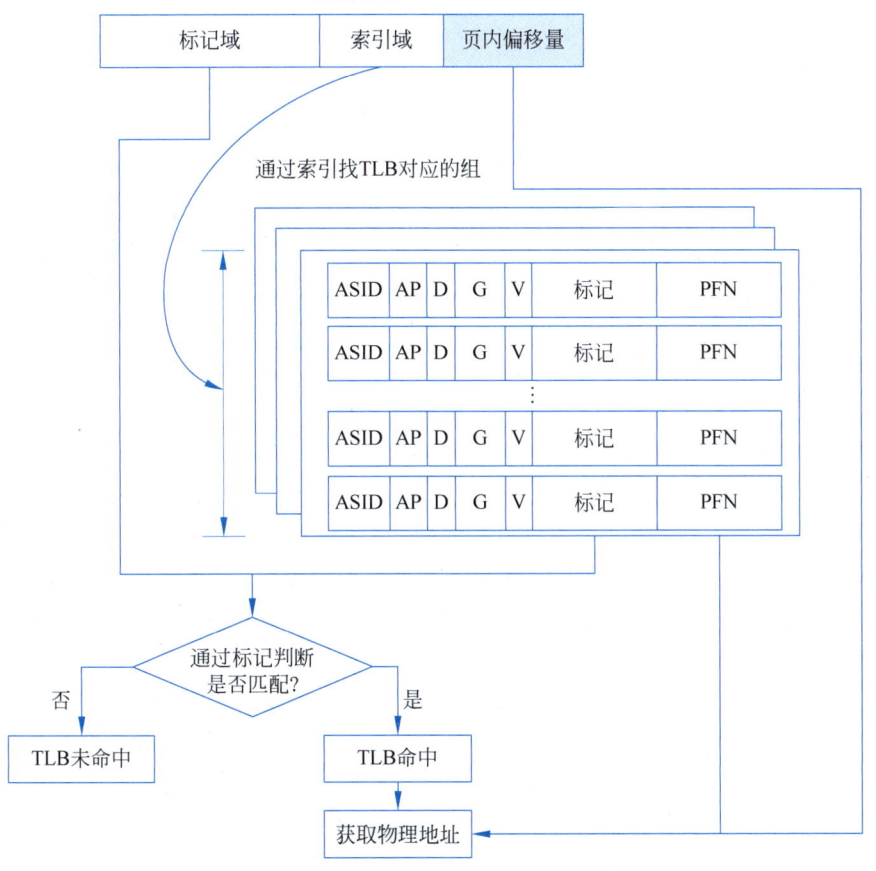

图 5-5　采用组相联 TLB 的查询过程

有些处理器的 L1 高速缓存采用物理索引物理标记（Physically Indexed Physically Tagged，PIPT）映射方式，因此当处理器读取某个地址的数据时，TLB 与数据高速缓存将协同工作。

PIPT 是一种高速缓存映射策略，用于确定处理器中的数据或指令如何被存储和检索。

在计算机体系结构中，高速缓存是一种快速但容量较小的存储器，位于处理器和主内存之间，用于缩短访问主内存所需的时间。为了有效地管理高速缓存中的数据，需要一种机制来确定数据在高速缓存中的位置，这就是所谓的高速缓存映射策略。

在 PIPT 映射策略中，数据在高速缓存中的位置（索引）和用于确定数据是否已存储在高速缓存中的标记都是基于物理地址来计算的。这意味着，高速缓存的组织和访问直接与内存中数据的物理地址相关联。

PIPT 策略的优点包括避免别名问题和简化高速缓存的一致性维护。

（1）避免别名问题：因为索引和标记都基于物理地址，所以不同的虚拟地址映射到相同的物理地址时不会在高速缓存中产生多个副本（别名）。

（2）简化高速缓存的一致性维护：在多处理器系统中，维护不同处理器高速缓存间的数据一致性更为简单。

然而，PIPT 策略也有其局限性，包括可能需要更多的时间和硬件用来将虚拟地址转换到物理地址，因为每次高速缓存访问都需要进行这种转换。

与 PIPT 相对的是虚拟索引物理标记（Virtually Indexed Physically Tagged，VIPT）和虚拟索引虚拟标记（Virtually Indexed Virtually Tagged，VIVT）策略，这些策略基于虚拟地址，索引和/或标记高速缓存中的数据。各种策略的选择取决于特定处理器设计的需求和权衡。

处理器发出的虚拟地址将首先发送到 TLB，TLB 利用虚拟地址中的索引域和标记域查询 TLB。假设 TLB 命中，那么得到虚拟地址对应的页框号。

在虚拟内存系统中，虚拟地址空间被分割成多个固定大小的区块，称为"页"，而物理内存空间同样被分割成大小相同的区块，称为"页框"。每个页框在物理内存中都有一个唯一的编号，即页框号。

当操作系统或处理器需要将虚拟地址转换为物理地址时，它会使用页表来查找对应的页框号。页表是一种数据结构，用于存储虚拟页到物理页框的映射关系。通过这个映射，系统可以确定虚拟地址所对应的物理内存位置。

虚拟地址通常包含两个主要部分：一个是用于查找页表的"页号"，另一个是位于该页内的偏移量。页号用于查找页表中的条目以获取对应的页框号，然后将页框号与原始虚拟地址中的偏移量组合，形成完整的物理地址。

简而言之，页框号是虚拟内存管理中用于标识物理内存中页框位置的编号，是虚拟地址到物理地址转换过程中的关键组成部分。

页框号和虚拟地址中的页内偏移量组成了物理地址。这个物理地址将送到采用 PIPT 映射方式的数据高速缓存。高速缓存也会把物理地址拆分成索引域和标记域，然后查询高速缓存,如果高速缓存命中,那么处理器便从高速缓存行中提取数据。TLB 与高速缓存的过程如图 5-6 所示。

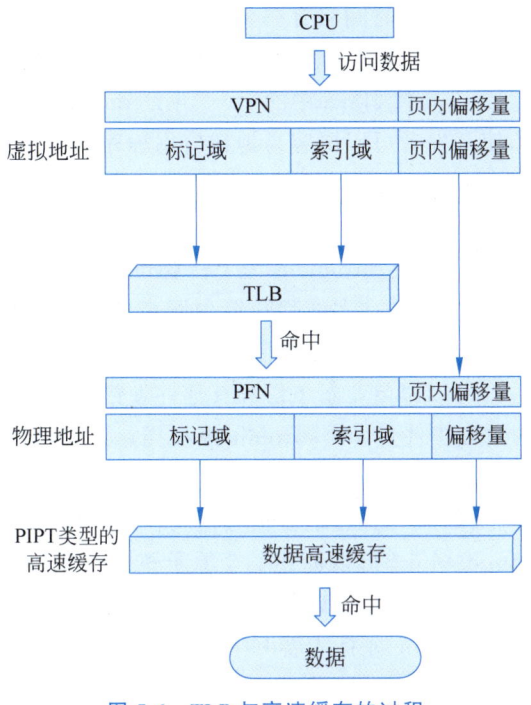

图 5-6 TLB 与高速缓存的过程

5.2 原子操作

原子操作是指在多线程环境中,一个操作在执行过程中不会被其他线程中断的操作。原子的字面意思是"不可分割的",在这里指的是这种操作要么完全执行,要么完全不执行,不会出现执行了一半的情况。这种特性使原子操作成为并发编程中同步和协调多线程访问共享资源的重要机制。

(1)原子操作特点。

① 不可中断:一旦开始,就会运行到完成,中间不会被其他线程打断。

② 一致性:操作要么完全执行,要么完全不执行,不会留下中间状态。

③ 独立性:执行结果不依赖于线程的调度方式或者执行的顺序。

(2)实现方式。

原子操作可以通过多种方式实现,包括硬件支持、软件方法及编程语言或库提供的特性。

① 硬件支持:许多现代处理器提供了对原子操作的硬件支持,例如 x86 架构的比较并交换(CMPXCHG)指令、ARM 架构的独占加载寄存器(LDREX)和独占存储寄存器

（STREX）指令等。这些指令可以直接用于实现原子操作，性能较好。

② 软件方法：在不支持硬件原子操作的环境中，可以通过软件方法实现原子性，例如使用互斥锁保护临界区，确保同一时间只有一个线程可以执行该区域的代码。

③ 编程语言或库支持：许多现代编程语言和库提供了原子操作的抽象和实现，如 C++ 11 及以上版本中的 std::atomic 库、Java 中的 java.util.concurrent.atomic 包等。这些抽象隐藏了底层的实现细节，使开发者可以更容易地在应用程序中使用原子操作。

下面对 C++ 11 中的 std::atomic 库、Java 中的 java.util.concurrent.atomic 包进行简单说明。

在 C++ 11 及以上版本中，std::atomic 库是 C++ 标准库的一部分，提供了支持原子操作的模板类和函数。这些原子操作是在多线程环境中同步访问共享数据时不可分割的操作，它们保证了在执行过程中不会被线程调度机制打断。这对于编写无锁数据结构和线程安全的程序至关重要，因为它们可以避免竞态条件和其他并发错误。

std::atomic 库中的主要组件是 std::atomic 模板类。这个模板类可以将基本数据类型（如 int、float 等）包装成原子类型。对于这些原子类型的操作（如增加、减少、加载、存储等）将保证是原子的，即在单个操作中完成，不会被其他线程的操作打断。

例如，使用 std::atomic<int> 可以创建一个原子整型变量，对这个变量的读写操作将是原子的，适合在多线程环境中使用，以确保数据一致性和线程安全。

C++ 11 标准引入 std::atomic 库标志着 C++ 对并发编程的支持迈出了重要一步。随后的 C++ 标准（如 C++ 14、C++ 17、C++ 20 等）继续增强和扩展了对并发和多线程编程的支持。

简而言之，std::atomic 库提供了一种安全、高效的方式来操作共享数据，对于开发高性能多线程应用程序至关重要。

在 Java 中，java.util.concurrent.atomic 包是 Java 并发包的一部分，提供了一组支持单个变量上的无锁、线程安全的编程的类。这些类利用底层硬件的原子指令（如 CMPXCHG 指令）来实现原子操作，无须使用同步方法或同步块（不需要使用 synchronized 关键字）。这样可以在多线程环境中安全地操作共享变量，同时提高性能。

java.util.concurrent.atomic 包中的类主要包括 4 种。

① 基本类型的原子类：如 AtomicInteger、AtomicLong、AtomicBoolean 等，它们分别提供了对应基本类型(int、long、boolean)的原子操作。

② 数组类型的原子类：如 AtomicIntegerArray、AtomicLongArray 等，它们提供了对整型和长整型数组元素的原子操作。

③ 引用类型的原子类：如 AtomicReference、AtomicStampedReference 等，它们允许对对象引用进行原子操作。

④ 更新器类：如 AtomicIntegerFieldUpdater、AtomicLongFieldUpdater 等，它们允许在不改变原有类的情况下，对其某个字段进行原子操作。

这些原子类广泛应用于构建高性能的并发应用程序，特别是在实现无锁数据结构和算法时非常有用。通过使用 java.util.concurrent.atomic 包中的类，开发者可以减少对显式锁的依赖,从而降低死锁的风险,提高系统的吞吐量和响应性。

(3) 应用场景。

原子操作在并发编程中有广泛的应用,常见的场景包括计数器操作、状态标志的设置和检查、单例模式的实现和锁的实现。

① 计数器操作:在多线程环境中安全地增加或减少计数器。

② 状态标志的设置和检查:安全地修改和检查表示状态的标志,例如停止线程的标志。

③ 单例模式的实现:在多线程环境中安全地实现单例模式,确保只创建一个实例。

④ 锁的实现:在实现更高级别的同步原语,如互斥锁、读写锁时,原子操作是基础。

原子操作是并发编程中的基础概念,它通过确保操作的不可分割性实现线程安全。通过硬件支持、软件方法和编程语言或库提供的特性,开发者可以在多线程应用中有效地使用原子操作同步和协调线程间的活动。

5.2.1 原子操作介绍

原子操作是指保证指令以原子的方式执行,执行过程不会被打断。

【例 5-1】 在如下代码片段中,假设 thread_A_unc() 和 thread_B_func() 都尝试进行 i++操作,thread-A-func() 和 thread-B-func() 执行完后,i 的值是多少?

```
Static    int   i = 0;
void thread_A_func()
    {
     i++;
    }
void thread_B_func()
    {
     i++;
    }
```

有的读者可能认为 i 等于 2,但也有的读者可能认为不等于 2,代码的执行过程如下。

```
    CPU0                        CPU1
****************************************************
threadA_func()
  load   i = 0
                            thread_B_func()
                              load   i = 0
  i++
                              i++
  store  i (i = 1)
                              store  i  (i = 1)
```

从上面的代码执行过程来看,最终 i 也可能等于 1。因为变量 i 位于临界区,CPU0 和 CPU1 可能同时访问,即发生并发访问。从 CPU 角度来看,变量 i 是一个静态全局变量,将存储在数据库的值并存储到通用寄存器中,然后在通用寄存器里做加法运算,最后把寄存器

的数值写回变量 i 所在的内存空间中。在多处理器体系结构中,上述动作可能同时进行。在单处理器体系结构上依然可能存在并发访问,例如,thread_B_func()在某个中断处理程序中执行。

原子操作需要保证不会被打断。上述的"i++"语句就可能被打断。要保证操作的完整性和原子性,通常需要"原子地"(不间断地)完成"读-修改-回写"机制,中间不能被打断。在下述操作中,如果其他 CPU 同时对该原子变量进行写操作,则会造成数据破坏。

(1) 读取原子变量的值:从内存中读取原子变量的值到寄存器。

(2) 修改原子变量的值:在寄存器中修改原子变量的值。

(3) 把新值写回内存中:把寄存器中的新值写回内存中。

处理器必须提供原子操作的汇编指令以完成上述操作,如 RISC-V 提供保留加载(Load-Reserved,LR)与条件存储(Store-Conditional,SC)指令,以及原子内存访问指令。

5.2.2 保留加载与条件存储指令

原子操作需要处理器提供硬件支持,不同的处理器体系结构在原子操作上会有不同的实现。RISC-V 指令集中的 A 扩展指令集提供两种方式实现原子操作:一种是经典的 LR 与 SC 指令,类似于 ARMv8 体系结构中的独占加载(Load-Exclusive,LE)与独占存储(Store-Exclusive,SE)指令,这种实现方式在有些教材中称为连接加载/条件存储(Load-Link/Store-Conditional,LL/SC)指令;另一种是原子内存访问指令。

LL/SC 最早用作并发与同步访问内存的 CPU 指令,它分成两部分。第一部分(LL)表示从指定内存地址读取一个值,处理器会监控这个内存地址,看其他处理器是否修改该内存地址。第二部分(SC)表示如果这段时间内其他处理器没有修改该内存地址,则把新值写入该地址。因此,一个原子的 LL/SC 操作就是通过 LL 读取值,并进行一些计算,然后通过 SC 写回。如果 SC 失败,那么重新开始整个操作。LL/SC 指令常常用于实现无锁算法与"读-修改-回写"原子操作。很多 RISC 体系结构实现了这种 LL/SC 机制,如 RISC-V 的 A 扩展指令集里实现了 LR 和 SC 指令。

LR 指令的格式如下。

```
lr.w    rd,(rs1)
lr.d    rd,(rs1)
```

其中,w 表示加载 4 字节数据;d 表示加载 8 字节数据;rs1 表示源地址寄存器;(rs1)表示以 rs1 寄存器的值为基地址进行寻址,简称 rs1 地址;rd 表示目标寄存器。

LR 指令从 rs1 地址处加载 4 字节或者 8 字节的数据到 rd 寄存器中,并且它会注册一个保留集,这个保留集包含 rs1 地址。

SC 指令有条件地把数据写入内存中。SC 指令的格式如下。

```
sc.w    rd, rs2,(rs1)
sc.d    rd,rs2,(rs1)
```

sc 指令会有条件地把 rs2 寄存器的值存储到 rs1 地址中,将执行的结果反映到 rd 寄存器中。若 rd 寄存器的值为 0,说明 SC 指令都执行完,数据已经写入 rs1 地址中。如果结果不为 0,说明 SC 指令执行失败,需要跳转到 LR 指令处,重新执行原子加载及原子存储操作。不管 SC 指令执行成功或者失败,保留集中的数据都会失效。

LR/SC 指令的编码如图 5-7 所示。

31	27	26	25	24	20	19	15	14	12	11	7	6	0
funct5		aq	rl	rs2		rs1		funct3		rd		opcode	
5		1	1	5		5		3		5		7	
LR.W/D		ordering	0	addr		width		dest		AMO			
SC.W/D		ordering	src	addr		width		dest		AMO			

图 5-7　LR/SC 指令的编码

LR/SC 指令还可以和"加载-获取"及"存储-释放"内存屏障原语结合使用,构成一个类似区的内存屏障,在一些场景(比如自旋锁的实现)中非常有用。其中,aq 表示"加载-获取"屏障原语,rl 表示"存储-释放"内存屏障原语。

【例 5-2】 以下代码使用了一个原子加法函数。atomic_add(i, v) 函数十分简洁,其功能是将值 v 加到 i 上。

```
1   # include < stdio.h>
2
3   static inline void atomic_add(int i, unsigned long * p)
4   {
5       unsigned long tmp;
6       int result;
7
8       asm volatile("# atomic_ add\n"
9       "1: lr.d    %[tmp], (%[p]) \n"
10      "   add     %[tmp], %[i], %[tmp]\n"
11      "   sc.d    %[result], %[tmp], (%[p]) \n"
12      "   bnez    %[result], 1b\n"
13      : [result]" = &r" (result), [tmp]" = &r" (tmp), [p]" + r"   (p)
14      : [i]"r" (i)
15      : "memory");
16  }
17
18  int main (void)
19  {
20      unsigned long p = 0;
21
22      atomic_ add(5, &p) ;
23
24      printf("atomic add: % ld\n", p);
25  }
```

在第 8~15 行中,通过内嵌汇编代码实现 atomic_add。

在第 9 行中,通过 lr.d 指令独占地加载指针 p 的值到 tmp 变量中,该指令会标记该保留状态。

在第 10 行中，通过 add 指令让 tmp 的值加上变量 i 的值。

在第 11 行中，通过 sc.d 指令把最新的 tmp 的值写入指针 p 指向的内存地址中。

在第 12 行中，判断 result 的值。如果 result 的值为 0，说明 sc.d 指令存储成功；否则存储失败。如果存储失败，就只能跳转到第 9 行重新执行 lr.d 指令。

在第 13 行中，输出部分有 3 个参数，其中 result 和 tmp 具有可写属性，p 具有可读属性。

在第 14 行中，输入部分有 1 个参数，i 只有可读属性。

5.2.3 LR 和 SC 指令执行失败的情形

LR 与 SC 指令需配对使用，SC 指令成功执行需满足两个条件：一是当前保留集必须有效，二是保留集中的数据必须被成功更新或写入。无论 SC 指令执行结果如何，当前 CPU 中的保留集均会失效。

SC 指令在以下情况下会执行失败。

（1）SC 写入的地址不在与之配对的 LR 指令所构成的保留集范围内。

（2）在 LR 和 SC 指令的范围内，如果执行了另一条 SC 指令，无论其写入任何地址，都会导致当前的 SC 指令执行失败。

（3）在 LR 和 SC 指令的范围内，如果执行了另一条存储（store）指令，这相当于在 LR/SC 配对的序列中插入了额外的存储操作。具体情况需进一步分析：如果该存储指令是对 LR 加载的地址进行存储操作，那么 SC 指令将执行失败；如果该存储指令并非对 LR 加载的地址进行存储操作，则 SC 指令不会执行失败。

（4）如果有另一个 CPU 对当前 LR 和 SC 指令的保留集地址进行写入操作。

（5）如果有另一个外设（非 CPU）对 LR 加载的数据进行写入操作。

RISC-V 架构对 LR/SC 序列施加了一些约束，不符合这些约束的 LR/SC 序列在所有 RISC-V 处理器中的成功执行无法得到保证，具体约束如下。

（1）LR/SC 序列的循环遍历中最多只能包含 16 条指令。

（2）LR/SC 序列可以包含 RV64I 指令或压缩指令，但不能包含加载、存储、向后跳转、向后分支、JALR、FENCE，以及 SYSTEM 指令。

（3）LR/SC 序列可以包含向后跳转并重试指令。

（4）SC 指令的地址必须与同一 CPU 执行的最新 LR 指令的有效地址和数据大小完全一致。

如果在 LR 和 SC 序列中发生了进程切换，那么 LR 和 SC 指令还能执行成功吗？答案是不能。

目前，许多 RISC-V 芯片采用独占监视器（Exclusive Monitor）的方式，在异常返回时，CPU 可以清除本地监视器。从另一个角度来看，进程切换必然伴随着时钟中断的发生。中断作为异常的一种，可以确保在进程切换时，LR 所申请的保留集（Reservation Set）作废。此外，还可以采用软件方式来清除本地监视器。例如，在最新的 Linux 内核中，当异常返回时,会对异常返回地址执行一条 SC 指令(即读取异常返回地址的值,然后用 SC 指令将刚刚读取的内容写回异常返回地址),从而清除 LR 和 SC 指令所组成的保留集并使其失效。

5.2.4　独占内存访问工作原理

前文已经介绍了 LR 和 SC 指令。RISC-V 指令手册中并没有约定 LR/SC 指令如何实现,芯片设计人员可以根据实际需求自行实现。下面介绍一种基于独占监视器监控内存访问的方法。

1. 独占监视器

独占监视器会把对应内存地址标记为独占访问模式,保证以独占的方式访问这个内存地址,而不受其他因素的影响。SC 是有条件的存储指令,它会把新数据写入 LR 指令标记独占访问的内存地址里。

【例 5-3】 下面是一段使用 LR 和 SC 指令的简单代码。

```
1  my_atomic_set:
2  1:
3    lr.d    a2,(a1)
4    or      a2, a2, a5
5    sc.d    a3, a2, (a1)
6    bnez    a3, 1b
```

在第 3 行中,以 a1 寄存器的值为地址,并以独占的方式加载该地址的内容到 a2 寄存器中。

在第 4 行中,通过 or 指令设置 a2 寄存器的值。

在第 5 行中,以独占方式把 a2 寄存器的值写入以 a1 寄存器的值为基地址的内存中。若 a3 寄存器的值为 0,表示写入成功;若 a3 寄存器的值为 1,表示不成功。

在第 6 行中,判断 a3 寄存器的值,如果 a3 寄存器的值不为 0,说明 lr.d 和 sc.d 指令执行失败,需要跳转到第 2 行的标签 1 处,重新使用 lr.d 指令进行独占加载。

注意:LR 和 SC 指令是需要配对使用的,而且它们之间是原子的,即使用仿真器硬件也没有办法单步调试和执行 LR 和 SC 指令,即无法使用仿真器单步调试第 3~5 行的代码,它们是原子的,是一个不可分割的整体。

LR 指令在本质上也是加载指令,只不过在处理器内部使用一个独占监视器监视它的状态。独占监视器一共有两个状态:开放访问状态和独占访问状态。

(1) 当 CPU 通过 LR 指令从内存加载数据时,CPU 会把这个内存地址标记为独占访问,然后 CPU 内部的独占监视器的状态变成独占访问状态。当 CPU 执行 SC 指令的时候,需要根据独占监视器的状态做决定。

(2) 如果独占监视器的状态为独占访问状态,并且 SC 指令要存储的地址正好是刚才使用 LR 指令标记过的,那么 SC 指令存储成功,SC 指令返回 0,独占监视器的状态变成开放访问状态。

（3）如果独占监视器的状态为开放访问状态，那么 SC 指令存储失败，SC 指令返回 1，独占监视器的状态不变，依然保持开放访问状态。

对于独占监视器，处理器可以根据缓存一致性的层级关系分成多个监视器。

（4）本地独占监视器：这类监视器处于处理器的 L1 内存子系统中。L1 内存子系统支持独占加载、独占存储、独占清除等这些同步原语。

（5）内部一致全局独占监视器：这类全局独占监视器会利用多核处理器中与 L1 高速缓存一致性相关的信息实现独占监视。

（6）外部全局独占监视器：这类外部全局独占监视器通常位于芯片的内部总线中，例如，AXI 总线支持独占的读操作和独占的写操作。当访问设备类型的内存地址或者访问内部共享，但是没有使能高速缓存的内存地址时，就需要这种外部全局独占监视器。通常缓存一致性控制器支持这种独占监视器。

独占监视器的分类如图 5-8 所示。

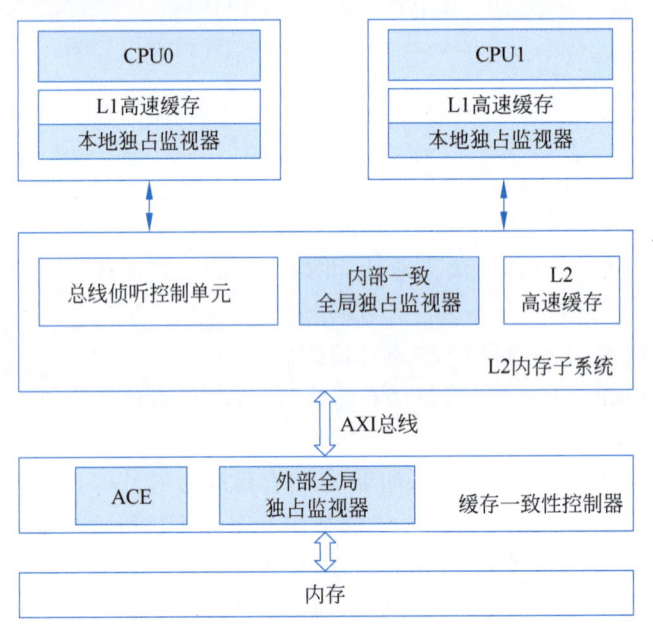

图 5-8　独占监视器的分类

2. 独占监视器与缓存一致性

LR 指令和 SC 指令在多核之间利用高速缓存一致性协议和独占监视器保证执行的串行化与数据一致性。例如，有些处理器的 L1 数据高速缓存之间的缓存一致性是通过已修改、独占、共享、无效（MESI）协议实现的。

【例 5-4】为了说明 LR 指令和 SC 指令在多核之间获取锁的场景，假设 CPU0 和 CPU1 同时访问一个锁，这个锁的地址为 a0 寄存器的值，下面是获取锁的伪代码。

```
1  /*
2     get_lock(lock)
```

```
3   */
4
5   .global get_lock
6   get_lock:
7       li a2,1
8   retry:
9       lr.w a1,(a0)            //独占地加载锁
10      beq a1,a2,retry         //如果锁为1,说明锁已经被其他CPU持有,只能不断地尝试
11
12      /* 锁已经释放,尝试获取锁 */
13      sc.w a1,a2,(a0)         //往锁写1,以获取锁
14      bnez a1,retry           //若a1寄存器的值不为0,说明独占访问失败,只能跳转到retry处
15
16      ret
```

经典自旋锁的执行流程如图5-9所示。接下来介绍多个CPU同时访问自旋锁的情况。CPU0和CPU1的访问时序如图5-10所示。

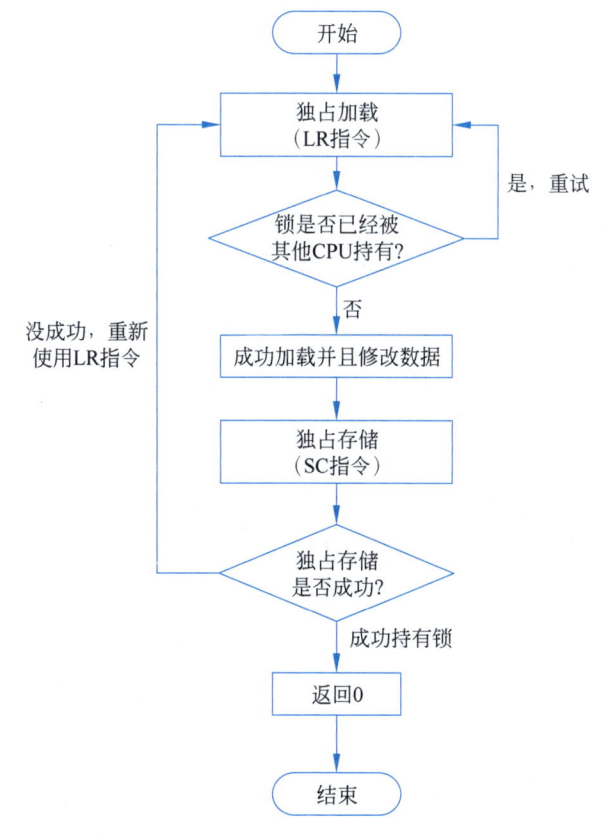

图5-9 经典自旋锁的执行流程

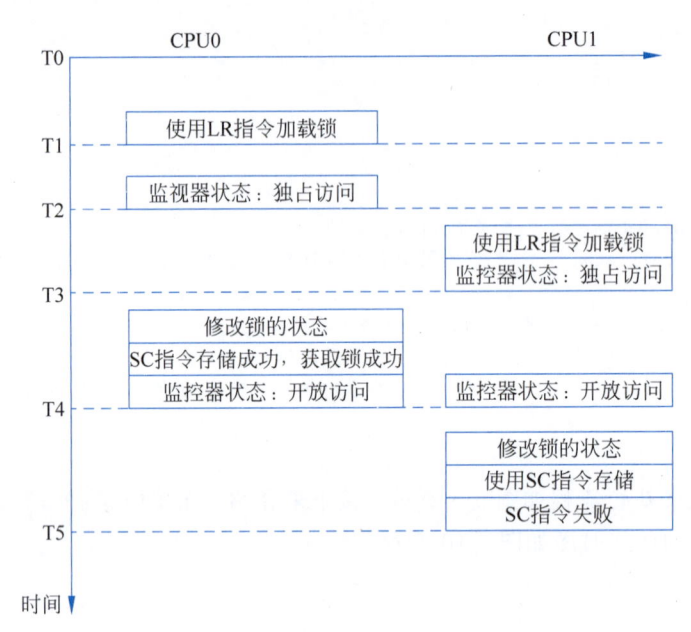

```
         CPU0              CPU1
T0 ──────────┬──────────────┬──────→
             ╎              ╎
T1    ┌──────────────┐      ╎
      │使用LR指令加载锁│      ╎
      └──────────────┘      ╎
T2    ┌──────────────┐      ╎
      │监视器状态：独占访问│  ╎
      └──────────────┘      ╎
                     ┌──────────────┐
                     │使用LR指令加载锁│
T3                   │监控器状态：独占访问│
                     └──────────────┘
      ┌──────────────┐
      │修改锁的状态   │
      │SC指令存储成功，获取锁成功│
T4    │监控器状态：开放访问│  ┌──────────────┐
      └──────────────┘      │监控器状态：开放访问│
                            └──────────────┘
                            ┌──────────────┐
                            │修改锁的状态   │
                            │使用SC指令存储 │
T5                          │SC指令失败    │
                            └──────────────┘
时间
   ↓
```

图 5-10 CPU0 和 CPU1 的访问时序

在 T0 时刻,初始化状态下,在 CPU0 和 CPU1 中,高速缓存行的状态为 I(无效)。CPU0 和 CPU1 的本地独占监视器的状态都是开放访问状态,而且 CPU0 和 CPU1 都没有持有锁。

在 T1 时刻,CPU0 执行第 9 行的 LR 指令,加载锁。

在 T2 时刻,LR 指令访问完成。根据 MESI 协议,CPU0 上的高速缓存行的状态变成 E(独占),CPU0 上本地独占监视器的状态变成独占访问状态。

在 T3 时刻,CPU1 也执行到第 9 行代码,通过 LR 指令加载锁。根据 MESI 协议,CPU0 上对应的高速缓存行的状态则从 E 变成 S(共享),并且把高速缓存行的内容发送到总线上。CPU1 从总线上得到锁的内容,高速缓存行的状态从 I 变成 S。CPU1 上本地独占监视器的状态从开放访问状态变成独占访问状态。

在 T4 时刻,CPU0 执行第 13 行代码,修改锁的状态,然后通过 SC 指令写入锁的地址中。在这个场景下,若 SC 指令执行成功,CPU0 则成功获取锁,并且,CPU0 的本地独占监视器会把状态修改为开放访问状态。根据缓存一致性原则,内部缓存一致性的全局独占监视器能监听到 CPU0 的状态已经变成开放访问状态,因此也会把 CPU1 的本地独占监视器的状态同步设置为开放访问状态。根据 MESI 协议,CPU0 对应的高速缓存行的状态会从 S 变成 M(修改),并且发送 BusUpgr(Bus Upgrade,总线升级)信号到总线,CPU1 收到该信号之后把自己本地对应的高速缓存行设置为 I。

在 T5 时刻,CPU1 也执行到第 13 行代码,修改锁的值。这时候 CPU1 中高速缓存行的状态为 I,因此 CPU1 会向总线上发送一个 BusRdX(Bus Read Exclusive,总线读取独占)信号。CPU0 中高速缓存行的状态为 M,CPU0 收到这个 BusRdX 信号之后会把本地的高速缓存行的内容写回内存中,然后高速缓存行的状态变成 I。CPU1 直接从内存中读取这个锁的值，修改锁的状态，最后通过 SC 指令写回锁地址里。但是此时，由于 CPU1 的本地监视器状态已经在 T4 时刻变成开放访问状态，因此 SC 指令无法写成功。CPU1 获取锁失败，只能跳转到第 8 行的"retry"标签处继续尝试。

综上所述，要理解 LR 指令和 SC 指令的执行过程，需要根据独占监视器的状态及 MESI 状态的变化综合分析。

5.2.5 原子内存访问操作指令

RISC-V 指令集中的 A 扩展指令集提供了原子内存操作指令，它允许在靠近数据的地方原子地实现"读-修改-写回"操作。

1. 原子内存访问指令工作原理

通常原子内存操作支持两种模式。

（1）近端原子操作：如果数据已经在 CPU 的高速缓存里，那么可以在 CPU 内部实现原子内存操作。还有一种特殊情况，如果有些系统的总线不支持远端原子操作传输事务，那么只能实现近端原子操作。

（2）远端原子操作：在内存或者系统总线上实现原子内存操作，这种情况下，需要系统总线支持原子操作传输事务，例如，使用 AMBA5 总线协议中的连贯中心接口（Coherent Hub Interface，CHI）总线，或者 SiFive 公司开发的 TileLink 总线。

下面以 AMBA 5 中的 CHI 总线为例进行阐述。AMBA 5 总线引入了原子事务，允许将原子操作发送到数据端，并且允许原子操作在靠近数据的地方执行。例如，在互连总线上执行原子算术和逻辑操作，而不需要加载到高速缓存中处理。原子事务非常适合操作的数据是距离处理器内核比较远的情况，例如，数据在内存中。

原子内存访问体系结构如图 5-11 所示，所有的 CPU 都连接到 CHI 总线上，图 5-11 中的全一致性主节点（Fully coherent Home Node，HN-F）位于互连总线内部，接收来自 CPU 的事务请求。全一致性从节点（Fully coherent Slave Node，SN-F）它通常用于普通内存，接收来自 HN-F 的请求，完成所需的操作。算术逻辑部件（Arithmetic and Logic Unit，ALU）是完成算术运算和逻辑运算的硬件单元。不但 CPU 内部有 ALU，而且 HN-F 里集成了 ALU。

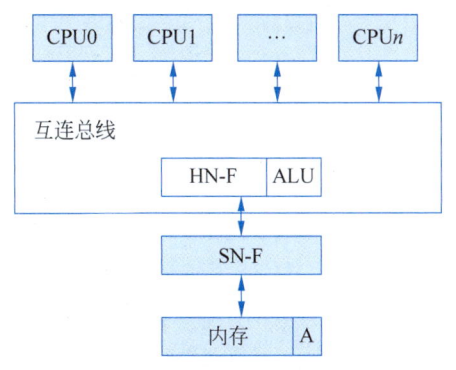

图 5-11　原子内存访问体系结构

假设内存中的地址 A 存储了一个计数值，CPU0 执行一条添加（AMOADD）指令使计数值加 1。下面是 AMOADD 指令的执行过程。

（1）CPU0 执行 AMOADD 指令时，会发出一个原子存储事务请求到互连总线上。

（2）互连总线上的 HN-F 接收到该请求。HN-F 会协同 SN-F 及 ALU 完成加法原子操作。

（3）因为原子存储事务是不需要等待回应的事务，CPU 不会跟踪该事务的处理过程，所以 CPU0 发送完该事务就认为 AMOADD 指令已经执行完了。

从上述步骤可知，原子内存操作指令会在靠近数据的地方执行算术运算，从而大幅度提升原子操作的效率。

2．原子内存访问指令与 LR/SC 指令的效率对比

原子内存访问操作指令与独占内存访问指令最大的区别在于效率。例如在一个自旋锁竞争激烈的场景中，在对称多处理（Symmetric Multi Processing，SMP）系统中，假设锁变量存储在内存中。

与之相比，在独占内存访问体系结构下，ALU 位于每个 CPU 内核内部。例如，为了对某地址上的 A 计数进行原子加 1 操作，首先使用 LR 指令加载计数 A 到 L1 高速缓存中，由于其他 CPU 可能缓存了 A 数据，因此需要通过 MESI 协议处理 L1 高速缓存一致性的问题，然后利用 CPU 内部的 ALU 完成加法运算，最后通过 SC 指令写回内存。因此，整个过程需要多次处理高速缓存一致性的情况，效率低下。

独占内存访问体系结构如图 5-12 所示。假设 CPU0～CPUn 同时对计数 A 进行独占访问，即通过 LR 和 SC 指令实现"读-修改-写回"操作，那么计数 A 会被加载到 CPU0～CPUn 的 L1 高速缓存中，CPU0～CPUn 将会引发激烈的竞争，导致高速缓存颠簸，系统性能下降。而原子内存操作指令会在互连总线的 HN-F 节点中对所有发起访问的 CPU 请求进行全局仲裁，并且在 HN-F 节点内部完成算术运算，从而避免高速缓存颠簸消耗的总线带宽。

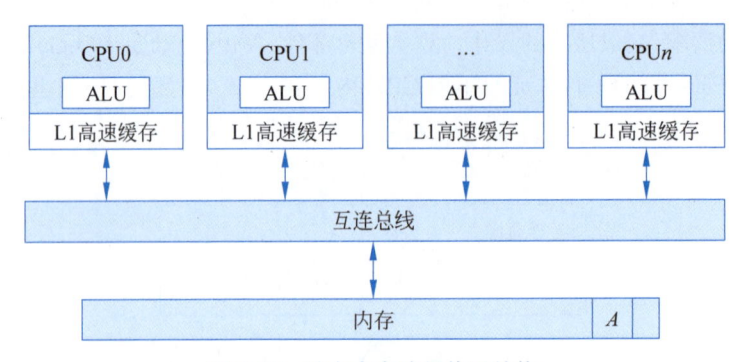

图 5-12　独占内存访问体系结构

使用独占内存访问指令会导致所有 CPU 内核都把锁加载到各自的 L1 高速缓存中，然后不停地尝试获取锁（使用 LR 指令读取锁）并检查独占监视器的状态，这导致高速缓存颠

簧。这个场景在 NUMA 体系结构下会变得更糟糕，远端节点的 CPU 需要不断地跨节点访问数据。另外一个问题是不公平，当锁持有者释放锁时，所有的 CPU 都需要抢这个锁（使用 SC 指令写这个锁变量），有可能最先申请锁的 CPU 反而没有抢到锁。

如果使用原子内存访问操作指令，那么最先申请这个锁的 CPU 内核会通过 CHI 总线的 HN-F 节点完成算术和逻辑运算，不需要把数据加载到 L1 高速缓存，而且整个过程都是原子的。

第 6 章 内存屏障指令

内存屏障指令是在现代处理器架构中非常关键的指令,用于控制并发执行环境中的内存操作顺序。这些指令对于保证多线程程序的正确性和性能至关重要,尤其是在多核处理器系统中。

本章节深入讨论了内存屏障指令在现代计算机体系结构中的重要性,特别强调了这些指令在 RISC-V 架构下的关键应用。内存屏障指令对于确保并发编程中指令执行的正确顺序至关重要,有效防止了可能由编译器或处理器引起的操作重排序问题。

本章讲述的主要内容如下。

(1) 内存屏障指令概述。

介绍了内存屏障指令的基本概念,并通过 MRS(MounRiver Studio)集成开发环境的介绍,展示了对 RISC-V 架构支持的优化。

(2) 内存屏障指令产生的原因。

讲述了多核处理器和多线程环境中指令重排序的问题,以及内存屏障指令如何帮助解决这一问题,以保障程序执行的正确性。

(3) RISC-V 约束条件。

详细介绍了 RISC-V 架构中的全局内存次序与保留程序次序,以及 RISC-V 弱内存模型(RVWMO)的约束规则,为理解内存屏障指令的应用提供了理论基础。

(4) RISC-V 中的内存屏障指令。

重点讨论了 FENCE 指令的作用、语法和使用方法,以及在跨线程数据共享、硬件设备访问同步等场景下内存屏障指令的重要性。

通过本章的学习,开发者将能够更有效地编写并发程序,确保程序的正确性和性能,同时也为需要深入理解现代计算机体系结构和并发编程模型的读者提供了一份宝贵的资源。

6.1 内存屏障指令概述

内存屏障指令也称为内存栅栏或内存屏障,是一类用于控制多核心或多处理器系统中内存操作顺序的指令。在并发编程中,由于现代处理器和编译器可能对指令和内存访问进行重排序以提高执行效率,这可能导致在多处理器环境下运行的程序表现出非预期的行为。内存屏障指令的目的是保证特定操作的执行顺序,确保数据的一致性和同步。

(1) 类型。

内存屏障指令主要分为以下 4 种类型。

① 全屏障:这是最强的内存屏障,它确保所有在屏障之前的读写操作在屏障之后的读写操作开始之前完成。这种屏障不允许任何类型的重排序。

② 读屏障:也称为加载屏障,它确保所有在屏障之前的读操作在屏障之后的读操作开始之前完成。这种屏障防止读操作的重排序。

③ 写屏障:也称为存储屏障,它确保所有在屏障之前的写操作在屏障之后的写操作开始之前完成。这种屏障防止写操作的重排序。

④ 读写屏障:这种屏障确保所有在屏障之前的读写操作在屏障之后的读写操作开始之前完成。它是读屏障和写屏障的组合。

(2) 作用。

内存屏障指令在多核心或多处理器系统中的并发编程中非常重要,其主要作用包括保证数据一致性,实现同步原语,以及提高性能。

① 保证数据一致性:通过防止指令重排序,内存屏障帮助数据保持在多线程间的一致性。

② 实现同步原语:内存屏障是实现锁、信号量等同步原语的基础。

③ 提高性能:相比于锁等重量级的同步机制,适当使用内存屏障可以在保证数据一致性的同时,提高程序的并发性能。

(3) 使用注意事项。

虽然内存屏障对于并发编程非常重要,但过度或不当地使用可能会导致性能问题。因此,在使用内存屏障时需要注意以下 3 点。

① 明确需求:根据具体的同步需求选择适当类型的内存屏障,避免不必要的性能开销。

② 平台依赖:不同的处理器架构提供的内存屏障指令可能不同,因此在跨平台开发时需要注意兼容性问题。

③ 编程语言支持:许多高级编程语言和并发库提供了抽象的内存屏障操作或自动处理内存屏障的机制,开发者应优先使用这些高级特性简化开发。

总之,存屏障是并发编程中的一个高级特性,正确使用它们可以有效地保证多线程程序的正确性和性能。

内存屏障指令是系统编程中很重要的一部分,特别是在多核并行编程中。

6.2 内存屏障指令产生的原因

若程序在执行时的实际内存访问顺序和程序代码指定的访问顺序不一致,则会出现内存乱序访问。这里涉及两个重要的概念。

(1) 程序次序(Program Order,PO)：程序代码里编写的内存访问序列。

(2) 内存次序(Memory Order,MO)：站在内存角度看到的内存访问序列，也是系统所有处理器达成一致的内存操作总序列。

通常情况下，程序次序不等于内存次序，从而产生了内存乱序访问。内存乱序访问的出现是为了提高程序执行效率。内存乱序访问主要发生在编译和执行两个阶段。

(1) 编译阶段：编译器优化导致内存乱序访问。

(2) 执行阶段：多个 CPU 的交互引起内存乱序访问。

编译器会把符合人类思维逻辑的高级语言代码(如 C 语言的代码)翻译成符合 CPU 运算规则的汇编指令。编译器会在翻译成汇编指令时对其进行优化，如内存访问指令的重新排序可以提高指令级并行效率。然而，这些优化可能会与程序员原始的代码逻辑不符，导致一些错误发生。编译时的乱序访问可以通过 barrier() 函数规避。

```
Idefine barrier() __asm__ __volatile_("" ::: "memory")
```

Barrier()函数可以使编译器，不为了性能优化而对这些代码重排序。

在早期的处理器设计当中，指令是完全按照程序次序执行的，这样的模型称为顺序执行模型。现代的 CPU 为了提高性能，已经抛弃了这种顺序执行模型，而是采用很多现代化的技术，比如流水线、写缓存、高速缓存、超标量技术、乱序执行等。这些新技术其实对于编程人员来说是透明的。在一个单处理器系统里面，不管 CPU 怎么乱序执行，它最终的执行结果都是程序员想要的结果，也就是类似于顺序执行模型。在单处理器系统里，指令的乱序和重排对于程序员来说是透明的，但是在多核处理器系统中，一个 CPU 内存访问的乱序执行可能会对系统中其他的观察者(如其他 CPU)产生影响，即它们可能观察到的内存执行次序与实际执行次序有很大的不同，特别是在多核并发访问共享数据的情况下。因此，这里引申出一个内存一致性问题，即系统中所有处理器对不同地址访问的次序问题。缓存一致性协议(如 MESI 协议)用于解决多处理器对同一个地址访问造成的一致性问题，而内存一致性问题是多处理器对多个不同内存地址的访问次序与程序次序不同而引发的问题。在使能与未使能高速缓存的系统中都会存在内存一致性问题。

由于现代处理器普遍采用超标量体系结构、乱序发射及乱序执行等技术提高指令级并行效率，因此指令的执行序列在处理器流水线中可能被打乱，与编写程序代码时的序列不一致，这就产生了程序员错觉——以为处理器访问内存的次序与代码的次序相同。

另外，现代处理器采用多级存储结构，如何保证处理器对存储子系统访问的正确性也是一大挑战。例如，在一个系统中有 n 个处理器 $P_1 \sim P_n$，假设每个处理器中有 S 个存储器操作，那么从全局来看，可能的存储器访问序列有多种组合。为了保证内存访问的一致性，需要按照某种规则选出合适的组合，这个规则叫作内存一致性模型。这个规则需要在保证正确性的前提下保证多个处理器访问时有较高的并行度。

在计算机发展历史中出现了多种内存一致性模型，包括顺序一致性内存模型、处理器一致性内存模型、弱一致性内存模型、释放一致性内存模型等。总的发展趋势是逐步放宽内存约束，从而提高处理器性能并降低设计复杂度，但是带来的副作用是增加了程序员的编程难度。

6.3 RISC-V 约束条件

RISC-V 支持两种内存模型，一种名为 RISC-V 弱内存排序（RISC-V Weak Memory Ordering，RVWMO），另一种名为 RISC-V 总存储顺序（RISC-V Total Store Ordering，RVTSO）。RVWMO 是基于释放一致性内存模型和 MCA 模型构建的，提供相对宽松的内存访问约束条件，简化了处理器设计并提升了处理器性能。总之，RVWMO 是一种基于弱一致性内存模型的具体实现。而 RVTSO 旨在提供完全兼容 x86 体系结构的总存储顺序（Total Store Ordering，TSO）内存一致性模型，方便用户从 x86 体系结构向 RISC-V 体系结构迁移。本节重点介绍 RVWMO 内存模型中的一些约束条件。

6.3.1 全局内存次序与保留程序次序

在 RVWMO 中有两个概念：全局内存次序和保留程序次序。全局内存次序指的是站在内存角度看到的读和写操作的次序。保留程序次序指的是在全局内存次序中必须遵守的一些与内存次序相关的规范和约束。

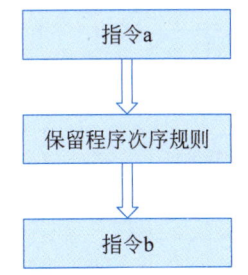

保留程序次序规则如图 6-1 所示，在{指令 a，指令 b}的指令序列中，假设指令 a 和指令 b 都是内存访问指令，如果指令 a 和指令 b 之间符合处理器体系结构约定的任意一条保留程序次序规则，那么在全局内存次序中指令 a 先执行，然后执行指令 b。如果它们都不符合任意一条保留程序次序规则，则指令 b 可以比指令 a 先执行。

以 x86 体系结构的 TSO 内存一致性模型为例，保留程序次序指的是除放宽"写→读"操作的次序要求外，总的执行次序要遵从程序次序。以 RVWMO 为例，保留程序次序指的是除遵守 RVWMO 约定的 13 条规则之外，其他情况下可以乱序执行。

图 6-1 保留程序次序规则

不同内存一致性模型中的保留程序次序约定的规则也不一样，如表 6-1 所示。

表 6-1 不同内存一致性模型中保留程序次序约定的规则

内存模型	全局内存次序	保留程序次序
顺序一致性	顺序不确定	严格按照程序次序执行
x86 体系结构的 TSO	顺序不确定	放宽了"写→读"操作的次序要求，其他情况下需要严格按照程序次序执行
RISC-V 的 RVWMO	顺序不确定	除 RVWMO 约定的 13 条规则之外，其他情况下可以乱序执行

6.3.2 RVWMO 的约束规则

RVWMO 规范约定了处理器需要遵守的 13 条规则。除这些约束规则之外，处理器可以对程序次序进行重排并乱序执行。在{指令 a，指令 b}组成的指令序列中，只要符合下面

13 条规则之一,指令 b 就不能重排到指令 a 前面,即指令 a 要先于指令 b 执行。

规则 1:如果指令 a 和指令 b 访问相同或者重叠的内存地址,指令 b 执行存储操作,那么指令 a 必须先于指令 b 执行。例如,规则 1 如图 6-2 所示,如果在指令序列中指令 a 和指令 b 访问相同的内存地址,那么不管指令 a 执行加载操作还是执行存储操作,指令 b 都不能重排到指令 a 前面(如指令 m 的位置)。

【例 6-1】 在下面的示例代码中,根据规则 1,第 3 行指令不能重排到第 1 行前面,因为第 2 行和第 3 行访问相同的地址。

```
1   lw    a1, 0(s1)
2   lw    a2, 0(s0)
3   sw    t1, 0(s0)
```

规则 2:规则 2 如图 6-3 所示。对同一个地址(或者重叠地址)的加载-加载操作。基本要求是新加载操作返回的值不能比旧加载操作返回的值更老,这称为读-读对的一致性(Coherence for Read-Read pairs,CoRR)。

图 6-2 规则 1

图 6-3 规则 2

【例 6-2】 在下面的示例代码中,第 2 行和第 4 行对相同地址进行了加载-加载操作。根据规则 2,第 2 行和第 4 行应该保持程序次序,否则会违背 CoRR 规则。

```
1   li    t2,2
2   lw    a0, 0(s1)
3   sw    t2, 0(s1)
4   lw    a1, 0(s1)
```

【例 6-3】 在下面的示例代码中,第 3 行和第 4 行是紧挨着的加载-加载操作,并且它们访问相同的地址,它们可以乱序执行,因为对 a0 和 a1 最终的值没有影响。

```
1   li    t2,2
2   sw    t2, 0(s1)
3   lw    a0, 0(s1)
4   lw    a1,0(s1)
```

规则 3:a 是原子内存操作指令或者 SC 指令,b 是加载指令,b 返回的值是 a 写入的值,即 a 和 b 访问相同的地址。规则 3 如图 6-4 所示，如果加载指令 b 返回的值是原子内存操作或者 SC 指令 a 写入的值，那么在指令 a 执行完之前不能返回值给指令 b。

【例 6-4】 在下面的示例代码中，第 3 行读取的值为第 2 行的 AMOADD 指令写入的值。根据规则 3，第 3 行不能重排到第 2 行前面。

```
1  li        t2,2
2  amoadd.d  a0, t2, 0(s1)
3  ld        a1, 0(s1)
```

规则 4：如果指令 a 和指令 b 中间有内存屏障指令，则 a 和 b 之间的执行次序需要遵循内存屏障指令的规则，规则 4 如图 6-5 所示。

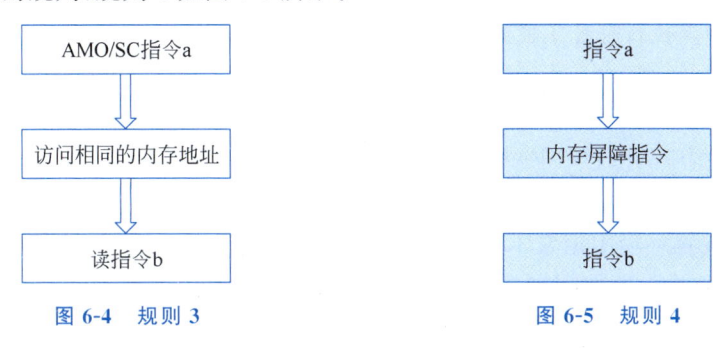

图 6-4　规则 3

图 6-5　规则 4

【例 6-5】 在下面的代码中，第 3 行为写内存屏障指令，因此第 2 行的存储操作执行完之后才能执行第 4 行的存储操作。

```
1  li       t1,1
2  sw       t1, 0(s0)
3  fence    w, w
4  sw       t1, 0(s1)
```

6.4　RISC-V 中的内存屏障指令

在 RISC-V 架构中，内存屏障指令用于确保在该指令之前的内存操作（读或写）在继续执行后续指令之前完成。这对于多核处理器和多线程环境中保持内存一致性和顺序性是非常重要的。内存屏障指令可以防止编译器和处理器对操作进行重排序，确保在屏障指令之前的所有内存操作都被正确地完成和观察到，然后才执行屏障之后的操作。

6.4.1　使用内存屏障的场景

在大部分场景下，不用特意关注内存屏障。特别是在单处理器系统里，虽然 CPU 内部支持乱序执行和预测执行，但是总体来说，CPU 会保证最终执行结果符合程序员的要求。只有在多核并发编程的场景下，程序员才需要考虑是不是应该用内存屏障指令。下面是 4 个需要考虑使用内存屏障指令的典型场景。

(1) 在多个不同 CPU 内核之间共享数据。在弱一致性内存模型下，某个 CPU 的内存访问次序可能会产生竞争访问。

(2) 执行和外设相关的操作，如直接存储器访问（Direct Memory Access，DMA）操作。启动 DMA 操作的流程通常是这样的：第一步，把数据写入 DMA 缓冲区里；第二步，设置与 DMA 相关的寄存器启动 DMA。如果这中间没有内存屏障指令，第二步的相关操作有可能在第一步之前执行，这样通过 DMA 就传输了错误的数据。

(3) 修改内存管理的策略，如上下文切换、请求缺页及修改页表等。

(4) 修改存储指令的内存区域，如自修改代码的场景。

总之，使用内存屏障指令的目的是想让 CPU 按照程序代码逻辑执行，而不是被 CPU 的乱序执行和预测执行打乱了代码的执行次序。

6.4.2 FENCE 指令

RISC-V 架构中的围栏（FENCE）指令用于实现内存操作的顺序一致性。在多核处理器或使用了指令乱序执行技术的处理器中，为了提高性能，内存读写操作可能会被重排序。这种重排序在单线程环境中通常不会引起问题，但在多线程环境下，如果不同线程间共享数据，就可能导致数据一致性问题。FENCE 指令通过限制特定类型的内存操作之间的重排序，保证内存操作的顺序一致性。

RISC-V 提供了一条通用的内存屏障指令——FENCE，该指令可以对 I/O 设备和普通内存的访问进行排序。FENCE 指令的格式如下。

```
fence iorw, iorw
```

FENCE 指令一共有两个参数，分别表示要约束的前后指令的类型。i 表示设备输入类型的指令，o 表示设备输出类型的指令，r 表示内存读类型的指令，w 表示内存写类型的指令。FENCE 指令的编码如图 6-6 所示。

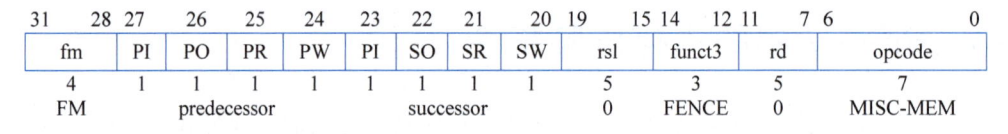

31　28	27	26	25	24	23	22	21	20	19　　15	14　12	11　　7	6　　　　0
fm	PI	PO	PR	PW	PI	SO	SR	SW	rsl	funct3	rd	opcode
4	1	1	1	1	1	1	1	1	5	3	5	7
FM	predecessor			successor					0	FENCE	0	MISC-MEM

图 6-6　FENCE 指令的编码

其中，相关部分的含义如下。

(1) MISC-MEM：表示指令的操作码字段。

(2) FENCE：表示指令的功能字段。

(3) rsl 和 rd：保留。

(4) successor：表示在内存屏障指令后面的指令约束类型，包括 i、o、r 和 w 这 4 种类型。

(5) predecessor：表示在内存屏障指令前面的指令约束类型，包括 i、o、r 和 w 这 4 种类型。

(6) FM：表示 FNECE 指令的类型。

fm=0000:：表示普通的 FENCE 指令。

fm=1000,predecessor=RW,successor=RW：表示 FENCE.TSO 指令。

FNECE 指令一共有 5 种常用的约束组合。

```
fence  rw,rw
fence  rw,w
fence  r, rw
fence  r, r
fence  w,w
```

上面 5 种常用的约束组合指令功能解释如下。

fence rw,rw：这条指令要求在 FENCE 指令之前的所有读写操作完成后才能执行 FENCE 指令之后的所有读写操作。这是最严格的 FENCE，确保了之前的所有内存操作都对之后的操作可见。

fence rw,w：这条指令要求在 FENCE 指令之前的所有读写操作完成后，才能执行 FENCE 指令之后的写操作。这保证了之前的读写操作对之后的写操作可见。

fence r,rw：这条指令要求在 FENCE 指令之前的读操作完成后，才能执行 FENCE 指令之后的读写操作。这保证了之前的读操作对之后的读写操作可见。

fence r,r：这条指令要求在 FENCE 指令之前的读操作完成后，才能执行 FENCE 指令之后的读操作。这主要用于保证读操作的顺序。

fence w,w：这条指令要求在 FENCE 指令之前的写操作完成后，才能执行 FENCE 指令之后的写操作。这主要用于保证写操作的顺序。

这些 FENCE 指令的使用取决于特定的内存一致性要求。在设计并发程序时，正确使用 FENCE 指令对保证内存操作的顺序一致性和数据的正确性至关重要。

第 7 章 RISC-V 指令集

RISC-V 指令集是一种基于 RISC 原理设计的开放源代码 ISA,由伯克利分校的研究人员于 2010 年发布。RISC-V 的目标是提供一种统一的、高效的、可扩展的处理器架构,能够满足从最小的嵌入式设备到高性能计算机的不同计算需求,旨在支持从简单的嵌入式系统到复杂的计算机系统的广泛应用。

本章讲述的主要内容如下。

(1) RISC-V 指令集体系结构。

RISC-V 指令集体系结构的设计理念基于精简指令集计算机原则,强调模块化、高效性和可扩展性。

(2) RISC-V 寄存器。

详细介绍了 RISC-V 的通用寄存器和系统寄存器,包括它们的用途、编程约定和在汇编语言中的应用,为汇编语言编程提供基础。

(3) 汇编语言简介。

介绍了汇编语言的基本概念,包括语法、指令、操作数和程序结构,为理解低级编程和硬件操作奠定基础。

(4) 函数调用规范。

讲述了在 RISC-V 程序中如何高效地进行函数调用和返回,包括寄存器使用和参数传递的规则,确保程序的模块化和可重用性。

(5) RISC-V 基础指令集。

详细讲述了 RISC-V 基础指令集。

RISC-V 指令集体系结构不仅具有高度的模块化和灵活性,而且通过其简洁高效地设计,能够满足现代计算需求的多样性。

7.1 RISC-V 的 ISA

本节将对 RISC-V 的 ISA 多方面的特性进行简要介绍。本节重点将 RISC-V 架构与其他架构进行横向比较,以突出其"至简"的特点。描述中涉及许多处理器设计的常识背景知识,对于完全不了解 CPU 的初学者而言可能难以理解,请忽略此节。

7.1.1 模块化的指令子集

RISC-V 的指令集使用模块化的方式进行组织,每个模块使用一个英文字母表示。RISC-V 最基本也是唯一强制要求实现的指令集部分是由 I 字母表示的,基本整数指令子集使用该整数指令子集便能实现完整的软件编译器。其他的指令子集部分均为可选的模具,有代表性的模块包括 M、A、F、D、C,如表 7-1 所示。

表 7-1 RISC-V 的模块化指令集

基本指令集	指 令 数	描 述
RV32I	47	32 位地址空间与整数指令,支持 32 个通用整数寄存器
RV32E	47	RV32I 的子集,仅支持 16 个通用整数寄存器
RV64I	59	64 位地址空间与整数指令及一部分 32 位的整数指令
RV128I	71	128 位地址空间与整数指令及一部分 64 位和 32 位的指令
M	8	整数乘法与除法指令
A	11	存储器原子操作指令和 LR/SC 指令
F	26	单精度(32bit)浮点指令
D	26	双精度(64bit)浮点指令,必须支持 F 扩展指令
C	46	压缩指令,指令长度为 16 位

以上模块的一个特定组合"IMAFD"也被称为"通用"组合,用英文字母 G 表示。因此 RV32G 表示 RV32IMAFD,同理 RV64G 表示 RV64IMAFD。

为了提高代码密度,RISC-V 架构也提供可选的"压缩"指令子集,用英文字母 C 表示。压缩指令的指令编码长度为 16bit,而普通的非压缩指令的长度为 32bit。

为了进一步减少面积,RISC-V 架构还提供一种"嵌入式"架构,用英文字母 E 表示。该架构主要用于追求极低面积与功耗的深嵌入式场景。该架构仅需要支持 16 个通用整数寄存器,而非嵌入式的普通架构则需要支持 32 个通用整数寄存器。

通过以上的模块化指令集,能够选择不同的组合满足不同的应用。例如,追求小面积、低功耗的嵌入式场景可以选择使用 RV32EC 架构;而大型的 64 位架构则可以选择 RV64G。

除了上述模块,还有若干的模块如 L、B、P、V 和 T 等。目前这些扩展大多数还在不断完善和定义中,尚未最终确定,因此不做详细论述。

7.1.2 可配置的通用寄存器组

RISC-V 架构支持 32 位或者 64 位的架构,32 位架构由 RV32 表示,其每个通用寄存器的宽度为 32bit;64 位架构由 RV64 表示,其每个通用寄存器的宽度为 64bit。

RISC-V 架构的整数通用寄存器组,包含 32 个(I 架构)或者 16 个(E 架构)通用整数寄存器,其中整数寄存器 0 被预留为常数 0,其他的 31 个(I 架构)或者 15 个(E 架构)为普通的通用整数寄存器。

如果使用浮点模块(F 或者 D),则需要另外一个独立的浮点寄存器组,包含 32 个通用浮点寄存器。如果仅使用 F 模块的浮点指令子集,则每个通用浮点寄存器的宽度为 32bit;如果使用 D 模块的浮点指令子集,则每个通用浮点寄存器的宽度为 64bit。

7.1.3 规整的指令编码

在流水线中能够尽快地读取通用寄存器组,往往是处理器流水线设计的期望之一,这样可以提高处理器性能和优化时序。这个看似简单的道理在很多现存的商用 RISC 架构中都难以实现,因为经过多年反复修改,不断添加新指令后,其指令编码中的寄存器索引位置变得非常凌乱,给译码器造成了负担。

得益于后发优势和处理器的发展经验,RISC-V 的指令集编码非常规整,指令所需的通用寄存器的索引都被放在固定的位置,RV32I 规整的指令编码格式如图 7-1 所示。因此指令译码器可以非常便捷地译码出寄存器索引,然后读取通用寄存器组。

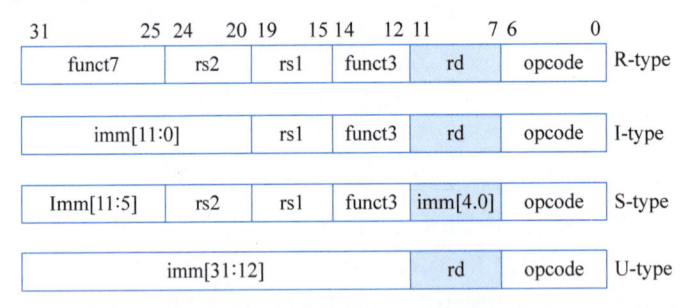

31 25	24 20	19 15	14 12	11 7	6 0	
funct7	rs2	rs1	funct3	rd	opcode	R-type
imm[11:0]		rs1	funct3	rd	opcode	I-type
Imm[11:5]	rs2	rs1	funct3	imm[4:0]	opcode	S-type
imm[31:12]				rd	opcode	U-type

图 7-1 RV32I 规整的指令编码格式

7.1.4 简洁的存储器访问指令

与所有的 RISC 处理器架构一样,RISC-V 架构使用专用的存储器读指令和存储器写指令访问存储器,其他的普通指令无法访问存储器,这种架构是 RISC 架构常用的一个基本策略。这种策略使处理器核的硬件设计变得简单。存储器访问的基本单位是字节。RISC-V 的存储器读和存储器写指令支持 1B(8 位)、半字(16 位)、单字(32 位)为单位的存储器读写操作。如果是 64 位架构还可以支持一个双字(64 位)为单位的存储器读写操作。

RISC-V 架构的存储器访问指令还有以下显著特点。

(1) 为了提高存储器读写的性能,RISC-V 架构推荐使用地址对齐的存储器读写操作,但是也支持地址非对齐的存储器操作 RISC-V 架构。处理器既可以选择用硬件支持,也可以选择用软件支持。

(2) 现在的主流应用是小端格式,RISC-V 架构仅支持小端格式。有关小端格式和大端格式的定义和区别,在此不做过多介绍。若对此不太了解的初学者可以自行查阅学习。

(3) 很多的 RISC 处理器都支持地址自增或者自减模式。这种自增或者自减的模式虽然能够提高处理器访问连续存储器地址区间的性能,但是也增加了设计处理器的难度。

RISC-V架构的存储器读和写指令不支持地址自增自减的模式。

（4）RISC-V架构采用松散存储器模型。松散存储器模型对于访问不同地址的存储器读写指令的执行顺序不作要求，除非使用明确的存储器屏障指令加以屏蔽。

这些选择都清楚地反映了RISC-V架构力图简化基本指令集，从而简化硬件设计的理念。RISC-V架构如此定义是具有合理性的，能达到能屈能伸的效果。例如，对于低功耗的简单CPU，可以使用非常简单的硬件电路即可完成设计；而对于追求高性能的超标量处理器，则可以通过复杂设计的动态硬件调度能力提高性能。

7.1.5 高效地分支跳转指令

RISC-V架构有两条无条件跳转指令，即jal指令与jalr指令。跳转链接指令——jal指令可用于进行子程序调用，同时将子程序返回地址存在链接寄存器（由某一个通用整数寄存器担任）中。跳转链接寄存器指令——jalr指令能够用于子程序返回指令，通过将jal指令（跳转进入子程序）保存的链接寄存器用于jalr指令的基地址寄存器，则可以从子程序返回。

RISC-V架构有6条带条件跳转指令，这种带条件的跳转指令跟普通的运算指令一样直接使用两个整数操作数，然后对其进行比较。如果比较的条件满足，则进行跳转，因此此类指令将比较和跳转两个操作放在一条指令里完成。作为比较，很多其他的RISC架构的处理器需要使用两条独立的指令。第一条指令先使用比较指令，比较的结果被保存到状态寄存器之中；第二条指令使用跳转指令，当判断前一条指令保存在状态寄存器中的比较结果为真时，则进行跳转。相比而言，RISC-V的这种带条件跳转指令不仅减少了指令的条数，同时硬件设计更加简单。

对于没有配备硬件分支预测器的低端CPU，为了保证其性能，RISC-V的架构明确要求采用默认的静态分支预测机制，即如果是向后跳转的条件跳转指令，则预测为"跳"；如果是向前跳转的条件跳转指令，则预测为"不跳"，并且RISC-V架构要求编译器也按照这种默认的静态分支预测机制编译生成汇编代码，从而让低端的CPU也获得不错的性能。

在低端的CPU中，为了使硬件设计尽量简单，RISC-V架构特意定义了所有带条件跳转指令的跳转目标的偏移量（相对于当前指令的地址）都是有符号数，并且其符号位被编码在固定的位置。因此这种静态预测机制在硬件上非常容易实现，硬件译码器可以轻松地找到固定的位置。当判断该位置的比特值为1时，表示负数（反之则为正数）。根据静态分支预测机制，如果是负数，则表示跳转的目标地址为当前地址减去偏移量，也就是向后跳转，则预测为"跳"。当然，对于配备有硬件分支预测器的高端CPU，还可以采用高级的动态分支预测机制保证性能。

7.1.6 简洁的子程序调用

为了便于理解此节，需先对一般RISC架构中程序调用子函数的过程予以介绍，其过程如下。

（1）进入子函数之后需要用存储器写指令将当前的上下文（通用寄存器等的值）保存到

系统存储器的堆栈区内,这个过程通常称为"保存现场"。

(2) 在退出子程序时,需要用存储器读指令将之前保存的上下文(通用寄存器等的值)从系统存储器的堆栈区读出来,这个过程通常称为"恢复现场"。

"保存现场"和"恢复现场"的过程通常由编译器编译生成的指令完成,使用高层语言(例如 C 语言或者 C++)开发的开发者对此可以不用太关心。高层语言的程序中直接写上一个子函数调用即可,但是这个底层发生的"保存现场"和"恢复现场"的过程却是实实在在地发生着(可以从编译出的汇编语言里面看到那些"保存现场"和"恢复现场"的汇编指令),并且还需要消耗若干 CPU 执行时间。

为了加速"保存现场"和"恢复现场"的过程,有的 RISC 架构发明了一次写多个寄存器到存储器中,或者一次从存储器中读取多个寄存器的指令。此类指令的好处是一条指令就可以完成很多事情,从而减少汇编指令的代码量,节省代码的空间大小。但是"一次读多个寄存器指令"和"一次写多个寄存器指令"的弊端是让 CPU 的硬件设计变得复杂,增加硬件的开销,也可能损伤时序,使 CPU 的主频无法提高。

RISC-V 架构则放弃使用"一次读多个寄存器指令"和"一次写多个寄存器指令"。如果有的场合比较介意"保存现场"和"恢复现场"的指令条数,那么可以使用公用的程序库(专门用于保存和恢复现场)进行,这样就可以节省在每个子函数调用的过程中都放置数目不等的"保存现场"和"恢复现场"的指令。此选择再次印证了 RISC-V 追求硬件简单的理念,因为放弃"一次读多个寄存器指令"和"一次写多个寄存器指令"可以大幅简化 CPU 的硬件设计,对于低功耗小面积的 CPU 可以选择非常简单的电路进行实现;而高性能超标量处理器由于硬件动态调度能力很强,可以有强大的分支预测电路保证 CPU 能够快速地跳转执行,从而可以选择使用公用的程序库(专门用于保存和恢复现场)的方式减少代码量,同时达到高性能。

7.1.7 无条件码执行

很多早期的 RISC 架构发明了带条件码的指令,例如在指令编码的头几位表示的是条件码,只有该条件码对应的条件为真时,该指令才被真正执行。

这种将条件码编码到指令中的形式可以使编译器将短小的循环编译成带条件码的指令,而不用编译成分支跳转指令,这样便减少了分支跳转的出现,一方面减少了指令的数目,另一方面也避免了分支跳转带来的性能损失。然而,这种条件码指令的弊端同样会使 CPU 的硬件设计变得复杂,增加硬件的开销,也可能损伤时序使 CPU 的主频无法提高。

RISC-V 架构则放弃使用这种带条件码指令的方式,对于任何的条件判断都使用普通的带条件分支跳转指令。此选择再次印证了 RISC-V 追求硬件简单的设计理念,该方式可以大幅简化 CPU 的硬件设计。

7.1.8 无分支时延槽

很多早期的 RISC 架构均使用了"分支时延槽",具有代表性的便是 MIPS 架构。在很多经典的计算机体系结构教材中，均使用 MIPS 对分支时延槽进行介绍。分支时延槽就是指在每条分支指令后面紧跟的一条或者若干条指令不受分支跳转的影响，不管分支是否跳转，这后面的几条指令都一定会被执行。

早期的 RISC 架构很多采用分支时延槽诞生的原因主要是当时的处理器流水线比较简单，没有使用高级的硬件动态分支预测器，使用分支时延槽能够取得可观的性能效果。然而，这种分支时延槽使 CPU 的硬件设计变得极为别扭，CPU 设计人员对此苦不堪言。

RISC-V 架构放弃分支时延槽再次印证了 RISC-V 力图简化硬件的理念，因为现代的高性能处理器的分支预测算法精度已经非常高，可以有强大的分支预测电路保证 CPU 能够准确地预测跳转执行达到高性能。而对于低功耗、小面积的 CPU，由于无须支持分支时延槽，硬件得到了极大简化，也能进一步减少功耗和提高时序。

7.1.9 零开销硬件循环

通过硬件的直接参与，设置某些循环次数寄存器，然后可以让程序自动地进行循环，每次循环则循环次数寄存器自动减 1，这样持续循环直到循环次数寄存器的值变成 0，然后退出循环。

之所以提出这种硬件协助的零开销循环是因为在软件代码中的 for 循环（for i＝0;i＜N; i＋＋)极为常见，而这种软件代码通过编译器编译之后，往往会编译成若干条加法指令和条件分支跳转指令，从而达到循环的效果。一方面这些加法和条件跳转指令占据了指令的条数，另一方面条件分支跳转存在分支预测的性能问题。而硬件协助的零开销循环，则将这些工作由硬件直接完成，省掉了加法和条件跳转指令，减少了指令条数且提高了性能。

然而，此类零开销硬件循环指令大幅地增加了硬件设计的复杂度。因此零开销循环指令与 RISC-V 架构简化硬件的理念是完全相反的，在 RISC-V 架构中自然没有使用此类零开硬件循环指令。

7.1.10 简洁的运算指令

RISC-V 架构使用模块化的方式组织不同的指令子集，最基本的整数指令子集（I 字母表示）支持的运算包括加法、减法、移位、按位逻辑操作和比操作。这些基本的运算操作能够通过组合或者函数库的方式完成更多的复杂操作（例如除法和浮点操作)，从而完成大部分的软件操作。

整数乘除法指令子集（M 字母表示）支持的运算包括有符号或者无符号的乘法和除法。乘法操作能够支持两个 32 位的整数相乘，得到一个 64 位的结果；除法操作能够支持两个 32 位的整数相除，得到一个 32 位的商与 32 位的余数。单精度浮点指令子集（F 字母表示）与双精度浮点指令子（D 字母表示）支持的运算包括浮点加减法、乘除法、乘累加、开平方根和比较等操作，即提供整数与浮点、单精度与双精度浮点之间的格式转换操作。

很多 RISC 架构的处理器在运算指令产生错误时，例如上溢（Overflow）、下溢（Underflow）、非规格化浮点数（Subnormal）和除零（Divide by Zero），都会产生软件异常。

RISC-V 架构的一个特殊之处是对任何的运算指令错误(包括整数与浮点指令)均不产生异常,而是产生某个特殊的默认值,同时设置某些状态寄存器的状态位,然后 RISC-V 架构推荐件通过其他方法找到这些错误。这再次清楚地反映了 RISC-V 架构力图简化基本的指令集,从而简化硬件设计的理念。

7.1.11 优雅的压缩指令子集

RISC-V 基本整数指令子集(字母 I 表示)规定的指令长度均为等长的 32 位,这种等长指令定义使得仅支持整数指令子集的基本 RISC-V CPU 非常容易设计,但是等长的 32 位编码指令也会造成代码体积相对较大的问题。

为了满足某些对于代码体积要求较高的场景(例如嵌入式领域),RISC-V 定义了一种可选的压缩(Compressed)指令子集,用字母 C 表示,也可以用 RVC 表示。RISC-V 具有后发优势,从一开始便规划了压缩指令,预留了足够的编码空间,16 位长指令与普通的 32 位长指令可以无缝自由地交织在一起,处理器也没有定义额外的状态。

RISC-V 压缩指令的另一个特别之处是,16 位指令的压缩策略是将一部分最常用的 32 位指令中的信息进行压缩重排得到(例如假设一条指令使用了两个同样的操作数索引,则可以省去其中一个索引的编码空间),因此每条 16 位长的指令都能找到与其一一对应的原始 32 位指令。这样,程序编译压缩指令仅在汇编器阶段就可以完成,极大地简化了编译器工具链的负担。

7.1.12 特权模式

RISC-V 架构定义了 3 种工作模式,又称为特权模式。
(1) Machine Mode:机器模式。
(2) Supervisor Mode:监管模式。
(3) User Mode:用户模式。

RISC-V 架构定义用户模式为必选模式,另外两种为可选模式,通过不同的模式组合可以实现不同的系统。

RISC-V 架构也支持几种不同的存储器地址管理机制,包括对物理地址和虚拟地址的管理机制,使得 RISC-V 架构能够支持从简单的嵌入式系统(直接操作物理地址)到复杂的操作系统(直接操作虚拟地址)的各种系统。

7.1.13 CSR

RISC-V 的控制和状态寄存器(Control and Status Registers,CSR)是一组用于控制和监视处理器状态的特殊寄存器。这些寄存器对于实现系统级功能,如中断处理、异常处理、性能监控和低功耗操作等至关重要。CSR 提供了一种机制,通过它软件可以与处理器交互,实现对处理器行为的精细控制和状态的监测。

1. CSR 的作用和类型
CSR 主要用于以下 4 个方面。
（1）状态监控：允许软件读取处理器的当前状态，例如，检测最近发生的异常类型。
（2）控制配置：使软件能够配置处理器的行为，例如，启用或禁用中断。
（3）性能监控：提供了一种机制监控处理器的性能参数，如周期计数器。
（4）调试支持：辅助软件调试过程，例如，通过断点和观察点。
根据使用权限，CSR 可以分为 3 类：
（1）机器模式：这是最高权限级别的 CSR，通常用于操作系统或监控程序。
（2）监管模式：这些寄存器用于较低权限级别的操作系统组件。
（3）用户模式：这是最低的权限级别，适用于应用程序。

2. 访问 CSR
RISC-V 定义了专门的指令访问 CSR，这些指令包括以下内容。
（1）控制和状态寄存器读取并写入（CSR Read and Write，CSRRW）：读取 CSR 的当前值到通用寄存器，并将通用寄存器的值写入 CSR。
（2）控制和状态寄存器读取并置位（CSR Read and Set，CSRRS）：读取 CSR 的当前值到通用寄存器，并将通用寄存器的非零位设置（置 1）在 CSR 中。
（3）原子读取和清除 CSR 中的位（CSR Read and Clear，CSRRC）：读取 CSR 的当前值到通用寄存器，并将通用寄存器的非零位清除（置 0）在 CSR 中。
（4）CSRRWI、CSRRSI、CSRRCI：这些指令与上述指令类似，但使用立即数而不是从通用寄存器读取值。

3. 常见的 CSR
一些常见的 CSR 包括以下 5 类。
（1）mtvec：机器模式异常入口基址寄存器，存储异常处理程序的入口地址。
（2）mstatus：机器状态寄存器，控制全局中断使能位和其他状态位。
（3）mie 和 mip：机器中断使能和中断挂起寄存器，用于控制和检查中断。
（4）mepc：机器异常程序计数器，存储发生异常时的程序计数器值。
（5）mcycle、minstret：分别用于计数从开机以来的周期数和执行的指令数，用于性能监控。

通过对 CSR 的精确控制，RISC-V 提供了一种灵活的方式实现系统级的功能和优化，这对于满足现代计算需求至关重要。

7.1.14 中断和异常

在 RISC-V 架构中，中断和异常是处理器在执行程序过程中遇到非预期事件时的响应机制。它们允许处理器暂停当前的操作，处理这些事件，然后再恢复操作。中断通常是由外部设备发起的，而异常则是由程序内部的错误或特殊情况触发的。理解中断和异常对于开发操作系统、驱动程序和需要与硬件紧密交互的应用至关重要。

1. 中断

在 RISC-V 架构中，中断是指由外部事件或内部条件触发的异步事件，这与异常不同，后者是由程序执行中的错误或特殊情况引起的同步事件。中断使处理器能够响应外部设备的请求或内部状态的变化，如 I/O 操作完成、计时器溢出等，而无须程序不断查询这些事件的状态。

中断是由外部事件（如 I/O 设备、定时器等）触发的，用于通知处理器需要处理某些紧急任务。中断可以是可屏蔽的（可以被禁用）或非屏蔽的。当中断发生时，处理器会保存当前的执行状态，并跳转到预定的中断处理程序执行相应的处理，处理完毕后再返回到被中断的地方继续执行。

RISC-V 定义了两级中断机制。

（1）局部中断：直接连接到处理器的中断，如时钟中断。

（2）全局中断：通过中断控制器分发到处理器的中断。

2. 异常

异常是由程序执行中的错误或特殊情况触发的，如非法指令、访问违规、算术溢出等。当发生异常时，处理器会中断当前的程序流程，保存相关状态，并跳转到异常处理程序进行处理。

在 RISC-V 架构中，异常是指在程序执行过程中由于某些错误或特殊情况触发的同步事件。这些事件通常是由于程序本身的行为导致的，如非法指令、访问违规、算术溢出等。异常处理是操作系统和硬件协同工作的关键机制之一，它确保系统能够在面对错误或特殊情况时，以一种可控和预期的方式响应。

（1）RISC-V 异常的类型。

RISC-V 架构定义了一系列的异常类型，主要可以分为以下 9 类。

① 指令地址错位（Instruction Address Misaligned）：当指令的地址不是合法对齐时触发，比如某些指令要求地址必须是 4 的倍数。

② 指令访问错误（Instruction Access Fault）：当处理器尝试从一个无法访问的内存地址读取指令时触发。

③ 非法指令（Illegal Instruction）：当处理器遇到一个未定义的指令编码时触发。

④ 断点（Breakpoint）：当执行到一个断点指令时触发，通常用于调试。

⑤ 加载地址错位（Load Address Misaligned）：当加载操作的地址不符合要求的对齐时触发。

⑥ 加载访问错误（Load Access Fault）：当尝试从一个无法访问的内存地址加载数据时触发。

⑦ 存储地址错位（Store/AMO Address Misaligned）：当存储操作的地址不符合要求的对齐时触发。

⑧ 存储访问错误（Store/AMO Access Fault）：当尝试向一个无法访问的内存地址存储数据时触发。

⑨ 环境调用(Environment Call)：当执行一个环境调用指令(如 ECALL)时触发,通常用于从用户模式切换到更高权限模式(如系统调用)。

(2) 异常处理流程

当异常发生时,RISC-V 处理器会自动执行以下步骤处理异常。

① 保存当前状态：保存当前程序计数器等关键状态信息,以便异常处理完成后能够恢复执行。

② 更新程序计数器：将程序计数器设置为预定的异常处理程序的入口地址,这个地址通常由异常向量表指定。

③ 执行异常处理程序：处理器开始执行异常处理程序,该程序负责识别异常类型并采取相应的措施,如修复错误、终止程序,或者向用户报告错误等。

④ 恢复并返回：异常处理完成后,通过特定的指令(如 MRET)恢复之前保存的状态,并将控制权返回到异常发生点的下一条指令继续执行。

异常处理机制是 RISC-V 架构支持可靠和安全运行的基础之一,通过精确地处理各种异常情况,确保系统的稳定性和安全性。

3. 中断和异常的处理流程

RISC-V 架构中的中断和异常处理流程是其核心功能之一,确保处理器能够响应外部事件和程序错误。这一流程涉及检测、响应和处理中断(外部引起的事件)和异常(程序执行过程中的错误)。RISC-V 中断和异常处理的基本步骤如下。

(1) 中断和异常的检测。

异常的检测：在指令执行过程中,如果遇到如非法指令、访问违规等问题,处理器将检测到一个异常。

中断的检测：中断可以在任何时间点被检测到,但通常只在指令执行的边界上被响应。中断来源于外部设备或内部事件,如计时器中断。

(2) 中断和异常的分类。

在 RISC-V 中,中断和异常被分为同步异常和异步中断：

同步异常：由指令执行引起的异常,如非法指令、访问冲突等。

异步中断：独立于当前执行的指令,如外部中断和计时器中断。

(3) 优先级的判定。

RISC-V 规范定义了中断和异常的优先级,处理器根据这些优先级决定响应哪个中断或异常。

(4) 保存当前状态。

在响应中断或异常之前,处理器需要保存当前的执行状态,包括程序计数器和其他相关寄存器的值,以便之后能够恢复执行。

(5) 设置新的程序计数器。

根据中断或异常的类型,处理器将程序计数器设置为相应的异常处理程序的入口地址。RISC-V 规范定义了一系列标准的异常向量地址。

(6) 执行异常处理程序。

处理器开始执行对应的异常或中断处理程序。这些程序负责处理检测到的事件，如清除错误状态、处理外部请求等。

(7) 恢复状态并返回。

异常或中断处理完成后，处理器通过特定的指令（如 MRET）恢复之前保存的执行状态，并将程序计数器设置回中断或异常发生时的下一条指令，继续执行程序。

(8) 中断使能和屏蔽。

RISC-V 支持通过 CSR 使能或屏蔽特定的中断，这允许操作系统或应用程序根据需要管理中断响应。

这个流程使 RISC-V 能够灵活地处理各种中断和异常，支持从简单的嵌入式系统到复杂的多任务操作系统的需求。通过精确的异常处理和中断响应，RISC-V 架构能够实现高效、可靠的系统设计。

4. 配置和管理

(1) 中断使能：通过修改 mie 和 mstatus 中的位进行全局或局部的使能或禁用中断。

(2) 优先级和向量：在具有中断控制器的系统中，中断的优先级和向量化处理可以通过中断控制器进行配置和管理。

通过正确配置和管理中断和异常，操作系统和应用程序可以有效地响应外部事件和内部错误，保证系统的稳定性和响应性。

7.1.15 矢量指令子集

RISC-V 架构目前虽然还没有定型的矢量指令子集，但是从目前的草案中可看出，RISC-V 矢量指令子集的设计理念非常先进。由于后发优势及借助矢量架构多年成熟的结论，RISC-V 架构将使用可变长度的矢量，而不是矢量定长的 SIMD 指令集（例如 ARM 的 NEON 和 Intel 的 MMX），从而能够灵活地支持不同的实现。追求低功耗、小面的 CPU 可以选择使用长度较短的硬件矢量进行实现，而高性能的 CPU 则可以选择较长的硬件矢量进行实现，并且同样的软件代码能够互相兼容。

结合当前人工智能和高性能计算的强烈需求，一种开放开源矢量指令集的出现，倘若能够得到大量的开源算法软件库的支持，必将对产业界产生非常积极的影响。

7.1.16 自定制指令扩展

除了上述阐述的模块化指令子集的可扩展性和可选择性，RISC-V 架构还有一个非常重要的特性，那就是支持第三方的扩展。用户可以扩展自己的指令子集，RISC-V 预留了大量的指令编码空间用于用户的自定义扩展，同时还定义了 4 条自定义指令可供用户直接使用。每条自定义指令都预留了几个比特位的子编码空间，因此用户可以直接使用 4 条自定义指令扩展出几十条自定义的指令。

RISC-V 架构的一个显著特点是其可扩展性，允许开发者根据特定的应用需求添加自定义指令。这种设计旨在为各种不同的应用场景提供最大的灵活性和优化空间，从而提高性能、减少功耗或实现特殊的功能。自定义指令扩展是 RISC-V 架构中一个重要的组成部分，它允许开发者为特定的应用或硬件功能定制指令集。

1. 自定义指令扩展的优势

（1）性能优化：通过添加专门针对特定算法或操作优化的指令，可以显著提高这些操作的执行速度和效率。

（2）功耗降低：定制的指令可以减少执行特定任务所需的指令数量，从而降低功耗。

（3）功能增强：自定义指令可以实现标准 RISC-V 指令集无法直接支持的功能，如特定的加密算法或数字信号处理操作。

2. 自定义指令的设计和实现

（1）需求分析：确定需要通过自定义指令优化或实现的具体操作或算法。

（2）指令设计：设计指令的操作码、功能码(Funct3/Funct7)等，确保与现有指令集不冲突。

在 RISC-V ISA 中，功能码(Funct3 和 Funct7)是指令格式的一部分，用于区分具有相同操作码的不同指令。RISC-V 指令集采用了固定长度的 32 位指令编码格式，其中操作码字段用于确定指令的大类，而功能码(Funct3 和 Funct7)则用于进一步细分这些大类中的具体操作。

Funct3 是一个 3 位的字段，用于提供额外的指令信息，以便区分具有相同操作码的不同指令。Funct3 的具体值和含义取决于操作码，它可以用来指示算术操作的变种（如加法、减法）、比较操作的类型（如等于、不等于），或者加载和存储操作的数据类型（如字节、半字、字）等。

Funct7 是一个 7 位的字段，通常与 Funct3 一起使用，以提供足够的信息唯一确定指令。Funct7 主要用于那些需要更多细分的指令类别，比如算术指令中的立即数形式和寄存器形式，或者是区分标准算术操作和其变种（如加法和加法立即数）。Funct7 的使用并不像 Funct3 那样普遍，只有部分指令需要使用 Funct7 字段。

以 RISC-V 的整数算术指令为例，操作码字段确定了这是一个整数运算指令，Funct3 字段进一步区分了是加法、减法还是其他算术操作，而 Funct7 字段则用于区分标准加法指令和加法立即数指令等。

Funct3 和 Funct7 是 RISC-V 指令集中用于指令细分的关键字段，它们与操作码一起，确保了指令的唯一性和灵活性。通过这种设计，RISC-V 能够以较小的指令集实现丰富的操作，同时保持了指令编码的简洁性。

（3）功能实现：在硬件级别实现指令的具体逻辑，这可能涉及修改处理器的执行单元、数据路径或其他硬件组件。

（4）软件支持：更新编译器、汇编器和其他工具链，以支持新的自定义指令，使得软件开发者可以方便地使用这些指令。

3. 指令编码

RISC-V 指令集留有一定的空间用于自定义指令的编码。例如，在 32 位指令集中，指令的前 7 位是操作码，用于区分不同类型的指令。RISC-V 预留了一些操作码空间用于自定义指令。

4. 实例

假设开发者需要在其 RISC-V 处理器上实现一个特殊的加密算法，该算法需要一个非标准的数学运算。开发者可以设计一条自定义指令，专门执行这个数学运算。这条指令的设计将包括确定操作码、操作数格式、功能码，以及如何在硬件上实现这个运算。

5. 注意事项

（1）兼容性：添加自定义指令时需要考虑与现有指令集的兼容性，避免引入不必要的复杂性。

（2）移植性：过度依赖自定义指令可能会降低软件的移植性，因为这些指令可能不被其他 RISC-V 处理器支持。

（3）成本效益：设计和实现自定义指令需要投入额外的时间和资源，因此需要评估这些努力是否能带来足够的性能或功耗收益。

通过合理设计和实现自定义指令扩展，RISC-V 能够为特定的应用场景提供高度优化的解决方案，展现出其架构的灵活性和扩展性。

7.1.17 RISC-V ISA 与 x86 或 ARM 架构的比较

处理器设计技术经过几十年的演进，随着大规模集成电路设计技术的发展，其特点主要有 3 个方面。

（1）由于高性能处理器的硬件调度能力已经非常强劲且主频很高，因此硬件设计希望指令集尽可能地规整、简单，从而使得处理器可以设计出更高的主频与更低的面积。

（2）以 IoT 应用为主的极低功耗处理器更加苛求低功耗与低面积。

（3）存储器的资源也比早期的 RISC 处理器更加丰富。

以上种种因素，使得很多早期的 RISC 架构设计理念（依据当时技术背景而诞生）不但不能帮助现代处理器设计，反而成了负担。某些早期 RISC 架构定义的特性，一方面使高性能处理器的硬件设计束手束脚；另一方面又使极低功耗的处理器硬件设计产生不必要的复杂度。

得益于后发优势，全新的 RISC-V 架构能够规避所有已知的负担，同时，利用先进的设计理念，设计出一套"现代"的指令集。x86 或 ARM 架构与 RISC-V ISA 特点对比如表 7-2 所示。

表 7-2 x86 或 ARM 架构与 RISC-V ISA 特点对比

特性	x86 或 ARM 架构	RISC-V ISA
架构篇幅	数千页	少于 300 页
模块化	不支持	支持模块化可配置的指令子集

续表

特性	x86 或 ARM 架构	RISC-V ISA
可扩展性	不支持	支持可扩展定制指令
指令数目	指令数繁多，不同的架构分支彼此不兼容	一套指令集支持所有架构。基本指令子集仅 40 余条指令，以此为共有基础，加上其他常用模块子集指令总指令数也仅几十条
易实现性	硬件实现复杂度高	硬件设计与编译器实现非常简单 • 仅支持小端格式 • 存储器访问指令一次只访问一个元素 • 去除存储器访问指令的地址自增自减模式 • 规整的指令编码格式 • 简化的分支跳转指令与静态预测机制 • 不使用分支时延槽 • 不使用指令条件码 • 运算指令的结果不产生异常 • 16 位的压缩指令有其对应的普通 32 位指令 • 不使用零开销硬件循环

RISC-V 的特点在于极简、模块化及可定制扩展，通过这些指令集的组合或者扩展。几乎可以构建适用于任何一个领域的微处理器，比如云计算、存储、并行计算、虚拟化、MCU、应用处理器和 DSP 处理器等。

7.2 RISC-V 寄存器

在 RISC-V 架构中，寄存器是处理器内部用于临时存储数据的小型存储单元。RISC-V 采用了一组简洁而统一的寄存器，这些寄存器对于实现高效的程序执行至关重要。RISC-V 的寄存器设计遵循了 RISC 的原则，即通过简化硬件优化软件的执行效率。

通过限定寄存器的数量和功能，RISC-V 能够实现高效地指令编码和快速地切换上下文，同时保持硬件的简洁性。这种设计使 RISC-V 非常适合从简单的嵌入式系统到复杂的计算机系统的广泛应用。

7.2.1 通用寄存器

64 位的 RISC-V 体系结构提供了 32 个 64 位的整形通用寄存器，分别是 x0~x31 寄存器，而 32 位的 RISC-V 体系结构提供了 32 个 32 位的整型通用寄存器，如图 7-2 所示。对于浮点数运算，64 位的 RISC-V 体系结构也提供了 32 个浮点数通用寄存器，分别是 f0~f31 寄存器。

RISC-V 的通用寄存器通常具有别名和特殊用途，在书写汇编指令时可以直接使用别名。

（1）x0 寄存器的别名为零寄存器。寄存器的内容全是 0，可以用作源寄存器，也可以用作目标寄存器。

零寄存器	x0/zero		x8/s0/fp		x10/a0
链接寄存器	x1/ra		x9/s1		x11/a1
栈指针寄存器	x2/sp		x18/s2		x12/a2
全局寄存器	x3/gp		x19/s3	传递参数和	x13/a3
线程寄存器	x4/tp		x20/s4	返回结果	x14/a4
	x5/t0		x21/s5		x15/a5
	x6/t1	被调用函数	x22/s6		x16/a6
	x7/t2	需要保存	x23/s7		x17/a7
临时寄存器	x28/t3		x24/s8		
	x29/t4		x25/s9		
	x30/t5		x26/s10		
	x31/t6		x27/s11		

图 7-2　RISC-V 的 32 个 32 位的整型通用寄存器

（2）x1 寄存器的别名为 ra——链接寄存器，用于保存函数返回地址。

（3）x2 寄存器的别名为 sp——栈指针寄存器，指向栈的地址。

（4）x3 寄存器的别名为 gp——全局寄存器，用于链接器松弛优化。

（5）x4 寄存器的别名为 tp——线程寄存器，通常在操作系统中保存指向进程控制块-task_struct 数据结构的指针。

（6）x5～x7 和 x28～x311 寄存器为临时寄存器，它们的别名分别是 t0～t6。

（7）x8～x9 和 x18～x27 寄存器的别名分别是 s0～s11。如果在函数调用过程中使用这些寄存器，需要保存到栈里。另外，s0 寄存器可以用作栈帧指针。

（8）x10～x17 寄存器的别名分别为 a0～a7，在函数调用时传递参数和返回值。

除用于数据运算和存储之外，通用寄存器还可以在函数调用过程中起到特殊作用。

7.2.2　系统寄存器

除上面介绍的通用寄存器之外，RISC-V 体系结构还定义了很多的 CSR，通过访问和设置这些系统寄存器完成对处理器不同的功能配置。

RISC-V 体系结构支持以下 3 类系统寄存器：

（1）机器模式的系统寄存器。

（2）监管模式的系统寄存器。

（3）用户模式的系统寄存器。

程序可以通过 CSR 指令（如 CSRRW 指令）访问系统寄存器。

CSR 指令编码如图 7-3 所示。在 CSR 指令编码中预留了 12 位编码空间（csr[11：0]）用来索引系统寄存器，如图 7-3 中的 csr 字段，即指令编码中的 Bit[31：20]。

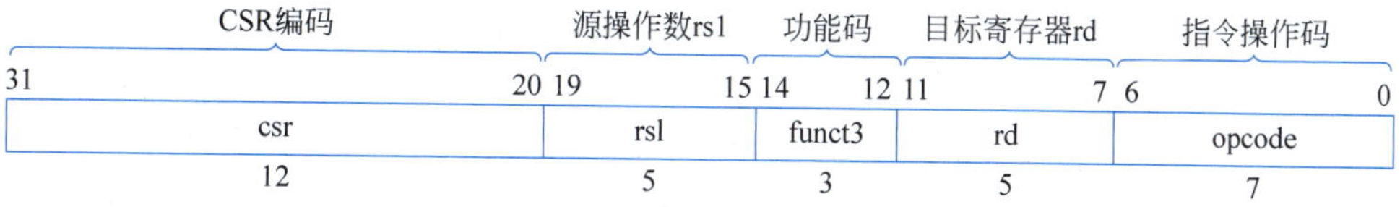

```
 |   CSR编码    | 源操作数rs1 | 功能码 | 目标寄存器rd | 指令操作码 |
 | 31        20 19     15 14    12 11      7 6         0 |
 |    csr       |    rs1     | funct3 |    rd    |  opcode   |
 |    12        |     5      |   3    |    5     |     7     |
```

图 7-3　CSR 指令编码

RISC-V 体系结构对 12 位 CSR 编码空间继续做了约定。其中，Bit[11∶10]用来表示系统寄存器读写属性，0b11 表示只读，其余表示可读可写。Bit[9∶8]表示允许访问该系统寄存器的处理器模式，0b00 表示用户模式，0b01 表示监管模式，0b10 表示 HS/VS 模式，0b11 表示机器模式。剩余的位用作寄存器的索引。使用 CSR 地址的最高位对默认的访问权限进行编码，简化了硬件中的错误检查，并提供了更大的 CSR 编码空间，但限制了 CSR 到地址空间的映射。CSR 地址空间映射如表 7-3 所示。

表 7-3　CSR 地址空间映射

地址范围	CSR 编码 Bit[11∶10]	Bit[9∶8]	Bit[7∶4]	访问模式	访问权限
0x000～0x0FF	00	00	XXXX①	U	读写
0x400～0x4FF	01	00	XXXX	U	读写
0x800～0x8FF	10	00	XXXX	U	读写(用户自定义系统寄存器)
0xC00～0xC7F	11	00	0XXX	U	只读
0xC80～0xCBF	11	00	10XX	U	只读
0xCC0～0xCFF	11	00	11XX	U	只读
0x100～0x1FF	00	01	XXXX	S	读写
0x500～0x57F	01	01	0XXX	S	读写
0x580～0x5BF	01	01	10XX	S	读写
0x5C0～0x5FF	01	01	11XX	S	读写(用户自定义系统寄存器)
0x900～0x97F	10	01	0XXX	S	读写
0x980～0x9BF	10	01	10XX	S	读写
0x9C0～0x9FF	10	01	11XX	S	读写(用户自定义系统寄存器)
0xD00～0xD7F	11	01	0XXX	S	只读
0xD80～0xDBF	11	01	10XX	S	只读
0xDC0～0xDFF	11	01	11XX	S	只读(用户自定义系统寄存器)
0x300～0x3FF	00	11	XXXX	M	读写
0x700～0x77F	01	11	0XXX	M	读写
0x780～0x79F	01	11	100X	M	读写
0x7A0～0x7AF	01	11	1010	M	读写(用于调试寄存器)
0x7B0～0x7BF	01	11	1011	M	读写(只能用于调试寄存器)
0x7C0～0x7FF	01	11	11XX	M	读写(用户自定义系统寄存器)
0xB00～0xB7F	10	11	0XXX	M	读写
0xB80～0xBBF	10	11	10XX	M	读写

续表

地址范围	CSR 编码			访问模式	访问权限
	Bit[11:10]	Bit[9:8]	Bit[7:4]		
0xBC0～0xBFF	10	11	11XX	M	读写（用户自定义系统寄存器）
0xF00～0xF7F	11	11	0XXX	M	只读
0xF80～0xFBF	11	11	10XX	M	只读
0xFC0～0xFFF	11	11	11XX	M	只读（用户自定义系统寄存器）

① CSR 编码中的 X 可以是 0 或 1。

访问机器模式的系统寄存器。

7.2.3 用户模式下的系统寄存器

用户模式下的系统寄存器如表 7-4 所示。

表 7-4 用户模式下的系统寄存器

地址	CSR 名称	属性	说明
0x001	fflags	URW	浮点数累积异常
0x002	frm	URW	浮点数动态舍入模式
0x003	fcsr	URW	浮点数控制和状态寄存器
0xC00	cycle	URO	读取时钟周期，映射到 RDCYCLE 伪指令
0xC01	time	URO	读取定时系统寄存器的值，映射到 RDTIME 伪指令
0xC02	instret	URO	执行指令数目，映射到 RDINSTRET 伪指令
0xC03～0xC1F	hpmcounter3～hpmcounter31	URO	性能监测寄存器

RDCYCLE 伪指令读取 cycle 系统寄存器的值，返回处理器内核执行的时钟周期数。需要注意的是，它返回的是物理处理器内核而不是处理器硬件线程的时钟周期数。RDCYCLE 伪指令的主要目的是进行性能监控和调优。

RDTIME 伪指令读取定时系统寄存器的值，获取系统的实际时间。系统每次启动时读取互补金属-氧化物-半导体（Complementary Metal-Oxide-Semiconductor，CMOS）上的实时时钟（Real Time Clock，RTC）计数，当时钟中断到来时，更新该计数。

RDINSTRET 伪指令读取 instret 系统寄存器的值，返回处理器执行线程已经执行的指令数量。

hpmcounter3～hpmcounter31 为 29 个用于系统性能监测的寄存器，这些计数器的计数记录平台的事件，并通过额外的特权寄存器进行配置。

RDCYCLE、RDTIME 和 RDINSTRET 伪指令在有些处理器上是通过监控程序二进制接口（Supervisor Binary Interface，SBI）固件进行软件模拟实现的。例如，在用户模式下使用 RDTIME 伪指令会触发非法指令异常，处理器陷入机器模式。在机器模式下的异常处理程序会读取定时寄存器的值，然后返回用户模式。

7.2.4 监管模式下的系统寄存器

监管模式下的系统寄存器如表 7-5 所示。

表 7-5 监管模式下的系统寄存器

地 址	CSR 名称	属 性	说 明
0x100	sstatus	SRW	监管模式下的处理器状态寄存器
0x104	sie	SRW	监管模式下的中断使能寄存器
0x105	stvec	SRW	监管模式下的异常向量表入口地址寄存器
0x106	scounteren	SRW	监管模式下的计数使能寄存器
0x10A	senvcfg	SRW	监管模式下的环境配置寄存器
0x140	sscratch	SRW	用于异常处理的临时寄存器
0x141	sepc	SRW	监管模式下的异常模式程序计数器寄存器
0x142	scause	SRW	监管模式下的异常原因寄存器
0x143	stval	SRW	监管模式下的异常向量寄存器
0x144	sip	SRW	监管模式下的中断待定寄存器
0x180	satp	SRW	监管模式下的地址转换与保护寄存器
0x5A8	scontext	SRW	监管模式下的上下文寄存器(用于调试)

下面介绍表 7-5 中的部分寄存器。

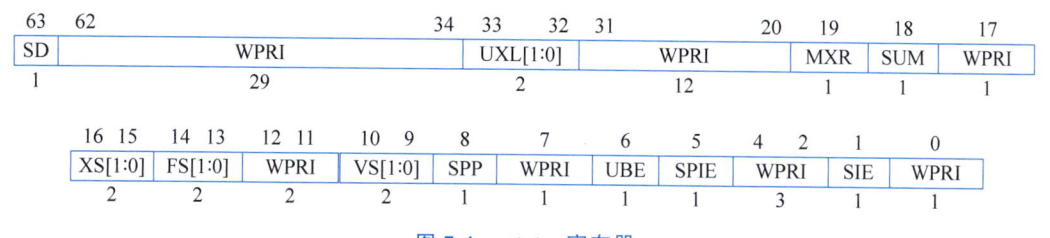

1. sstatus 寄存器

sstatus 寄存器表示监管模式下的处理器状态,如图 7-4 所示。

63	62		34 33	32 31		20 19	18	17
SD	WPRI		UXL[1:0]	WPRI		MXR	SUM	WPRI
1	29		2	12		1	1	1

16 15	14 13	12 11	10 9	8	7	6	5	4 2	1	0
XS[1:0]	FS[1:0]	WPRI	VS[1:0]	SPP	WPRI	UBE	SPIE	WPRI	SIE	WPRI
2	2	2	2	1	1	1	1	3	1	1

图 7-4 sstatus 寄存器

图 7-4 中的 WPRI 表示这些字段是保留的,软件应该忽略从这些字段读取的值,并且在向同一寄存器的其他字段写入值时,应该保留这些字段中保存的值。通常,为了向前兼容,硬件会将这些字段设为只读的零值。sstatus 寄存器中其他字段的含义如表 7-6 所示。

表 7-6 sstatus 寄存器中其他字段的含义

字 段	位 段	说 明
SIE	Bit[1]	中断使能位,用来使能和关闭监管模式中所有的中断
SPIE	Bit[5]	中断使能保存位。当一个异常陷入监管模式时,SIE 的值保存到 SPIE 中,SIE 设置为 0。当调用 SRET 指令返回时,从 SPIE 中恢复 SIE,然后 SPIE 设置为 1
UBE	Bit[6]	用来控制用户模式下加载和存储指令访问内存的大小端模式。 0:小端模式。 1:大端模式

续表

字　　段	位　　段	说　　明
SPP	Bit[8]	陷入监管模式之前CPU的处理模式。 0：表示从用户模式陷入监管模式。 1：表示在监管模式触发的异常
VS	Bit[10：9]	用来使能RISC-V向量扩展(RISC-V Vector Extension,RVV)
FS	Bit[14：13]	用来使能浮点数单元
XS	Bit[16：15]	用来使能其他用户模式下扩展的状态
SUM	Bit[18]	设置在监管模式下能否允许访问用户模式下的内存。 0：在监管模式下访问用户模式的内存时会触发异常。 1：在监管模式下可以访问用户模式的内存
MXR	Bit[19]	访问内存的权限。 0：可以加载只读页面。 1：可以加载可读和可执行的页面
UXL	Bit[33：32]	用来表示用户模式的寄存器长度，通常是一个只读字段，并且用户模式下寄存器的长度等于监管模式下寄存器的长度
SD	Bit[63]	用来表示VS、FS和XS中任意一个字段已经设置

2．sie寄存器

sie寄存器用来使能和关闭监管模式下的中断。

3．stvec寄存器

stvec寄存器用来在监管模式下配置异常向量表入口地址和异常访问模式。

4．scounteren寄存器

scounteren寄存器是一个32位寄存器，用来使能用户模式下的硬件性能监测和计数寄存器，如图7-5所示。

31	30	29	28		6	5	4	3	2	1	0
HPM31	HPM30	HPM29	...			HPM5	HPM4	HPM3	IR	TM	CY
1	1	1	23			1	1	1	1	1	1

图7-5　scounteren寄存器

其中，字段的含义如下。

(1) CY：使能用户模式下的cycle系统寄存器。

(2) TM：使能用户模式下的time系统寄存器。

(3) IR：使能用户模式下的instret系统寄存器。

(4) HPM3～HPM31：使能用户模式下的hpmcounter3～hpmcounter31系统寄存器。

5．sscratch寄存器

sscratch寄存器是一个专门给监管模式使用的临时寄存器，当处理器运行在用户模式时，它用来保存监管模式下进程控制块(例如，BenOS中的task_struct数据结构)的指针。

在操作系统中，当一个进程从监管模式返回用户模式时，通常使用sscratch寄存器来保存该进程的 task_struct 数据结构的指针。当该进程需要重新返回监管模式时，读取 sscratch 寄存器可以得到 task_struct 数据结构。

6. sepc 寄存器

当处理器陷入监管模式时，把中断现场或触发异常时的指令对应的虚拟地址会写入 sepc 寄存器中。

7. scause 寄存器

scause 寄存器用于保存监管模式下的异常原因。

8. stval 寄存器

当处理器陷入监管模式时，stval 寄存器记录了发生异常的虚拟地址。

9. sip 寄存器

sip 寄存器用来表示哪些中断处于待定状态。

10. satp 寄存器

satp 寄存器用于地址转换和保护。

7.2.5 机器模式下的系统寄存器

机器模式下的系统寄存器如表 7-7 所示。

表 7-7 机器模式下的系统寄存器

地 址	CSR 名称	属 性	说 明
0xF11	mvendorid	MRO	机器厂商 ID 寄存器
0xF12	marchid	MRO	体系结构 ID 寄存器
0xF13	mimpid	MRO	实现编号寄存器
0xF14	mhartid	MRO	处理器硬件线程 ID 寄存器
0xF15	mconfigptr	MRO	配置数据结构寄存器
0x300	mstatus	MRW	机器模式下的处理器状态寄存器
0x301	misa	MRW	指令集体系结构和扩展寄存器
0x302	medeleg	MRW	机器模式下的异常委托寄存器
0x303	mideleg	MRW	机器模式下的中断委托寄存器
0x304	mie	MRW	机器模式下的中断使能寄存器
0x305	mtvec	MRW	机器模式下的异常向量入口地址寄存器
0x306	mcounteren	MRW	机器模式下的计数使能寄存器
0x340	mscratch	MRW	用于异常处理的临时寄存器
0x341	mepc	MRW	机器模式下的异常模式程序计数器寄存器
0x342	mcause	MRW	机器模式下的异常原因寄存器
0x343	mtval	MRW	机器模式下的异常向量寄存器
0x344	mip	MRW	机器模式下的中断待定寄存器
0x34A	mtinst	MRW	机器模式下的陷入指令(用于虚拟化)
0x34B	mtval2	MRW	机器模式下的异常向量寄存器(用于虚拟化)

下面介绍表 7-7 中常用的寄存器。

1. misa 寄存器

misa 寄存器表示处理器支持的体系结构和扩展，如图 7-6 所示。

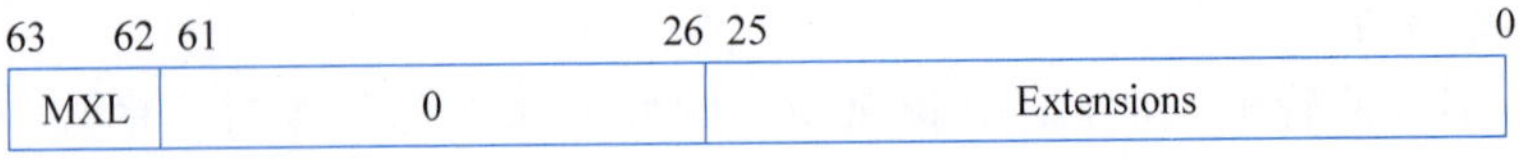

```
 63  62 61                    26 25                              0
┌─────┬──────────────────────────┬──────────────────────────────┐
│ MXL │            0             │          Extensions          │
└─────┴──────────────────────────┴──────────────────────────────┘
```

图 7-6　misa 寄存器

图 7-6 中字段的含义如下。

（1）Extensions：表示处理器支持的扩展，misa 寄存器支持的扩展如表 7-8 所示。

表 7-8　misa 寄存器支持的扩展

位	名　　称	说　　明
0	A	原子操作扩展
1	B	位操作扩展
2	C	压缩指令扩展
3	D	双精度浮点数扩展
4	E	RV32E 指令集
5	F	单精度浮点数扩展
6	G	保留
7	H	虚拟化扩展
8	I	RV32I/RV64I/RV128I 基础指令集
9	J	动态翻译语言扩展
10	K	保留
11	L	保留
12	M	整数乘/除扩展
13	N	用户中断扩展
14	O	保留
15	P	SIMD 扩展
16	Q	4 倍精度浮点数扩展
17	R	保留
18	S	支持监管模式
19	T	保留
20	U	支持用户模式
21	V	可伸缩矢量扩展
22	W	保留
23	X	非标准扩展
24	Y	保留
25	Z	保留

（2）MXL：表示机器模式下寄存器的长度。

1：表示 32 位。

2：表示 64 位。

3：表示 128 位。

2. mvendorid 寄存器

mvendorid 寄存器是一个 32 位只读寄存器，遵循联合电子器件工程委员会（JEDEC）制造商 ID 规范。

3. marchid 寄存器

marchid 寄存器返回处理器体系结构 ID，该 ID 由 RISC-V 基金会统一分配。

4. mimpid 寄存器

mimpid 寄存器返回处理器的实现版本 ID。

5. mhartid 寄存器

mhartid 寄存器返回处理器硬件线程 ID。在多核处理器中硬件线程的 ID 不一定是连续编号的，但至少有一个硬件线程的 ID 为 0，同时保证运行环境中硬件线程的 ID 互不相同。

6. mstatus 寄存器

mstatus 寄存器表示机器模式下的处理器状态，如图 7-7 所示。

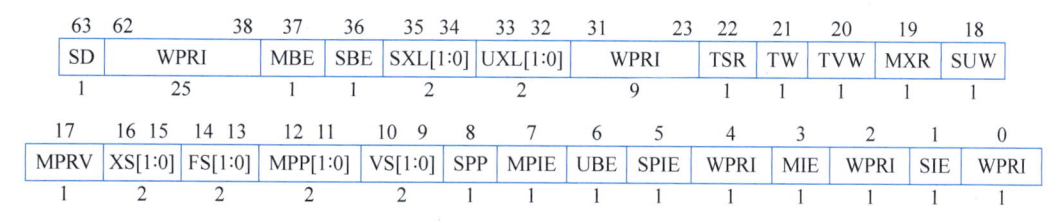

63	62 38	37	36	35 34	33 32	31 23	22	21	20	19	18
SD	WPRI	MBE	SBE	SXL[1:0]	UXL[1:0]	WPRI	TSR	TW	TVW	MXR	SUW
1	25	1	1	2	2	9	1	1	1	1	1

17	16 15	14 13	12 11	10 9	8	7	6	5	4	3	2	1	0
MPRV	XS[1:0]	FS[1:0]	MPP[1:0]	VS[1:0]	SPP	MPIE	UBE	SPIE	WPRI	MIE	WPRI	SIE	WPRI
1	2	2	2	2	1	1	1	1	1	1	1	1	1

图 7-7　mstatus 寄存器

mstatus 寄存器中部分字段的含义如表 7-9 所示。

表 7-9　mstatus 寄存器中部分字段的含义

字段	位段	说明
SIE	Bit[1]	中断使能位，用来使能和关闭监管模式下所有的中断
MIE	Bit[3]	中断使能位，用来使能和关闭机器模式下所有的中断
SPIE	Bit[5]	中断使能保存位。当一个异常陷入监管模式时，SIE 的值保存到 SPIE 中，SIE 设置为 0。当调用 SRET 指令返回时，从 SPIE 中恢复 SIE，然后 SPIE 设置为 1
UBE	Bit[6]	用来控制用户模式下加载和存储指令访问内存的大小端模式。 0：小端模式。 1：大端模式
MPIE	Bit[7]	中断使能保存位。当一个异常陷入机器模式时，MIE 的值保存到 MPIE 中，MIE 设置为 0。当调用 MRET 指令返回时，从 MPIE 中恢复 MIE，然后 MPIE 设置为 1
SPP	Bit[8]	陷入监管模式之前 CPU 的处理模式。 0：表示从用户模式陷入监管模式。 1：表示在监管模式触发的异常
VS	Bit[10：9]	用来使能可伸缩矢量扩展

续表

字段	位段	说明
MPP	Bit[12:11]	陷入机器模式之前 CPU 的处理模式。 0：从用户模式陷入机器模式。 1：从监管模式陷入机器模式。 2：在机器模式触发的异常
FS	Bit[14:13]	用来使能浮点数单元
XS	Bit[16:15]	用来使能用户模式下扩展的其他状态
MPRV	Bit[17]	用来修改有效特权模式。 0：加载和存储指令按照当前的处理器模式进行地址转换与内存保护。 1：加载和存储指令按照 MPP 字段中存储的处理器模式的权限进行内存保护与检查
SUM	Bit[18]	指定在监管模式下是否允许访问用户模式的内存。 0：在监管模式下访问用户模式下的内存时会触发异常。 1：在监管模式下可以访问用户模式下的内存
MXR	Bit[19]	指定访问内存的权限。 0：可以加载只读页面。 1：可以加载可读和可执行的页面
TVM	Bit[20]	支持拦截监管模式下的虚拟内存管理操作。 0：在监管模式下可以正常访问 satp 系统寄存器或者执行 SFENCE.VMA/SINVAL.VMA 指令。 1：在监管模式下访问 satp 系统寄存器或者执行 SFENCE.VMA/SINVAL.VMA 指令会触发一个非法指令异常
TW	Bit[21]	支持拦截 WFI 指令。 0：WFI 指令可以在低权限模式下执行。 1：如果 WFI 指令以任何低特权模式执行，并且它没有在特定实现中约定的有限时间内完成，就会触发一个非法指令异常
TSR	Bit[22]	支持拦截 SRET 指令。 0：在监管模式下正常执行 SRET 指令。 1：在监管模式下执行 SRET 指令会触发一个非法指令异常
UXL	Bit[33:32]	用来表示用户模式下寄存器的长度
SXL	Bit[35:34]	用来表示监管模式下寄存器的长度
SBE	Bit[36]	用来控制监管模式下加载和内存访问的大小端模式。 0：小端模式。 1：大端模式
MBE	Bit[37]	用来控制机器模式下加载和内存访问的大小端模式。 0：小端模式。 1：大端模式
SD	Bit[63]	用来表示 VS、FS 和 XS 中任意一个字段已经设置

7. medeleg 寄存器

medeleg 寄存器用于把异常委托到监管模式处理。

8. mideleg 寄存器

mideleg 寄存器用于把中断委托到监管模式处理。

9. mie 寄存器

mie 寄存器用来使能和关闭机器模式下的中断。

10. mtval 寄存器

当处理器陷入机器模式时，mtval 寄存器记录发生异常的虚拟地址。

11. mcounteren 寄存器

mcounteren 寄存器是一个 32 位寄存器，用来使能监管模式或者用户模式下的硬件性能监测和计数寄存器，如图 7-8 所示。

31	30	29	28	...	6	5	4	3	2	1	0
HPM31	HPM30	HPM29				HPM5	HPM4	HPM3	IR	TM	CY
1	1	1	23			1	1	1	1	1	1

图 7-8　mcounteren 寄存器

图 7-8 中相关字段的含义如下。

（1）CY 字段：使能监管模式或者用户模式下的 cycle 系统寄存器。

（2）TM 字段：使能监管模式或者用户模式下的 time 系统寄存器。

（3）IR 字段：使能监管模式或者用户模式下的 instret 系统寄存器。

（4）HPM3～HPM31 字段：使能监管模式或者用户模式下的 hpmcounter3～hpmcounter31 系统寄存器。

12. mscratch 寄存器

mscratch 寄存器是一个专门给机器模式使用的临时寄存器，当处理器运行在监管模式或者用户模式时，它用来保存机器模式上下文数据结构的指针，例如，在 MySBI 固件中用来保存机器模式的指针，在 OpenSBI 中用来保存机器模式下的 sbi_scratch 数据结构。

13. mepc 寄存器

当处理器陷入机器模式时，中断或遇到异常指令的虚拟地址会写入 mepc 寄存器中。

14. mcause 寄存器

mcause 寄存器是机器模式下的异常原因寄存器。

15. mip 寄存器

mip 寄存器用来表示哪些中断处于待定状态。

7.3　汇编语言简介

汇编语言是一种"低级"语言。之所以说汇编语言是一种低级的语言，是因为其面向的是最底层的硬件，直接使用处理器的基本指令。因此，相对于抽象层次更高的 C/C++语言，汇编语言是一门"低级"语言,"低级"是指其抽象层次比较低。

汇编语言是一种低级编程语言,用于与计算机硬件直接交互。它与机器语言非常接近,但提供了可读性更强的符号表示,使编程人员可以更容易地理解和编写代码。汇编语言主要用于性能敏感的任务、系统编程、嵌入式系统开发,以及需要直接硬件控制的场合。

1. 汇编语言的主要特点

汇编语言的主要特点有接近硬件、高效性、平台依赖性和可读性。

(1) 接近硬件:汇编语言几乎直接对应于机器代码,每条汇编指令几乎一一对应于处理器的机器指令。

(2) 高效性:由于汇编语言允许程序员进行精细的硬件控制,因此可以编写非常高效的代码。

(3) 平台依赖性:汇编语言高度依赖于特定的处理器架构,不同的处理器架构使用不同的汇编语言。

(4) 可读性:尽管汇编语言比机器语言更易于理解,但相比高级编程语言,它的可读性较差,编写和维护难度较大。

2. 汇编语言的基本组成

汇编语言的基本组成包括指令、寄存器、标签和指令修饰符。

(1) 指令(Instructions):汇编语言的基本构建块,包括操作码(opcode)和操作数(operand)。操作码指定要执行的操作类型,操作数指定操作的对象(如寄存器、内存地址等)。

(2) 寄存器(Registers):处理器内部的小型存储位置,用于快速存取数据。不同的处理器有不同数量和类型的寄存器。

(3) 标签(Labels):用于标记代码中的位置,使在指令中可以引用这些位置,常用于跳转和数据定义。

(4) 指令修饰符(Directives):提供编译器或汇编器特定的命令,如数据段定义、宏定义等,不直接转换成机器指令。

3. 汇编语言的开发流程

汇编语言的开发流程如下。

(1) 编写汇编代码:使用文本编辑器编写汇编语言源代码。

(2) 汇编:使用汇编器将汇编语言源代码转换成机器语言代码,通常生成目标文件。

(3) 链接:使用链接器将一个或多个目标文件与库文件链接在一起,生成可执行文件。

(4) 执行:在目标平台上运行可执行文件。

从 C 源代码翻译为可以在计算机上运行的程序的 4 个经典步骤,如图 7-9 所示。

这是从逻辑上进行的划分,实际中一些步骤会被结合起来,加速翻译过程。在这里使用了 UNIX 的文件后缀命名习惯。

4. 汇编语言的应用场景

汇编语言的应用场景如下。

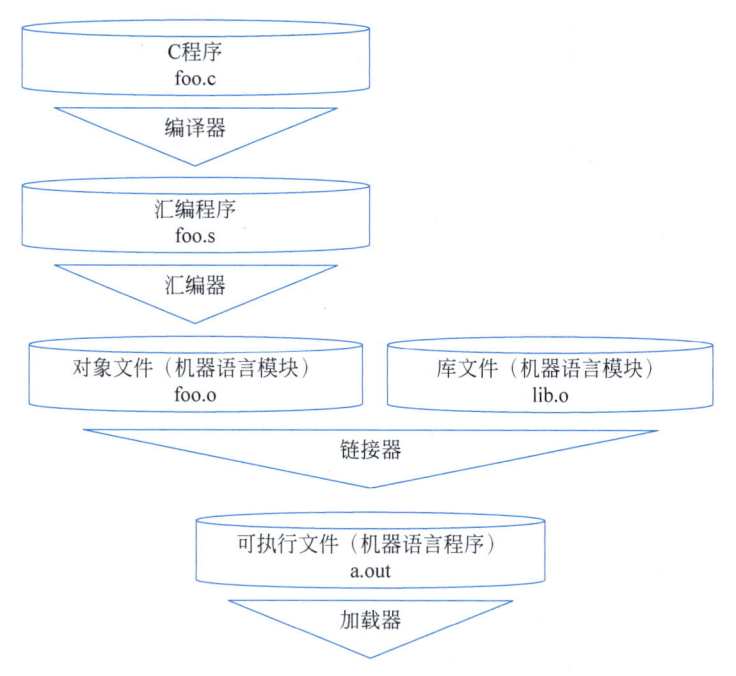

```
              ┌──────────────┐
              │   C程序       │
              │   foo.c      │
              └──────────────┘
                     │ 编译器
                     ▼
              ┌──────────────┐
              │   汇编程序    │
              │   foo.s      │
              └──────────────┘
                     │ 汇编器
                     ▼
   ┌────────────────────────┐   ┌────────────────────────┐
   │  对象文件（机器语言模块） │   │  库文件（机器语言模块）  │
   │         foo.o          │   │         lib.o          │
   └────────────────────────┘   └────────────────────────┘
                     │       链接器       │
                     ▼
              ┌──────────────────────┐
              │  可执行文件（机器语言程序）│
              │         a.out         │
              └──────────────────────┘
                     │ 加载器
                     ▼
```

图 7-9　从 C 源代码翻译为可在计算机上运行的程序的 4 个经典步骤

（1）系统软件：操作系统、驱动程序等。

（2）性能敏感应用：游戏开发、实时系统。

（3）硬件控制：嵌入式系统、硬件设备的固件。

尽管汇编语言的使用场景相对有限，但它在需要精确控制硬件或追求极致性能的领域仍然非常重要。随着计算机技术的发展，高级语言和编译器的优化能力不断提升，但对于特定的用例，汇编语言仍然是不可或缺的工具。

汇编语言的"低级"属性导致它有以下缺点。

（1）由于汇编语言直接接触最底层的硬件，要求使用者对底层硬件非常熟悉才能编写出高效的汇编程序。因此，汇编语言是一门比较难以使用的语言，故而有"汇编语言不会编"的说法。

（2）由于汇编语言的抽象层次很低，因此使用者在使用汇编语言设计程序时，无法像高级语言那样写出灵活多样的程序，并且程序代码很难阅读和维护。

（3）由于汇编语言使用的是处理器的基本指令，而处理器指令与其处理器架构一一对应，导致不同架构处理器的汇编程序必然是无法直接移植的，所以汇编程序的可移植性和通用性很差。

但是汇编语言也有优点。

（1）由于汇编的过程是汇编器将汇编指令直接翻译成二进制的机器码（处理器指令）的过程，因此使用者可以完全掌控生成的二进制代码，不会受到编译器的影响。

(2) 由于汇编语言直接面向最底层的硬件，因此可以对处理器进行直接控制，可以最大化挖掘硬件的特性和潜能，开发出最佳优化的代码。

综上，虽然现在大多数的程序设计已经不再使用汇编语言，但是在一些特殊的场合，例如底层驱动、引导程序、高性能算法库等领域，汇编语言还经常扮演着重要的角色。尤其对于嵌入式软件开发人员而言，即便无法娴熟地编写复杂的汇编语言，但是能够阅读理解并且编写简单的汇编程序也是嵌入式软件人员必备的技能。

7.4 函数调用规范

函数调用过程通常分为 6 个阶段。
（1）将参数存储到函数能够访问到的位置。
（2）跳转到函数开始位置（使用 RV32I 的 jal 指令）。
（3）获取函数需要的局部存储资源，按需保存寄存器。
（4）执行函数中的指令。
（5）将返回值存储到调用者能够访问的位置，恢复寄存器，释放局部存储资源。
（6）返回调用函数的位置（使用 ret 指令）。

为了获得良好的性能，变量应该尽量存放在寄存器而不是内存中，但同时也要注意避免频繁地保存和恢复寄存器，因为它们同样会访问内存。

RISC-V 有足够多的寄存器达到两全其美的结果：既能将操作数存放在寄存器中，同时也能减少保存和恢复寄存器的次数。其中的关键在于，在函数调用的过程中不保留部分存储的值的寄存器被称为临时寄存器；另一些寄存器则对应地称为保存寄存器。不再调用其他函数的函数称为叶函数。当一个叶函数只有少量的参数和局部变量时，它们可以都被存储在寄存器中，而不会"溢出"到内存中。但如果函数参数和局部变量很多，程序还是需要把寄存器的值保存在内存中，不过这种情况并不多见。

在函数调用中，其他的寄存器要么被当作保存寄存器使用，在函数调用前后值不变；要么被当作临时寄存器使用，在函数调用中不保留。函数会更改用来保存返回值的寄存器，因此它们和临时寄存器类似，用来给函数传递参数的寄存器也不需要保留，因此它们也类似于临时寄存器。对于其他一些寄存器，调用者需要保证它们在函数调用前后保持不变，比如用于存储返回地址的寄存器和存储栈指针的寄存器。

RISC-V 整数和浮点寄存器的汇编助记符如表 7-10 所示，列出了寄存器的 RISC-V 应用程序二进制接口（Application Binary Interface，ABI）名称和它们在函数调用中是否保留的规定。RISC-V 有足够的寄存器，如果过程或方法不产生其他调用，就可以自由使用由 ABI 分配的寄存器，不需要保存和恢复。调用前后不变的寄存器也称为"由调用者保存的寄存器"，反之则称为"由被调用者保存的寄存器"。

表 7-10 RISC-V 整数和浮点寄存器的汇编助记符

寄存器	接口名称	描述	在调用中是否保留?
x0	zero	硬编码 0	—
x1	ra	返回地址	No
x2	sP	栈指针	Yes
x3	gP	全局指针	—
x4	tp	线程指针	—
x5	t0	临时寄存器/备用链接寄存器	No
x6～x7	t1～t2	临时寄存器	No
x8	s0/fp	保存寄存器/帧指针	Yes
x9	s1	保存寄存器	Yes
x10～x11	a0～a1	函数参数/返回值	No
x12～x17	a2～a7	函数参数	No
x18～x27	s2～s11	保存寄存器	Yes
x28～x31	t3～t6	临时寄存器	No
f0～f7	ft0～ft7	浮点临时寄存器	No
f8～f9	fs0～fs1	浮点保存寄存器	Yes
f10～f11	fa0～fa1	浮点参数/返回值	No
f12～f17	fa2～fa7	浮点参数	No
f18～f27	fs2～fs11	浮点保存寄存器	Yes
f28～f31	ft8～ft11	浮点临时寄存器	No

根据 ABI 规范,来看看标准的 RV32I 函数入口和出口。下面是函数的开头:

```
entry_label:
    addi    sp,sp,-framesize      #调整栈指针(sp寄存器)分配栈帧
    sw      ra,framesize-4(sp)    #保存返回地址(ra寄存器)
                                  #按需保存其他寄存器
    ...  #函数体
```

如果参数和局部变量太多,在寄存器中存不下,则函数的开头会在栈中为函数帧分配空间存放。当一个函数的功能完成后,它的结尾部分释放栈帧并返回调用点:

```
#按需从堆栈恢复寄存器
    lw      ra,framesize-4(sp)    #恢复返回地址寄存器
    addi    sp,sp,framesize       #释放栈帧空间
    ret     #返回调用点
```

7.5 RISC-V 架构及程序的机器级表示

不管用什么高级语言编写的源程序,最终都必须翻译(汇编、解释或编译)成以指令形式表示的机器语言才能在计算机上运行。本节简单介绍在高级语言源程序转换为机器语言的过程中涉及的一些基本问题。为方便起见,本节选择具体语言进行说明,高级语言和机器语

言分别选用 C 语言和 RISC-V 指令系统。对于其他指令系统,其基本原理不变。

7.5.1 RISC-V 指令系统概述

RISC-V 是由美国加利福尼亚大学伯克利分校在 2011 年推出的一个具有典型 RISC 特征的 ISA。RISC-V 的不同寻常之处在于,它是一个最新提出的、开放的 ISA,而大多数其他指令集都诞生于 20 世纪 70—80 年代。因此,RISC-V 的设计者以史为鉴,采用模块化设计思想,针对传统的增量 ISA 存在的各种问题,着重在芯片制造成本、指令集的简洁性和扩展性、程序性能、ISA 与其实现之间的独立性、程序代码量,以及易于编程/编译/连接等方面进行权衡,提出了一种全新的 ISA。

1. RISC-V 的设计目标

RISC-V 的设计目标是,能适应从最袖珍的嵌入式控制器,到最快的高性能计算机的实现;能兼容目前各种流行软件栈和各种编程语言;适用于所有实现技术,包括 FPGA、专用集成电路(Application Specific Integrated Circuit,ASIC)和全定制芯片,甚至是未来的实现技术;适合于各类微架构技术,如微码和硬连线控制器、单发射和超标量流水线、顺序和乱序执行等;支持广泛的异构处理架构,成为定制加速器的基础。此外,它还应该具有稳定的基础 ISA,能够保证在扩展新功能时不影响基础部分,这样就可避免像以前专有 ISA 那样,一旦不适应新的要求就只能被弃用。

2. RISC-V 的开源理念和设计原则

RISC-V 设计者本着"指令集应自由"的理念,将 RISC-V 完全公开,希望在全世界范围内得到广泛的支持,任何公司、大学、研究机构和个人都可以开发兼容 RISC-V 指令集的处理器芯片,都可以融入基于 RISC-V 构建的软硬件生态系统中,而无须为指令集付一分钱。

RISC-V 是一个开放的 ISA。它由一个开放的、非营利性质的基金会管理,因而它的未来不受任何单一公司的影响。RISC-V 基金会创立于 2015 年,RISC-V 基金会成员参与制定并可使用 RISC-V ISA 规范,并参与相关软硬件生态系统的开发。基金会的目标之一就是保持 RISC-V 的稳定性,并力图让它的硬件就像 Linux 的操作系统一样受欢迎。目前,基金会成员包括谷歌、华为、IBM、微软、三星等几百家成员组织,涵盖互联网应用、系统软件开发、大型计算机设备制造、通信产品研制、芯片制造等各类 IT 行业的公司、大学和研究机构,并建立了首个开放、协作的软硬件创新者社区,以加速尖端技术的创新。

RISC-V 与以前的增量 ISA 不同,它遵循"大道至简"的设计理念,采用模块化设计方法,既保持基础指令集的稳定,也保证扩展指令集的灵活配置,因此,RISC-V 指令集具有模块化特点和非常好的稳定性和可扩展性,在简洁性、实现成本、功耗、性能和程序代码量等各方面都有较显著的优势。

3. RISC-V 的模块化结构

RISC-V 采用模块化设计思想,将整个指令集分成稳定不变的基础指令集和可选的标准扩展指令集。它的核心是基础的 32 位整数指令集 RV32I,在其之上可以运行一个完整的软件栈。RV32I 是一个简洁、完备的固定指令集,永远不会发生变化。不同的系统可以根据应用的需要,在基础指令集 RV32I 之外添加相应的扩展指令集模块。例如,可以添加整数乘除(RV32M)、单精度浮点(RV32F)、双精度浮点(RV32D)3 个指令集模块,以形成 RV32IMFD 指令集。

RISC-V 还包含一个原子操作扩展指令集(RV32A),它和指令集 RV32MFD 合在一起,成为 32 位 RISC-V 标准扩展集,添加到基础指令集 RV32I 后,形成通用 32 位指令集 RV32G。因此,RV32G 代表 RV32IMAFD 指令集。

为了缩短程序的二进制代码的长度,RISC-V 提供了与 RV32G 对应的压缩指令集 RV32C,它是指令集 RV32G 的 16 位版本,RV32G 中的每条指令都是 32 位的,而 RV32C 中的每条指令都压缩为 16 位。

这里提到的 16 位指令或 32 位指令是指指令长度占 16 位或 32 位。32 位的 RV32G 指令和 16 位的 RV32C 指令都属于 32 位架构中的指令。也就是说,这些指令都是在字长为 32 位的机器上执行的指令,其程序计数器、通用寄存器和定点运算器的长度都是 32 位,针对的是 32 位整数和 32 位地址的处理。

64 位架构指令是指在字长为 64 位的机器上执行的指令。对于字长为 64 位的处理器架构,通用寄存器和定点运算器的位数都是 64 位。因为上述指令集 RV32G 和 RV32C 无法实现 64 位运算,所以需要对相应的 32 位指令集的行为进行调整,将处理的数据从 32 位调整为 64 位,并重新添加少量的 32 位处理指令,以形成对应的 RV64G(即 RV64IMAFD);对于 RV32C,则是对部分指令进行替换和调整,从而形成 RV64C。

为了支持数据级并行,RISC-V 提供了扩展的向量计算指令集 RV32V 和 RV64V。RISC-V 采用传统的向量计算机所用的基于向量寄存器的向量计算指令方式,而不是像 Intel x86 架构那样,采用 SIMD 方式支持数据级并行。

此外,为了进一步减少芯片面积,RISC-V 架构还提供了一种"嵌入式"架构 RV32E,它是 RV32I 的子集,仅支持 16 个 32 位通用寄存器。该架构主要用于追求极小面积和极低功耗的深嵌入式场景。

基于 RISC-V 架构规定的各种指令集模块,芯片设计者可以选择不同的组合来满足不同的应用场景。例如,在嵌入式应用场景下可以采用 RV32EC 架构,在高性能服务器场景下可以采用 RV64G 架构。

7.5.2 RISC-V 指令参考卡和指令格式

RISC-V 的一个主要特点是模块化和简洁性,因此,所有指令用两张指令参考卡就可以概述。基础整数指令参考卡①如图 7-10 所示。图中给出了 RISC-V 基础整数指令集 RV32I 和 RV64I、RV 特权指令集、可选的压缩指令扩展 RV32C 和 RV64C 中的指令列表,以及 RV 伪指令举例。

在 RISC-V 指令参考卡①中,每个基础指令集和扩展指令集中的指令又分成了多个类别,每个类别包含多条指令。每条指令通过一个指令名简单地给出一个功能描述,对每条指令的说明包括指令的功能描述、格式(Format,Fmt 为 Format 的缩写)和汇编指令表示。

Open RISC-V Reference Card ①

Base Integer Instructions: RV32I and RV64I

Category	Name	Fmt	RV32I Base	+RV64I
Shifts	Shift Left Logical	R	`SLL rd,rs1,rs2`	`SLLW rd,rs1,rs2`
	Shift Left Log. Imm.	I	`SLLI rd,rs1,shamt`	`SLLIW rd,rs1,shamt`
	Shift Right Logical	R	`SRL rd,rs1,rs2`	`SRLW rd,rs1,rs2`
	Shift Right Log. Imm.	I	`SRLI rd,rs1,shamt`	`SRLIW rd,rs1,shamt`
	Shift Right Arithmetic	R	`SRA rd,rs1,rs2`	`SRAW rd,rs1,rs2`
	Shift Right Arith. Imm.	I	`SRAI rd,rs1,shamt`	`SRAIW rd,rs1,shamt`
Arithmetic	ADD	R	`ADD rd,rs1,rs2`	`ADDW rd,rs1,rs2`
	ADD Immediate	I	`ADDI rd,rs1,imm`	`ADDIW rd,rs1,imm`
	SUBtract	R	`SUB rd,rs1,rs2`	`SUBW rd,rs1,rs2`
	Load Upper Imm	U	`LUI rd,imm`	
	Add Upper Imm to PC	U	`AUIPC rd,imm`	
Logical	XOR	R	`XOR rd,rs1,rs2`	
	XOR Immediate	I	`XORI rd,rs1,imm`	
	OR	R	`OR rd,rs1,rs2`	
	OR Immediate	I	`ORI rd,rs1,imm`	
	AND	R	`AND rd,rs1,rs2`	
	AND Immediate	I	`ANDI rd,rs1,imm`	
Compare	Set <	R	`SLT rd,rs1,rs2`	
	Set < Immediate	I	`SLTI rd,rs1,imm`	
	Set < Unsigned	R	`SLTU rd,rs1,rs2`	
	Set < Imm Unsigned	I	`SLTIU rd,rs1,imm`	
Branches	Branch =	B	`BEQ rs1,rs2,imm`	
	Branch ≠	B	`BNE rs1,rs2,imm`	
	Branch <	B	`BLT rs1,rs2,imm`	
	Branch ≥	B	`BGE rs1,rs2,imm`	
	Branch < Unsigned	B	`BLTU rs1,rs2,imm`	
	Branch ≥ Unsigned	B	`BGEU rs1,rs2,imm`	
Jump & Link	J&L	J	`JAL rd,imm`	
	Jump & Link Register	I	`JALR rd,rs1,imm`	
Synch	Synch thread	I	`FENCE`	
	Synch Instr & Data	I	`FENCE.I`	
Environment	CALL	I	`ECALL`	
	BREAK	I	`EBREAK`	
Control Status Register (CSR)				
	Read/Write	I	`CSRRW rd,csr,rs1`	
	Read & Set Bit	I	`CSRRS rd,csr,rs1`	
	Read & Clear Bit	I	`CSRRC rd,csr,rs1`	
	Read/Write Imm	I	`CSRRWI rd,csr,imm`	
	Read & Set Bit Imm	I	`CSRRSI rd,csr,imm`	
	Read & Clear Bit Imm	I	`CSRRCI rd,csr,imm`	
Loads	Load Byte	I	`LB rd,rs1,imm`	+RV64I
	Load Halfword	I	`LH rd,rs1,imm`	
	Load Byte Unsigned	I	`LBU rd,rs1,imm`	
	Load Half Unsigned	I	`LHU rd,rs1,imm`	`LWU rd,rs1,imm`
	Load Word	I	`LW rd,rs1,imm`	`LD rd,rs1,imm`
Stores	Store Byte	S	`SB rs1,rs2,imm`	
	Store Halfword	S	`SH rs1,rs2,imm`	
	Store Word	S	`SW rs1,rs2,imm`	`SD rs1,rs2,imm`

RV Privileged Instructions

Category	Name	Fmt	RV mnemonic
Trap	Mach-mode trap return	R	`MRET`
	Supervisor-mode trap return	R	`SRET`
Interrupt	Wait for Interrupt	R	`WFI`
MMU	Virtual Memory FENCE	R	`SFENCE.VMA rs1,rs2`

Examples of the 60 RV Pseudoinstructions

Name	Fmt	RV mnemonic
Branch = 0 (`BEQ rs,x0,imm`)	J	`BEQZ rs,imm`
Jump (uses `JAL x0,imm`)	J	`J imm`
MoVe (uses `ADDI rd,rs,0`)	R	`MV rd,rs`
RETurn (uses `JALR x0,0,ra`)	I	`RET`

Optional Compressed (16-bit) Instruction Extension: RV32C

Category	Name	Fmt	RVC	RISC-V equivalent
Loads	Load Word	CL	`C.LW rd',rs1',imm`	`LW rd',rs1',imm*4`
	Load Word SP	CI	`C.LWSP rd,imm`	`LW rd,sp,imm*4`
	Float Load Word SP	CL	`C.FLW rd',rs1',imm`	`FLW rd',rs1',imm*8`
	Float Load Word	CI	`C.FLWSP rd,imm`	`FLW rd,sp,imm*8`
	Float Load Double	CL	`C.FLD rd',rs1',imm`	`FLD rd',rs1',imm*16`
	Float Load Double SP	CI	`C.FLDSP rd,imm`	`FLD rd,sp,imm*16`
Stores	Store Word	CS	`C.SW rs1',rs2',imm`	`SW rs1',rs2',imm*4`
	Store Word SP	CSS	`C.SWSP rs2,imm`	`SW rs2,sp,imm*4`
	Float Store Word	CS	`C.FSW rs1',rs2',imm`	`FSW rs1',rs2',imm*8`
	Float Store Word SP	CSS	`C.FSWSP rs2,imm`	`FSW rs2,sp,imm*8`
	Float Store Double	CS	`C.FSD rs1',rs2',imm`	`FSD rs1',rs2',imm*16`
	Float Store Double SP	CSS	`C.FSDSP rs2,imm`	`FSD rs2,sp,imm*16`
Arithmetic	ADD	CR	`C.ADD rd,rs1`	`ADD rd,rd,rs1`
	ADD Immediate	CI	`C.ADDI rd,imm`	`ADDI rd,rd,imm`
	ADD SP Imm * 16	CI	`C.ADDI16SP x0,imm`	`ADDI sp,sp,imm*16`
	ADD SP Imm * 4	CIW	`C.ADDI4SPN rd',imm`	`ADDI rd',sp,imm*4`
	SUB	CR	`C.SUB rd,rs1`	`SUB rd,rd,rs1`
	AND	CR	`C.AND rd,rs1`	`AND rd,rd,rs1`
	AND Immediate	CI	`C.ANDI rd,imm`	`ANDI rd,rd,imm`
	OR	CR	`C.OR rd,rs1`	`OR rd,rd,rs1`
	eXclusive OR	CR	`C.XOR rd,rs1`	`AND rd,rd,rs1`
	MoVe	CR	`C.MV rd,rs1`	`ADD rd,rs1,x0`
	Load Immediate	CI	`C.LI rd,imm`	`ADDI rd,x0,imm`
	Load Upper Imm	CI	`C.LUI rd,imm`	`LUI rd,imm`
Shifts	Shift Left Imm	CI	`C.SLLI rd,imm`	`SLLI rd,rd,imm`
	Shift Right Ari. Imm.	CI	`C.SRAI rd,imm`	`SRAI rd,rd,imm`
	Shift Right Log. Imm.	CI	`C.SRLI rd,imm`	`SRLI rd,rd,imm`
Branches	Branch=0	CB	`C.BEQZ rs1',imm`	`BEQ rs1',x0,imm`
	Branch≠0	CB	`C.BNEZ rs1',imm`	`BNE rs1',x0,imm`
Jump	Jump	CJ	`C.J imm`	`JAL x0,imm`
	Jump Register	CR	`C.JR rd,rs1`	`JALR x0,rs1,0`
Jump & Link	J&L	CJ	`C.JAL imm`	`JAL ra,imm`
	Jump & Link Register	CR	`C.JALR rs1`	`JALR ra,rs1,0`
System	Env. BREAK	CI	`C.EBREAK`	`EBREAK`

Optional Compressed Extention: RV64C

All RV32C (except `C.JAL`, 4 word loads, 4 word strores) plus:

ADD Word (`C.ADDW`)	Load Doubleword (`C.LD`)
ADD Imm. Word (`C.ADDIW`)	Load Doubleword SP (`C.LDSP`)
SUBtract Word (`C.SUBW`)	Store Doubleword (`C.SD`)
	Store Doubleword SP (`C.SDSP`)

32-bit Instruction Formats

	31–25	24–20	19–15	14–12	11–7	6–0
R	funct7	rs2	rs1	funct3	rd	opcode
I	imm[11:0]		rs1	funct3	rd	opcode
S	imm[11:5]	rs2	rs1	funct3	imm[4:0]	opcode
B	imm[12|10:5]	rs2	rs1	funct3	imm[4:1|11]	opcode
U	imm[31:12]				rd	opcode
J	imm[20|10:1|11|19:12]				rd	opcode

16-bit (RVC) Instruction Formats

	15–13	12	11–10	9–7	6–5	4–2	1–0
CR	funct4		rd/rs1		rs2		op
CI	funct3	imm	rd/rs1		imm		op
CSS	funct3	imm			rs2		op
CIW	funct3	imm				rd′	op
CL	funct3	imm		rs1′	imm	rd′	op
CS	funct3	imm		rs1′	imm	rs2′	op
CB	funct3	offset		rs1′	offset		op
CJ	funct3	jump target					op

图 7-10 基础整数指令参考卡

注：RISC-V 整数基础(RV32I/64I)、特权级和可选的 RV32/64C。在 RV32I 中，寄存器 x1～x31 和程序计数器宽度为 32 位，在 RV64I 中宽度为 64 位(x0=0)。RV64I 为更宽的数据增加了 12 条指令。每条 16 位的 RVC 指令都对应一个现有的 32 位 RISC-V 指令。

例如，RV32I 基础指令集包含移位（Shifts）、算术运算（Arithmetic）、逻辑运算（Logical）、比较（Compare）、分支（Branches）、跳转连接（Jump&Link）、同步（Synch）、环境（Environment）、控制状态寄存器（Control Status Register）、取数（Loads）、存数（Stores）等类别。移位类指令中，第一行指令的功能为逻辑左移（Shift Left Logical），指令格式为 R 型，对应的汇编指令为"SLL rd,rs1,rs2"。

汇编指令中用容易记忆的英文单词或缩写表示指令操作码的含义，这些英文单词或其缩写被称为助记符。例如，汇编指令"SLL rd,rs1,rs2"中的 SLL 就是逻辑左移（Shift Left Logical）指令的助记符。也可用小写字母表示助记符，上述汇编指令也可以写成"sll rd,rs1,rs2"。本书采用小写字母表示助记符。

从参考卡①可以看出，64 位架构 RV64I 中包含的指令，除了 RV32I 以外，还有 6 条 32 位移位类指令，3 条 32 位加减运算指令，以及两条 64 位装入指令和 1 条 64 位存储指令。

在参考卡①的右上角给出了 RISC-V 的 4 条特权指令，其中，MRET 和 SRET 是陷阱指令对应的返回指令，WFI 是等待中断（Wait for Interrupt）指令，"SFENCE.VMA rs1,rs2"是 MMU 类指令，用于虚拟存储器的同步操作。

在参考卡①中的特权指令下面，给出了 RV 伪指令举例。RISC-V 中定义了 60 条伪指令，每条伪指令对应一条或多条真正的机器指令。引入伪指令的目的是增加汇编语言程序的可读性，在汇编语言程序中可以用伪指令明白地表示一些功能。例如，RISC-V 中没有专门的传送指令，而是通过加法指令"addi rd,rs,0"实现"将 rs 的内容传送到 rd"的功能。因此，可以用相当于加法指令"addi rd,rs,0"的伪指令"mv rd,rs"明显地表示传送功能。在将汇编语言源程序转换成机器语言程序时，汇编器将每条伪指令转换为对应的机器指令序列。

在参考卡①的右侧中部，给出了 16 位压缩指令集 RV32C 和 RV64C 中的指令列表。每条 16 位压缩指令都与一条等价的 32 位指令相对应。

RISC-V 在基础指令集 RV32I 和 RV64I 的基础上，提供了一组可选扩展指令集。可选的乘除指令扩展：RVM 如图 7-11 所示，可选扩展指令集包括乘除指令扩展 RVM、原子指令扩展 RVA、浮点指令扩展 RVF 和 RVD、向量指令扩展 RVV。此外，图 7-11 中还给出了 32 个定点通用寄存器 x0～x31 和 32 个浮点寄存器 f0～f31 的调用约定。

7.5.3　RV32I 指令编码格式

RV32I 指令图示如图 7-12 所示。

把带下画线的字母从左到右连接就组成了 RV32I 指令。花括号{}表示集合中垂直方向上的每个项目都是指令的不同变体。集合中的下画线意味着不包含这个字母的也是一个指令名称。例如，左侧第二个花括号表示 6 个指令：and、or、xor、andi、ori、xori。

RISC-V 的每条指令宽度为 32 位（不考虑压缩扩展指令），包括 RV32 指令集和 RV64 指令集。指令格式大致可分成 6 类。

(1) R 类型：寄存器与寄存器算术指令。

(2) I 类型：寄存器与立即数算术指令或者加载指令。

Open RISC-V Reference Card ②

Optional Multiply-Divide Instruction Extension: RVM

Category	Name	Fmt	RV32M (Multiply-Divide)	+RV64M
Multiply	MULtiply	R	MUL rd,rs1,rs2	MULW rd,rs1,rs2
	MULtiply High	R	MULH rd,rs1,rs2	
	MULtiply High Sign/Uns	R	MULHSU rd,rs1,rs2	
	MULtiply High Uns	R	MULHU rd,rs1,rs2	
Divide	DIVide	R	DIV rd,rs1,rs2	DIVW rd,rs1,rs2
	DIVide Unsigned	R	DIVU rd,rs1,rs2	
Remainder	REMainder	R	REM rd,rs1,rs2	REMW rd,rs1,rs2
	REMainder Unsigned	R	REMU rd,rs1,rs2	REMUW rd,rs1,rs2

Optional Atomic Instruction Extension: RVA

Category	Name	Fmt	RV32A (Atomic)	+RV64A
Load	Load Reserved	R	LR.W rd,rs1	LR.D rd,rs1
Store	Store Conditional	R	SC.W rd,rs1,rs2	SC.D rd,rs1,rs2
Swap	SWAP	R	AMOSWAP.W rd,rs1,rs2	AMOSWAP.D rd,rs1,rs2
Add	ADD	R	AMOADD.W rd,rs1,rs2	AMOADD.D rd,rs1,rs2
Logical	XOR	R	AMOXOR.W rd,rs1,rs2	AMOXOR.D rd,rs1,rs2
	AND	R	AMOAND.W rd,rs1,rs2	AMOAND.D rd,rs1,rs2
	OR	R	AMOOR.W rd,rs1,rs2	AMOOR.D rd,rs1,rs2
Min/Max	MINimum	R	AMOMIN.W rd,rs1,rs2	AMOMIN.D rd,rs1,rs2
	MAXimum	R	AMOMAX.W rd,rs1,rs2	AMOMAX.D rd,rs1,rs2
	MINimum Unsigned	R	AMOMINU.W rd,rs1,rs2	AMOMINU.D rd,rs1,rs2
	MAXimum Unsigned	R	AMOMAXU.W rd,rs1,rs2	AMOMAXU.D rd,rs1,rs2

Two Optional Floating-Point Instruction Extensions: RVF & RVD

Category	Name	Fmt	RV32{F|D} (SP,DP Fl. Pt.)	+RV64{F|D}
Move	Move from Integer	R	FMV.W.X rd,rs1	FMV.D.X rd,rs1
	Move to Integer	R	FMV.X.W rd,rs1	FMV.X.D rd,rs1
Convert	ConVerT from Int	R	FCVT.{S|D}.W rd,rs1	FCVT.{S|D}.L rd,rs1
	ConVerT from Int Unsigned	R	FCVT.{S|D}.WU rd,rs1	FCVT.{S|D}.LU rd,rs1
	ConVerT to Int	R	FCVT.W.{S|D} rd,rs1	FCVT.L.{S|D} rd,rs1
	ConVerT to Int Unsigned	R	FCVT.WU.{S|D} rd,rs1	FCVT.LU.{S|D} rd,rs1
Load	Load	I	FL{W,D} rd,rs1,imm	
Store	Store	S	FS{W,D} rs1,rs2,imm	
Arithmetic	ADD	R	FADD.{S|D} rd,rs1,rs2	
	SUBtract	R	FSUB.{S|D} rd,rs1,rs2	
	MULtiply	R	FMUL.{S|D} rd,rs1,rs2	
	DIVide	R	FDIV.{S|D} rd,rs1,rs2	
	SQuare RooT	R	FSQRT.{S|D} rd,rs1	
Mul-Add	Multiply-ADD	R	FADD.{S|D} rd,rs1,rs2,rs3	
	Multiply-SUBtract	R	FMSUB.{S|D} rd,rs1,rs2,rs3	
	Negative Multiply-SUBtract	R	FNMSUB.{S|D} rd,rs1,rs2,rs3	
	Negative Multiply-ADD	R	FNMADD.{S|D} rd,rs1,rs2,rs3	
Sign Inject	SiGN source	R	FSGNJ.{S|D} rd,rs1,rs2	
	Negative SiGN source	R	FSGNJN.{S|D} rd,rs1,rs2	
	Xor SiGN source	R	FSGNJX.{S|D} rd,rs1,rs2	
Min/Max	MINimum	R	FMIN.{S|D} rd,rs1,rs2	
	MAXimum	R	FMAX.{S|D} rd,rs1,rs2	
Compare	compare Float =	R	FEQ.{S|D} rd,rs1,rs2	
	compare Float <	R	FLT.{S|D} rd,rs1,rs2	
	compare Float ≤	R	FLE.{S|D} rd,rs1,rs2	
Categorize	CLASSify type	R	FCLASS.{S|D} rd,rs1	
Configure	Read Status	R	FRCSR rd	
	Read Rounding Mode	R	FRRM rd	
	Read Flags	R	FRFLAGS rd	
	Swap Status Reg	R	FSCSR rd,rs1	
	Swap Rounding Mode	R	FSRM rd,rs1	
	Swap Flags	R	FSFLAGS rd,rs1	
	Swap Rounding Mode Imm	I	FSRMI rd,imm	
	Swap Flags Imm	I	FSFLAGSI rd,imm	

Optional Vector Extension: RVV

Category	Name	Fmt	RV32V/R64V
SET Vector Len.		R	SETVL rd,rs1
	MULtiply High	R	VMULH rd,rs1,rs2
	REMainder	R	VREM rd,rs1,rs2
	Shift Left Log.	R	VSLL rd,rs1,rs2
	Shift Right Log.	R	VSRL rd,rs1,rs2
	Shift R. Arith.	R	VSRA rd,rs1,rs2
	LoaD	I	VLD rd,rs1,imm
	LoaD Strided	R	VLDS rd,rs1,rs2
	LoaD indeXed	R	VLDX rd,rs1,rs2
	STore	S	VST rd,rs1,imm
	STore Strided	R	VSTS rd,rs1,rs2
	STore indeXed	R	VSTX rd,rs1,rs2
	AMO SWAP	R	AMOSWAP rd,rs1,rs2
	AMO ADD	R	AMOADD rd,rs1,rs2
	AMO XOR	R	AMOXOR rd,rs1,rs2
	AMO AND	R	AMOAND rd,rs1,rs2
	AMO OR	R	AMOOR rd,rs1,rs2
	AMO MINimum	R	AMOMIN rd,rs1,rs2
	AMO MAXimum	R	AMOMAX rd,rs1,rs2
	Predicate =	R	VPEQ rd,rs1,rs2
	Predicate ≠	R	VPNE rd,rs1,rs2
	Predicate <	R	VPLT rd,rs1,rs2
	Predicate ≥	R	VPGE rd,rs1,rs2
	Predicate AND	R	VPAND rd,rs1,rs2
	Pred. AND NOT	R	VPANDN rd,rs1,rs2
	Predicate OR	R	VPOR rd,rs1,rs2
	Predicate XOR	R	VPXOR rd,rs1,rs2
	Predicate NOT	R	VPNOT rd,rs1
	Pred. SWAP	R	VPSWAP rd,rs1
	MOVe	R	VMOV rd,rs1
	ConVerT	R	VCVT rd,rs1
	ADD	R	VADD rd,rs1,rs2
	SUBtract	R	VSUB rd,rs1,rs2
	MULtiply	R	VMUL rd,rs1,rs2
	DIVide	R	VDIV rd,rs1,rs2
	SQuare RooT	R	VSQRT rd,rs1
	Multiply-ADD	R	VFMADD rd,rs1,rs2,rs3
	Multiply-SUB	R	VFMSUB rd,rs1,rs2,rs3
	Neg. Mul.-SUB	R	VFNMSUB rd,rs1,rs2,rs3
	Neg. Mul.-ADD	R	VFNMADD rd,rs1,rs2,rs3
	SiGN inJect	R	VSGNJ rd,rs1,rs2
	Neg SiGN inJect	R	VSGNJN rd,rs1,rs2
	Xor SiGN inJect	R	VSGNJX rd,rs1,rs2
	MINimum	R	VMIN rd,rs1,rs2
	MAXimum	R	VMAX rd,rs1,rs2
	XOR	R	VXOR rd,rs1,rs2
	OR	R	VOR rd,rs1,rs2
	AND	R	VAND rd,rs1,rs2
	CLASS	R	VCLASS rd,rs1
	SET Data Conf.	R	VSETDCFG rd,rs1
	EXTRACT	R	VEXTRACT rd,rs1,rs2
	MERGE	R	VMERGE rd,rs1,rs2
	SELECT	R	VSELECT rd,rs1,rs2

Calling Convention

Register	ABI Name	Saver	
x0	zero	---	Hardwired zero
x1	ra	Caller	Return address
x2	sp	Callee	Stack pointer
x3	gp	---	Global pointer
x4	tp	---	Thread pointer
x5-7	t0-2	Caller	Temporaries
x8	s0/fp	Callee	
x9	s1	Callee	
x10-11	a0-1	Caller	
x12-17	a2-7	Caller	
x18-27	s2-11	Callee	
x28-31	t3-6	Caller	
f0-7	ft0-7	Caller	
f8-9	fs0-1	Callee	
f10-11	fa0-1	Caller	
f12-17	fa2-7	Caller	
f18-27	fs2-11	Callee	
f28-31	ft8-11	Caller	
	zero		Hardwired zero
	ra		Return address
	sp		Stack pointer
	gp		Global pointer
	tp		Thread pointer
t0-0,ft0-7			Temporaries
s0-11,fs0-11			Saved registers
a0-7,fa0-7			Function args

图 7-11　可选的乘除指令扩展：RVM

注：RISC-V 调用约定和 5 个可选扩展：8 个 RV32M；11 个 RV32A；对于 32 位和 64 位数据，各有 34 个浮点指令（RV32F，RV32D）；53 个 RV32V。使用正则表达式符号，{ }代表集合，所以 FADD.{F|D}同时代表 FADD.F 和 FADD.D。RV32{F|D}增加了寄存器 f0~f31，其宽度匹配最宽的精度，以及一个浮点控制和状态寄存器 fcsr。RV32V 增加了向量寄存器 v0~v31，向量谓词寄存器 vp0~vp7，以及向量长度寄存器 vl。RV64 增加了一些指令：RVM 4 个，RVA 11 个，RVF 6 个，RVD 6 个。

RV32I

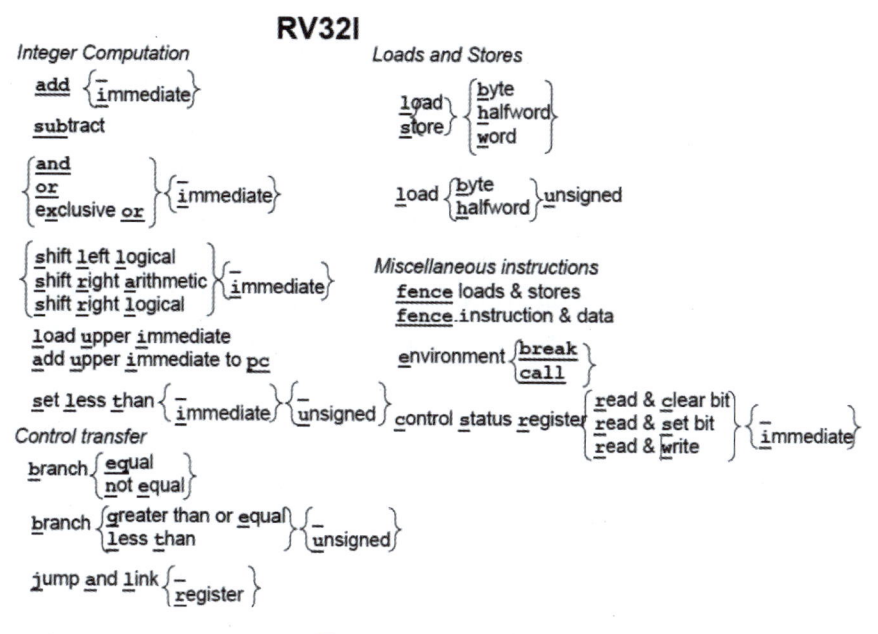

Integer Computation

- add {immediate}
- subtract
- {and, or, exclusive or} {immediate}
- {shift left logical, shift right arithmetic, shift right logical} {immediate}
- load upper immediate
- add upper immediate to pc
- set less than {immediate} {unsigned}

Control transfer

- branch {equal, not equal}
- branch {greater than or equal, less than} {unsigned}
- jump and link {register}

Loads and Stores

- load/store {byte, halfword, word}
- load {byte, halfword} unsigned

Miscellaneous instructions

- fence loads & stores
- fence instruction & data
- environment {break, call}
- control status register {read & clear bit, read & set bit, read & write} {immediate}

图 7-12　RV32I 指令图示

（3）S 类型：存储指令。

（4）B 类型：条件跳转指令。

（5）U 类型：长立即数操作指令。

（6）J 类型：无条件跳转指令。

RISC-V 指令集编码格式如图 7-13 所示。

31	30　25	24　　21　20	19　　15	14　12	11　　8　7	6　　0	
funct7		rs2	rs1	funct3	rd	opcode	R-type
imm[11:0]			rs1	funct3	rd	opcode	I-type
imm[11:5]		rs2	rs1	funct3	imm[4:0]	opcode	S-type
imm[12]	imm[10:5]	rs2	rs1	funct3	imm[4:1]　imm[11]	opcode	B-type
imm[31:12]					rd	opcode	U-type
imm[20]	imm[10:1]	imm[11]	imm[19:12]		rd	opcode	J-type

图 7-13　RISC-V 指令集编码格式

用生成的立即数值中的位置（而不是通常的指令立即数域中的位置）（imm[x]）标记每个立即数子域。

指令编码可以分成以下 6 部分。

(1) 操作码(opcode)字段：位于指令编码 Bit[6：0]，用于指令的分类。

(2) funct3 和 funct7(功能码)字段：常与 opcode 字段结合在一起定义指令的操作功能。

(3) rd 字段：表示目标寄存器的编号，位于指令编码的 Bit[11：7]。

(4) rs1 字段：表示第一源操作寄存器的编号，位于指令编码的 Bit[19：15]。

(5) rs2 字段：表示第二源操作寄存器的编号，位于指令编码的 Bit[24：20]。

(6) imm：表示有符号立即数。在 RISC-V 中使用的立即数大部分是符号扩展立即数。
RV64 指令集支持 64 位宽的数据和地址寻址，为什么指令的编码宽度只有 32 位？

RISC-V 通常使用 32 位定长指令，不过 RISC-V 为了减少代码量，也支持 16 位的压缩扩展指令。

RV64 指令集是基于寄存器加载和存储的体系结构设计的，其中所有的数据加载、存储以及处理操作均在通用寄存器中完成。RISC-V 架构一共配备了 32 个通用寄存器，它们被编号为 x0 至 x31，例如，x0 寄存器的编号为 0，以此类推。因此，在指令编码中，使用 5 位宽 ($2^5=32$) 来索引这 32 个通用寄存器。

lw 加载指令的编码如图 7-14 所示。

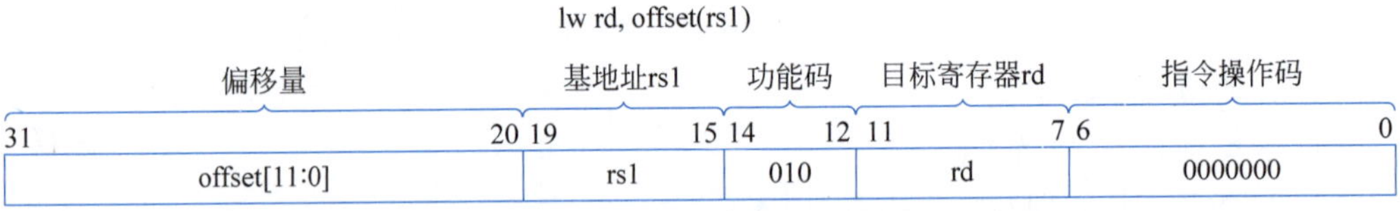

偏移量	基地址rs1	功能码	目标寄存器rd	指令操作码
31　　　　　　　　20	19　　　　15	14　　12	11　　　　7	6　　　　0
offset[11:0]	rs1	010	rd	0000000

lw rd, offset(rs1)

图 7-14　lw 加载指令的编码

(1) 第 0～6 位为 opcode 字段，用于指令分类。

(2) 第 7～11 位为 rd 字段，用来描述目标寄存器 rd，它可以从 x0～x31 通用寄存器中选择。

(3) 第 12～14 位为功能码字段，在加载指令中表示加载数据的位宽。

(4) 第 15～19 位为基地址 rs1，可以从 x0～x31 通用寄存器中选择。

(5) 第 20～31 位为 offset 字段，表示偏移量。

RV64 指令集中常用的符号说明如下。

(1) rd：表示目标寄存器，可以从 x0～x31 通用寄存器中选择。

(2) rs1：表示源寄存器 1，可以从 x0～x31 通用寄存器中选择。

(3) rs2：表示源寄存器 2，可以从 x0～x31 通用寄存器中选择。

(4) ()：通常用来表示寻址模式，例如，(a0)表示以 a0 寄存器的值为基地址进行寻址。在()前面还可以加 offset，表示偏移量，可以是正数或负数。例如，8(a0)表示以 a0 寄存器的值为基地址，然后偏移 8Byte 进行寻址。

(5) {}：表示可选项。

(6) imm：表示有符号立即数。

即使是指令格式也能从一些方面说明 RISC-V 更简洁的 ISA 设计能提高性能功耗比。

首先，指令只有 6 种格式，并且所有的指令都是 32 位长，这简化了指令解码。ARM-32 和更典型的 x86-32 都有许多不同的指令格式，使解码部件在低端实现中偏昂贵，在中高端处理器设计中容易带来性能挑战。其次，RISC-V 指令提供 3 个寄存器操作数，而不是像 x86-32 一样，让源操作数和目的操作数共享一个字段。当一个操作需要 3 个不同的操作数，但是 ISA 只提供了两个操作数时，编译器或者汇编程序程序员就需要多使用一条搬运指令保存目的寄存器的值。再次，在 RISC-V 中，对于所有指令，要读写的寄存器的标识符总是在同一位置，这意味着在解码指令之前，就可以先开始访问寄存器。在许多其他的 ISA 中，某些指令字段在部分指令中被用作源目的地，而在其他指令中又被作为目的操作数（例如，ARM-32 和 MIPS-32）。因此，为了取出正确的指令字段，需要在时序本就可能紧张的解码路径上添加额外的解码逻辑，使得解码路径的时序更为紧张。最后，这些格式的立即数字段总是符号扩展，符号位总是在指令中最高位。这意味着可能成为关键路径的立即数符号扩展，可以在指令解码之前进行。

RV32I 带有指令局、操作码、格式类型和名称的操作码映射如图 7-15 所示。它使用图 7-13 的指令格式列出了图 7-12 中出现的所有 RV32I 指令的操作码。

为了帮助程序员，所有位全部是 0，是非法的 RV32I 指令。因此，试图跳转到被清零的内存区域的错误跳转将会立即触发异常，但这可以帮助调试。类似地，所有位全部是 1 的指令也是非法指令，它将捕获其他常见的错误，诸如未编程的非易失性内存设备、断开连接的内存总线或者坏掉的内存芯片。

为了给 ISA 扩展留出足够的空间，最基础的 RV32I 指令集只使用了 32 位指令字中的编码空间的不到 1/8。架构师们也仔细挑选了 RV32I 操作码，使拥有共同数据通路的指令操作码位有尽可能多位的值是一样的，这简化了控制逻辑。最后，B 和 J 格式的分支和跳转地址必须向左移动 1 位，以将地址乘以 2，从而给予分支和跳转指令更大的跳转范围。RISC-V 将立即数中的位在自然排布的基础进行了一些移位轮换，将指令信号的扇出和立即数多路复用的成本降低了很多，这也简化了低端实现中的数据通路逻辑。

【例 7-1】 在 QEMU+RISC-V 平台上通过"cpuinfo"查看节点的信息。

```
root:~# cat /proc/cpuinfo
processor   : 0
hart        : 0
isa         : rv64imafdcsu
mmu         : sv48
```

从"isa"可知该系统支持的扩展为 rv64imafdcsu，即支持 64 位的基础整型指令集 I、整型乘法和除法扩展指令集 M、原子操作指令集 A、单精度浮点数扩展指令集 F、双精度浮点数扩展指令集 D、压缩指令集 C、特权模式指令集 S，以及用户模式指令集 U。

程序展示了在基于全可模拟器（QEMU）模拟的 RISC-V 平台上，如何通过查看 /proc/cpuinfo 文件获取处理器（CPU）的相关信息。/proc/cpuinfo 是 Linux 操作系统中的一个特殊文件，提供了当前系统中 CPU 的详细信息。在 RISC-V 架构的系统中，这个文件同样提供了关于处理器的重要信息。

31	25 24	20 19	15 14	12 11	7 6	0		
	imm[31:12]				rd	0110111	U	lui
	imm[31:12]				rd	0010111	u	auipc
	imm[20|10:1|11|19:12]				rd	1101111	J	jal
	imm[11:0]			rs1	000	rd	1100111	I	jalr
imm[12|10:5]	rs2	rs1	000	imm[4:1|11]	1100011	B	beq
imm[12|10:5]	rs2	rs1	001	imm[4:1|11]	1100011	B	bne
imm[12|10:5]	rs2	rs1	100	imm[4:1|11]	1100011	B	blt
imm[12|10:5]	rs2	rs1	101	imm[4:1|11]	1100011	B	bge
imm[12|10:5]	rs2	rs1	110	imm[4:1|11]	1100011	B	bltu
imm[12|10:5]	rs2	rs1	111	imm[4:1|11]	1100011	B	bgeu
	imm[11:0]		rs1	000	rd	0000011	I	lb
	imm[11:0]		rs1	001	rd	0000011	I	lh
	imm[11:0]		rs1	010	rd	0000011	I	lw
	imm[11:0]		rs1	100	rd	0000011	I	lbu
	imm[11:0]		rs1	101	rd	0000011	I	lhu
imm[11:5]	rs2	rs1	000	imm[4:0]	0100011	S	sb
imm[11:5]	rs2	rs1	001	imm[4:0]	0100011	S	sh
imm[11:5]	rs2	rs1	010	imm[4:0]	0100011	S	sw
	imm[11:0]		rs1	000	rd	0010011	I	addi
	imm[11:0]		rs1	010	rd	0010011	I	slti
	imm[11:0]		rs1	011	rd	0010011	I	sltiu
	imm[11:0]		rs1	100	rd	0010011	I	xori
	imm[11:0]		rs1	110	rd	0010011	I	ori
	imm[11:0]		rs1	111	rd	0010011	I	andi
0000000	shamt	rs1	001	rd	0010011	I	slli
0000000	shamt	rs1	101	rd	0010011	I	srli
0100000	shamt	rs1	101	rd	0010011	I	srai
0000000	rs2	rs1	000	rd	0110011	R	add
0100000	rs2	rs1	000	rd	0110011	R	sub
0000000	rs2	rs1	001	rd	0110011	R	sll
0000000	rs2	rs1	010	rd	0110011	R	slt
0000000	rs2	rs1	011	rd	0110011	R	sltu
0000000	rs2	rs1	100	rd	0110011	R	xor
0000000	rs2	rs1	101	rd	0110011	R	srl
0100000	rs2	rs1	101	rd	0110011	R	sra
0000000	rs2	rs1	110	rd	0110011	R	or
0000000	rs2	rs1	111	rd	0110011	R	and
0000	pred	succ	00000	000	00000	0001111	I	fence
0000	0000	0000	00000	001	00000	0001111	I	fence.i
	000000000000			00000	000	00000	1110011	I	ecall
colspan="3"	000000000001			00000	000	00000	1110011	I	ebreak
colspan="2"	csr		rs1	001	rd	1110011	I	csrrw
colspan="2"	csr		rs1	010	rd	1110011	I	csrrs
colspan="2"	csr		rs1	011	rd	1110011	I	csrrc
colspan="2"	csr		zimm	101	rd	1110011	I	csrrwi
colspan="2"	csr		zimm	110	rd	1110011	I	cssrrsi
colspan="2"	csr		zimm	111	rd	1110011	I	csrrci

图 7-15 RV32I 带有指令布局、操作码、格式类型和名称的操作码映射

程序执行的命令是 cat /proc/cpuinfo,其功能描述如下。

cat:是一个 UNIX/Linux 命令,用于读取、合并或显示文件的内容。在这里,它被用来显示 /proc/cpuinfo 文件的内容。

/proc/cpuinfo:是一个虚拟文件,它包含了 CPU 的相关信息。在 Linux 操作系统中,/proc 目录包含了系统运行时的各种信息,而 cpuinfo 是其中的一个文件,专门用来提供 CPU 的相关信息。

输出的内容包括以下 4 项。

(1) processor:0:表示当前显示的是第一个处理器的信息。在多核系统中,每个处理器(或核心)会有一个唯一的编号。

(2) hart:0:在 RISC-V 架构中,"hart"是硬件线程的简称,它是可独立调度的最小执行单元。这里显示的是当前 hart 的编号。

(3) isa:rv64imafdcsu:表示当前处理器支持的 ISA。rv64i 表示基本的 64 位整数指令集,m 表示乘法和除法指令,a 表示原子指令,f 和 d 分别表示单精度和双精度浮点指令,c 表示压缩指令,s 表示支持监管模式,u 表示支持用户模式。

(4) mmu:sv48:表示 MMU 使用的地址转换模式。sv48 指的是使用 48 位虚拟地址的页表格式,这是 RISC-V 中用于支持更大虚拟地址空间的一种页表格式。

这个程序的功能是显示在 QEMU 模拟的 RISC-V 平台上,关于处理器的一些基本信息,包括处理器编号、硬件线程编号、支持的指令集和 MMU 的详细信息。这对于了解当前系统的硬件配置和性能特性非常有用。

7.5.4 RISC-V 的寻址方式

RISC-V 是一种开放源代码的 RISC,它旨在提供一种高效地处理器设计方法。RISC-V 指令集支持多种寻址方式,以便于不同类型的数据操作和控制流指令。

在 RISC-V 指令集中,寻址方式是指 CPU 解释指令中地址信息的方法,用以确定操作数的来源或目的地。操作数可以是数据或者是指令的一部分,而寻址方式决定了这些操作数是如何从指令、寄存器或内存中获取的。简而言之,寻址方式定义了指令如何引用内存中的数据或指令。

寻址方式对于 ISA 非常重要,因为它们影响了指令的格式、编码及处理器的实现。不同的寻址方式提供了不同的灵活性和效率,允许指令以多种方式引用操作数。在 RISC-V 这种 RISC 架构中,寻址方式被设计得尽可能简单高效,以减少指令的复杂度和执行所需的周期数。

RISC-V 中的主要寻址方式有如下 5 种。

1. 立即数寻址

这种寻址方式允许指令直接携带一个数值作为操作数。立即数寻址在执行像加法或逻辑操作时非常有用,当操作数是一个已知的常数时尤其如此。

举例:addi x1, x2, 10。这条指令将寄存器 x2 的值与立即数 10 相加,结果存储在寄存器 x1 中。

2. 寄存器寻址

在这种寻址方式中，操作数直接存储在寄存器中。指令通过指定寄存器的编号访问这些操作数。由于寄存器的访问速度比内存快得多，这种方式非常高效。

举例：add x1, x2, x3。这条指令将寄存器 x2 和 x3 的值相加，结果存储在寄存器 x1 中。

3. 基址寻址

基址寻址通过一个基址寄存器和一个偏移量确定操作数的内存地址。这种方式常用于通过数组索引或结构体成员的偏移访问数据。

举例：lw x1, 100(x2)。这条指令从内存地址（寄存器 x2 的内容加上偏移量 100）加载一个字到寄存器 x1 中。

4. 程序计数器相对寻址

在程序计数器相对寻址中，操作数的地址是基于当前程序计数器的值加上一个偏移量确定的。这种方式常用于分支和跳转指令，有助于实现相对跳转，使代码更具有可移植性。

举例：beq x1, x2, label。如果寄存器 x1 和 x2 的值相等，则跳转到标签所指示的地址。跳转的目标地址是当前程序计数器值加上一个偏移量，该偏移量是从标签计算得到的。

5. 伪直接寻址

伪直接寻址主要用于跳转指令，如 jal。它允许在较大的地址范围内进行跳转，操作数的地址由指令中的部分地址和程序计数器的高位组合而成。

举例：jal x1, label。这条指令将下一条指令的地址存入寄存器 x1 中，然后跳转到标签标记的地址执行。跳转的目标地址是通过伪直接寻址方式计算得到的。

通过这些寻址方式，RISC-V 能够高效地支持各种数据访问和控制流操作，同时保持了指令集的简洁性。

7.5.5 学习 RISC-V 汇编语言的必要性

在 RISC-V 微控制器编程中，尽管 C 语言提供了便利的编程方式，但学习汇编语言仍具有重要价值。以下是原因及相应的例子，说明为何在这种场景下汇编语言是不可或缺的。

1. 性能优化

汇编语言允许开发者直接与硬件交互，进行更细致的性能优化。

例子：使用 RISC-V 的分支指令（如 beq, bne）可以减少不必要的程序跳转，直接利用硬件特性提升程序的执行效率。

2. 资源受限环境

在内存和处理能力非常有限的环境中，汇编语言可以帮助开发者编写极其紧凑和高效的代码。

例子：利用 RISC-V 的立即数加载指令（如 li）和压缩的 16 位指令格式，可以显著减少程序占用的内存空间，这对于资源受限的嵌入式系统来说至关重要。

3. 底层硬件访问

通过汇编语言，开发者可以直接访问和控制硬件，这对于需要精确控制硬件行为的程序至关重要。

例子：在操作系统开发中，使用 RISC-V 的系统指令（如 csrrw）可以直接读写控制状态寄存器，实现对中断的管理和控制，这在 C 语言中往往难以直接实现。

4. 理解计算机工作原理

学习汇编语言有助于深入理解计算机的工作原理，包括处理器架构、指令执行流程、内存管理等。

例子：通过学习 RISC-V 的装入和存储指令（如 lw,sw），开发者可以更好地理解内存访问模式、地址计算和内存对齐的概念。

5. 特定功能实现

某些特定功能或指令在 C 语言中没有直接对应的实现，或者实现起来非常困难。

例子：RISC-V 提供了原子操作指令（如 amoadd.w），用于实现多核或多线程环境下的数据同步。这类操作在 C 语言中可能需要依靠外部库或编译器特性，而汇编语言可以直接实现。

6. 混合编程

开发者可以将 C 语言和汇编语言结合起来使用，以便在保持代码可读性的同时，针对性能关键的部分实现最优化。

例子：在处理图像或音频数据的关键算法中，可以将计算密集型的部分用 RISC-V 汇编语言编写，并通过内联汇编的方式嵌入 C 语言代码中，以达到最佳的执行效率。

通过上述例子可以看出，学习汇编语言对于深入理解硬件、进行性能优化、处理特殊需求等方面具有不可替代的价值，尤其是在 RISC-V 微控制器编程领域。

7.5.6 RISC-V 指令概述

RISC-V 指令集是一个基于 RISC 原则设计的 ISA。它包含了一系列的基本操作指令，用于控制处理器的行为。RISC-V 指令集被划分为几个不同的子集，例如整数指令集（I）、浮点指令集（F）、原子指令集（A）等。这里将介绍一些基本的整数指令集，并给出每种指令的功能说明及使用示例。请注意，完整的 RISC-V 指令集非常广泛，这里只能提供一个简化的概览。

1. 加载和存储指令

lw rd, offset(rs1)：从内存加载一个字到寄存器。

例：lw x1,4(x2) 表示从内存地址 x2+4 加载一个字到寄存器 x1。

sw rs2, offset(rs1)：将寄存器的值存储到内存中。

例：sw x1,4(x2) 表示将寄存器 x1 的内容存储到内存地址 x2+4。

2. 算术指令

add rd, rs1, rs2：将两个寄存器的值相加。

例：add x1，x2，x3 表示将 x2 和 x3 的值相加，并将结果存储到 x1。

sub rd，rs1，rs2：从第一个寄存器的值中减去第二个寄存器的值。

例：sub x1，x2，x3 表示从 x2 的值中减去 x3 的值，并将结果存储到 x1。

3. 分支指令

beq rs1，rs2，offset：如果两个寄存器的值相等，则跳转。

例：beq x1，x2，label 表示如果 x1 和 x2 相等，则跳转到 label。

bne rs1，rs2，offset：如果两个寄存器的值不相等，则跳转。

例：bne x1，x2，label 表示如果 x1 和 x2 不相等，则跳转到 label。

4. 立即数（imm）指令

addi rd，rs1，imm：将寄存器的值与一个立即数相加。

例：addi x1，x2，10 表示将 x2 的值与 10 相加，并将结果存储到 x1。

5. 逻辑指令

and rd，rs1，rs2：对两个寄存器的值进行逻辑与操作。

例：and x1，x2，x3 表示将 x2 和 x3 进行逻辑与操作，并将结果存储到 x1。

or rd，rs1，rs2：对两个寄存器的值进行逻辑或操作。

例：or x1，x2，x3 表示将 x2 和 x3 进行逻辑或操作，并将结果存储到 x1。

6. 移位指令

sll rd，rs1，rs2：逻辑左移。

例：sll x1，x2，x3 表示将 x2 的值向左移动 x3 指定的位数，并将结果存储到 x1。

7. 移位立即数指令

slli rd，rs1，imm：逻辑左移立即数。

例：slli x1，x2，5 表示将 x2 的值向左移动 5 位，并将结果存储到 x1。

srli rd，rs1，imm：逻辑右移立即数。

例：srli x1，x2，5 表示将 x2 的值向右逻辑移动 5 位，并将结果存储到 x1。

8. 比较指令

slt rd，rs1，rs2：执行"设置小于"操作。

例：slt x1，x2，x3 表示如果 x2 小于 x3，则 x1 被设置为 1，否则设置为 0。

slti rd，rs1，imm：设置小于立即数。

例：slti x1，x2，10 表示如果 x2 小于 10，则 x1 被设置为 1，否则设置为 0。

9. 跳转指令

jal rd，offset：跳转并链接。

例：jal x1，label 表示跳转到标签指定的位置，并将下一条指令的地址存储到 x1。

jalr rd，rs1，offset：跳转并链接寄存器。

例：jalr x1，x2，0 表示跳转到 x2 指定的地址，并将下一条指令的地址存储到 x1。

10. 系统指令

ecall：环境调用。

用于从用户模式切换到更高的权限模式,如操作系统内核。

ebreak:环境断点。

用于触发调试断点。

11. 原子指令

amoadd.w rd, rs2, (rs1):原子加法。

例:amoadd.w x1, x2, (x3)表示将 x2 的值原子地加到 x3 地址处的值上,并将原始值加载到 x1。

12. 浮点指令

fadd.s rd, rs1, rs2:单精度浮点加法。

例:fadd.s f1, f2, f3 表示将 f2 和 f3 的单精度浮点数相加,并将结果存储到 f1。

RISC-V 指令集包含了更多的指令和变种,包括不同精度的浮点运算、不同长度的整数运算等。此外,RISC-V 还支持扩展,例如向量扩展(V),使它可以适应更广泛的应用场景。每种指令都被设计为实现特定的操作,使开发者能够编写高效且紧凑的程序。随着 RISC-V 社区的发展,新的指令和扩展将不断被引入。

7.5.7 加载与存储指令

和其他 RISC 体系结构一样,RISC-V 体系结构也基于加载和存储的体系结构设计理念。在这种体系结构下,所有的数据处理都需要在通用寄存器中完成,而不能直接在内存中完成。因此,首先把待处理数据从内存加载到通用寄存器,然后进行数据处理,最后把结果写回内存中。

1. 加载指令

加载指令的格式如下。

l{d|w|h|b}{u} rd, offset(rs1),

其中,相关选项的含义如下。

(1) {d|w|h|b}:表示加载的数据宽度。加载指令如表 7-11 所示。

表 7-11 加载指令

加载指令	数据位宽/位	说 明
lb rd, offset(rs1)	8	以 rs1 寄存器的值为基地址,在偏移 offset 的地址处加载一字节数据,经过符号扩展之后写入目标寄存器 rd 中
lbu rd, offset(rs1)	8	以 rs1 寄存器的值为基地址,在偏移 offset 的地址处加载一字节数据,经过零扩展之后写入目标寄存器 rd 中
lh rd, offset(rs1)	16	以 rs1 寄存器的值为基地址,在偏移 offset 的地址处加载两字节数据,经过符号扩展之后写入目标寄存器 rd 中
lhu rd, offset(rs1)	16	以 rs1 寄存器的值为基地址,在偏移 offset 的地址处加载两字节数据,经过零扩展之后写入目标寄存器 rd 中

续表

加 载 指 令	数据位宽/位	说　　明
lw rd, offset(rs1)	32	以 rs1 寄存器的值为基地址,在偏移 offset 的地址处加载 4 字节数据,经过符号扩展之后写入目标寄存器 rd 中
lwu rd, offset(rs1)	32	以 rs1 寄存器的值为基地址,在偏移 offset 的地址处加载 4 字节数据,经过零扩展之后写入目标寄存器 rd 中
ld rd, offset(rs1)	64	以 rs1 寄存器的值为基地址,在偏移 offset 的地址处加载 8 字节数据,写入寄存器 rd 中
lui rd, imm	64	先把 imm(立即数)左移 12 位,然后进行符号扩展,把结果写入 rd 寄存器中

(2) {u}：可选项,表示加载的数据为无符号数,即采用零扩展方式。如果没有这个选项,表示加载的数据为有符号数,即采用有符号扩展方式。

(3) rd：表示目标寄存器。

(4) rs1：表示源寄存器 1。

(5) (rs1)：表示以 rs1 寄存器的值为基地址进行寻址,简称 rs1 地址。

(6) offset：表示以源寄存器的值为基地址的偏移量。offset 是 12 位有符号数,取值范围为[-2048,2047]。

上述加载指令的编码如图 7-16 所示,其中字段 opcode 都是一样的,唯一不同的是 funct3 字段。

31　　　　　　　　　　20	19　　　　15	14　　12	11　　　7	6　　　　0
imm[11:0]	rs1	funct3	rd	opcode
12	5	3	5	7
offset[11:0]	base	width	dest	LOAD

图 7-16　加载指令的编码

【例 7-2】 下面的代码使用了加载指令。

```
1  li    t0, 0x80000000
2
3  lb    t1, (t0)
4  lb    t1, 4(t0)
5  lbu   t1, 4(t0)
6  lb    t1, -4(t0)
7  ld    t1, (t0)
8  ld    t1, 16(t0)
```

第 1 行是一条伪指令,它把立即数加载到 t0 寄存器中。

在第 3 行中,从以 t0 寄存器的值为基地址的内存中加载一字节的数据到 t1 寄存器中,对这一字节的数据进行符号扩展。符号扩展是计算机系统中把小字节转换成大字节的规则之一,它将符号位扩展至所需要的位数。例如,一个 8 位的有符号数为 0x8A,它的最高位(第 7 位)为 1,因此在做符号扩展的过程中,高字节部分需要填充为 0xFF,符号扩展如图 7-17 所示,符号扩展到 64 位的结果为 0xFFFF FFFF FFFF FF8A。

图 7-17　符号扩展

在第 4 行中,以 t0 寄存器的值为基地址再加上 4 字节的偏移量为内存地址(0x8000 0004),从这个内存地址中加载一字节的数据到 t1 寄存器中,对该字节的数据进行符号扩展。

第 5 行中的指令与第 4 行中的指令基本类似,不同之处在于对该字节的数据不会做符号扩展,即按照无符号数处理,因此为高字节部分填充 0,称为零扩展,如图 7-18 所示。

图 7-18　零扩展

在第 6 行中,以 t0 寄存器的值为基地址再减去 4 字节的偏移量为内存地址(0x7FFF FFFC),从这个内存地址中加载一字节的数据到 t1 寄存器中,对该字节的数据进行符号扩展。

在第 7 行中,从以 t0 寄存器的值为基地址的内存中加载 8 字节的数据到 t1 寄存器中。

在第 8 行中,以 t0 寄存器的值为基地址再加上 16 字节的偏移量为内存地址(0x8000 0010),从这个内存地址中加载 8 字节的数据到 t1 寄存器中。

【例 7-3】 下面的代码使用 lui 加载立即数。

```
lui   t0, 0x80200
lui   t1, 0x40200
```

在第 1 行中,首先把 0x80200 左移 12 位得到 0x80200000,然后进行符号扩展,最后结果等于 0xFEFF EFF 8020 0000。

在第 2 行中,首先把 0x40200 左移 12 位得到 0x40200000,然后进行符号扩展,因为最高位为 0,所以最后结果为 0x4020 0000。

【例 7-4】 下面的代码有错误。

```
lb   a1, 2048(a0)
lb   a1, -2049(a0)
```

上述指令的偏移量已经超过了取值范围,汇编器会报错。

```
AS   build_src/boot_s.o
src/boot.S: Assembler messages:
src/boot.S:6: Error: illegal operands 'lb a1, -2049(a0)'
src/boot.S:7: Error: illegal operands 'lb a1, -2048(a0)'
make: *** [Makefile:28: build_src/boot_s.o] Error 1
```

2. 存储指令

存储指令的格式如下。

s{d|w|h|b}　rs2, offset(rs1),

存储指令的编码如图 7-19 所示。

31　　　　　　25	24　　　　20	19　　　　15	14　　12	11　　　　7	6　　　　　　0
imm[11:5]	rs2	rs1	funct3	imm[4:0]	opcode
7	5	5	3	5	7
offset[11:5]	src	base	width	offset[4:0]	STORE

图 7-19　存储指令的编码

图 7-19 中相关选项的含义如下。

(1) {d|w|h|b}：表示存储的数据宽度。根据数据的位宽，存储指令的分类如表 7-12 所示。

表 7-12　存储指令的分类

存储指令	数据位宽/位	说　　　明
sb rs2, offset(rs1)	8	把 rs2 寄存器的低 8 位宽的值存储到以 rs1 寄存器的值为基地址再加上 offset 的地址处
Sh rs2, offset(rs1)	16	把 rs2 寄存器的低 16 位宽的值存储到以 rs1 寄存器的值为基地址再加上 offset 的地址处
sw rs2, offset(rs1)	32	把 rs2 寄存器的低 32 位宽的值存储到以 rs1 寄存器的值为基地址再加上 offset 的地址处
sd rs2, offset(rs1)	64	把 rs2 寄存器的值存储到以 rs1 寄存器的值为基地址再加上 offset 的地址处

(2) rs1：表示源寄存器 1，用于表示基地址。

(3) (rs1)：表示以 rs1 寄存器的值为基地址进行寻址，简称 rs1 地址。

(4) rs2：表示源寄存器 2，用来表示源操作数。

(5) offset：表示以源寄存器的值为基地址的偏移量。offset 是 12 位有符号数，取值范围为[−2048,2047]。

7.5.8　程序计数器相对寻址

程序计数器(Program Counter,PC)用来指示下一条指令的地址。为了保证 CPU 正确地执行程序的指令代码，CPU 必须知道下一条指令的地址，这就是程序计数器的作用，通常程序计数器是一个寄存器。例如，在程序执行之前，把程序的入口地址(即第一条指令的地址)设置到 PC 寄存器中。CPU 从 PC 寄存器指向的地址取值，然后依次执行。当 CPU 执行完一条指令后会自动修改 PC 的内容，使其指向下一条指令的地址。

RISC-V 指令集提供了一条 PC 相对寻址的指令 auipc，auipc 指令的格式如下：

auipc　rd, imm

这条指令把 imm(立即数)左移 12 位并带符号扩展到 64 位后,得到一个新的立即数,这个新的立即数是一个有符号的立即数,再加上当前 PC 值,然后存储到 rd 寄存器中。由于新的立即数表示的是地址的高 20 位部分,并且是一个有符号的立即数,因此这条指令能寻址的范围为基于当前 PC 偏移量±2GB,auipc 指令寻址范围如图 7-20 所示。另外,由于这个新立即数的低 12 位都是 0,因此它只能寻址到与 4KB 对齐的地址。对于 4KB 内部的寻址,需要结合其他指令(如 addi 指令)完成。

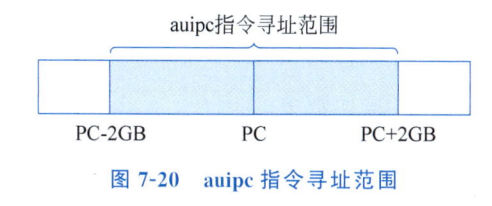

图 7-20 auipc 指令寻址范围

另外,还有一条指令(即 lui 指令)与 auipc 类似。不同之处在于 lui 指令不使用 PC 相对寻址,它仅仅把立即数左移 12 位,得到一个新的 32 立即数,带符号扩展到 64 位,并存储到 rd 寄存器中。auipc 和 lui 指令的编码如图 7-21 所示。

图 7-21 auipc 和 lui 指令的编码

【例 7-5】 假设当前 PC 值为 0x80200000,分别执行如下指令,那么 a5 和 a6 寄存器的值是多少?

```
auipc  a5,0x2
lui    a6,0x2
```

a5 寄存器的值为 PC+sign_extend(0x2≪12)=0x8020 0000+0x2000=0x8020 2000。其中,PC 为程序计数器值。

a6 寄存器的值为 0x2≪12=0x2000。

auipc 指令通常和 addi 联合使用,实现 32 位地址空间的 PC 相对寻址。auipc 指令可以寻址与被访问地址按 4KB 对齐的地方,即被访问地址的高 20 位。addi 指令可以在[-2048,2047]内寻址,即被访问地址的低 12 位。

如果知道了当前 PC 值和目标地址,如何计算 auipc 和 addi 指令的参数呢?如图 7-22 所示,offset 为地址 B 与当前 PC 值的偏移量,地址 B 与 4KB 对齐的地方为地址 A,地址 A 与地址 B 的偏移量为 lo12。lo12 是有符号数的 12 位数值,取值范围为[-2048,2047]。

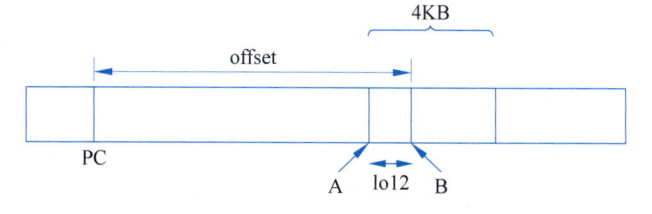

图 7-22 使用 auipc 和 addi 指令寻址

根据上述信息，得出计算 hi20 和 lo12 的公式：

```
hi20 = (offset >> 12) + offset[11]
lo12 = offset & 0xfff
```

这里特别需要注意如下 4 点。

（1）hi20 表示地址的高 20 位，用在 auipc 指令的 imm 操作数中。
（2）lo12 表示地址的低 12 位，用在 addi 指令的 imm 操作数中。
（3）当计算 hi20 时需要加上 offset[11]，用于抵消低 12 位有符号数的影响，见例 3-6。
（4）lo12 是一个 12 位有符号数，取值范围为[−2048,2047]。

下面使用 auipc 和 addi 指令对地址 B 进行寻址。

```
auipc   a0,hi20
addi    a1,a0,lo12
```

程序是用于生成并访问一个特定的内存地址 B。这两条指令结合使用，可以访问当前程序计数器附近的任意地址。

【例 7-6】假设 PC 值为 0x8020 000，地址 B 为 0x8020 1800。地址 B 正好在 4KB 的正中间，地址 B 与地址 A 的偏移量为 2048B，而与地址 C 的偏移量为−2048B，地址之间的关系如图 7-23 所示。

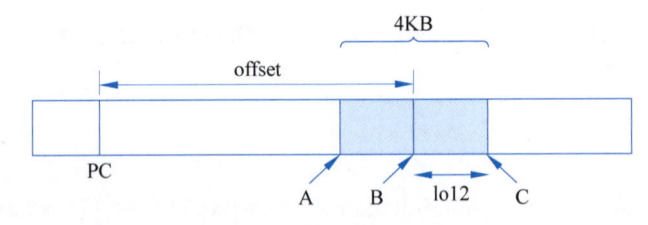

图 7-23 地址之间的关系

应该使用地址 A 还是地址 C 计算 lo12 呢？

应该使用地址 C 计算 lo12。因为 lo12 是一个 12 位的有符号数，取值范围为[−2048,2047]。若使用地址 A 计算偏移量，lo12 就会超过取值范围。

地址 B 与 PC 值的偏移量为 0x1800。根据前面介绍的计算公式，计算 hi20 和 lo12。

```
hi20 = (0x1800 >> 12) + offset[11] = 2
lo12 = 0x800
```

因为 lo12 为 12 位有符号数，所以 0x800 表示的十进制数为−2048。下面是访问地址 B 的汇编指令。

```
auipc   a0,2
addi    a1,a0,-2048
```

如果把 addi 指令写成如下形式，汇编器将报错，因为汇编器把字符"0x800"当成 64 位数值（即 2048）解析，它已经超过了 addi 指令中立即数的取值范围。

```
addi    a1,a0,0x800
```

报错日志如下。

```
AS build_src/boot_s.o
src/boot.S: Assembler messages:
src/boot.S:6: Error: illegal operands 'addi a1,a0,0x800'
make: *** [Makefile:28: build_src/boot_s.o] Error 1
```

通常很少直接使用 auipc 指令,因为编写汇编代码时不知道当前的 PC 值是多少。计算上述 hi20 和 lo12 的过程通常由链接器在重定位时完成。不过 RISC-V 定义了几条常用的伪指令,这些伪指令是基于 auipc 指令的。伪指令是对汇编器发出的命令,它在源程序汇编期间由汇编器处理。伪指令可以完成处理器选择、定义程序模式、定义数据、分配存储区、指示程序结束等功能。总之,伪指令可以分解为几条指令的集合。与 PC 相关的加载和存储伪指令如表 7-13 所示。

表 7-13 与 PC 相关的加载和存储伪指令

伪 指 令	指令组合	说 明
la rd,symbol(非 PIC)	auipc rd, delta[31:12] + delta[11] addi rd, rd, delta[11:0]	加载符号的绝对地址。 其中 delta=symbol-pc
la rd, symbol (PIC)	auipc rd, delta[31:12] + delta[11] l{w|d} rd, delta[11:0](rd)	加载符号的绝对地址。 其中 delta=GOT[symbol]-pc
lla rd, symbol	auipc rd, delta[31:12] + delta[11] addi rd, rd, delta[11:0]	加载符号的本地地址。 其中 delta=symbol-pc
l{b|h|w|d} rd, symbol	auipc rd, delta[31:12] + delta[11] l{b|h|w|d} rd, delta[11:0](rd)	加载符号的内容
s{b|h|w|d} rd, symbol, rt	auipc rt, delta[31:12] + delta[11] s{b|h|w|d} rd, delta[11:0](rt)	存储内容到符号中。 其中 rt 为临时寄存器
li rd, imm	根据情况扩展为多条指令	加载立即数(imm)到 rd 寄存器中

表 7-13 中的 PIC(Position Independent Code)表示生成与位置无关的代码,GOT(Global Offset Table)表示全局偏移量表,PC 为程序计数器值。GCC 有一个"-fpic"编译选项,它在生成的代码中使用相对地址,而不是绝对地址。所有对绝对地址的访问都需要通过 GOT 实现,这种方式通常运用在共享库中。无论共享库被加载器加载到内存什么位置,代码都能正确执行,而不需要重定位。若没有使用"-fpic"选项编译共享库,当多个程序加载此共享库时,加载器需要为每个程序重定位共享库,即根据加载到的位置重定位,这中间可能会触发写时复制机制。

【例 7-7】 观察 la 和 lla 指令在 PIC 与非 PIC 模式下的区别。下面是 main.c 文件和 asm.S 文件。

```
< main.c >
extern void asm_test(void);
int main(void)
{
    asm_test();
    return 0;
}
< asm.S >
.global my_test_data
my_test_data:
    .dword 0x12345678abcdabcd
.global asm_test
asm_test:
    la   t0, my_test_data
    lla  t1, my_test_data
    ret
```

程序由两个文件组成：main.c 和 asm.S，用于演示在 RISC-V 架构下如何通过汇编指令访问全局数据。程序的主要功能是在汇编代码中访问全局变量 my_test_data 的地址，并演示 la(Load Address)和 lla(Load Local Address)指令在不同情况下的行为。

整个程序展示了在 RISC-V 汇编中如何访问全局数据的地址，并试图通过假设的 lla 指令区分 PIC 和非 PIC 模式下的行为。

首先，观察非 PIC 模式。在 QEMU＋RISC-V 平台上编译，使用"-fno-pic"选项关闭 PIC。

```
# gcc main.c asm.s -fno-pic -O2 -g -o test
```

通过 OBJDUMP 命令反汇编。

```
root:example_pic# objdump -d test
00000000000005f4 < my_test_data >:
5f4:abcd          j      be6 <_FRAME_END_ + 0x53e>
5f6:abcd          j      be8 <_FRAME_END_ + 0x540>
5f8:5678          lw     a4,108(a2)
5fa:1234          addi   a3,sp,296
00000000000005fc < asm_test >:
5fc:00000297      auipc  t0,0x0
600:ff828293      Addi   t0,t0,-8 # 5f4 < my_test_data >
604:00000317      auipc  t1,0x0
608:ff030313      addi   t1,t1,-16 # 5f4 < my_test_data >
60c:8082          ret
```

通过反汇编可知，在非 PIC 模式下，la 和 lla 伪指令都是 auipc 与 addi 指令，并且都直接获取了 my_test_data 符号的绝对地址。

接下来，使用"-fpic"选项重新编译 test 程序。

```
# gcc main.c asm.s -fpic -O2 -g -o test
```

然后，通过 objdump 命令反汇编。

```
root:example_pic# objdump -d test
```

```
0000000000000634 <my_test_data>:
 634:abcd           j         c26 <_FRAME_END_ + 0x53e>
 636:abcd           j         c28 <_FRAME_END_ + 0x540>
 638:5678           lw        a4,108(a2)
 63a:1234           addi      a3,sp,296
000000000000063c <asm_test>:
 63c:00002297       auipc     t0,0x2
 640:9f42b283       ld        t0,-1548(t0) #2030 <_GLOBAL_OFFSET_TABLE_ + 0x10>
 644:00000317       auipc     t1,0x0
 648:ff030313       addit1    t1,t1,-16 #634 <my_test_data>
 64c:8082           ret
```

通过反汇编可知,在 PIC 模式下,la 伪指令是 auipc 和 ld 指令的集合,它会访问 GOT, 然后从 GOT 中获取 my_test_data 符号的地址。而 lla 伪指令是 auipc 和 addi 指令的集合, 直接获取 my_test_data 符号的绝对地址。

总之,在非 PIC 模式下,lla 和 la 伪指令的行为相同,获取符号的绝对地址;而在 PIC 模式下,la 指令从 GOT 中获取符号的地址,而 lla 伪指令获取符号的绝对地址。

【例 7-8】 在例 7-7 的基础上修改 asm.S 汇编文件,观察 li 伪指令。

```
<asm.S>
.global asm_test
asm_test:
li t0, 0xffffffff080200000
ret
```

在 QEMU+RISC-V 平台上编译。

```
#gcc main.c asm.S -O2 -g -o test
```

通过 OBJDUMP 命令反汇编。

```
root:example_pic# objdump -d test
00000000000005fc <asm_test>:
 5fc:72e1           lui       t0,0xffff8
 5fe:4012829b       addiw     t0,t0,1025
 602:02d6           slli      t0,t0,0x15
 604:8082           ret
```

从上面的反汇编结果可知,上述的 li 伪指令由 lui、addiw 和 slli 这 3 条指令组成。

7.5.9 移位操作

常见的移位操作如图 7-24 所示。

(1) sll：逻辑左移,最高位会丢弃,最低位补 0,如图 7-24(a)所示。
(2) srl：逻辑右移,最高位补 0,最低位会丢弃,如图 7-24(b)所示。
(3) sra：算术右移,最低位会丢弃,最高位会按照符号进行扩展,如图 7-24(c)所示。
常见的移位指令如表 7-14 所示。

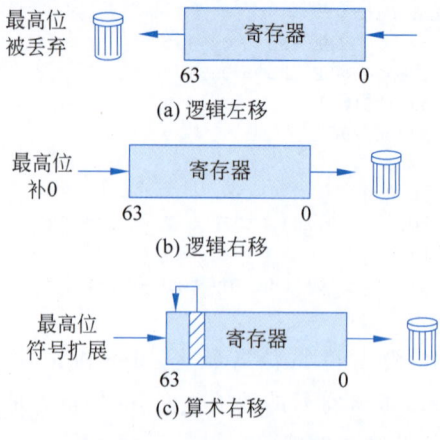

图 7-24 常见的移位操作

表 7-14 常见的移位指令

指 令	指 令 格 式	说 明
sll	sll rd, rs1, rs2	逻辑左移指令。 把 rs1 寄存器左移 rs2 位,结果写入 rd 寄存器中
slli	slli rd, rs1, shamt	立即数逻辑左移指令。 把 rs1 寄存器左移 shamt 位,结果写入 rd 寄存器中
slliw	slliw rd, rs1, shamt	立即数逻辑左移指令。 截取 rs1 寄存器的低 32 位作为新的源操作数,然后左移 shamt 位,根据结果进行符号扩展后写入 rd 寄存器
sllw	sllw rd, rs1, rs2	逻辑左移指令。 截取 rs1 寄存器的低 32 位作为新的源操作数,然后左移 rs2 位(取 rs2 寄存器低 5 位的值),根据结果进行符号扩展后,写入 rd 寄存器
sra	sra rd, rs1, rs2	算术右移指令。 把 rs1 寄存器右移 rs2 位,根据 rs1 寄存器的旧值进行符号扩展后,写入 rd 寄存器中
srai	srai rd, rs1, shamt	立即数算术右移指令。 把 rs1 寄存器右移 shamt 位,进行符号扩展后写入 rd 寄存器中
sraiw	sraiw rd, rs1, shamt	立即数算术右移指令。 截取 rs1 寄存器的低 32 位作为新的源操作数,然后右移 shamt 位,根据新的源操作数进行符号扩展后写入 rd 寄存器中
sraw	sraw rd, rs1, rs2	算术右移指令。 截取 rs1 寄存器的低 32 位作为新的源操作数,然后右移 rs2 位(取 rs2 寄存器低 5 位的值),根据新的源操作数进行符号扩展后写入 rd 寄存器中
srl	srl rd, rs1, rs2	逻辑右移指令。 把 rs1 寄存器右移 rs2 位,进行零扩展后写入 rd 寄存器中

指 令	指 令 格 式	说　明
srli	srli　rd, rs1, shamt	立即数逻辑右移指令。 把 rs1 寄存器右移 shamt 位，进行零扩展后写入 rd 寄存器中
srliw	srliw　rd, rs1, shamt	立即数逻辑右移指令。 截取 rs1 寄存器的低 32 位作为新的源操作数，然后右移 shamt 位，符号扩展后写入 rd 寄存器中
srlw	srlw　rd, rs1, rs2	逻辑右移指令。 截取 rs1 寄存器的低 32 位作为新的源操作数，然后右移 rs2 位（取 rs2 寄存器低 5 位的值），进行符号扩展后写入 rd 寄存器中

关于移位操作指令有 3 点需要注意。

（1）RISC-V 指令集里没有单独设置一个算术左移的指令，因为 sll 指令会把最高位丢弃。

（2）逻辑右移和算术右移的区别在于是否考虑符号问题。

例如，源操作数为二进制数 1010101010。

逻辑右移一位，变成[0]101010101（最高一位永远补 0）。

算术右移一位，变成[1]101010101（对于算术右移，需要按照源操作数进行符号扩展）。

（3）在 RV64 指令集中，sll、srl 和 sra 指令只使用 rs2 寄存器中低 6 位数据做移位操作。

【例 7-9】　如下代码使用了 srai 和 srli 指令。

```
li     t0, 0x8000008a00000000
srai   a1, t0, 1
srli   t1, t0, 1
```

在上述代码中，srai 是立即数算术右移指令，把 0x8000 008A 0000 0000 右移一位并且根据源二进制数的最高位需要进行符号扩展，最后结果为 0xC000 0045 00000000。srli 是立即数逻辑右移指令，把 0x8000 008A 0000 0000 右移一位并且在最高位补 0，最后结果为 0x4000 0045 0000 0000。

【例 7-10】　如下代码使用了 sraiw 和 srliw 指令。

```
1  li      t0, 0x128000008a
2  sraiw   a2, t0, 1
3  srliw   a3, t0, 1
4
5  li      t0, 0x124000008a
6  sraiw   a4, t0, 1
```

这段 RISC-V 汇编代码的功能是展示如何对 64 位整数进行算术右移（保留符号位）和逻辑右移（不保留符号位），但特别是在 32 位宽的操作中。这里使用了两种指令：sraiw 和 srliw，它们都是在 64 位 RISC-V 环境（RV64）中以 32 位宽度进行移位操作的指令。逐行解释如下。

（1）li t0,0x128000008a：将立即数 0x128000008a 加载到寄存器 t0 中。

（2）Sraiw a2,t0,1：对寄存器 t0 的值进行算术右移 1 位操作，并将 32 位结果存储在寄存器 a2 中。算术右移会保留符号位，这意味着如果数值是负的，移位后最左边的位将填充 1 而不是 0。sraiw 是 32 位宽的算术右移指令，只适用于 RV64 模式。

（3）srliw a3,t0,1：对寄存器 t0 的值进行逻辑右移 1 位操作，并将 32 位结果存储在寄存器 a3 中。逻辑右移不保留符号位，移位后最左边的位将始终填充 0。srliw 是 32 位宽的逻辑右移指令，只适用于 RV64 模式。

（4）li t0,0x124000008a：将新的立即数 0x124000008a 加载到寄存器 t0 中。

（5）sraiw a4,t0,1：对寄存器 t0 的值进行算术右移 1 位操作，并将 32 位结果存储在寄存器 a4 中，使用与步骤 2 相同的操作。

整个程序展示了如何在 64 位 RISC-V 环境中对两个不同的 64 位整数进行 32 位宽度的算术和逻辑右移操作。通过这些操作，可以观察到算术右移和逻辑右移在处理符号位上的不同行为。尤其是在处理负数时，这两种移位操作的区别变得非常重要。此代码片段特别适用于需要在保留或不保留符号位的情况下对数值进行右移操作的场景。

【例 7-11】 下面的示例代码使用了 slliw 指令。

```
1   li      t0, 0x128000008a
2   slliw   a3, t0, 1
3
4   li      t0, 0x122000008a
5   slliw   a4, t0, 1
6
7   li      t0, 0x124000008a
8   slliw   a5,t0, 1
```

这段 RISC-V 汇编代码的功能是对 3 个不同的 64 位整数进行 32 位宽度的逻辑左移操作，并将结果存储在不同的寄存器中。这里使用了 slliw 指令，它是专门用于在 64 位 RISC-V 环境（RV64）中对 32 位宽的值执行逻辑左移操作的指令。逐行解释如下。

li t0,0x128000008a：将立即数 0x128000008a 加载到寄存器 t0 中。

slliw a3,t0,1：对寄存器 t0 的值进行逻辑左移 1 位操作，并将 32 位结果存储在寄存器 a3 中。slliw 指令将 t0 中的值视为 32 位宽的值，执行左移操作后，结果被符号扩展到 64 位，并存储在 a3 中。

li t0,0x122000008a：将新的立即数 0x122000008a 加载到寄存器 t0 中。

slliw a4,t0,1：对寄存器 t0 的值进行逻辑左移 1 位操作，并将 32 位结果存储在寄存器 a4 中，使用与步骤 2 相同的操作。

li t0,0x124000008a：将新的立即数 0x124000008a 加载到寄存器 t0 中。

slliw a5,t0,1：对寄存器 t0 的值进行逻辑左移 1 位操作，并将 32 位结果存储在寄存器 a5 中，使用与步骤 2 相同的操作。

整个程序演示了如何在 64 位 RISC-V 环境中对 3 个不同的 64 位整数执行 32 位宽度

的逻辑左移操作。通过这些操作,可以将每个数值左移 1 位,这在位操作和位字段处理中非常有用。特别是,slliw 指令强调了在 64 位环境中如何对 32 位宽的值执行位操作,并处理结果的符号扩展。这种操作在需要对特定位模式进行操作或调整的算法和低级编程任务中非常重要。

7.5.10 位操作指令

RV64I 指令集提供与(and)、或(or)和异或(xor)3 种位操作指令,如表 7-15 所示。

表 7-15 位操作指令

指令	指令格式	说 明
and	and rd, rs1, rs2	与操作指令。 对 rs1 和 rs2 寄存器按位进行与操作,把结果写入 rd 寄存器中
andi	andi rd, rs1, imm	与操作指令。 对 rs1 寄存器和 imm 按位进行与操作,把结果写入 rd 寄存器中
or	or rd, rs1, rs2	或操作指令。 对 rs1 寄存器和 rs2 寄存器按位进行或操作,把结果写入 rd 寄存器中
ori	ori rd, rs1, imm	或操作指令。 对 rs1 寄存器和 imm 按位进行或操作,把结果写入 rd 寄存器中
xor	xor rd, rs1, rs2	异或操作指令。 对 rs1 寄存器和 rs2 寄存器按位进行异或操作,把结果写入 rd 寄存器中
xori	xori rd, rs1, imm	异或操作指令。 对 rs1 寄存器和 imm 按位进行异或操作,把结果写入 rd 寄存器中
not	not rd, rs	按位取反指令。 对 rs 寄存器按位进行取反操作,把结果写入 rd 寄存器中。该指令是伪指令,内部使用"xori rd, rs, -1"

异或操作的真值表如下。

0^0 = 0
0^1 = 1
1^0 = 1
1^1 = 0

从上述真值表可以发现 3 个特点。
(1) 0 异或任何数＝任何数。
(2) 1 异或任何数＝任何数取反。
(3) 任何数异或自己都等于 0。
利用上述特点,异或操作有如下 4 个常用的场景。
(1) 使某些特定的位翻转。例如,若想把 0b10100001 的第 1 位和第 2 位翻转,则可以将该数与 0b00000110 进行按位异或运算。
10100001 ^ 00000110 = 10100111

(2) 交换两个数。例如，要交换两个整数 a=0b1010 0001 和 b=0b0000 0110 的值，可通过下列语句实现。

```
A = a^b;            //a = 1010 0111
b = b^a;            //b = 1010 0001
a = a^b;            //a = 0000 0110
```

(3) 在汇编代码里把变量设置为 0。

```
xor   x1, x1
```

(4) 判断两个数是否相等。

```
bool is_identical(int a, int b)
{
    return ((a^b) == 0);
}
```

7.5.11 算术指令

RV64I 指令集只提供基础的算术指令，即加法和减法指令，如表 7-16 所示。

表 7-16 基础的算术指令

指令	指令格式	说　　明
add	add rd, rs1, rs2	加法指令。 将 rs1 寄存器的值与 rs2 寄存器的值相加，把结果写入 rd 寄存器中
addi	addi rd, rs1, imm	加法指令。 将 rs1 寄存器与 imm 相加，把结果写入 rd 寄存器中
addw	addw rd, rs1, rs2	加法指令。 截取 rs1 和 rs2 寄存器的低 32 位数据作为源操作数并且相加，结果只截取低 32 位，最后进行符号扩展并写入 rd 寄存器中
addiw	addiw rd, rs1, imm	加法指令。 截取 rs1 寄存器的低 32 位数据作为源操作数，加上 imm，对结果进行符号扩展并写入 rd 寄存器中
sub	sub rd, rs1, rs2	减法指令。 将 rs1 寄存器的值减去 rs2 寄存器的值，把结果写入 rd 寄存器中
subw	subw rd, rs1, rs2	减法指令。 截取 rs1 和 rs2 寄存器的低 32 位数据作为源操作数，然后新的 rs1 值减去新的 rs2 值，结果只截取低 32 位，最后进行符号扩展并写入 rd 寄存器中

add 指令的编码如图 7-25 所示。

addi 指令的编码如图 7-26 所示。其中，imm 是一个 12 位的带符号扩展立即数，取值范围为[−2048, 2047]。

【例 7-12】 从图 7-26 可知，addi 指令中的立即数是 12 位有符号数，那么下面两条指令哪一条是非法指令？

图 7-25　add 指令的编码

功能码	第二源操作数 rs2	第一源操作数 rs1	功能码 ADD	目标寄存器 rd	指令操作码	
31　　　　25	24　　　20	19　　　15	14　　12	11　　7	6　　　0	
funct7	rs2	rs1	funct3	rd	opcode	R 类型
7	5	5	3	5	7	

图 7-25　add 指令的编码

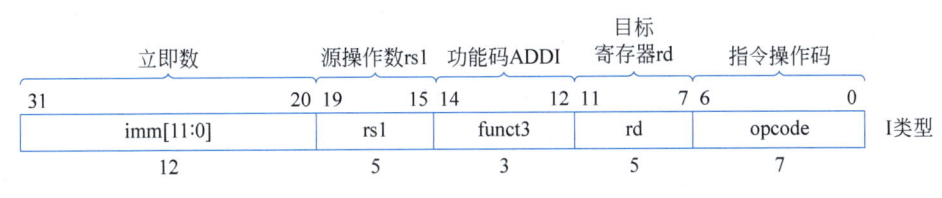

立即数	源操作数 rs1	功能码 ADDI	目标寄存器 rd	指令操作码	
31　　　　　　20	19　　　15	14　　12	11　　7	6　　　0	
imm[11:0]	rs1	funct3	rd	opcode	I 类型
12	5	3	5	7	

图 7-26　addi 指令的编码

```
addi    a1,  t0, 0x800
addi    a1,  t0, 0xfffffffffffff800
```

上述两条指令中,第一条指令为非法指令。编译器会提示如下警告。

```
src/asm_test.S: Assembler messages:
src/asm_test.S:12: Error: illegal operands 'addi a1,t0,0x800'
```

在第一条指令中,准备传递数值-2048给 addi 指令。既然 addi 指令中的立即数为带符号扩展的12位立即数,0x800表示 Bit[11]为1,那么它为什么是一个非法的立即数呢?

其实,在 GNU 汇编器(GNU Assembler,GNU AS)中,0x800被看作一个数值为2048的64位无符号数,而不是12位宽的带符号扩展的立即数。如果想表示"-2048"立即数,需要使用0xFFFF FFFF FFFF F800,因为汇编器中的立即数是按照处理器的位宽解析的。例如,64位处理器使用64位数据,32位处理器使用32位数据,而不是按照指令编码的12位数据。

综上所述,addi 指令中的立即数取值范围为[-2048,2047]。

GNU AS 是 GNU 工具链的一部分,是一款用于将汇编代码转换为机器代码的程序。它支持多种处理器架构的指令集,是一款跨平台的汇编器。GNU AS 通常与 GNU 编译器集合(GNU Compiler Collection,GCC)紧密集成,提供了一种将高级语言(如 C 和 C++)编译成机器语言的途径。

GNU AS 的特点包括跨平台支持、灵活性和与 GCC 集成。

(1) 跨平台支持:支持多种处理器架构,包括但不限于 x86、ARM、PowerPC 和 MIPS 等。

(2) 灵活性:它提供了丰富的指令和宏定义功能,使得编写跨平台的汇编代码变得更加容易。

(3) 与 GCC 集成:GNU AS 通常作为 GCC 的后端,处理 GCC 生成的汇编代码,将其转换为机器代码。

使用 GNU AS 的基本流程如下。

(1) 编写汇编代码:首先需要编写汇编代码文件,通常以.s 或.asm 作为文件扩展名。

(2) 使用 GNU AS 编译汇编代码:通过在命令行中运行 as 命令编译汇编代码文件,生成目标文件。命令的基本格式如下:

```
as input_file.s -o output_file.o
```

这里,input_file.s 是汇编源代码文件,output_file.o 是生成的目标文件。

(3) 链接目标文件:生成目标文件后,通常需要使用链接器(如 GNU ld)将其与其他目标文件或库文件链接成最终的可执行文件或库文件。

GNU AS 是一款功能强大的汇编器,适合需要直接控制硬件或进行系统级编程的开发者使用。它是 GNU 工具链的重要组成部分,广泛应用于操作系统、嵌入式系统和高性能计算等领域的开发中。

【例 7-13】 下面的代码使用了 add 指令。

```
1  li    t0, 0x140200000
2  li    t1, 0x40000000
3
4  addi  a1, t0, 0x80
5  addiw a2, t0, 0x80
6
7  add   a3, t0, t1
8  addw  a4, t0, t1
```

这段代码是一系列 RISC-V 汇编指令,用于演示不同的加法操作。每条指令的功能解释如下。

(1) li t0,0x140200000:将立即数 0x140200000 加载到寄存器 t0 中。加载立即数(Load Immediate,LI)指令实际上是一个伪指令,可能会被编译成一系列指令加载大于 12 位的立即数。

(2) li t1,0x40000000:将立即数 0x40000000 加载到寄存器 t1 中。

(3) addi a1,t0,0x80:将寄存器 t0 的值和立即数 0x80 相加,结果存储在寄存器 a1 中。addi 是加法立即指令,用于将寄存器的值和一个 12 位的立即数相加。

(4) addiw a2,t0,0x80:将寄存器 t0 的值和立即数 0x80 相加,结果作为 32 位整数存储在寄存器 a2 中,并将结果符号扩展到 64 位。addiw 是 32 位宽加法立即指令,只适用于 RISC-V 的 64 位(RV64)模式。

(5) add a3,t0,t1:将寄存器 t0 和 t1 的值相加,结果存储在寄存器 a3 中。add 是基本的加法指令,用于将两个寄存器的值相加。

(6) addw a4,t0,t1:将寄存器 t0 和 t1 的值相加,结果作为 32 位整数存储在寄存器 a4 中,并将结果符号扩展到 64 位。addw 是 32 位宽加法指令,只适用于 RV64 模式。

这段代码展示了 RISC-V 指令集中不同的加法指令,包括立即数加法(addi)、32 位宽立即数加法(addiw)、寄存器间加法(add)和 32 位宽寄存器间加法(addw)。其中,addi 和 add

指令适用于所有 RISC-V 模式（RV32、RV64、RV128），而 addiw 和 addw 只适用于 RV64 模式，用于执行 32 位运算并自动进行符号扩展，以保证结果在 64 位环境中的正确性。

【例 7-14】 下面的代码使用了 sub 指令。

```
1   li      t0, 0x180200000
2   li      t1, 0x200000
3
4   sub     a0, t0, t1
5   subw    a1, t0, t1
```

这段 RISC-V 汇编代码的功能是执行两个数的减法操作，并展示了如何在 64 位和 32 位环境下处理结果。这里使用了两种不同的减法指令：sub 和 subw。逐行解释如下。

li t0, 0x180200000：将立即数 0x180200000 加载到寄存器 t0 中。

li t1, 0x200000：将立即数 0x200000 加载到寄存器 t1 中。

sub a0, t0, t1：将寄存器 t0 和 t1 的值相减（t0－t1），结果存储在寄存器 a0 中。这里 sub 是减法指令，用于将两个寄存器的值相减。

subw a1, t0, t1：这一行包含一个错误，a1 不是 RISC-V 架构中的有效寄存器名称。假设这里的意图是使用 subw 指令，正确的寄存器名称可能是 a1 或其他。subw 指令的功能是将寄存器 t0 和 t1 的值相减（t0－t1），结果作为 32 位整数存储，并将结果符号扩展到 64 位。subw 是 32 位宽减法指令，只适用于 RISC-V 的 64 位（RV64）模式。

功能总结如下。

整个程序的功能是从一个较大的数（0x180200000）中减去一个较小的数（0x200000），并将结果分别以 64 位和 32 位宽的形式存储。由于 subw 指令的使用，这段代码特别展示了在 64 位 RISC-V 环境下如何进行 32 位宽的减法操作并处理结果。

7.5.12 比较指令

RV64I 指令集支持 4 条基本比较指令，如表 7-17 所示。

表 7-17 基本比较指令

指　令	指令格式	说　　明
slt	slt　rd, rs1, rs2	有符号数比较指令。比较 rs1 和 rs2 寄存器的值，如果 rs1 寄存器中的值小于 rs2 寄存器中的值，向 rd 寄存器写入 1；否则写入 0
sltu	sltu　rd, rs1, rs2	等同于 slt 指令，区别在于 rs1 寄存器中的值和 rs2 寄存器中的值为无符号数
slti	slti　rd, rs1, imm	比较指令。比较 rs1 寄存器的值与 imm，如果 rs1 寄存器中的值小于 imm，向 rd 寄存器写入 1；否则写入 0
sltiu	sltiu　rd, rs1, imm	无符号数与立即数比较指令。如果 rs1 寄存器中的值小于 imm，向 rd 寄存器写入 1；否则写入 0

RV64I 指令集只支持小于比较指令,为了方便程序员编写汇编代码,RISC-V 提供了几条常用的比较伪指令,如表 7-18 所示。

表 7-18　比较伪指令

伪　指　令	伪指令格式	说　　　明
sltz	sltz　rd, rs1	小于 0 则置位指令。如果 rs1 寄存器的值小于 0,向 rd 寄存器写入 1;否则写入 0
snez	snez　rd, rs1	不等于 0 则置位指令。如果 rs1 寄存器的值不等于 0,向 rd 寄存器写入 1;否则写入 0
seqz	seqz　rd, rs1	等于 0 则置位指令。如果 rs1 寄存器的值等于 0,向 rd 寄存器写入 1;否则写入 0
sgtz	sgtz　rd, rs1	大于 0 则置位指令。如果 rs1 寄存器的值大于 0,向 rd 寄存器写入 1;否则写入 0

7.5.13　无条件跳转指令

RV64I 指令集支持的无条件跳转指令如表 7-19 所示,其中,PC 为程序计数器。

表 7-19　无条件跳转指令

指　　令	指令格式	说　　　明
jal	jal　rd, offset	跳转与链接指令。跳转到数值为 PC+offset 的地址中。然后,把返回地址(P 4)保存到 rd 寄存器中。offset 是 21 位有符号数。跳转范围是大约当前 PC 值偏移±1MB,即 PC-0x10 0000～PC+0xFF FFFE
jalr	jalr　rd, offset(rs1)	使用寄存器的跳转指令。跳转到以 rs1 寄存器的值为基地址且偏移 offset 的地址处,然后把返回地址(PC+4)保存到 rd 寄存器中。offset 是 12 位有符号数。偏移范围为-2048～2047

跳转与链接(jump and link,jal)指令使用 J 类型的指令编码,如图 7-27 所示。其中,操作数 offset[20:1]由指令编码的 Bit[31:12]构成,它默认是 2 的倍数,因此它的跳转范围为当前 PC 值偏移±1MB。另外,把返回地址(即 PC+4)存储到 rd 寄存器中。根据 RISC-V 函数调用规则,如果把返回地址存储到 ra 寄存器中,则可以实现函数返回。

31	30　　　　21	20	19　　　12	11　　　7	6　　　　0
imm[20]	imm[10:1]	imm[11]	imm[19:12]	rd	opcode
1	10	1	8	5	7
	offset[20:1]			dest	jal

图 7-27　jal 指令使用 J 类型的指令编码

跳转与链接寄存器(jump and link register,jalr)指令使用 I 类型指令编码,如图 7-28 所示。要跳转的地址由 rs1 寄存器和 offset 操作数组成。其中,offset 是一个 12 位的有符号立即数。

31		20 19	15 14	12 11	7 6	0
imm[11:0]		rs1	funct3	rd	opcode	
12		5	3	5	7	
offset[11:0]		base	0	dest	jalr	

图 7-28　jalr 指令使用 I 类型的指令编码

【例 7-15】 假设执行如下各条指令时当前 PC 值为 0x80200000，下面哪些是非法指令？

```
1  jal   a0, 0x800fffff
2  jal   a0, 0x80300000
```

编译上述两条指令都会出错，汇编器会输出如下错误消息。

```
AS build_src/boot_s.o
build_src/boot_s.o: in function '.L0 ':
/home/rlk/rlk/riscv_trainning/os/src/boot.S:10:(.text.boot+0x0):relocation truncated
to fit: R_RISCV_JAL against '*UND*'
```

上述两条指令都超过了 jal 指令的跳转范围。若 PC 值为 0x80200000，jal 指令的跳转范围为[0x8010 0000, 0x802F FFFE]。

为了方便程序员编写汇编代码，RISC-V 根据 jal 和 jalr 指令扩展了多条无条件跳转伪指令，如表 7-20 所示。

表 7-20　无条件跳转伪指令

伪指令		指令组合		说明
j	label	jal	x0, offset	跳转到 label 处，不带返回地址
jal	label	jal	ra, offset	跳转到 label 处，返回地址存储在 ra 寄存器中
jr	rs	jalr	x0, 0(rs)	跳转到 rs 寄存器中的地址处，不带返回地址
jalr	rs	jalr	ra, 0(rs)	跳转到 rs 寄存器中的地址处，返回地址存储在 ra 寄存器中
ret		jalr	x0, 0(ra)	从 ra 寄存器中获取返回地址，并返回。常用于子函数返回
call	func	auipc jalr	ra, offset[31:12]+offset[11] ra, offset[11:0](ra)	调用子函数 func，返回地址保存到 ra 寄存器中
tail	func	auipc jalr	x6, offset[31:12]+offset[11] x0, offset[11:0](x6)	调用子函数 func，不保存返回地址

表 7-14 中的 label 和 func 表示汇编符号，在链接重定位过程中由当前 PC 值与符号地址共同确定指令编码中 offset 字段的值。

7.5.14　条件跳转指令

RV64I 支持的条件跳转指令如表 7-21 所示。

表 7-21　条件跳转指令

指　令	指令格式	说　明
beq	beq　rs1，rs2，label	如果 rs1 和 rs2 寄存器的值相等，则跳转到 label 处
bne	bne　rs1，rs2，label	如果 rs1 和 rs2 寄存器的值不相等，则跳转到 label 处
blt	blt　rs1，rs2，label	如果 rs1 寄存器的值小于 rs2 寄存器的值，则跳转到 label 处
bltu	bltu rs1，rs2，label	与 blt 指令类似，只不过 rs1 寄存器的值和 rs2 的值为无符号数
bgt	bgt　rs1，rs2，label	如果 rs1 寄存器的值大于 rs2 寄存器的值，则跳转到 label 处
bgtu	bgtu rs1，rs2，label	与 bgt 指令类似，只不过 rs1 寄存器的值和 rs2 的值为无符号数
bge	bge　rs1，rs2，label	如果 rs1 寄存器的值大于或等于 rs2 寄存器的值，则跳转到 label 处
bgeu	bgeu rs1，rs2，label	与 bge 指令类似，只不过 rs1 寄存器和 rs2 寄存器的值为无符号数

上述条件跳转指令都采用 B 类型的指令编码，如图 7-29 所示，其中操作数 offset 表示标签的地址基于当前 PC 地址的偏移量。操作数 offset 是 13 位有符号立即数。其中，offset[12:1] 由指令编码的 Bit[31:25] 和 Bit[11:7] 共同构成，offset[0] 默认为 0，offset 默认是 2 的倍数，它的最大寻址范围是 −4～4KB，因此上述指令只能跳转到当前 PC 地址±4KB 的范围。若跳转地址大于上述范围，编译器不会报错，因为链接器在链接重定位时会做链接器松弛优化，选择合适的跳转指令。指令编码中的 offset 值是在链接重定位过程中由当前 PC 值与标签的地址共同确定的。为了编程方便，通常使用汇编符号完成条件跳转指令。

31	30　　　　25	24　　20	19　　15	14　　12	11　　　8	7	6　　　　0
imm[12]	imm[10:5]	rs2	rs1	funct3	imm[4:1]	imm[11]	opcode
1	6	5	5	3	4	1	7
offset[12|10:5]		src2	src1	BEQ/BNE	offset[11|4:1]		BRANCH
offset[12|10:5]		src2	src1	BLT[U]	offset[11|4:1]		BRANCH
offset[12|10:5]		src2	src1	BGE[U]	offset[11|4:1]		BRANCH

图 7-29　条件跳转指令编码

【例 7-16】 在下面的汇编代码中，当 x1 与 x2 寄存器的值不相等时，跳转到 L1 标签处。

```
main:
    addi    x1,x0,33
    addi    x2,x0,44
    bne     x1,x2,.L1
.L0:
    li      a5,-1
.L1:
    mv      a0,a5
    ret
```

这段 RISC-V 汇编代码的功能是比较两个寄存器（x1 和 x2）中的值，如果它们不相等，则设置寄存器 a0 的值为 −1，最后返回。这可以在某些情况下用作错误代码或特殊标记的返回。逐行解释如下。

addi x1，x0，33：将寄存器 x0 的值（通常为 0，因为 x0 在 RISC-V 中是硬编码为 0 的寄存器）与立即数 33 相加，结果存储在寄存器 x1 中。因此，x1 的值被设置为 33。

addi x2，x0，44：同样，将寄存器 x0 的值(0)与立即数 44 相加，结果存储在寄存器 x2 中。因此，x2 的值被设置为 44。

bne x1，x2，.L1：比较寄存器 x1 和 x2 的值。如果它们不相等(在这个例子中，33 不等于 44)，则跳转到标签 .L1。如果它们相等，程序将继续执行下一条指令(但在这个例子中，由于值不相等，这个条件跳转会被触发)。

.L0：：这是一个标签，但在这段代码中没有使用。通常，标签被用作跳转目标，但这里没有指令跳转到 .L0。

li a5，-1：将立即数 -1 加载到寄存器 a5 中。这条指令实际上是在 .L1 标签下，所以无论如何都会执行，因为上面的 bne 指令会跳转到这里。

.L1：：这是一个标签，当且仅当 x1 和 x2 的值不相等时，bne 指令会跳转到这里。

mv a0，a5：将寄存器 a5 的值(-1)移动到寄存器 a0 中。在 RISC-V 中，a0 常用于返回函数的结果。

ret：返回指令，用于从函数返回。在 RISC-V 中，ret 是 jalr x0，x1，0 的伪指令，它使用寄存器 x1(通常用作返回地址寄存器)跳转回调用者。

整个程序的功能是将 -1 作为一个错误码或特殊标记加载到返回值寄存器 a0 中，当且仅当 x1 和 x2 寄存器中的值不相等时。这种模式在条件处理和错误标记中很常见。

使用 riscv64-linux-gnu-as 和 riscv64-linux-gnu-objdump 工具编译反汇编代码。

```
$ riscv64-linux-gnu-as my_asm.s -o my_asm
$ riscv64-linux-gnu-objdump -d my_asm

Disassembly of section .text:

0000000000000000 <main>:
    0:02100093    li    ra,33
    4:02c00113    li    sp,44
    8:00209463    bne   ra,sp,10 <.L1>
    c:fff00793    li    a5,-1

0000000000000000 <.L1>:
   10:00078513    mv    a0,a5
   14:00008067    ret
```

从反汇编结果可知，bne 指令的编码值为 0x0020 9463，指令地址为 0x8，L1 标签处的地址为 0x10，对照图 7-17，从指令编码值可计算出 offset 值为 8，这符合预期。

为了方便程序员编写汇编代码，RISC-V 又扩展了多条伪指令，条件跳转伪指令如表 7-22 所示。

表 7-22 条件跳转伪指令

伪 指 令	指令组合	判断条件
beqz rs，label	beq rs，x0，label	rs==0
bnez rs，label	bne rs，x0，label	rs!=0

续表

伪 指 令	指 令 组 合	判 断 条 件
blez rs, label	bge x0, rs, label	rs <= 0
bgez rs, label	bge rs, x0, label	rs >= 0
bltz rs, label	blt rs, x0, label	rs < 0
bgtz rs, label	blt x0, rs, label	rs > 0
bgt rs, rt, label	blt rt, rs, label	rs > rt
ble rs, rt, label	bge rt, rs, label	rs <= rt
bgtu rs, rt, label	bltu rt, rs, label	rs > rt（无符号数比较）
bleu rs, rt, label	bgeu rt, rs, label	rs <= rt（无符号数比较）

7.5.15 CSR 指令

RISC-V 体系结构不仅提供了一组系统寄存器，还提供了一组指令访问这些系统寄存器。CSR 指令的编码如图 7-30 所示。

```
 31              20 19    15 14  12 11   7 6        0
┌──────────────────┬─────────┬──────┬──────┬──────────┐
│       csr        │   rs1   │funct3│  rd  │  opcode  │
└──────────────────┴─────────┴──────┴──────┴──────────┘
        12              5        3      5        7
    source/dest       source    CSRRW   dest    SYSTEM
    source/dest       source    CSRRS   dest    SYSTEM
    source/dest       source    CSRRC   dest    SYSTEM
    source/dest      uimm[4:0]  CSRRWI  dest    SYSTEM
    source/dest      uimm[4:0]  CSRRSI  dest    SYSTEM
    source/dest      uimm[4:0]  CSRRCI  dest    SYSTEM
```

图 7-30 CSR 指令的编码

常用的 CSR 指令如表 7-23 所示。

表 7-23 常用的 CSR 指令

CSR 指令	指令格式	说 明
csrrw	csrrw rd, csr, rs1	原子地交换 CSR 和 rs1 寄存器的值。读取 CSR 的旧值，将其零扩展到 64 位，然后写入 rd 寄存器中。与此同时，rs1 寄存器的旧值将被写入 CSR 中
csrrs	csrrs rd, csr, rs1	原子地读 CSR 的值并且设置 CSR 中相应的位。指令读取 CSR 的旧值，将其零扩展到 64 位，然后写入 rd 寄存器中。与此同时，以 rs1 寄存器的值作为掩码，设置 CSR 相应的位
csrrc	csrrc rd, csr, rs1	原子地读 CSR 的值并且清除 CSR 中相应的位。指令读取 CSR 的旧值，将其零扩展到 64 位，然后写入 rd 寄存器中。与此同时，以 rs1 寄存器的值作为掩码，清除 CSR 中相应的位
csrrwi	csrrwi rd, csr, uimm	作用与 csrrw 指令类似，区别在于使用 5 位无符号立即数替代 rs1
csrrsi	csrrsi rd, csr, uimm	作用与 csrrs 指令类似，区别在于使用 5 位无符号立即数替代 rs1
csrrci	csrrci rd, csr, uimm	作用与 csrrc 指令类似，区别在于使用 5 位无符号立即数替代 rs1

【例 7-17】 下面的代码使用了 csr 指令。

```
1   csrrw    t0, sscratch, tp
2   csrrw    tp, sscratch, tp
3   csrrs    t0, sstatus, t1
```

在第 1 行中,读取 sscratch 寄存器的旧值并写入 t0 寄存器中。与此同时,把 tp 寄存器的旧值写入 sscratch 寄存器中。这用 C 语言伪代码 t0=sscratch,sscrasscratch=tp 表示。

在第 2 行中,源寄存器和目标寄存器是同一个寄存器,这很容易迷惑人。这条指令先读取 sscratch 寄存器的旧值并写入 tp 寄存器,与此同时,把 tp 寄存器的旧值写入 sscratch 寄存器。这用 C 语言伪代码 tp＝sscratch,sscratch=tp 表示。

在第 3 行中,读取 sstatus 寄存器的旧值,并写入 t0 寄存器中。与此同时,以 t1 寄存器的值为掩码,设置 sstatus 寄存器中相应的位。这用 C 语言伪代码 t0= sscratch, sstatus|=t1 表示。

csr 指令中的目标寄存器和源寄存器可以使用 x0 寄存器,从而组合成常用的 csr 伪指令,如表 7-24 所示。

表 7-24　常用的 csr 伪指令

伪 指 令	指 令 组 合	说　　明
csrr rd, csr	csrrs rd, csr, x0	读取 csr 的值
csrw csr, rs	csrrw x0, csr, rs	写 csr 的值
csrs csr, rs	csrrs x0, csr, rs	设置 csr 的字段(csr|=rs)
csrc csr, rs	csrrc x0, csr, rs	清除 csr 的字段(csr&=~rs)
csrwi csr, imm	csrrwi x0, csr, imm	把 imm 写入 csr 中
csrsi csr, imm	csrrsi x0, csr, imm	设置 csr 的字段(csr|=imm)
csrci csr, imm	csrrci x0, csr, imm	清除 csr 的字段(csr&=~imm)

7.5.16　寻址范围

在使用 RISC-V 汇编指令编写代码时,需要特别注意指令的寻址范围。RISC-V 支持长距离寻址和短距离寻址。

(1) 长距离寻址:通过 auipc 可以实现基于当前 PC 偏移量±2GB 的范围的寻址,这种寻址方式叫作 PC 相对寻址,不过 auipc 指令只能寻址到按 4KB 对齐的地方。

(2) 短距离寻址:有些指令(如 addi 指令、加载和存储指令等)可以实现基于基地址短距离寻址,即寻址范围为－2048～2047B,这个范围正好是 4KB 大小内部的寻址范围。

长距离寻址和短距离寻址结合可以实现基于当前 PC 偏移量±2GB 的范围的任意地址的寻址。对于跳转指令,RISC-V 也支持长跳转模式和短跳转模式,这些模式在链接器松弛优化中会用到。

(1) 长跳转模式:通过 auipc 与 jalr 指令实现基于当前 PC 偏移量±2GB 的范围跳转。

(2) 短跳转模式:jal 指令可以实现基于当前 PC 偏移量±1MB 的范围跳转。

第 8 章 RISC-V 汇编语言程序设计

RISC-V 汇编语言程序设计是一个涉及使用 RISC-V 指令集直接编写程序的过程。这种低级编程语言允许开发者与硬件进行更为直接的交互，从而在性能、资源利用和特定硬件功能的控制方面提供更大的灵活性。

RISC-V 汇编语言程序设计深入剖析了计算机系统的操作机制和程序开发的全过程，提供了一个全面的学习框架，从而帮助学习者获得对计算机底层操作的深刻理解。

本章讲述的主要内容如下。

(1) 程序的开发与运行。讲述了程序设计语言和翻译程序、从源程序到可执行目标文件和可执行文件的启动和执行。

(2) 计算机系统的层次结构。讲述了计算机系统抽象层的转换和计算机系统的不同用户。

(3) RISC-V 汇编程序。介绍了汇编程序的构成，包括指令和操作数等概念。

(4) RISC-V 汇编程序伪操作。详细说明了伪操作(伪指令)的用途和种类。

(5) RISC-V 汇编程序示例。通过具体示例，讲述编程序中的各种操作，如定义标签、宏、常数等。

(6) RISC-V 环境下的汇编程序实例。讲述际应用中的汇编程序示例，展示了汇编语言的实用性。

(7) 在 C/C++ 程序中嵌入汇编。讲述了内联汇编和输出操作数和输入操作数。

(8) RISC-V 过程调用约定。详细讲述程调用的执行步骤、指令、寄存器使用约定以及栈和栈帧的处理。

本章不仅为学习 RISC-V 汇编语言提供了坚实基础，还突出了从程序开发基础到高级编程技巧的关键知识点，确保了读者对计算机底层操作的全面理解。

8.1 程序的开发与运行

现代通用计算机都采用"存储程序"工作方式，需要计算机完成的任何任务都应先表示为一个程序。首先，应将应用问题(任务)转化为算法描述，使应用问题的求解变成流程化的清晰步骤，并确保步骤是有限的。任何一个问题都可能有多个求解算法，需要进行算法分析以确定哪种算法在时间和空间上能够得到优化。其次，将算法转换为用编程语言描述的程序，这个转换过程通常是手工进行的，也就是说，需要程序员进行程序设计。程序设计语言与自然语言不同，它有严格的执行顺序，不存在二义性，能够唯一地确定计算机执行指令的顺序。

8.1.1 程序设计语言和翻译程序

根据抽象层次，程序设计语言可以分成低级编程语言和高级编程语言两类。

1. 低级编程语言

使用特定计算机规定的指令格式形成的 0/1 序列称为机器语言。计算机能理解和执行的程序称为机器代码或机器语言程序，其中的每条指令都由 0 和 1 组成，称为机器指令。主存单元 0～4 中存放的 0/1 序列就是机器指令，实现 $z=x+y$ 功能的程序在主存部分单元中的初始内容如图 8-1 所示。

主存地址	主存单元内容	内容说明：（I_i表示第i条指令）	指令的符号表示
0	1110 0110	I_1: R[0]←M[6]; op=1110：取数操作	load r0, 6#
1	0001 0100	I_2: R[1]←R[0]; op=0001：传送操作	mov r1, r0
2	1110 0101	I_3: R[0]←M[5]; op=1110：取数操作	load r0, 5#
3	0010 0001	I_4: R[0]←R[0]+R[1]; op=0010：加操作	add r0, r1
4	1111 0111	I_5: M[7]←R[0]; op=1111：存数操作	store 7#, r0
5	0001 0000	操作数x，值为16	
6	0010 0001	操作数y，值为33	
7	0000 0000	结果z，初始值为0	

图 8-1 实现 $z=x+y$ 功能的程序在主存部分单元中的初始内容

最初，采用机器语言编写程序，但机器语言程序的可读性很差，也不易记忆，给程序员的编写和阅读带来极大的困难。因此，后来引入了一种机器语言的符号表示语言，通过简短的英文符号与机器指令建立对应关系，以方便程序员编写和阅读机器语言程序。这种语言称为汇编语言，机器指令对应的符号表示称为汇编指令。如图 8-1 所示，机器指令"11100110"对应的汇编指令为"load r0, 6#"。显然，使用汇编指令编写程序比使用机器指令编写程序要方便得多。但是，因为计算机无法理解和执行汇编指令，因而用汇编语言编写的汇编语言源程序必须先转换为机器语言程序，才能被计算机执行。

每条汇编指令表示的功能与对应的机器指令一样，汇编指令和机器指令都与特定的机器结构相关，因此汇编语言和机器语言都属于低级编程语言，它们统称为机器级语言。

2. 高级编程语言

使用机器级语言描述程序功能时，因为每条指令的功能非常简单，所以需要描述的细节很多，不仅程序设计的效率很低，而且同一个程序不能在不同的机器上运行。为此，程序员大多采用面向算法描述的高级程序设计语言编写程序,这样的语言简称为高级编程语言。高级编程语言与具体的机器结构无关,比机器级语言的可读性更好,描述能力更强,一条语句可以对应几条、几十条,甚至几百条指令。例如,如图 8-1 所示的程序,若用机器级语言表示,需要 5 条指令;若用高级编程语言表示,只需要一条语句"z=x+y"即可。

3. 翻译程序

因为计算机无法直接理解和执行高级编程语言编写的程序,所以需要将高级编程语言程序转换成机器语言程序。这个转换过程由计算机自动完成,通常把进行这种转换的软件统称为"语言处理系统"。任何一个语言处理系统都包含一个翻译程序,它能把一种编程语言表示的程序转换为等价的另一种编程语言程序。被翻译的语言和程序分别被称为源语言和源程序,翻译生成的语言和程序分别被称为目标语言和目标程序。翻译程序有以下 3 类。

(1)汇编程序:也称汇编器,用来将汇编语言源程序翻译成机器语言目标程序。

(2)解释程序:也称解释器,用来将源程序中的语句按其执行顺序逐条翻译成机器指令并立即执行。

(3)编译程序:也称编译器,用来将高级编程语言源程序翻译成汇编语言或机器语言目标程序。

实现交换两个相邻数组元素功能的不同层次语言之间的等价转换过程如图 8-2 所示。

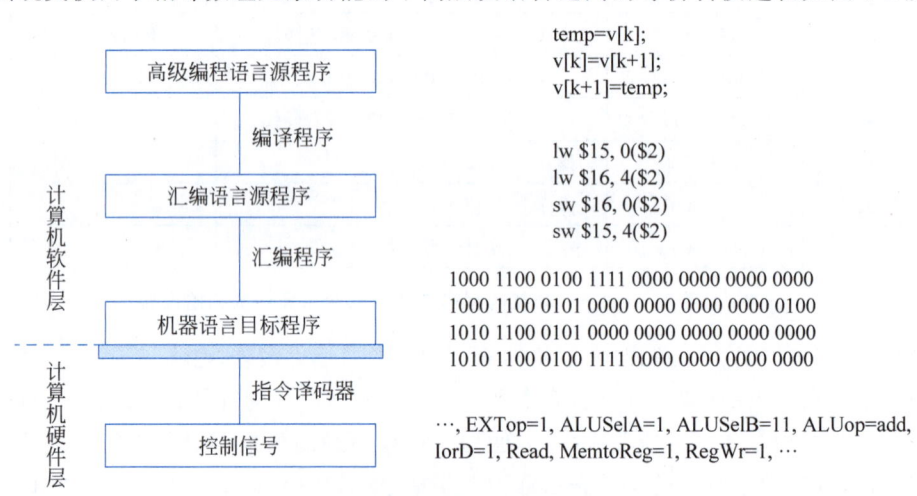

图 8-2 不同层次语言之间的等价转换过程

在图 8-2 中,交换数组元素 v[k]和 v[k+1]的功能可以在高级编程语言源程序中直观地用 3 条赋值语句实现;在编译生成的汇编语言源程序中,可以用 4 条汇编指令实现该功能,其中,两条是取数指令"负载字"(load word,lw),另两条是存数指令"存储字"(store word,sw);在汇编后生成的机器语言程序中,对应的机器指令是特定格式的二进制代码,例如,第一条 lw 指令对应的机器代码为"1000 1100 0100 1111 0000 0000 0000 0000",这是一条 MIPS 架构指令系统中的指令,按对应指令格式可写成"100011 00010 01111 0000 0000 0000 0000",其中,高 6 位"100011"为操作码,随后 5 位"00010"为通用寄存器编号 2,再后面

5 位"01111"为另一个通用寄存器编号 15，最后 16 位为立即数 0。CPU 能够通过逻辑电路直接执行这种用二进制表示的机器指令。指令执行时，通过控制器对指令操作码进行译码，可以将其解释成控制信号、控制数据的流动和运算。例如，控制信号 ALUOp＝add 可以控制 ALU 进行加法操作，RegWr＝1 可以控制将结果数据写入某个通用寄存器。

8.1.2 从源程序到可执行目标文件

程序的开发和运行涉及计算机系统的各个不同层面，因而计算机系统层次结构的思想体现在程序开发和运行的各个环节。下面以简单的 hello 程序为例，简要介绍程序的开发与执行过程，以便加深读者对计算机系统层次结构概念的认识。

以下是 hello.c 的 C 语言源程序代码。

```
1   #include <stdio.h>
2
3   int main()
4   {
5       printf("hello,world\n")
6   }
```

为了让计算机执行上述应用程序，程序员应按照以下步骤进行处理。

第一步：通过程序编辑软件得到 hello.c 文件。

hello.c 在计算机中以 ASCII 码字符方式存放。通常把用 ASCII 码字符或汉字字符表示的文件称为文本文件。源程序文件都是文本文件，是可显示和可读的。

第二步：hello.c 生成可执行目标文件。

对 hello.c 进行预处理、编译、汇编和连接，最终生成可执行目标文件。例如，在 UNIX 系统中，可用 GCC 编译驱动程序进行处理，命令如下：

unix＞gcc －o hello hello.c

在上述命令中，最前面的 unix＞为 shell 命令行解释器的命令行提示符，gcc 为 GCC 编译驱动程序名，-o 表示后面为输出文件名，hello.c 为要处理的源程序。从 hello.c 源程序文件到可执行目标文件 hello 的转换过程如图 8-3 所示。

图 8-3　从 hello.c 源程序文件到可执行目标文件 hello 的转换过程

hello.c 源程序文件到可执行目标文件的转换过程如下。

（1）预处理阶段：预处理程序（cpp）对源程序中以字符＃开头的命令进行处理，例如，将＃include 命令后面扩展名为.h 的文件内容嵌入源程序文件中。预处理程序的输出结果还是一个源程序文件，以 i 为扩展名。

(2) 编译阶段：编译程序(ccl)对预处理后的源程序进行编译，生成一个汇编语言源程序文件，以.s 为扩展名，例如，hello.s 是一个汇编语言源程序文件。汇编语言程序与具体的机器结构有关。

(3) 汇编阶段：汇编程序(as)对汇编语言源程序进行汇编，生成一个可重定位的目标文件，以.o 为扩展名，例如，hello.o 是一个可重定位的目标文件。它是一种二进制文件，因为其中的代码已经是机器指令，数据以及其他信息也都是用二进制表示的，所以它是不可读的。

(4) 连接阶段：连接程序(ld)将多个可重定位的目标文件和标准函数库中的可重定位目标文件合并成为一个可执行目标文件，简称可执行文件。本例中，连接器将 hello.o 与标准库函数 printf 所在的可重定位目标模块 printf.o 进行合并，生成可执行文件 hello。

第三步：启动运行一个可执行文件

生成的可执行文件被保存在磁盘中，可以通过某种方式启动运行一个磁盘中的可执行文件。

8.1.3 可执行文件的启动和执行

对于一个存放在磁盘中的可执行文件，可以在操作系统提供的用户操作环境中采用双击对应图标或在命令行中输入可执行文件名等多种方式启动执行。在 UNIX 系统中，可以通过 shell 命令行解释器执行一个可执行文件。例如，对于上述可执行文件 hello，通过 shell 命令行解释器启动执行的结果如下：

```
unix> ./hello
hello, world
unix>
```

shell 命令行解释器会显示提示符 unix>，告知用户它准备接收用户的输入，此时，用户可以在提示符后面输入需要执行的命令名，它可以是一个可执行文件在磁盘中的路径名，例如，上述"/hello"就是可执行文件 hello 的路径名，其中"/"表示当前目录。输入命令后，用户需要按回车键表示结束。启动和执行 hello 程序的过程如图 8-4 所示。

在图 8-4 中，shell 程序将用户从键盘输入的每个字符逐一读入 CPU 寄存器（对应线①）中，然后再保存到主存储器中，在主存储器的缓冲区形成字符串"./hello"（对应线②）。当接收到 Enter 按键时，shell 将调出操作系统内核中相应的服务例程，由内核加载磁盘中的可执行文件 hello 到主存储器（对应线③）。内核加载完可执行文件中的代码及其所要处理的数据（这里是字符串"hello,world\n"）后，将 hello 程序第一条指令的地址送到程序计数器(PC)中，CPU 永远都将 PC 的内容作为将要执行的指令地址，因此，CPU 随后开始执行 hello 程序，它将加载到主存储器的字符串"hello,world\n"中的每个字符从主存储器读取到 CPU 的寄存器中（对应线④），然后将 CPU 寄存器中的字符送到显示器上显示出来（对应线⑤）。

从上述过程可以看出，一个用户程序被启动执行，必须依靠操作系统的支持，包括提供

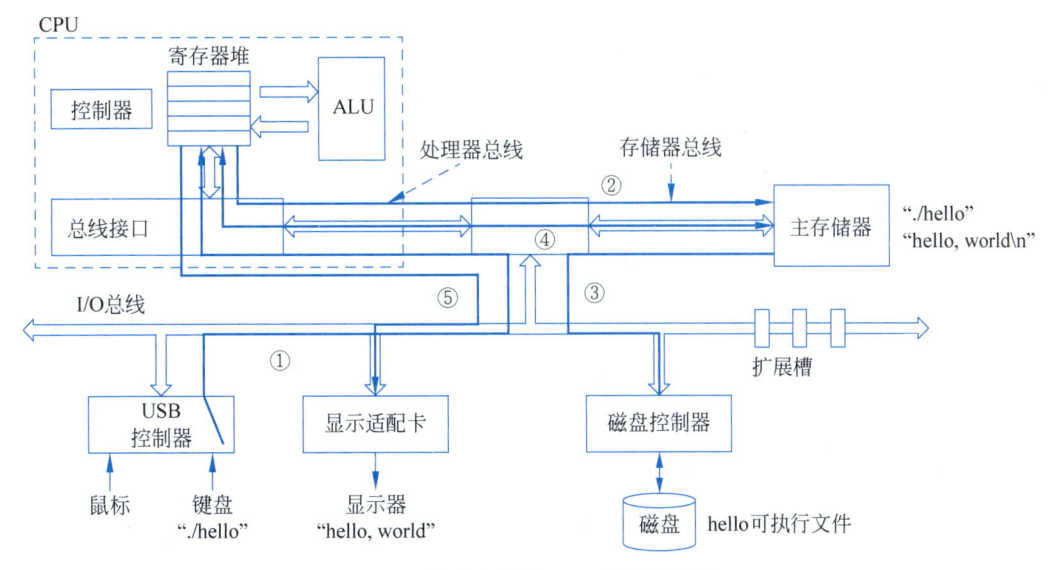

图 8-4 启动和执行 hello 程序的过程

人机接口环境(如外壳程序)和内核服务例程。例如,shell 命令行解释器是操作系统外壳程序,它为用户提供了一个启动程序执行的环境,用来对用户从键盘输入的命令进行解释,并调出操作系统内核加载所指定的用户程序,如 hello 程序。

此外,在上述过程中,涉及对键盘、磁盘和显示器等外部设备的操作,这些底层硬件是不能由用户程序直接访问的,此时也需要依靠操作系统内核服务例程的支持。例如,用户程序需要调用内核的读系统来调用服务例程读取磁盘文件,或调用内核的写系统来调用服务例程把字符串"写"到显示器上等。

从图 8-4 可以看出,程序的执行过程就是数据在 CPU、主存储器和 I/O 模块之间流动的过程,所有数据的流动都是通过总线、I/O 桥接器等进行的。数据在总线上传输之前,需要先缓存在存储部件中,因此,除了主存储器本身是存储部件以外,在 CPU、I/O 桥接器、设备控制器中也有存放数据的缓冲存储部件,例如,CPU 中的通用寄存器、设备控制器中的数据缓冲寄存器等。

8.2 计算机系统的层次结构

用户提供一个抽象的简洁接口,而将较低层次的实现细节隐藏起来。计算机解决应用问题的过程就是不同抽象层进行转换的过程。

8.2.1 计算机系统抽象层的转换

计算机系统抽象层及其转换示意如图 8-5 所示,描述了从最终用户希望计算机完成的应用(问题)到电子工程师使用元器件完成基本电路设计的整个转换过程。

```
          应用（问题）        最终用户
    ┌     算法         ┐
 软  │    编程（语言）    │  程序员
 件  │   操作系统/虚拟机   │
    └     ISA         ┘
    ┌    微体系结构      ┐  架构师
 硬  │   功能部件/RTL    │
 件  │     电路         │  电子工程师
    └     元器件        ┘
```

图 8-5　计算机系统抽象层及其转换示意

希望计算机完成或解决的任何一个应用（问题）在最开始形成时都是用自然语言描述的，但是计算机硬件只能理解机器语言，因此要将一个自然语言描述的应用问题转换为机器语言程序，需要经过应用问题描述、算法抽象、高级语言程序设计，以及将高级语言源程序转换为特定机器语言目标程序等多个抽象层的转换。

在进行高级语言程序设计时，需要有相应的应用程序开发支撑环境。例如，需要一个程序编辑器，以方便源程序的编写；需要一套翻译转换软件处理各类源程序，包括预处理程序、编译器、汇编器、连接器等；还需要一个可以执行各类程序的用户界面，如图形用户界面（Graphical User Interface，GUI）方式下的图形用户界面或 CLI 方式下的命令行用户界面（如 shell 程序）。提供程序编辑器和各类翻译转换软件的工具包统称为语言处理系统，而具有人机交互功能的用户界面和底层系统调用服务例程则由操作系统提供。

当然，所有的语言处理系统都必须在操作系统提供的计算机环境中运行。操作系统是对计算机底层结构和计算机硬件的一种抽象，这种抽象构成了一台可以让程序员使用的虚拟机。

从应用问题到机器语言程序的每次转换所涉及的概念都属于软件的范畴，而机器语言程序所运行的计算机硬件和软件之间需要有一个"桥梁"，这个在软件和硬件之间的界面就是 ISA，简称体系结构或系统结构，它是软件和硬件之间接口的一个完整定义。

ISA 定义了一台计算机可以执行的所有指令的集合，每条指令规定了计算机执行什么操作，以及所处理的操作数存放的地址空间和操作数类型。机器语言程序就是一个 ISA 规定的指令的序列，因此，计算机硬件执行机器语言程序的过程就是执行一条一条指令的过程。ISA 是对指令系统的一种规定，实现 ISA 的具体逻辑结构称为计算机组织或微体系结构，简称微架构。ISA 和微体系结构是两个不同层面的概念，微体系结构是软件不可感知的部分。例如，加法器采用串行进位还是并行进位方式实现，属于微体系结构层面的问题。相同的 ISA 可能有不同的微体系结构。

微体系结构最终由逻辑电路实现。当然，一个功能部件可以用不同的逻辑实现，然而用不同的逻辑实现方式得到的性能和成本是有差异的。每个基本的逻辑电路都是按照特定的器件技术实现的，例如，CMOS 电路中使用的器件和 N 型金属氧化物半导体（N Metal

Oxide Semiconductor,NMOS)电路中使用的器件不同。

8.2.2 计算机系统的不同用户

按照计算机完成任务的不同,可以把使用计算机的用户分成 4 类:最终用户、系统管理员、应用程序员和系统程序员。

使用应用程序完成特定任务的计算机用户称为最终用户,大多数计算机使用者都属于最终用户。例如,使用炒股软件的股民、玩计算机游戏的人、进行会计电算化处理的财会人员等。

系统管理员是指利用操作系统、数据库管理系统等软件提供的功能对系统进行配置、管理和维护,以建立高效、合理的系统环境供计算机用户使用的操作人员。其职责主要包括安装、配置和维护系统的硬件和软件,建立和管理用户账户,升级软件,备份、恢复业务系统和数据等。

应用程序员是指使用高级编程语言编制应用软件的程序员;而系统程序员则是指设计和开发系统软件的程序员,如开发操作系统、编译器、数据库管理系统等系统软件。

在很多情况下,同一个人可能既是最终用户,又是系统管理员,同时还是应用程序员或系统程序员。例如,对于一个计算机专业的学生来说,使用计算机玩游戏或网购物品时,他是最终用户的角色;在整理计算机磁盘中的碎片、升级系统或备份数据时,是系统管理员的角色;在完成教师布置的一个应用程序的开发时,是应用程序员的角色;在完成老师布置的操作系统或编译程序等软件的开发时,是系统程序员的角色。

应用程序员所看到的计算机系统除了计算机硬件、操作系统提供的应用编程接口(API),以及人机交互界面和实用程序外,还包括相应的语言处理系统。在语言处理系统中,除了翻译程序外,通常还包括编辑程序、连接程序、装入程序,以及将这些程序和工具集成在一起构成的集成开发环境等。

系统程序员开发操作系统、编译器和实用程序等系统软件时,需要编写对计算机底层硬件直接进行控制的代码。因此,系统程序员必须熟悉指令系统、机器结构和相关的机器功能特性,有时还要直接用汇编语言等低级语言编写程序代码。

在计算机技术中,一个存在的事物或概念从某个角度看似乎不存在,也感觉不到实际存在的事物或概念,则称它是透明的。通常,在一个计算机系统中,系统程序员所看到的底层机器级的概念性结构和功能特性对高级语言程序员(通常就是应用程序员)来说是透明的。对应用程序员来说,他们直接用高级语言编程,不需要了解有关汇编语言的编程问题,也不用了解机器语言中规定的指令格式、寻址方式、数据类型和格式等指令系统方面的问题。

8.3 RISC-V 汇编程序

RISC-V 汇编语言是一种低级编程语言,用于编写直接在 RISC-V 架构的处理器上运行的程序。与高级编程语言不同,汇编语言提供了对硬件的直接控制能力,允许程序员精确地管理处理器的每个指令和数据。RISC-V 汇编语言的设计紧密遵循 ISA，这是一种 RISC 架构，特点是指令简单、统一的指令长度和较少的寻址模式。

1. RISC-V 汇编程序结构

RISC-V 汇编程序通常包含数据段、文本段和伪指令。

(1) 数据段：定义程序中使用的变量和常量。

(2) 文本段：包含程序的执行指令。

(3) 伪指令：这些不是处理器直接执行的指令，而是由汇编器转换为一系列实际指令的高级指令。

2. 常见的 RISC-V 汇编指令

(1) 加载和存储指令：如 lw(加载字)、sw(存储字)等，用于在寄存器和内存之间传输数据。

(2) 算术和逻辑指令：如 add(加)、sub(减)、and(与)、or(或)等，用于执行基本的算术和逻辑运算。

(3) 控制流指令：如 beq(如果等于则跳转)、bne(如果不等于则跳转)、jal(跳转并链接)等，用于控制程序的执行流程。

(4) 移动指令：如 mv(移动)，用于在寄存器之间传输数据。

3. 编写 RISC-V 汇编程序的基本步骤

(1) 定义数据段：在数据段中声明程序中使用的所有变量和常量。

(2) 编写指令：在文本段中编写程序的执行指令，这些指令定义了程序的逻辑和行为。

(3) 汇编和链接：使用汇编器将汇编语言程序转换为机器码，然后使用链接器将多个对象文件链接成一个可执行文件。

(4) 调试：使用调试工具检查程序的执行流程和状态，确保程序按照预期工作。

下面是一个简单的 RISC-V 汇编语言程序示例，它用于计算两个数的和。

```
.data
num1: .word 5
num2: .word 10

.text
.global main
main:
    lw    a0, num1    ＃加载第一个数到寄存器 a0
    lw    a1, num2    ＃加载第二个数到寄存器 a1
    add   a0, a0, a1  ＃将 a0 和 a1 中的数相加,结果存储在 a0
    ＃程序结束
```

这个程序首先在数据段定义了两个数，然后在文本段中加载这两个数并计算它们的和。

汇编程序的最基本元素是指令，指令集是处理器架构的最基本要素，因此 RISC-V 汇编语言的最基本元素自然是一条条的 RISC-V 指令。

RISC-V 工具链是 GCC 工具链，因此一般的 GNU 汇编语法也能被 GCC 的汇编器识别，GNU 汇编语法中定义的伪操作、操作符、标签等语法规则均可以在 RISC-V 汇编语言中使用。一个完整的 RISC-V 汇编程序由 RISC-V 指令和 GNU 汇编规则定义的伪操作、操作符、标签等组成。

一条典型的 RISC-V 汇编语句由 4 部分组成，包含如下字段：

```
[label:]   opcode    [operands] [;comment]
[标签:]    [操作码]   [操作数]   [注释]
```

（1）标签：表示当前指令的位置标记。

（2）操作码可以是如下任意一种。

① RISC-V 指令的指令名称，如 addi 指令、lw 指令等。

② 汇编语言的伪操作。

③ 用户自定义的宏。

（3）操作数：操作码所需的参数，与操作码之间以空格分开，可以是符号、常量，或者由符号和常量组成的表达式。

（4）注释：为了程序代码便于理解而添加的信息，注释并不发挥实际功能，仅起到注解作用。注释是可选的，如果添加注释，需要注意以下规则。

① 以";"或者"#"作为分隔号，以分隔号开始的本行之后的部分到本行结束都会被当作注释。

② 使用类似 C 语言的注释语法 // 和 /**/ 对单行或者大段程序进行注释。

一段典型的 RISC-V 汇编程序如下所示：

```
.section .text              # 使用.section 伪操作指定 text 段
.global _start              # 使用.global 伪操作指定汇编程序入口
_start:                     # 定义标签_start
    lui   a1, %hi(msg)      # RISC-V 的 LUI 指令
    addi  a1, a1, %lo(msg)  # RISC-V 的 ADDI 指令
    jalr  ra, puts          # RISC-V 的 JALR 指令
2:
    j     2b                # RISC-V 的跳转指令，并在此指令处定义标签 2
.section .rodata            # 使用.section 指定 rodata 段
msg:                        # 定义标签 msg
    .string "Hello World\n" # 使用.string 伪操作分配空间存放"Hello World"字符串
```

这段 RISC-V 汇编程序的功能是打印字符串"Hello World\n"到标准输出。

程序的主要步骤如下。

.section .text：这一行指定后续代码位于文本段，这是存放程序执行代码的内存区域。

.global _start：这一行声明了一个全局标签_start，这是程序的入口点。

_start:：这是程序的入口点标签。

lui a1, %hi(msg)：这一行使用 lui 指令将 msg 标签的高位地址加载到寄存器 a1 中。

addi a1, a1, %lo(msg)：这一行使用 addi 指令将 msg 标签的低位地址添加到 a1 中，从而 a1 寄存器现在包含了字符串"Hello World\n"的完整地址。

jalr ra, puts：这一行使用跳转和链接寄存器(jalr)指令跳转到 puts 函数执行，puts 函数的作用是打印以 a1 寄存器指向的字符串直到遇到 null 字符(这里是通过换行符"\n"表示字符串结束)。ra 寄存器被用作返回地址寄存器，保存 jalr 指令后的指令地址，以便 puts 函数执行完毕后能够返回。

2：j 2b：这一行创建了一个标签 2，并使用 j(Jump)指令实现无限循环，跳转到标签 2 所在的位置，即实现了程序的停滞。2b 表示向后跳转到最近的标签 2。

.section .rodata：这一行指定后续数据位于只读数据段，这是存放常量和只读数据的内存区域。

msg：：这是字符串数据的标签。

.string "Hello World\n"：这一行使用.string 伪指令定义了字符串"Hello World\n"，并自动在字符串末尾添加了 null 字符(\0)，使其成为一个 C 风格的字符串。

总之，这段 RISC-V 汇编程序的主要功能是使用 puts 函数打印"Hello World\n"字符串到标准输出，并在打印完成后进入无限循环。

8.4 RISC-V 汇编程序伪操作

在 RISC-V 汇编语言中，伪指令或伪操作是一种特殊的指令，它们并不直接对应处理器的机器指令。相反，伪指令在汇编时会被汇编器转换为一条或多条实际的机器指令。这些伪指令提供了更高级别的抽象，使得汇编程序更加简洁和易懂。

伪指令的使用可以使汇编程序更加易读，同时减少编程错误。它们通常用于实现常见的编程任务，如数据移动、分支、算术运算的简化形式等。

除了普通的指令，RISC-V 还定义了伪指令，便于用户编写汇编程序。

在汇编语言中，有一些特殊的操作助记符通常被称为伪操作。伪操作在汇编程序中的作用是指导汇编器处理汇编程序的行为，且仅在汇编过程中起作用，一旦汇编结束，伪操作的使命就此结束。

伪指令是汇编语言编程的有力工具，它们简化了汇编代码的编写和理解。通过使用伪指令，程序员可以更专注于程序的逻辑，而不是处理器的具体指令细节。

虽然伪指令和宏指令在汇编语言中都提供了编程的便利性，但是它们之间存在一些区别。

(1) 伪指令：通常是由汇编器预定义的，用于表示一组特定的机器指令序列。伪指令让编写汇编代码时更加简洁易懂。汇编器会将伪指令翻译成一条或多条具体的机器指令。

(2) 宏指令：宏指令允许程序员定义一个指令序列，这个序列可以通过一个单独的指令(即宏名)调用。宏提供了更高级别的抽象，可以包含参数，使它们更加灵活和强大。宏指令在汇编时也会被展开为实际的机器指令序列。

伪指令主要关注简化汇编程序的编写，而宏指令提供了一种强大的方式复用代码和抽象复杂的指令序列，使汇编语言编程更加高效和模块化。

RISC-V 工具链可以下载 GCC 工具链，一般的 GNU 汇编语法中定义的伪操作均可在

RISC-V 汇编语言中使用。经过不断的增加，目前 GNU 汇编中定义的伪操作数目众多，感兴趣的读者可以自行查阅完整的 GNU 汇编语法手册。

8.5 RISC-V 汇编程序示例

RISC-V 的设计目标是提供一套简单、高效、可扩展的硬件指令集。

8.5.1 定义标签

标签名称通常在一个冒号(:)之前，常见的标签分为文本标签和数字标签。

文本标签在一个程序文件中是全局可见的，因此定义必须使用独一无二的命名，文本标签通常被作为分支或跳转指令的目标地址，示例如下。

```
loop:              //定义一个名为 loop 的标签,该标签代表了此处的 PC 地址
……
j   loop           //跳转指令跳转到标签 loop 所在的位置
```

在这个示例中，定义了一个名为 loop 的文本标签，并且使用了一个跳转指令 j loop 跳转到这个标签所代表的程序计数器地址。这个结构的功能是创建一个循环。

详细解释如下。

loop:：这行定义了一个 loop 标签。在汇编语言中，标签用作指令或数据的标记，它们代表了在程序中的一个具体的地址。在这个例子中，loop 标签代表了此处的程序计数器地址，即接下来指令序列的起始地址。

……：这里的省略号表示在 loop 标签和跳转指令之间可以有一系列的汇编指令。这些指令构成了循环体，即每次循环时要执行的操作。

j loop：这是一个无条件跳转指令，功能是将程序的执行流跳转到标签 loop 所在的地址，也就是循环的开始处。这意味着，执行到这条指令时，程序会返回到 loop 标签定义的位置，重新执行循环体中的指令。

这个结构实现了一个基本的循环机制。程序会不断地执行 loop 标签和 j loop 指令之间的代码，直到某种条件导致跳出循环(例如，通过条件跳转指令)。在这个简单的示例中，没有提供跳出循环的条件，所以这构成了一个无限循环。在实际应用中，循环通常会包含一些形式的终止条件，以防止程序无限执行。

数字标签为 0~9 的数字表示的标签，数字标签属于一种局部标签，需要时可以被重新定义。在被引用时，数字标签通常需要带上一个字母"f"或者"b"的后缀，"f"表示向前，"b"表示向后，示例如下：

```
J   1f     //跳转到"向前寻找第一个数字为 1 的标签"所在的位置,即下一行(标签为 1)所在位置
1:
J   1b     //跳转到"向后寻找第一个数字为 1 的标签"所在的位置,即上一行(标签为 1)所在的位置
```

这个示例展示了数字标签在汇编语言中的使用，特别是如何通过 f 和 b 后缀实现向

前和向后的跳转。数字标签是一种局部标签,允许在同一代码块内重复使用相同的数字表示不同的标签位置。这种方法在处理循环或条件分支时特别有用,因为它简化了标签的管理。

功能解释如下。

J 1f:这条指令的作用是向前跳转到(在代码中向下)第一个数字为 1 的标签所在的位置。在这个上下文中,"向前"意味着从当前位置往下查找。由于数字标签 1 就在下一行,这条跳转指令会跳转到标签"1:"所在的位置。

1::这是一个数字标签,标记了一个位置。在这个例子中,它被用作 J 1f 指令的跳转目标。

J 1b:这条指令的作用是向后跳转到(在代码中向上)第一个数字为 1 的标签所在的位置。在这个上下文中,"向后"意味着从当前位置往上查找。由于数字标签 1 就在上一行,这条跳转指令会跳转到标签"1:"所在的位置。

这个结构展示了如何使用数字标签和 f(向前)、b(向后)后缀实现代码中的跳转。J 1f 指令跳转到接下来的标签"1:",而 J 1b 指令则跳转回到之前的相同数字标签。这种方法在编写汇编程序时可以提供更灵活的跳转控制,尤其是在处理较小的代码段或实现循环和条件分支时。

8.5.2 定义宏

宏是将汇编语言中具有一组独立功能的汇编语句组织在一起,然后以宏调用的方式进行调用。示例如下:

```
.macro mac, a, b, c    //定义一个名为 mac 的宏,参数为 a、b、c
mul   t0, b,c          //mul 指令将 b 和 c 相乘得到乘积写入 to 寄存器
add   a, t0, a         //add 指令将 a 与 to 相加,将乘累加结果写入 a
.endm
//调用 mac 宏
mac   x1, x2, x3
```

这个示例展示了如何在汇编语言中定义和调用一个宏。宏是一种强大的特性,允许程序员将一组重复使用的汇编语句封装成一个单独的单元,然后通过宏的名称和传递参数的方式重复调用这组指令。这样做可以提高代码的重用性和可读性。

宏的定义和功能如下。

.macro mac, a, b, c:这行代码开始定义一个名为 mac 的宏,它接受 3 个参数——a、b 和 c。这些参数在宏内部被用作指令的操作数。

mul t0, b, c:这是宏内部的第一条指令。它执行乘法操作,将寄存器 b 和寄存器 c 中的值相乘,然后将结果存储到临时寄存器 t0 中。

add a, t0, a:这是宏内部的第二条指令。它执行加法操作,将寄存器 a 中的值与临时寄存器 t0 中的值相加(t0 寄存器存储了 b 和 c 相乘的结果),然后将累加的结果再次存储回寄存器 a 中。

.endm：这行代码标记了宏定义的结束。

调用 mac 宏时，需要提供具体的参数值替代 a、b 和 c。例如，如果宏被调用为 mac x，y，z，那么在宏内部，参数 a 将被替换为 x，参数 b 将被替换为 y，参数 c 将被替换为 z。执行时，宏内的指令会使用这些具体的寄存器或值进行计算。

这个宏的功能是计算 b 和 c 的乘积，然后将这个乘积与 a 相加，最后将结果存储回 a。这种类型的操作在许多算法和计算任务中都非常常见，通过将其封装为宏，可以简化代码并避免重复编写相同的指令序列。

8.5.3 定义常数

在汇编语言中可以使用.equ 伪操作定义常数，并为其赋予一个别名，然后在汇编程序中直接使用别名，示例如下：

```
.equ UART_BASE, 0x40003000        //定义一个常数,别名为 UART_BASE
lui   a0,       %hi(UART_BASE)    //直接使用别名替代常数
addi  a0, a0,   %lo(UART_BASE)    //直接使用别名替代常数
```

在汇编语言中，.equ 伪操作用于定义常数，并为这个常数分配一个别名。这样做的目的是提高代码的可读性和易维护性，同时避免在多处直接使用硬编码的常数值，这样当需要修改这个常数值时，只需在定义处修改一次即可，而不需要在每个使用该常数的地方都进行修改。

示例程序解释如下。

.equ UART_BASE，0x40003000：这行代码定义了一个常数 0x40003000，并为其赋予了一个别名 UART_BASE。这个常数值可能表示一个特定硬件设备（例如 UART 设备）的基地址。

lui a0，%hi(UART_BASE)：这条指令加载 UART_BASE 常数的高位（即地址的高 16 位）到寄存器 a0 中。%hi 是一个指令修饰符，用于获取 32 位地址中的高 16 位。这种方式可以将一个 32 位的地址分成高位和低位两部分进行加载，因为大多数立即数加载指令只能操作 16 位立即数。

addi a0，a0，%lo(UART_BASE)：紧接着，这条指令将 UART_BASE 的低位（即地址的低 16 位）加到寄存器 a0 中，从而完成了整个 32 位地址的加载。%lo 是另一个指令修饰符，用于获取 32 位地址中的低 16 位。

这种使用别名代替硬编码常数的方法使代码更加清晰易懂。当需要对 UART_BASE 的值进行修改时，只需在.equ 伪操作的定义处修改即可，而不需要逐个寻找和修改程序中所有直接使用 0x40003000 这个硬编码值的地方，大幅提高了代码的可维护性。

8.5.4 立即数赋值

在汇编语言中可以使用 RISC-V 的伪指令 li 进行立即数的赋值。li 不是真正的指令，是一种 RISC-V 的伪指令，等效于若干条指令（计算得到立即数）。示例如下：

```
.section .text
.global _start
start:
.equ CONSTANT, 0xcafebabe
    li   a0, CONSTANT        //将常数赋值给 a0 寄存器
```

在 RISC-V 汇编语言中，伪指令 li 用于将一个立即数（常数值）加载到寄存器中。虽然 li 本身不是 RISC-V 指令集中的一条真正的指令，但它等效于一系列实际的指令组合，这些指令组合在一起可以实现将一个立即数加载到指定寄存器的功能。使用伪指令可以简化汇编程序的编写，使程序更加直观易懂。

示例程序解释如下：

.section .text：这行指示编译器将接下来的指令放在程序的文本段（代码段）。这是程序执行代码存放的地方。

.global _start：这行声明了一个全局标签 _start，这是程序的入口点。在很多系统中，_start 是操作系统查找并开始执行程序的地方。

start:：这是 _start 标签的定义处，标记了程序的实际开始位置。

.equ CONSTANT, 0xcafebabe：这行使用 .equ 伪操作定义了一个常数 CONSTANT，并将其值设置为 0xcafebabe。这种方式允许在程序中通过别名 CONSTANT 引用这个具体的值，而不是直接使用硬编码的数值，从而提高了代码的可读性和可维护性。

li a0, CONSTANT：这行是使用 li 伪指令将 CONSTANT 定义的立即数（0xcafebabe）加载到寄存器 a0 中。在 RISC-V 架构中，由于指令的立即数字段大小有限，不能直接通过一条指令将一个 32 位或更大的立即数完整地加载到寄存器中。因此，li 伪指令在背后可能会被展开成一系列实际的指令，比如 lui（用于加载立即数的高 20 位）和 addi（用于将一个 12 位的立即数加到寄存器的值上）的组合，以实现将完整的立即数值加载到寄存器中的目的。

这个示例展示了如何在 RISC-V 汇编程序中定义一个常数，并使用 li 伪指令将这个常数加载到一个寄存器中。这种方法在需要处理大量立即数时非常有用，特别是在进行系统编程或底层硬件操作时。

上述指令经过汇编之后产生的指令如下，可以看出 li 伪指令等效于若干条指令。

```
0000000000000000 <_start>:
0: 00032537        lui     a0,0x32
4: bfb50513        addi    a0,a0,-1029
8: 00e51513        slli    a0,a0,0xe
c: abe50513        addi    a0,a0,-1346
```

8.5.5 标签地址赋值

在汇编语言中可以使用 RISC-V 的伪指令 la 进行标签地址的赋值。la 不是真正的指令，而是一种 RISC-V 的伪指令，等效于若干条指令（计算得到标签的地址）。示例如下：

```
.section .text
.global _start
_start:
    la a0, msg              //将 msg 标签对应的地址赋值给 a0 寄存器
.section .rodata
msg:                        //msg 标签
    .string "Hello World\n"
```

在 RISC-V 汇编语言中，la 是一种伪指令，用于将一个标签所代表的内存地址加载到寄存器中。尽管 la 本身并不是 RISC-V 指令集中的一条真正的指令，它实际上等效于一系列能够计算并加载标签地址的指令组合。使用伪指令可以简化汇编程序的编写，使程序更加直观易懂。

示例程序解释如下。

.section .text：这行指示编译器将接下来的指令放在程序的文本段（代码段）。这是程序执行代码存放的地方。

.global _start：这行声明了一个全局标签 _start，这是程序的入口点。在很多系统中，_start 是操作系统查找并开始执行程序的地方。

_start:：这是 _start 标签的定义处，标记了程序的实际开始位置。

la a0, msg：这行使用 la 伪指令将 msg 标签对应的内存地址加载到寄存器 a0 中。msg 标签标识了一段内存地址，通常是一个变量或一段数据（在这个例子中是一个字符串）的位置。la 伪指令在背后可能会被展开成一系列实际的指令，比如 lui（用于加载地址的高 20 位）和 addi（用于将一个 12 位的偏移量加到寄存器的值上）的组合，以实现将完整的内存地址加载到寄存器中的目的。

.section .rodata：这行指示编译器将接下来的数据放在只读数据段。这是存放程序的只读数据（如字符串常量）的地方。

msg:：这是 msg 标签的定义处，标记了一段字符串数据的开始位置。

.string "Hello World\n"：这行定义了一个字符串常量"Hello World\n"，并将其放在 msg 标签标识的内存位置。

这个示例展示了如何在 RISC-V 汇编程序中使用 la 伪指令将一个标签的内存地址加载到一个寄存器中。这种方法在需要引用数据、字符串或其他内存区域的地址时非常有用，特别是在进行内存操作或数据处理时。

上述指令经过汇编之后产生的指令如下，可以看出 la 指令等效于 auipc 和 addi 这两条指令。

```
000 00000000000 <_start>:
0: 00000517      auipc    a0,0x0
        0: R_RISCV_PCREL_HI20    msg
4: 00850513      addi     a0,a0,8    #8 < _start + 0x8 >
        4: R_RISCV_PCREL_LO12_I      .L11
```

8.5.6 设置浮点舍入模式

对于 RISC-V 浮点指令而言,可以通过一个额外的操作数设定舍入模式。例如 fcvt.w.s 指令需要舍入零,则可以写为 fcvt.w.s a0,fa0,rtz。如果没有指定舍入模式,则默认使用动态舍入模式(dyn)。

不同舍入模式的缩写分别如下。

rne:最近舍入,朝向偶数方向。

rtz:向零舍入。

rdn:向下舍入。

rup:向上舍入。

rmm:最近舍入,朝向最大幅度方向。

dyn:动态舍入模式。

8.5.7 RISC-V 环境下的完整实例

为了便于读者理解汇编程序,下面列举一个完整的汇编程序实例。

【例 8-1】 这个汇编程序是一个 RISC-V 环境下的示例,展示了如何设置机器模式的中断处理程序,特别是如何处理定时器中断。程序的主要功能包括设置中断处理向量、使能中断、读取和设置定时器,以及在中断发生时执行特定的操作。

```
        .equ RTC_BASE,      0x40000000          //定义常数,命名为 RTC_BASE
        .equ TIMER_BASE,

        # setup machine trap vector
1:      la       t0, mtvec                      //将标签 mtvec 的 PC 地址赋值为 t0
        csrrw    zero, mtvec, t0                //使用 csrrw 指令将 t0 寄存器的值赋值给 CSRmtvec

        # set mstatus.MIE = 1 (enable M mode interrupt)
        li       t0,8                           //将常数 8 赋值给 t0 寄存器
        csrrs    zero, mstatus, t0              //使用 csrrs 指令,进行如下操作:
                                                //以操作数寄存器 t0 中的值逐位作为参考,如果 t0 中的值的某个比特位
                                                //为 1,则将 mstatus 寄存器中对应的比特位置为 1,其他位不受影响
        # set mie.MTIE = 1 (enable M mode timer interrupts)
        li       t0,128                         //将常数 8 赋值给 t0 寄存器
        csrrs    zero, mie, t0                  //使用 csrrs 指令,进行如下操作:
                                                //以操作数寄存器 t0 中的值逐位作为参考,如果 t0 中的值的某个比特位
                                                //为 1,则将 mie 寄存器中对应的比特位置为 1,其他位不受影响
        # read from mtime
        li       a0,RTC_BASE                    //将立即数 RTC_BASE 赋值给 t0 寄存器
        lw       a1, 0 (a0)                     //使用 lw 指令将 a0 寄存器索引的存储器地址中的值
                                                //读出并赋值给 a1 寄存器
        # write to mtimecmp
        li       a0,TIMER_BASE
        li       t0,1000000000
```

```
        add     a1,a1,t0
        sw      a1,0 (a0)
# loop
loop:                                   //设定 loop 标签
        wfi
        j       loop                    //跳转到 loop 标签的位置
# break on interrupt
mtvec:
        csrrc   t0,mcause,zero          //读取 mcause 寄存器的值赋值给 t0 寄存器
        bgez    t0,fail                 # 中断原因小于零
        slli    t0, t0, 1               # 移除高位
        srli    t0, t0, 1
        li      t1, 7
        bne     t0, t1, fail            # 检查这是否是一个 m_timer 中断
        j       pass
pass:
        la      a0, pass_msg
        jal     puts
        j       shutdown
fail:
        la      a0, fail_msg
        jal     puts
        j       shutdown
.section .rodata
pass_msg:
        string "PASS\n"
fail_msg:
        string "FAIL\n"
```

下面是程序的主要部分和功能解释。

(1) 定义常数。

RTC_BASE 和 TIMER_BASE 分别定义了实时时钟(Real-Time Clock,RTC)和定时器的基地址。

(2) 设置机器模式的中断向量。

使用 la 指令加载 mtvec 的地址到 t0 寄存器,然后通过 csrrw 指令将 t0 寄存器的值(即 mtvec 的地址)写入 mtvec 的 CSR,设置中断向量的入口。

(3) 使能机器模式的中断。

通过 li 和 csrrs 指令设置 mstatus 的 MIE 位为 1,使能机器模式的全局中断。

通过 li 和 csrrs 指令设置 mie 的 MTIE 位为 1,使能机器模式的定时器中断。

(4) 读取当前时间并设置定时器比较值。

读取当前时间(mtime)并将其加载到 a1 寄存器。

设置定时器比较值(mtimecmp),使定时器在当前时间基础上加上一个定值(例如 1000000000)后触发中断。

(5) 循环等待中断。

使用 wfi 指令等待中断发生。

当中断发生时,执行跳转到中断处理向量 mtvec。

(6) 中断处理。

读取 mcause 寄存器以确定中断原因。

检查中断原因是否为定时器中断(通过比较 mcause 的值)。

如果是定时器中断,执行 pass 分支,打印"PASS\n";否则,执行 fail 分支,打印"FAIL\n"。

(7) 结束程序。

无论是 pass 分支还是 fail 分支,最终都会跳转到 shutdown(该标签在此代码段中未定义,可能是停止程序或进行一些清理工作的地方)。

(8) 数据段。

定义了 pass_msg 和 fail_msg 字符串,分别用于中断处理成功或失败时的输出。

这个程序演示了在 RISC-V 架构下如何配置和处理机器模式定时器中断,包括中断向量的设置、中断的使能、定时器的设置和中断处理逻辑。

8.6 RISC-V 环境下的汇编程序实例

下面通过无符号整数排序,8 位二进制无符号整数求和,以及判断 1 个 16 位二进制无符号整数中有多少个 1,三个实例介绍 RISC-V 汇编语言程序的设计方法。

8.6.1 汇编程序实例 1

【例 8-2】 请用 RISC-V 的 32 位指令集编写 5 个 16 位二进制无符号整数排序的汇编程序。

编写一个用于排序 5 个 16 位无符号整数的 RISC-V 汇编程序是一个很好的练习,用于理解基本的算法实现和汇编语言编程技巧。在这个示例中,将使用简单的冒泡排序算法,因为它易于理解和实现。请注意,冒泡排序并不是最高效地排序算法,但它的简单性适合教学。

在 RISC-V 汇编语言中,首先需要准备数据,然后实现冒泡排序算法。假设 5 个 16 位无符号整数已经存储在内存中,使用基本的加载和存储指令访问这些值,以及分支和跳转指令来实现循环和条件判断。

下面是实现的基本步骤。

(1) 初始化循环计数器;

(2) 比较相邻的元素;

(3) 如果顺序错误,交换元素;

(4) 重复步骤(2)~(3),直到数组完全排序。

这里是一个基本的实现示例:

```
    .data
nums: .half 34, 12, 56, 8, 19      #定义5个16位无符号整数

    .text
    .global main
main:
    la   a0, nums                   #将数组的地址加载到 a0
    li   t0, 4                      #t0 是外循环计数器,因为有5个数字,所以循环4次
outer_loop:
    li   t1, 0                      #t1 是内循环计数器,用于迭代数组
inner_loop:                         #加载相邻的两个元素
    lh   t2, 0(a0)                  #加载当前元素到 t2
    lh   t3, 2(a0)                  #加载下一个元素到 t3
    #比较并交换
    Bge  t2, t3, no_swap            #如果 t2 < t3,不需要交换
    sh   t3, 0(a0)                  #否则交换它们
    sh   t2, 2(a0)
no_swap:
    addi a0, a0, 2                  #移动到下一对元素
    addi t1, t1, 1
    li   t4, 3                      #因为是5个数,所以内循环4次,减去外循环的当前迭代
    sub  t4, t4, t0
    blt  t1, t4, inner_loop         #如果内循环计数器小于 7 - t0,继续内循环
    # 重置内循环和 a0 指针,准备下一次外循环
    La   a0, nums
    addi t0, t0, -1
    bnez t0, outer_loop             #如果外循环计数器不为0,继续外循环
    # 结束
    li   a7, 10                     #退出系统调用
    ecall
```

这个程序使用了冒泡排序算法对 5 个 16 位无符号整数进行排序。请注意,这个示例假设读者已经熟悉 RISC-V 的基本指令和汇编语言编程。实际上,为了简化和清晰起见,这个示例并未包括所有可能的优化,例如,在确定数组已经排序后提前退出循环。

8.6.2 汇编程序实例 2

【例 8-3】 请用 RISC-V 的 32 位指令集编写 20 个 8 位二进制无符号整数求和的汇编程序。

编写一个汇编程序求 20 个 8 位无符号整数的和是一个很好的练习,用于理解如何在 RISC-V 指令集上操作内存和寄存器。在这个示例中,将首先将 20 个 8 位无符号整数存储在内存的连续位置,然后编写一个循环逐个读取这些数值,将它们累加,最后将总和存储在一个寄存器中。

请注意,由于处理的是 8 位无符号整数,而 RISC-V 的最小可寻址单元是 1 字节(8 位),可以直接使用字节访问指令加载这些数值。然而,因为将这些值累加到一个寄存器中可能会超过 8 位的范围,所以需要使用一个更大的寄存器存储中间和最终的结果,确保不会发生溢出。

下面是一个基本的实现示例：

```
    .data
numbers: .byte 10, 20, 30, 40, 50, 60, 70, 80, 90, 100, 110, 120, 130, 140, 150, 160, 170, 180,
190, 200
    .text
    .global main
main:
    la      a0, numbers         # 将数组的首地址加载到 a0
    li      t0, 20              # t0 是循环计数器,设置为 20
    li      t1, 0               # t1 用于存储总和,初始值为 0

loop:
    lbu     t2, 0(a0)           # 使用 lbu(加载无符号字节)指令加载一个 8 位数到 t2
    add     a0, a0, 1           # 将 a0 指针增加 1,移动到下一个 8 位数
    add     t1, t1, t2          # 将新加载的数值加到总和 t1 上
    addi    t0, t0, -1          # 将循环计数器减 1
    bnez    t0, loop            # 如果 t0 不为 0,跳转回 loop 继续循环
    # 此时,t1 寄存器包含所有数值的总和
    # 可以根据需要进一步处理或输出 t1 的值
    # 退出程序
    li      a7, 10              # 系统调用号 10 表示退出
    ecall                       # 执行系统调用
```

在这个程序中,首先将 20 个 8 位无符号整数存储在 .data 段的 numbers 数组中。然后,在 .text 段中,编写主程序 main 处理这些数值。使用 la 指令加载 numbers 数组的地址到寄存器 a0,这将作为基址寄存器。然后设置循环计数器 t0 为 20,表示有 20 个数值需要处理。

在循环 loop 中,使用 lbu 指令从当前 a0 指向的地址加载一个 8 位无符号整数到寄存器 t2,然后将 a0 的值加 1 以指向下一个数值。将加载的数值 t2 加到累加器 t1 上,这样 t1 最终将包含所有数值的总和。循环通过减少 t0 的值并检查它是否为零控制,如果 t0 不为零,则继续循环。

最后,当所有的数值都被累加后,可以将总和 t1 用于进一步的处理或输出。程序通过执行一个系统调用来退出,这里使用的是系统调用号 10,表示退出程序。

8.7 在 C/C++ 程序中嵌入汇编

前文介绍了如何编写 RISC-V 汇编语言程序,但是在实际工程中,目前的编程主要使用 C/C++ 这样的高级语言,因此使用汇编语言的情形更多是将汇编程序嵌入 C/C++ 语言编写的程序中。

以 RISC-V 为例,RISC-V 架构中定义的 CSR 需要使用特殊的 CSR 指令进行访问,如果在 C/C++ 程序中需要使用 CSR,只能采用内嵌汇编指令(CSR 指令)的方式,才能对 CSR 进行操作。

8.7.1 GCC 内联汇编

本书介绍的是 GCC 的 RISC-V 工具链,在 C/C++ 程序中嵌入汇编程序遵循 GCC 内联汇编语法规则,其格式由如下部分组成:

```
asm volatile (
汇编指令列表
:输出操作数                          //非必须
:输入操作数                          //非必须
:可能影响的寄存器或存储器              //非必须
);
```

下面分别予以简述:

(1) 关键字 asm 为 GCC 的关键字,表示进行内联汇编操作。

注意:也可以使用前后各带两个下画线的 asm。asn 是 GCC 关键字 asm 的宏定义。

(2) 关键字 volatile 或 _volatile_。volatile_ 或 volatile 是可选的。如果添加了该关键字,则要求编译器对后续括号内添加的汇编程序不进行任何优化以保持其原状;如果没有添加此关键字,则编译器可能会将某些汇编指令优化掉。

注意:也可以使用_volatile_,_volatile_是 GCC 关键字 volatile 的宏定义。

(3) "汇编指令列表",即需要嵌入的汇编指令。每条指令必须被双引号括起来(作为字符串),两条指令之前必须以"\n"或者";"作为分隔符,没有添加分隔符的两个字符串将会被合并成为一个字符串。

注意:"汇编指令列表"中的编写语法和普通的汇编程序编写一样,可以在其中定义标签(Label)、对齐(.align)、段(.section name)等。

(4) "输出操作数",用来指定当前内联汇编程序的输出操作符列表。

(5) "输入操作数",用来指定当前内联汇编语句的输入操作符列表。

(6) "可能影响的寄存器或存储器",用于告知编译器当前内联汇编语句可能会对某些寄存器或内存进行修改,使编译器在优化时将其因素考虑进去。

综上,一个典型的完整内联汇编程序格式如下:

```
_asm_   _volatile_(
"Instruction 1\n"
"Instruction 2\n"
…
"Instruction n\n"
:[out1]" = r" (value1),[out2]" = r"(value2), … [outn]" = r"(valuen)
:[in1]"r" (valuel), [in2]"r" (value2), … [inn]"r"(valuen)
:"r0", "r1", … "rn"
);
```

这段代码是在 C 或 C++ 程序中嵌入汇编语言代码的一种方式,称为内联汇编。内联汇编允许开发者直接在 C 或 C++ 代码中使用汇编语言指令,以此实现一些高效地操作或是直接访问硬件功能,这在系统编程、驱动开发等领域尤为重要。

下面是对这个内联汇编程序格式的详细解释。

(1) _asm_ 或_asm_是 GCC 编译器用来引入内联汇编代码的关键字。不同的编译器可能有不同的关键字，如 MSVC 使用_asm。

(2) _volatile_或_volatile_是一个可选修饰符，用来告诉编译器不要优化这段汇编代码。这是因为汇编指令可能会执行一些编译器无法识别的操作，如直接与硬件通信，因此禁止优化可以确保这些指令按照程序员的意图执行。

(3) 在双引号内是要执行的汇编指令，每条指令后面跟着一个\n 表示换行。

(4)：[out1]"＝r"(value1)，[out2]"＝r"(value2)，...[outn]"＝r"(valuen) 是输出部分，指定了汇编指令执行后，结果存放的位置。"＝r"表示结果将被存放在一个通用寄存器中，并且这个寄存器会被映射到指定的 C/C++变量(如 value1，value2，...，valuen)。

(5)：[in1]"r"(value1)，[in2]"r"(value2)，...[inn]"r"(valuen) 是输入部分，指定了传递给汇编代码的输入值。"r"表示输入值将从一个通用寄存器读取，并且这个寄存器映射自指定的 C/C++变量。

(6)："r0"，"r1"，..."rn"是寄存器占用列表，告诉编译器这段汇编代码会使用(或修改)哪些寄存器。这是为了帮助编译器保存和恢复这些寄存器的值，以防止对其他 C/C++代码的干扰。

内联汇编提供了一种强大的方式直接控制硬件，执行复杂的算法或实现特定的优化，但同时也要求开发者对汇编语言和硬件有深入的了解。错误的使用内联汇编可能会导致程序崩溃或数据损坏。

8.7.2　GCC 内联汇编输出操作数和输入操作数

C/C++中使用的是抽象层次较高的变量或者表达式，如下所示：

sum = add1 + add2;   //将变量 add1 和 add2 相加，得到的结果赋给 sum

而汇编指令中直接操作的是寄存器，以 RISC-V 指令集为例，一个加法指令的汇编指令如下：

add x2,x3,x4;   //将 x3 和 x4 寄存器相加得到 x2

特别需要注意的是：add x2,x3,x4;指令中的 3 个标点符号均为英文。

在 C/C++程序中添加汇编程序时，程序员如何将需要操作的 C/C++变量与汇编指令的操作数对应起来呢？那就需要用到 GCC 内联汇编的"输出操作数"和"输入操作数"部分指定。

GCC 内联汇编语法的"输入操作数"和"输出操作数"部分用来指定当前内联汇编程序的输入和输出操作符列表，遵循的语法如下。

每个输入或者输出操作符都由以下 3 部分组成。

(1) 方括号"[]"中的符号名用于将内联汇编程序中使用的操作数(由"%[字符]"指定)和此操作符(由"[字符]"指定)通过同名"字符"绑定起来。

除了"%[字符]"中明确的符号命名指定外,还可以使用"%数字"的方式隐含指定。"数字"从 0 开始,依次表示输出操作数和输入操作数。假设"输出操作数"列表中有 2 个操作数,"输入操作数"列表中有 2 个操作数,则汇编程序中%0 表示第一个输出操作数,%1 表示第二个输出操作数,%2 表示第一个输入操作数,%3 表示第二个输入操作数。

(2) 引号中的限制字符串,用于约束此操作数变量的属性,常用的约束如下。

① 字母"r"表示使用编译器自动分配的寄存器存储该操作数变量;字母"m"表示使用内存地址存储该操作数变量。如果同时指明"rm",则编译器自动选择最优方案。

② 对于"输出操作数"而言,"="代表输出变量用作输出,原来的值会被新值替换;"+"代表输出变量不仅作为输出,而且作为输入。

注意:此约束不适用于"输入操作数"。

(3) 圆括号"()"中的 C/C++变量或者表达式。

另外,输出操作符之间需使用逗号分隔。

8.8　RISC-V 过程调用约定

子程序的使用有助于提高程序的可读性,并有利于代码重用,它是程序员进行模块化编程的重要手段。子程序的使用主要是通过过程或函数调用实现的,为叙述方便起见,本书将过程调用、函数调用、子程序调用等统称为过程调用。

假定过程 P 调用过程 Q,则 P 称为调用过程,Q 称为被调用过程。引入过程后,程序员可以使用参数将过程与其他程序和数据分离,调用过程只要传送输入参数给被调用过程,最后再由被调用过程返回结果参数给调用过程即可。

为了使所有应用程序在一个特定的运行平台上生成统一规范的二进制目标代码,每个特定的运行平台都需要有一个应用程序二进制接口(Application Binary Interface,ABI)规范。过程调用约定属于 ABI 规范的内容。编译生成的所有过程的目标代码都必须遵循过程调用约定,汇编程序员也必须严格按照这些约定生成或编写机器级代码,包括通用寄存器的使用、栈帧的建立和参数传递等方面的约定。

8.8.1　过程调用的执行步骤

假定过程 P 调用过程 Q,则过程调用的执行步骤如下。
(1) P 将入口参数放到 Q 能访问的地方。
(2) P 将返回地址存到特定的地方,然后转移到 Q 执行。
(3) Q 为 P 保存现场,并为自己的局部变量分配空间。
(4) 执行过程 Q。
(5) Q 将返回结果放到 P 能访问的地方。
(6) Q 取出返回地址,将控制转移到 P。

在上述步骤中,第(1)、(2)步是在过程 P 中完成的,其中第(2)步由过程调用指令实现,通过该指令保存返回地址,并从过程 P 转移到 Q 执行。第(3)~(6)步都在被调用过程 Q 中完成,在执行 Q 过程体之前的第(3)步通常称为准备阶段,用于保存 P 的现场并为 Q 的非静态局部变量分配空间,在执行 Q 过程体之后的第(5)步通常称为结束阶段,用于恢复 P 的现场并释放 Q 的局部变量所占空间,最后在第(6)步通过执行返回指令返回到过程 P 执行,因此返回指令需要读取到返回地址。

每个过程的功能主要通过过程体的执行完成。如果过程 Q 有嵌套调用的话,那么在 Q 的过程体和被 Q 调用的过程(函数)中又会有上述 6 个步骤的执行过程。

通常将通用寄存器的内容称为现场。因为每个处理器只有一套通用寄存器,因此通用寄存器是每个过程共享的资源,当从调用过程 P 跳转到被调用过程 Q 执行时,原来在通用寄存器中存放的是 P 中的内容,它们不能因为 Q 要使用这些寄存器而被破坏掉,因此在 Q 使用这些寄存器前,在准备阶段,先要将 P 的现场保存到栈中,用完以后,在结束阶段再从栈中将这些内容重新写回到寄存器中,这称为恢复现场。这样,回到调用过程 P 后,寄存器中存放的还是 P 中的值。

8.8.2 RISC-V 中用于过程调用的指令

在 8.8.1 节的过程调用的执行步骤中,第(2)步和第(6)步分别需要用到调用指令和返回指令。

对于近距离的过程调用,通常使用跳转并连接指令"jal x1,imm"作为调用指令,对应伪指令为"jal offset"。它具有两个功能:

(1) 保存下一条指令地址(即返回地址 PC+4)到寄存器 x1,PC 为程序计数器;

(2) 跳转到由指令中 imm[20:1]确定的目标地址执行,目标地址=PC+SEXT[imm[20:1]<<1]。

对于远距离的过程调用,则使用伪指令"call offset"作为调用指令,它对应以下两条真实指令:

```
auipc x1, offset[31:12]+offset[11]   #R[X1]←PC+(offset[31:12]+offset[11])<<12
jalr x1,x1, offset[11:0]             #PC<- R[x1]+offset[11:0],R[x1]←PC+4
```

其中 auipc 中的"+offset[11]"是为了使接下来的 jalr 指令可以通过 offset[11:0]的符号扩展对跳转目标进行修正。

注意:在调用指令对应的汇编形式表示中,通常直接给出目标地址。例如,在 main() 中调用过程 test()(若起始地址为 0x10320)时,调用指令的汇编形式可写成"jal x1,10320 <test>"或"jal 10320 <test>"或"call 10320 <test>"。

因为调用指令总是把返回地址存放在 x1 中,因而可用指令"jalr x0,x1,0"(对应伪指令为"ret")作为返回指令,实现过程调用的返回。

8.8.3 RISC-V 寄存器使用约定

从上述过程调用执行步骤来看,在过程 P 中,需要为入口参数和返回地址确定存放空间;在过程 Q 中,需要为非静态局部变量和过程返回时的结果等数据找到存放空间。如果有足够的寄存器,最好把这些数据都保存在寄存器中,这样,CPU 执行指令时可以快速地从寄存器中取得这些数据进行处理。但是,用户可见的寄存器数量有限,并且它们是所有过程共享的,给定时刻只能被一个过程使用;此外,过程中使用的一些局部变量(如数组和结构等复杂类型数据)也不可能保存在寄存器中。因此,除了通用寄存器外,还需要有一个专门的存储区保存这些数据,这个存储区就是栈。那么,在上述这些数据中,哪些应该存放在寄存器中,哪些应存放在栈中呢?寄存器和栈的使用又有哪些规定呢?

RISC-V 的 ABI 规定的寄存器使用约定如表 8-1 所示。32 个通用寄存器 x0~x31 的编号为 0~31,每个寄存器有一个 ABI 名,其中,x0 的内容总是 0。如果支持 RV32F 和 RV32D 指令集,则 32 个浮点寄存器 f0~f31 的长度也为 32 位,寄存器编号为 0~31,占 5 位,每个寄存器也有一个 ABI 名。

表 8-1 RISC-V 的 ABI 规定的寄存器使用约定

寄 存 器	ABI 名	功 能 描 述	是否在被调用过程中保存
x0	zero	硬编码 0	—
x1	ra	返回地址	否
x2	sp	栈指针	是
x3	gp	全局指针	—
x4	tp	线程指针	—
x5	t0	临时寄存器/备用连接寄存器	否
x6~x7	t1~t2	临时寄存器	否
x8	s0/fp	保存寄存器/帧指针	是
x9	s1	保存寄存器	是
x10~x11	a0~a1	过程参数/返回值	否
x12~x17	a2~a7	过程参数	否
x18~x27	s2~s11	保存寄存器	是
x28~x31	t3~t6	临时寄存器	否
f0~f7	ft0~ft7	浮点临时寄存器	否
f8~f9	fs0~fs1	浮点保存寄存器	是
f10~f11	fa0~fa1	浮点参数/返回值	否
f12~f17	fa2~fa7	浮点参数	否
f18~f27	fs2~fs11	浮点保存寄存器	是
f28~f31	ft8~ft11	浮点临时寄存器	否

假定过程 P 调用过程 Q,则 RISC-V 的 ABI 规定的寄存器使用约定如下。

(1) a0~a7 用于传递前 8 个非浮点数入口参数,在过程 P 中应先将入口参数送入 a0~a7,然后调用 Q。若入口参数超过 8 个,则其余参数保存到栈中。这些寄存器在 Q 中可能会被破坏,如果从 Q 返回后在 P 中还需要使用它们,则由调用过程 P 自己保存,而无须在被调用过程 Q 中保存。

(2) a0~a1 用于传递从 Q 返回的非浮点数结果,在过程 Q 中应先将返回值送入 a0~a1

再返回 P。

（3）ra 用于存放返回地址，由调用指令自动将返回地址送入 ra（即 x1）。

（4）在过程 P 中 s0～s11 原来的值从过程 Q 返回后可被 P 继续使用，因此，若在被调用过程 Q 中使用这些寄存器，必须先由过程 Q 将其内容保存到栈后才能使用，并在返回 P 前恢复。因此，它们被称为保存寄存器。

（5）t0～t6 在过程 Q 中可能会被破坏。与 a0～a7 一样，如果从 Q 返回后还需要在 P 中使用它们，则由调用过程 P 自己保存，而在过程 Q 中不需要保存 t0～t6 的内容，可以自由使用。因此，它们被称为临时寄存器。

（6）fa0～fa7 用于传递前 8 个浮点数入口参数；fa0～fa1 用于传递从 Q 返回的浮点数结果；fs0～fs11 从过程 Q 返回后可被 P 继续使用；ft0～ft11 和 fa0～fa7 在过程 Q 中无须保存和恢复，可按需使用，因而其内容可能被 Q 破坏。

根据上述约定，编译器在为程序的整型变量分配寄存器时，可以把需要多次使用的活跃变量分配在保存寄存器 s0～s11 中，而把只用少数几次或甚至只用一次的临时结果分配在临时寄存器 t0～t6 中，浮点型变量也可按类似策略进行分配。这样可以避免不必要的寄存器保存和恢复，从而提升程序执行的性能。

8.8.4　RISC-V 中的栈和栈帧

前文提到，在过程调用过程中，一些数据可以存放在寄存器中，还有一些数据被存放到栈中。RISC-V 中有一个专门的栈指针寄存器 sp（即 2 号寄存器 x2），用来指示栈顶位置。栈中每个元素的长度为 32 位，因为入栈、出栈操作分别用 sw、lw 指令实现，所以不能自动进行栈指针调整，需要用 addi 指令调整 sp 的值。

栈中数据的存放如图 8-6 所示。栈从高地址向低地址方向增长，而取数、存数从低地址向高地址方向进行。RISC-V 采用小端方式，每入栈 1 个字，则 R[sp]←R[sp]－4；每出栈 1 个字，则 R[sp]←R[sp]＋4。

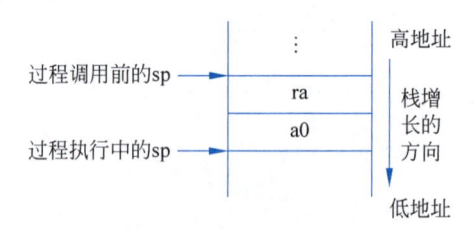

图 8-6　栈中数据的存放

【例 8-4】写出将返回地址 ra 和参数 a0 保存到栈中的指令序列，并画图说明 ra 和 a0 在栈中的位置。

解：假定栈指针寄存器 sp 指向栈顶，返回地址 ra 和参数 a0 从栈顶处开始存放，其存放位置如图 8-1 所示。

在栈中保存信息的指令序列如下：

```
addi    sp,ep,-8
sw      ra,4(ap)
sw      a0,0(ap)
```

每个过程都有自己的栈区,称为栈帧(stack frame)。因此,一个栈由若干栈帧组成,每个栈帧的底部位置由专门的帧指针寄存器指定。在 RISC-V 架构中,帧指针寄存器是 x8(也称为 s0)。当前栈帧的范围位于帧指针 fp 和栈指针 sp 所指向的区域之间。

假定过程 P 调用过程 Q,则在调用过程 P 中需入栈保存的寄存器称为调用者保存寄存器,存放在过程 P 的栈帧中;在被调用过程 Q 中需入栈保存的寄存器称为被调用者保存寄存器,存放在过程 Q 的栈帧中。

32 位 RISC-V 的 ABI 规定:通用寄存器 t0~t6 和 a0~a7、浮点寄存器 A0~f11 和 fa0~fa7 都为调用者保存寄存器;通用寄存器 s0~s11 和浮点寄存器 fs0~fs11 都为被调用者保存寄存器。

在过程调用时 RV32I 中栈和栈帧的变化如图 8-7 所示。展示了在过程调用前、调用中和调用后的 RV32I 用户栈的变化状态。

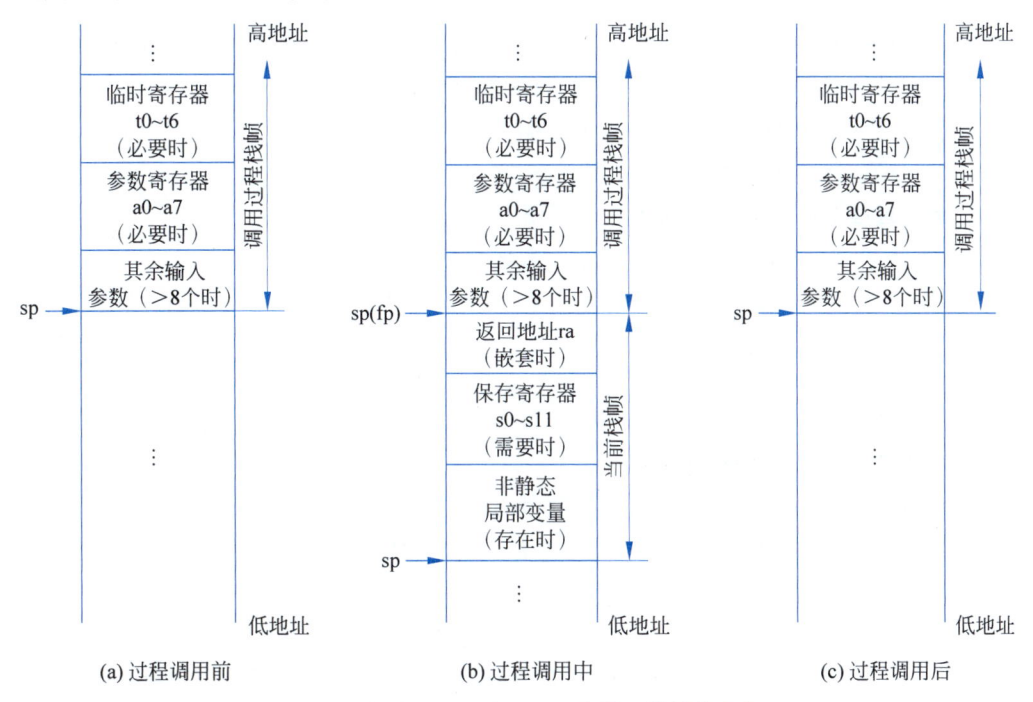

图 8-7 在过程调用时 RV32I 中栈和栈帧的变化

如图 8-7(a)所示,在调用过程中遇到一个新的过程调用时,调用过程应根据需要确定是否将临时寄存器和参数寄存器保存到自己的栈帧(调用过程栈帧)中;同时,超过 8 个的其余非浮点数参数也要保存到自己的栈帧中,然后转入被调用过程。

如图 8-7(b)所示,在被调用过程中,需要时可设置帧指针 fp,fp 和 sp 所指区间是当前栈帧。如果当前过程是非叶子过程(叶子过程指不再调用其他过程的过程),则返回地址(ra寄存器内容)入栈保存;若在过程中用到被调用者保存寄存器,则将它们入栈保存;然后根据过程中非静态局部变量的定义情况,对这些变量在栈中分配相应的空间。

被调用过程执行结束后、返回前,必须释放局部变量占用的栈区,并恢复保存的各个寄存器,这样,在回到调用程序后,栈中状态和过程调用前一样,如图 8-7(c)所示。

因为 RISC-V 中有 8 个整数参数和 8 个浮点数参数都用寄存器传递,所以在被调用过程中直接使用寄存器引用参数,而无须从调用过程的栈帧中读取参数,因而,在大多数情况下,无须利用帧指针 fp 的内容作为基地址访问入口参数。只有在多于 8 个整数参数或 8 个浮点数参数时,才需要将部分入口参数保存到调用过程的栈帧中,此时,可以使用 fp 或 sp 访问这些入口参数。

图 8-7 中仅考虑了 RV32I 指令集的情况,对于支持 RV32F 和 RV32D 指令集的系统,还需要考虑浮点数寄存器的使用约定。

8.8.5　RISC-V 的过程调用

在程序执行过程中,每调用一次过程,都会在栈中生成一个对应的新栈帧,而在执行返回指令前,对应的栈帧在栈中都已被释放。栈帧的生成和释放方式可以有多种,但不管采用什么方式,调用过程和被调用过程都必须遵循一定的步骤。

RV32I 系统中过程调用的大致步骤如下。

1. 调用过程 P 在过程调用前的执行步骤

(1) 将前 8 个参数送到 a0～a7,其他参数保存到当前栈帧。

(2) 若 P 在返回后还要用到 a0～a7 和 t0～t6 中的某些寄存器,则需要将这些寄存器的内容保存到当前栈帧。

(3) 执行"jal offset"或"call offset"伪指令,将返回地址保存到 ra(x1)中,并转移到被调用过程 Q 执行。

2. 被调用过程 Q 中的执行步骤

这个过程由 3 个阶段组成,包括开始准备阶段、执行阶段和恢复并结束阶段。

开始准备阶段:主要进行栈帧生成、寄存器保存和局部变量空间申请。其处理步骤如下。

(1) 申请栈帧。将 sp 的值减去栈帧大小,以得到新的栈顶。若需要设置帧指针 fp,则在申请栈帧前,先保存 fp,然后将 sp 的值送入 fp。这样,在 fp 和 sp 之间形成 Q 的栈帧。

(2) 若 Q 需要调用其他过程,即 Q 是非叶子过程,则返回地址寄存器 ra 压入当前栈帧。

(3) 若 Q 中用到 s0～s11 中的某些寄存器,则需要将这些寄存器的内容压入当前栈帧。

(4) 若 Q 中的局部变量发生寄存器溢出(即寄存器不够分配),则为局部变量在 Q 的栈帧中分配空间。若有数组、结构之类的复杂类型局部变量,则在当前栈帧中分配空间。

由此可见,栈帧大小应至少等于上述 4 个步骤中用到的存储单元的总和。

执行阶段:进行具体的处理,若 Q 是非叶子过程,则在 Q 的执行阶段,Q 作为调用过程，像过程 P 一样，需要进行过程调用前的准备，包括准备参数和在必要时将一些调用者保存寄存器入栈。

恢复并结束阶段：主要进行寄存器恢复、栈帧释放，并返回到调用程序。其处理步骤如下。

（1）若保存了 s0～s11 中的某些寄存器，则从当前栈帧中恢复这些寄存器。
（2）若保存了返回地址，则恢复到寄存器 ra 中。
（3）释放栈帧。将 sp 的值加上栈帧大小，或将 fp 的值直接送 sp，并恢复之前保存的 fp。
（4）执行指令"jalr x0,ra,0"，返回到调用过程 P 执行。

【例 8-5】 写出以下 C 语言过程对应的 RV32I 汇编表示。

```
void swap(int v[], int k)
{
    int temp;
    temp = v[k];
    v[k] = v[k + 1];
    v[k + 1] = temp;
}
```

解：swap()函数是一个被调用过程，但它不再调用其他过程，因此它是叶子过程。

按照调用约定，调用 swap()函数的过程已经将参数 v 和 k 的实参分别放在参数寄存器 a0 和 a1 中。参数 v 是一个数组的指针。通常，在叶子过程中，应先使用参数寄存器 a0～a7 和临时寄存器 t0～t6，不够时再使用保存寄存器 s0～s11。这样，如果参数寄存器和临时寄存器够用的话，就不需要将 s0～s11 的值保存在栈帧中。在本例中，先使用临时寄存器，并假定局部变量 temp 分配在寄存器 t0 中。

因为 swap()过程中没有使用被调用者保存寄存器 s0～s11，因而在开始准备阶段无须保存寄存器 s0～s11 的值，也无须进行局部变量分配。因为是叶子过程，故无须保存返回地址和帧指针。由此可见，swap()对应的栈帧为空，结束阶段直接返回即可。

swap()过程的汇编代码表示如下。

```
swap:   slli    t1,a1,2       #k<<2，将 k 乘以 4
        add     t1,t1,a0      #R[t1]←v[k]的地址
        lw      t0,0(t1)      #R[t0]←v[k]
        lw      t2,4(t1)      #R[t2]←v[k+1]
        sw      t2,0(t1)      #将 v[k+1]存储到 v[k]中
        sw      t0,4(t1)      #将旧的 vk 存储到 v[k+1]中
        jalr    x0,ra,0       #返回给调用者
```

第 9 章 嵌入式编译工具

GNU 汇编器、链接器、RISC-V 函数调用规范、GCC 工具链、可执行和链接格式（Executive and Linking Format，ELF）文件分析是构成嵌入式系统和底层软件开发核心的组件和概念。特别地，这些对于在 RISC-V 架构上进行开发尤为重要，因为它们提供了必要的工具和理论基础，以支持从底层硬件编程到复杂系统开发的全过程。

本章讲述的主要内容如下。

（1）GNU 汇编器。GNU 汇编器（as）是一个强大的工具，用于将人类可读的汇编语言代码转换成机器可以执行的代码。它不仅支持多种架构，还提供了丰富的指令和伪指令集，使得开发者可以编写高效和可移植的汇编程序。

（2）链接器。链接器扮演着将编译后的目标文件合并为单一可执行文件或库的角色。这个过程包括解析外部符号引用、地址分配和重定位，是程序从代码到可执行文件转换过程中不可或缺的一步。

（3）链接脚本。链接脚本为链接过程提供了详细的指导，定义了如何将输入文件的各部分映射到输出文件的内存布局中。它允许开发者对数据和代码的放置进行精确控制，这在资源受限的嵌入式开发中极为关键。

（4）RISC-V 的函数调用规范与栈。RISC-V 函数调用规范涵盖了函数参数传递、返回值处理以及寄存器使用等规则，对于编写可重用的汇编代码和实现与 C 语言的互操作至关重要。

（5）GCC 工具链。GCC 工具链为 RISC-V 开发提供了一整套编译、链接和调试工具，支持多种编程语言和架构。它是开发过程中不可或缺的组成部分，支撑着从简单程序到复杂系统的开发。

（6）ELF 文件分析。通过分析可执行和可链接格式（ELF）文件，开发者可以深入理解程序的结构和执行流程。ELF 格式是定义程序代码和数据存储、组织和执行方式的标准格式，广泛应用于各种系统中。

（7）嵌入式开发的特点。嵌入式开发面临资源限制、实时性要求和系统稳定性的挑战，要求开发者在设计和实现软件时必须考虑到代码的大小、性能和可靠性。

（8）RISC-V GCC 工具链。专为 RISC-V 架构设计的 GCC 工具链，包括为这一架构优化的编译器、汇编器和链接器，是 RISC-V 软件开发的基础，支持广泛的应用开发，从简单的嵌入式应用到复杂的操作系统开发。

9.1 GNU 汇编器

汇编器是将汇编代码翻译为机器目标代码的程序。通常，汇编代码通过汇编器生成目标代码，然后由链接器链接成最终的可执行二进制程序。对于 RISC-V 的汇编语言来说，常用的汇编器是 GCC 提供的 AS。AS 采用 AT&T 格式。AT&T 格式源自贝尔实验室，是因开发 UNIX 系统而产生的汇编语法。

RISC-V 的 GNU 汇编器（通常称为 AS 或 GAS）是 GNU Binutils 套件的一部分，用于将汇编语言源代码转换为机器语言代码。它支持多种处理器架构，包括 RISC-V，这是一种开放源码的 ISA。GNU 汇编器允许开发者为基于 RISC-V 的处理器编写低级代码，这对于嵌入式系统、操作系统内核和性能敏感的应用程序至关重要。

GNU 汇编器主要特性如下。

（1）跨平台支持：GNU 汇编器支持多种操作系统和平台，使 RISC-V 代码的编写和编译可以在多种环境中进行。

（2）宏指令：支持宏指令，允许开发者定义复杂操作的简写形式，从而提高代码的可读性和可维护性。

（3）伪指令：提供了一系列伪指令简化常见的操作，比如数据段的初始化、条件分支等，这些伪指令在编译时会被转换为一组或多组实际的机器指令。

（4）调试信息：支持生成调试信息，这对于调试汇编代码非常有用。开发者可以使用 GNU 调试器（GDB）等工具进行调试。

（5）链接脚本：通过使用 GNU 链接器（LD），可以控制程序的内存布局，这对于嵌入式系统和操作系统开发尤其重要。

GNU 汇编器使用场景如下。

（1）操作系统开发：RISC-V 的 GNU 汇编器是开发操作系统内核和引导加载程序的关键工具，特别是在处理启动代码和低级硬件抽象层时。

（2）嵌入式系统：对于需要直接硬件控制的嵌入式应用，汇编语言提供了必要的精确度和性能。

（3）性能敏感的应用：在某些情况下，汇编代码可以提供比高级语言更优化的性能，尤其是在数学运算和图像处理等领域。

（4）教学和研究：作为一种开源 ISA，RISC-V 及其工具链，包括 GNU 汇编器，常被用于教学和研究中，以帮助学生和研究人员理解计算机架构的基本原理。

要开始使用 RISC-V 的 GNU 汇编器，需要安装 RISC-V 的 GNU 工具链，这通常包括编译器（GCC）、汇编器（AS）、链接器（LD）和其他工具。这个工具链可以从多个源获取，包括官方的 RISC-V 工具链仓库和各种 Linux 发行版的软件仓库。

一旦安装了工具链，就可以开始编写汇编源文件（通常以".s"作为文件扩展名），然后使用汇编器命令将其编译成目标文件，最后使用链接器命令将目标文件链接成可执行文件或库文件。在这个过程中，可能还需要使用其他工具，比如 objdump 检查生成的机器代码，或 GDB 进行调试。

GNU 工具链提供了一个名为汇编器的命令。汇编器命令的版本为 2.37，汇编目标文件配置成"riscv64-linux-gnu"，即汇编后的文件为 RV64 体系结构的。

9.1.1 编译流程与 ELF 文件

RISC-V 的 ELF 文件是一种用于可执行程序、可重定位的代码和共享库的标准文件格式。它被广泛用于 UNIX 系统和许多其他操作系统。ELF 格式是灵活的，可扩展的，并且与架构无关，但它可以包含特定于架构的信息。对于 RISC-V 架构，ELF 文件遵循一般的 ELF 规范，并添加了一些特定于 RISC-V 的细节。

1. ELF 文件的基本结构

ELF 文件主要由以下 5 部分组成。

（1）ELF 文件头（ELF Header）：包含了描述整个文件的基本信息，如文件的类型（可执行文件、共享库或者可重定位文件）、机器架构（对于 RISC-V，这里会是 RISC-V 特定的标识）、入口点地址等。

（2）程序头表（Program Header Table）：对于可执行文件和共享库，这个表描述了文件中的段如何映射到进程的地址空间。

（3）节头表（Section Header Table）：列出了文件中所有的节，每个节包含了程序或库的一部分数据，比如代码、数据、符号表等。

（4）段（Segments）：是程序的物理单位，由一个或多个节组成，直接映射到进程的地址空间中。

（5）节（Sections）：是程序的逻辑单位，包括代码、数据、符号表、重定位信息等。

2. RISC-V 特定的 ELF 信息

对于 RISC-V 架构，ELF 文件包含了一些特定的信息：

（1）e_flags：在"ELF 文件头"中，这个字段指示了 RISC-V 特定的一些标志，比如浮点寄存器的使用情况、整数寄存器的宽度等。

（2）机器类型（e_machine）：对于 RISC-V，这个字段的值会是 EM_RISCV，表示这是针对 RISC-V 架构的 ELF 文件。

（3）重定位类型：RISC-V ELF 文件支持多种重定位类型，用于指示如何调整代码和数据的引用，以便它们可以正确地在内存中定位。

（4）ABI：RISC-V 支持多种 ABI，ELF 文件中的 ABI 信息指示了生成的代码遵循哪种 ABI，这对于确保代码能够正确地与操作系统和其他库交互是非常重要的。

3. 使用场景

RISC-V 的 ELF 文件可以用于多种场景，包括可执行程序、可重定位文件和共享库。

可执行程序：完全链接的、可以直接执行的程序。

可重定位文件：包含了代码和数据，但尚未链接到一个完整的可执行文件中。这些文件可以被链接器进一步处理。

共享库：包含了可以被多个程序共享的代码和数据。

4. 工具

处理 RISC-V ELF 文件的常用工具包括 GCC、GNU 的二进制工具集（Binutils）和 GDB。

(1) GCC：用于编译生成 RISC-V 目标的源代码。

(2) Binutils：包括链接器（LD）、对象文件处理工具（objdump、objcopy）等，用于操作 ELF 文件。

(3) GDB：用于调试 RISC-V 目标的 ELF 文件。

RISC-V 的 ELF 文件详述了文件格式的很多细节，理解这些细节对于开发和调试 RISC-V 程序非常重要。

下面以一个简单的 C 语言程序为例。

```
<test.c>
#include <stdio.h>
int deta = 10;
int main(void)
{
    print f(^"8d)n^",
    return 0;
}
```

GCC 的编译流程主要分成 4 个步骤。

(1) 预处理。GCC 的预处理器（CPP）对各种预处理命令进行处理，例如，对头文件的处理、宏定义的展开、条件编译的选择等。预处理完成之后，会生成 test.i 文件。另外，也可以通过以下命令生成 test.i 文件：

```
gcc -E test.c -o test.i
```

(2) 编译。C 语言的编译器（CC）首先对预处理之后的源文件进行词法、语法和语义分析，然后进行代码优化，最后把 C 语言代码翻译成汇编代码。编译完成之后，生成 test.s 文件。另外，也可以通过以下命令生成汇编文件：

```
gcc -S test.i -o test.s
```

(3) 汇编。汇编器（AS）把汇编代码翻译成机器语言，并生成可重定位目标文件。汇编完成之后，生成 test.o 文件。另外，可以通过以下命令生成 test.o 文件：

```
as test.s -o test.o
```

(4) 链接。链接器（LD）会把所有生成的可重定位目标文件和用到的库文件组合成一个可执行二进制文件。另外，可以通过以下命令手动生成可执行二进制文件：

```
ld -o test test.o -lc
```

编译 test.c 源代码的过程如图 9-1 所示。

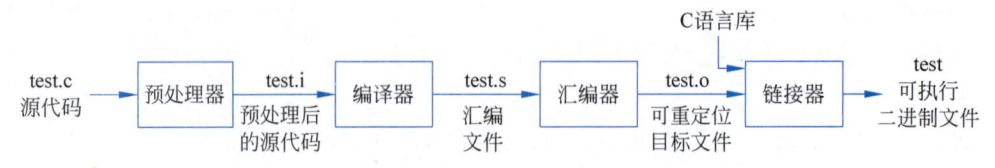

图 9-1 编译 test.c 源代码的过程

汇编阶段生成的可重定位目标文件,以及在链接阶段生成的可执行二进制文件都是按照一定文件格式(如 ELF 格式)组成的二进制文件。在 Linux 系统中,应用程序常用的可执行文件格式是 ELF,它是对象文件的一种格式,用于定义不同类型的对象文件中都放了什么内容,以及以什么格式存放这些内容。ELF 文件的结构如图 9-2 所示。

ELF 最开始的部分是 ELF 文件头,它包含描述整个文件的基本属性,如 ELF 文件版本、目标计算机型号、程序入口地址等信息。程序头表描述如何创建一个进程的内存镜像。程序头表后面是各个段,包括代码(.text)段、只读数据(.rodata)段、数据(.data)段、未初始化的数据(.bss)段等。段头表用于描述 ELF 文件中包含的所有段信息,如每个段的名字称、段的长度、在文件中的偏移量、读写权限,以及段的其他属性等。

下面介绍几个常见的段。

图 9-2 ELF 文件的结构

(1) 代码段:存放程序源代码编译后生成的机器指令。
(2) 只读数据段:存储只能读取不能写入的数据。
(3) 数据段:存放已初始化的全局变量和已初始化的局部静态变量。
(4) 未初始化的数据段:存放未初始化的全局变量和未初始化的局部静态变量。
(5) 符号表(.symtab)段:存放函数和全局变量的符号表信息。
(6) 可重定位代码(.rel.text)段:存储代码段的重定位信息。
(7) 可重定位数据(.rel.data)段:存储数据段的重定位信息。
(8) 调试符号表(.debug)段:存储调试使用的符号表信息。

可以通过 READELF 命令(例如,读取 test 文件的 ELF 文件头信息)了解一个目标二进制文件的组成。

```
root:riscv# readelf -h test
ELF Header:
Magic:   7f 45 4c 46 02 01 01 00 00 00 00 00 00 00 00 00
Class:                             ELF64
Data:                              2's complement, little endian
Version:                           1 (current)
OS/ABI:                            UNIX - System V
```

```
ABI Version:                       0
Type:                              DYN (Position-Independent Executable file)
Machine:                           RISC-V
Version:                           0x1
Entry point address:               0x560
Start of program headers:          64 (bytes into file)
Start of section headers:          6688 (bytes into file)
Flags:                             0x5, RVC, double-float ABI
Size of this header:               64 (bytes)
Size of program headers:           56 (bytes)
Number of program headers:         9
Size of section headers:           64 (bytes)
Number of section headers:         27
Section header string table index: 26
```

从上面的信息可知,test 文件是一个 ELF64 类型的可执行文件。test 程序的入口地址为 0x560。段头的数量是 27,程序头的数量是 9。

```
root@lzj:/mnt/riscv# readelf -S test
There are 27 section headers, starting at offset 0x1a20:

Section Headers:
 [Nr]  Name               Type              Address            Offset
       Size               EntSize           Flags Link Info    Align

 [12]  .text              PROGBITS          0000000000000560   00000560
       000000000000014a   0000000000000000  AX       0   0     4
 [13]  .rodata            PROGBITS          00000000000006b0   000006b0
       000000000000000c   0000000000000000  A        0   0     8

 [21]  .got               PROGBITS          0000000000002010   00001010
       0000000000000048   0000000000000008  WA       0   0     8
 [22]  .bss               NOBITS            0000000000002058   00001058
       0000000000000008   0000000000000000  WA       0   0     1
 [24]  .symtab            SYMTAB            0000000000000000   00010788
       0000000000000648   0000000000000018           25  45    8
Key to Flags:
W (write), A (alloc), X (execute), M (merge), S (strings), I (info),
L (link order), O (extra OS processing required), G (group), T (TLS),
C (compressed), x (unknown), o (OS specific), E (exclude),
D (mbind), p (processor specific)
```

从上面的信息可知,test 文件一共有 27 个段,段头表从 0x1a20 地址开始。这里除常见的代码段、数据段和只读数据段之外,还包括其他的一些段。以代码段为例,它的起始地址为 0x560,偏移量为 0x560,大小为 0x14a,属性为可分配(A)和可执行(X)属性。

汇编阶段生成的可重定位目标文件和链接阶段生成的可执行二进制文件的主要区别在于,可重定位目标文件的所有段的起始地址都是 0,读者可以通过"readelf-S test.o"命令查看 test.o 文件的段头表信息;而链接器在链接过程中根据链接脚本的要求会把所有可重定位目标文件中相同的段(在链接脚本中称为输入段)合并生成一个新的段(在链接脚本中称为输出段)。合并的输出段会根据链接脚本的要求重新确定每个段的虚拟地址和加载地址。

在默认情况下,链接器使用自带的链接脚本,读者可以通过如下命令查看自带的链接脚本:

```
$  ld  --verbose
```

符号表是在生成可重定位目标文件时创建的,存储在符号表段中。不过,此时的符号还没有一个确定的地址,所有符号的地址都是 0。符号表包括全局符号、本地符号及外部符号。链接器在链接过程中对所有输入的可重定位目标文件的符号表进行符号解析和重定位,每个符号在输出文件的相应段中得到一个确定的地址,最终生成一个符号表。

9.1.2　简单的汇编程序实例

编译和运行一个简单的汇编程序有两种方式:(1)在 RISC-V 处理器的 Linux 操作系统中编译和运行汇编程序,如运行 RISC-V Linux 的 QEMU 系统;(2)编写一个裸机的汇编程序,如本书的实验平台 BenOS。本节的例子采用第一种方式。

【例 9-1】　下面是一段用汇编指令写的程序,文件名为 test.s。

```
1     #测试程序:往终端中输出 my_data1 数据与 my_data2 数据之和
2     .section .data
3     .align 3
4
5     my_data1:
6        .word  100
7
8     my_data2:
9        .word   50
10
11    print_data:
12    .string "data: %d\n"
13
14    .align   3
15    .section .text
16
17    .global main
18    main:
19        addi  sp, sp, -16
20        sd    ra, 8(sp)
21
22        lw    t0, my_data1
23        lw    t1, my_data2
24        add   a1, t0, t1
25
26        la    a0, print_data
27        call  printf
28
```

```
29        li       a0, 0
30
31        ld       ra, 8(sp)
32        addi     sp, sp, 16
33        ret
```

首先,把上述代码文件复制到 QEMU+RISC-V+Linux 实验平台中。使用 as 命令编译 test.S 文件。

```
# as test.S -o test.o
```

其中 as 为 GNU 汇编器命令,test.s 为汇编源文件,-o 选项告诉汇编器编译后输出的目标文件为 test.o。目标文件 test.o 是基于机器语言的文件,还不是可执行的二进制文件,需要使用链接器把目标文件合并与链接成可执行文件。

```
# ld test.o -o test -Map test.map -lc --dynamic-linker
/lib/ld-linux-riscv64-1p64d.so.1
```

ld 为 GNU 链接器命令。其中,test.o 是输入文件,-o 选项告诉链接器最终链接后输出的二进制文件为 test,-Map 输出的符号表可用于调试,-lc 表示链接 libc 库。

运行 test 程序。

```
# ./test
data: 150
```

可执行二进制文件由代码段、数据段及未初始化的数据段等组成。代码段存放程序执行代码,数据段存放程序中已初始化的全局变量等,未初始化的数据段包含未初始化的全局变量和未初始化的局部静态变量。此外,可执行二进制文件还包含符号表,这个表里包含程序中定义的所有符号的相关信息。

下面分析这个 test.S 汇编文件。

第 1 行以"#"字符开始,是注释。

在第 2 行中,以"."字符开始的指令是汇编器能识别的伪操作,它不会直接被翻译成机器指令,由汇编器预处理。.section .data 用来表明数据段的开始。程序中需要用的数据可以存储在数据段中。在第 15 行中,.section .text 表示接下来的代码为代码段。

在第 3 行中,.align 是对齐伪操作,参数为 3,因此对齐的字节大小为 2^3,即接下来的数据所在的起始地址能被 8 整除。

在第 5~9 行中,.word 是数据定义的伪指令,用来定义数据元素,数据元素的标签为 y_data1/my_data2,它存储了一个 32 位的数据。在汇编代码中,任何以":"符号结束的字符串都被视为标签或者符号。

在第 11~12 行中,.string 是数据定义伪指令,用来定义字符串。

在第 17 行中,.global main 表示把 main 设置为全局可以访问的符号。main 是一个特殊符号,用来标记该程序的入口地址。.global 是用来定义全局符号的伪指令,该符号可以是函数的符号,也可以是全局变量的符号。

在第 18 行中,定义 main 标签。标签是一个符号,后面跟着一个冒号。标签定义符号的值,当汇编器对程序进行编译时会为每个符号分配地址。标签的作用是告诉汇编器以该符号的地址作为下一条指令或者数据的起始地址。

第 19~33 行是这个程序代码段的主体。

在第 19 行中,申请 16 字节大小的栈空间。

在第 20 行中,把返回地址存储到栈中 SP+8 的位置上。

在第 22 和 23 行中,读取 my_data1 和 my_data2 标签存储的数据。

在第 24 行中,使用 add 指令相加。

在第 26 行中,加载 print_data 标签的地址到 a0 寄存器。

在第 27 行中,通过 call 指令调用 C 库的 printf(函数)。其中,a0 是第一个参数,a1 是第二个参数)。

在第 29 行中,设置 main(函数的返回值)。

在第 31 行中,从栈中恢复返回地址到 ra 寄存器中。

在第 32 行中,释放栈空间。

在第 33 行中,通过 ret 指令返回。

可以通过 readelf 命令获取 test 程序的符号表。readelf 命令通常用于查看 ELF 格式的文件信息。其中,-s 选项用来显示符号表的内容。

```
root:riscv# readelf -s test
Symbol table '.symtab' contains 37 entries:
Num:    Value             Size Type    Bind    Vis      Ndx Name
 26: 0000000000002040     0   NOTYPE  GLOBAL  DEFAULT   14 _BSS_END_
 27: 0000000000002040     0   NOTYPE  GLOBAL  DEFAULT   14 _edata
 28: 0000000000002040     0   NOTYPE  GLOBAL  DEFAULT   14 _SDATA_BEGIN
 29: 0000000000002000     0   NOTYPE  GLOBAL  DEFAULT   13 _DATA_BEGIN
 30: 0000000000002000     0   NOTYPE  GLOBAL  DEFAULT   13 my_data1
 31: 0000000000002040     0   NOTYPE  GLOBAL  DEFAULT   14 _end
 32: 0000000000000320     0   NOTYPE  GLOBAL  DEFAULT   11 main
 33: 0000000000002800     0   NOTYPE  GLOBAL  DEFAULT  ABS _global_pointer$
 34: 0000000000002040     0   NOTYPE  GLOBAL  DEFAULT   14 _bss_start
 35: 0000000000002004     0   NOTYPE  GLOBAL  DEFAULT   13 my_data2
```

从上面的日志可知,test 程序的符号表包含 37 项,其中 my_data1 标签的地址为 0x2000,r_data2 标签的地址为 0x2004,而 main 符号的地址为 0x320。

9.2 链接器

链接器是编译过程中的一个关键工具,它负责将多个对象文件和库合并成一个单一的可执行文件或共享库。对于 RISC-V 架构的软件开发来说,链接器扮演着至关重要的角色,特别是在处理与架构相关的特性和约束时。以下是对 RISC-V 链接器的概述,涵盖了其主要功能、特性及一些常用的链接器。

1. 链接器的主要功能

地址分配：链接器将每个对象文件中的符号分配到最终可执行文件的地址空间中。这包括确定代码段、数据段等的位置。

(1) 符号解析：链接器解析程序中的所有外部引用，确保每个符号引用都指向正确的地址。这涉及处理符号的定义和引用，以及解决符号冲突。

(2) 重定位：链接器根据分配的地址修改对象文件中的代码和数据，以确保它们在运行时能够正确地引用其他符号和数据。

(3) 段合并：链接器将多个对象文件中相同类型的节（例如代码节、数据节）合并成单一节，以优化内存布局和减少最终可执行文件的大小。

2. RISC-V 特性与链接器

对于 RISC-V 架构，链接器需要考虑以下特性和约束。

(1) 指令集扩展：RISC-V 指令集具有模块化设计，支持多种扩展，如整数乘法除法（M）、原子指令（A）、浮点数（F/D）等。链接器需要处理不同扩展的代码，确保生成的可执行文件与目标 RISC-V 处理器的支持的扩展相匹配。

(2) ABI：RISC-V 支持多种 ABI，如 ILP32（32 位）、LP64（64 位）等。链接器需要确保所有代码和数据遵循选定的 ABI 规范。

(3) 重定位类型：RISC-V 有其特定的重定位类型，链接器需要能够正确处理这些重定位类型，以支持代码和数据的正确引用和布局。

3. 常用链接器

GNU LD：GNU Binutils 的一部分，是最常用的链接器之一。它支持多种架构，包括 RISC-V，并提供了广泛的选项控制链接过程。

(1) LLD：低级虚拟机（Low Level Virtual Machine，LLVM）项目的链接器，以其速度和效率而闻名。LLD 支持多种架构，包括 RISC-V，并且与 Clang 编译器集成良好。

(2) Gold：另一个 GNU 项目，专注于提供比传统 GNU LD 更快的链接速度。虽然它主要针对 ELF 格式，但对 RISC-V 等架构也有支持。

RISC-V 的链接器是软件开发过程中不可或缺的工具，它通过地址分配、符号解析、重定位和节合并等步骤，将分散的对象文件和库整合成一个连贯的可执行文件。对于 RISC-V 架构，链接器还需要处理与架构相关的特性和约束，以确保生成的程序能够在目标硬件上正确运行。选择合适的链接器并熟悉其选项和特性，对于高效的 RISC-V 软件开发至关重要。

在现代软件工程中，一个大的程序通常由多个源文件组成，其中包含以高级语言编写的源文件，以及以汇编语言编写的汇编文件。在编译过程中会分别对这些文件进行编译或者汇编，并生成目标文件。这些目标文件包含代码段、数据段、符号表等内容。而链接指的是把这些目标文件（也包括用到的标准库函数目标文件）的代码段、数据段和符号表等内容收集起来，并按照某种格式（如 ELF）组合成一个可执行的二进制文件的过程。链接器用来完成上述链接过程。在操作系统发展的早期并没有链接器的概念，操作系统的加载器（Loader，LD）做了所有的工作。后来操作系统越来越复杂，慢慢出现了链接器，所以 LD 成为链接器的代名词。

链接器采用 AT&T 链接脚本语言，链接脚本会把大量编译（汇编）好的二进制文件（.o 文件）综合成最终可执行的二进制文件，也就是把每个二进制文件整合到一个可执行二进制文件中。这个可执行的二进制文件有一个总的代码段/数据段，这就是链接的过程。

GNU 工具链提供了一个名为 ld 的命令，如图 9-3 所示。

图 9-3　ld 命令

下面是 ld 命令简单的用法：

$ ld - o mytest test1.o test2.o - lc

上述命令把 test1.o、test2.o 及库文件 libc.a 链接成名为 mytest 的可执行文件。其中，-lc 表示把 C 语言库文件也链接到 mytest 可执行文件中。若上述命令没有使用-T 选项指定的链接脚本，则链接器会默认使用内置的链接脚本。读者可以通过 ld--verbose 命令查看内置链接脚本的内容。

不过，在操作系统实现中常常需要编写一个链接脚本描述最终可执行文件的代码段/数据段等布局。

【例 9-2】 使用 BenOS，下面的命令可链接、生成 benos.elf 可执行文件，其中 linker.ld 为链接脚本。

$ riscv64 - linux - gnu - ld - T src/linker.ld - Map benos.map - o build/benos.elf build/printk_c.o build/irq_c.o build/string_c.o

ld 命令的常用选项如表 9-1 所示。

表 9-1　ld 命令的常用选项

选　　项	说　　明
-T	指定链接脚本
-Map	输出一个符号表文件
-o	输出最终可执行二进制文件
-b	指定目标代码输入文件的格式
-e	使用指定的符号作为程序的初始执行点
-l	把指定的库文件添加到要链接的文件清单中
-L	把指定的路径添加到搜索库的目录清单中
-S	忽略来自输出文件的调试器符号信息
-S	忽略来自输出文件的所有符号信息
-t	在处理输入文件时显示它们的名称
-Ttext	使用指定的地址作为代码段的起始点
-Tdata	使用指定的地址作为数据段的起始点

续表

选 项	说 明
-Tbss	使用指定的地址作为未初始化的数据段的起始点
-Bstatic	只使用静态库
-Bdynamic	只使用动态库
-defsym	在输出文件中定义指定的全局符号

9.3 链接脚本

链接脚本是链接器用来控制链接过程的一个文本文件,它为链接器提供了如何将输入的对象文件(.o 文件和库文件)组合成最终的输出文件(通常是可执行文件或库文件)的指令。对于 RISC-V 架构的软件开发来说,链接脚本是一个关键工具,因为它允许开发者精确控制程序的内存布局,这对于嵌入式系统和操作系统等底层软件尤其重要。

1. 链接脚本的主要功能

链接脚本的主要功能包括但不限于以下 5 项。

(1) 内存布局定义:定义不同段(如代码段.text、数据段.data、只读数据段.rodata、未初始化数据段.bss 等)在目标内存中的位置和大小。这对于满足特定硬件要求,非常重要,如将启动代码放在特定地址。

(2) 符号赋值:为特定的符号分配地址,这些符号可以在程序中用来表示特定的内存位置,例如中断向量表的位置。

(3) 段合并:控制如何将多个输入文件中的相同类型的段合并到一起。

(4) 段排序:指定不同段在输出文件中的顺序。

(5) 输出格式指定:指定输出文件的格式,例如 ELF、二进制等。

2. RISC-V 链接脚本的特点

对于 RISC-V 架构,链接脚本需要考虑以下 3 个特点。

(1) RISC-V 特定的内存布局:RISC-V 架构可能有特定的内存布局要求,例如用于启动的代码可能需要放在特定的地址。

(2) 支持多种 ABI:RISC-V 支持多种 ABI,链接脚本可能需要根据目标 ABI 对段进行特定的布局和对齐要求。

(3) 处理 ISA 扩展:RISC-V 的 ISA 扩展可能影响代码的布局和大小,链接脚本需要能够适应这些变化。

3. 示例:一个简单的 RISC-V 链接脚本

```
/* 定义内存布局 */
MEMORY
{
  RAM (wxa) : ORIGIN = 0x80000000, LENGTH = 128K
  ROM (rx)  : ORIGIN = 0x10000, LENGTH = 64K
```

```
}
/* 定义段的布局 */
SECTIONS
{
  /* 将.text 段放在 ROM 中 */
  .text : {
    *(.text)
  } > ROM

  /* 将.data 段放在 RAM 的开始处 */
  .data : {
    *(.data)
  } > RAM

  /* 将.bss 段紧跟在.data 段后面 */
  .bss : {
    *(.bss)
  } > RAM
}
```

这个示例定义了两块内存区域：随机存储器（Random Access Memory，RAM）和只读存储器（Read Only Memory，ROM），并指定了代码段（.text）、数据段（.data）和未初始化数据段（.bss）应该放在哪个内存区域。这种控制对于嵌入式系统和需要精确内存控制的应用非常重要。

链接脚本是 RISC-V 软件开发过程中的一个强大工具，它允许开发者精确控制程序的内存布局和链接过程。通过定义内存区域、段的布局和排序，开发者可以确保程序满足特定硬件的要求、优化性能和内存使用。理解和正确使用链接脚本对于开发高效、可靠的 RISC-V 应用至关重要。

链接器在链接过程中需要使用一个链接脚本，当没有通过-T 选项指定链接脚本时，链接器会使用内置的链接脚本。链接脚本控制如何把输入文件的段整合到输出文件的段里，以及如何布局这些段的地址空间等。

9.3.1 简单的链接程序实例

任何一种可执行程序（不论是 ELF 文件还是 EXE 文件）都是由代码段、数据段、未初始化的数据段等组成的。链接脚本最终会把大量编译好的二进制文件合并为一个可执行二进制文件，也就是把每个二进制文件整合到一个大文件中。这个大文件有总的代码段、数据段和未初始化的数据段。在 Linux 内核中的链接脚本是 vmlinux.lds.S 文件，这个文件比较复杂，先看一个简单的链接脚本。

【例 9-3】 如下是一个简单的链接脚本。

```
1    SECTIONS
2    {
3        . = 0 × 80200000,
4        .text:{ *(.text)
```

```
5        . = 0×80210000;
6        .deta:{ * (.data)
7        .bss:{ * (.bss)}
8    }
```

在第 1 行中,SECTIONS 是链接脚本语法中的关键命令,它用来描述输出文件的内存布局。SECTIONS 命令告诉链接脚本如何把输入文件的段映射到输出文件的各个段,如何将输入段整合为输出段,如何把输出段放入程序地址空间和进程地址空间中。SECTIONS 命令的格式如下。

```
SECTIONS
{
  sections-command
  sections-command
  …
}
```

sections-command 有以下 3 种。

(1) ENTRY 命令,用来设置程序的入口。
(2) 符号赋值语句,用来给符号赋值。
(3) 输出段的描述语句。

在第 3 行中,"."代表当前位置计数器(Location Counter,LC),用于把代码段的链接地址设置为 0x80200000。

在第 4 行中,输出文件的代码段由所有输入文件(其中" * "表示所有的.o 文件,即二进制文件)的代码段组成。

在第 5 行中,链接地址变为 0x80210000,即重新指定后面的数据段的链接地址。

在第 6 行中,输出文件的数据段由所有输入文件的数据段组成。

在第 7 行中,输出文件的未初始化的数据段由所有输入文件的未初始化的数据段组成。

9.3.2 设置入口点

程序执行的第一条指令称为入口点。在链接脚本中,使用 ENTRY 命令设置程序的入口点。例如,设置符号 symbol 为程序的入口点:

```
ENTRY (symbol)
```

除此之外,还有几种方式设置入口点。链接器会依次尝试下列方法设置入口点,直到成功为止。

(1) 使用 GCC 工具链的 LD 命令和-e 选项指定入口点。
(2) 在链接脚本中通过 ENTRY 命令设置入口点。
(3) 通过特定符号(如 start 符号)设置入口点。
(4) 使用代码段的起始地址。
(5) 使用地址 0。

9.3.3　基本概念

通常链接脚本用来定义如何把多个输入文件的段合并成一个输出文件,描述输入文件的布局。输入文件和输出文件指的是汇编或者编译后的目标文件,它们按照一定的格式(如 ELF)组成,只不过输出文件具有可执行属性。这些目标文件都由一系列的段组成。段是目标文件中具有相同特征的最小可处理信息单元,不同的段用来描述目标文件中不同类型的信息和特征。

在链接脚本中,把输入文件中的一个段称为输入段,把输出文件中的一个段称为输出段。输出段告诉链接器最终的可执行文件在内存中是如何布局的。输入段告诉链接器如何将输入文件映射到内存布局中。

输出段和输入段包括段的名字、大小、可加载属性及可分配属性等。可加载属性用于在运行时加载这些段的内容到内存中;可分配属性用于在内存中预留一个区域,并且不会加载这个区域的内容。

链接脚本中还有两个关于段的地址,它们分别是加载地址和虚拟地址。加载地址是加载时段所在的地址,虚拟地址是运行时段所在的地址,也称为运行地址。通常情况下,这两个地址是相同的。不过,它们也有可能不相同。例如,一个代码段被加载到 ROM 中,在程序启动时被复制到 RAM 中。在这种情况下,ROM 地址是加载地址,RAM 地址是虚拟地址。

9.3.4　符号赋值与引用

在 RISC-V(及其他体系结构)的开发过程中,链接脚本扮演着非常重要的角色。链接脚本用于指导链接器如何将多个对象文件合并成一个可执行文件、共享库或静态库。它可以精确控制输出文件中各个段的布局,包括段的顺序、地址及对齐方式等。

在链接脚本中,符号的赋值和操作是一种强大的特性,它允许开发者在链接时动态地计算地址、大小和其他值。这对嵌入式系统和操作系统内核等需要精确控制内存布局的应用尤为重要。

1. 符号操作的含义

赋值(＝):设置符号的值。例如,symbol = 0x1000;将 symbol 设置为地址 0x1000。

加法(＋＝):增加符号的值。例如,symbol ＋= 0x100;将 symbol 的当前值增加 0x100。

减法(-＝):减少符号的值。例如,symbol -= 0x100;将 symbol 的当前值减少 0x100。

乘法(＊＝):乘以符号的值。例如,symbol ＊= 2;将 symbol 的当前值乘以 2。

除法(/＝):除以符号的值。例如,symbol /= 2;将 symbol 的当前值除以 2。

左移(<<＝):将符号的值左移指定的位数。例如,symbol <<= 1;将 symbol 的值左移 1 位。

右移(>>＝):将符号的值右移指定的位数。例如,symbol >>= 1;将 symbol 的值右移 1 位。

与(&=)：对符号的值进行位与操作。例如，symbol &= 0xFF；将 symbol 的值与 0xFF 进行位与操作。

或(|=)：对符号的值进行位或操作。例如，symbol |= 0x100；将 symbol 的值与 0x100 进行位或操作。

2. 使用场景

这些操作允许开发者在链接时根据需要动态调整符号的值。这在需要根据不同模块的大小动态调整内存布局时非常有用。例如：计算缓冲区大小或数组长度，设置特定模块或数据结构的起始地址，调整内存布局以满足对齐要求或硬件约束。

【例 9-4】 假设有一个链接脚本，需要在其中定义一个区段的起始地址，然后根据这个区段的大小动态计算下一个区段的起始地址：

```
SECTIONS
{
    .text : {
        *(.text)
        _text_end = .;        /*设置符号_text_end 为当前地址(即.text 段的结束地址)*/
    }

    .data : {
        _data_start = . + 0x1000;
                              /*设置.data 段的起始地址为.text 段结束地址后的 0x1000*/
        *(.data)
    }
}
```

在这个示例中，使用赋值和加法操作动态地设置了.data 段的起始地址，确保它位于.text 段之后，并有足够的空间(0x1000)作为间隔。

链接脚本中的符号赋值和操作提供了一种灵活的方式控制程序的内存布局。通过使用这些操作，开发者可以在链接时根据需要动态调整符号的值，从而实现精确的内存布局控制。这对于需要精确内存控制的应用，如嵌入式系统和操作系统内核，尤为重要。

高级语言(如 C 语言)常常需要引用链接脚本定义的符号。链接脚本定义的符号与 C 语言中定义的符号有本质的区别。例如，在 C 语言中定义全局变量 foo 并且赋值为 100。

```
int  foo = 100
```

当在高级语言(如 C 语言)中声明一个符号时，编译器在程序内存中保留足够的空间保存符号的值。另外，编译器在程序的符号表中创建一个保存该符号地址的条目，即符号表，包含保存符号值的内存块地址。因此，编译器会在符号表中存储 foo 符号。这个符号保存在某个内存地址里，这个内存地址用来存储初始值 100。当程序再一次访问 foo 变量时，例如，设置 foo 为 1，程序就在符号表中查找符号 foo，获取与该符号关联的内存地址，然后把 1 写入该内存地址。而链接脚本定义的符号仅仅在符号表中创建了一个符号，并没有分配内存存储这个符号。也就是说，它有地址，但是没有存储内容。所以链接脚本中定义的符号只

代表一个地址,而链接器不能保证这个地址存储了内容。例如,在链接脚本中定义一个 foo 符号并赋值:

```
foo = 0x100;
```

链接器会在符号表中创建一个名为 foo 的符号,0x100 表示内存地址的位置,但是地址 0x100 没有存储任何特别的东西。换句话说,foo 符号仅仅用来记录某个内存地址。

在实际编程中,常常需要访问链接脚本中定义的符号。例 9-3 在链接脚本中定义 ROM 的起始地址 start_of_ROM, ROM 的结束地址 end_of_ROM, 以及 FLASH 的起始地址 start_of_FLASH, 这样在 C 语言程序中就可以访问这些地址。例如,把 ROM 的内容复制到 FLASH 中。

【例 9-5】 下面是链接脚本。

```
start_of_ROM = .ROM;
end_of_RoM = .RoM + sizeof (.ROM);
start_of_FLASH = .FLASH;
```

在上述链接脚本中,ROM 和 FLASH 分别表示存储在 ROM 与闪存中的段。在 C 语言中,可以通过以下代码片段把 ROM 的内容搬移到 FLASH 中。

```
extern char start_of_ROM, end_of_ROM, start_of_FLASH;
memcpy (& start_of_FLASH, & start_of_ROM, & end_of_ROM - & start_of_ROM);
```

上面的 C 语言代码使用"&"符号获取符号的地址。这些符号在 C 语言中也可以看成数组,所以上述 C 语言代码改写成如下代码。

```
extern char start_of_ROM[], end_of_ROM[], start_of_FLASH[];
memcpy (start_of_FLASH, start_of_ROM, end_of_ROM - start_of_ROM);
```

一个常用的编程技巧是在链接脚本里为每个段都设置一些符号,以方便 C 语言访问每个段的起始地址和结束地址。例 9-4 中的链接脚本定义了代码段的起始地址(start_of_text)、代码段的结束地址(end_of_text)、数据段的起始地址(start_of_data),以及数据段的结束地址(end_of_data)。

9.4 RISC-V 的函数调用规范与栈

RISC-V 的函数调用规范和栈的管理是理解在 RISC-V 架构下程序运行和编写高效代码的关键。函数调用规范定义了如何在函数调用过程中传递参数、返回值,以及如何保存和恢复寄存器。而栈的管理是函数调用过程中保持数据局部性和支持递归调用的重要机制。

9.4.1 RISC-V 函数调用规范

RISC-V 函数调用规范详细规定了在函数调用过程中的寄存器使用约定。这些规范可能因具体的 ABI 而有所不同,但大多数 RISC-V 环境遵循的是标准的整数调用约定,该约定定义在 RISC-V ABI 中,主要内容如下。

RISC-V 函数调用规范是一组规则，它定义了在函数调用过程中如何传递参数、返回值，以及如何在函数之间保存和恢复寄存器的状态。这些规范对于保证不同编译器生成的代码能够互操作非常重要。在 RISC-V 中，这些规范可能因选择的 ABI 而有所不同，但大多数情况下遵循的是标准的整数调用约定。

1. 参数传递和返回值

（1）整数参数传递：前 8 个整数或指针参数通过寄存器 a0～a7 传递给被调用函数。如果参数多于 8 个，则超出的参数通过栈传递。

（2）浮点参数传递：对于浮点参数，前 8 个使用 fa0～fa7 寄存器传递。

（3）返回值：对于整数返回值，第一个返回值使用 a0 寄存器，第二个返回值（如果有的话）使用 a1 寄存器。浮点返回值使用 fa0 和 fa1 寄存器。

2. 寄存器使用规则

（1）保存的寄存器：被调用函数负责保存和恢复 s0～s11 这些寄存器的值，以保证调用前后寄存器值不变。这些寄存器通常用于存放局部变量或者在多个函数调用中需要保持不变的值。

（2）临时寄存器：t0～t6 和 a0～a7（用于参数传递）在函数调用时不保证保持值不变。如果调用者需要在函数调用后使用这些寄存器的值，需要自行保存和恢复这些值。

3. 栈帧和栈的使用

在 RISC-V 中，函数通常会使用栈存储局部变量、保存的寄存器值及返回地址。每个函数调用都会创建一个新的栈帧，栈帧包含了函数运行所需的所有信息。

（1）栈指针（sp）：栈指针寄存器指向当前的栈顶。在函数调用过程中，栈指针会被更新，以分配或释放栈空间。

（2）帧指针（fp 或 s0）：某些情况下，函数可能会使用帧指针简化对栈帧内部数据的访问。帧指针通常指向栈帧的固定位置，可以用于快速定位局部变量和保存的寄存器值。

4. 函数调用和返回

（1）函数调用：在 RISC-V 中，函数调用通常通过 jal 指令完成，该指令将返回地址存储在返回地址寄存器（ra）中，并跳转到函数的入口点。

（2）函数返回：函数通常使用 ret 指令将控制权交回到 ra 寄存器中存储的地址返回。ret 指令是 jalr 指令的一个别名，它使用 ra 寄存器作为跳转地址。

RISC-V 函数调用规范为软件开发者提供了一套标准化的方法，以实现函数间的调用和参数传递。遵循这些规范可以确保不同编译器和库之间的兼容性，同时也使代码更加可维护和可移植。理解这些规范对于编写高效和可靠的 RISC-V 程序至关重要。

【例 9-6】 采用 RISC-V 汇编语言，编写一个 RISC-V 函数调用规范的实例

下面是一个简单的 RISC-V 汇编语言示例，展示了一个函数调用的过程。在这个例子中，创建一个名为 add 的函数，它接收两个整数参数，返回它们的和。主函数将调用 add 函数，并将结果保存。

首先定义 add 函数。该函数接收两个参数，分别通过 a0 和 a1 寄存器传递。结果将通

过 a0 寄存器返回。

```
#add 函数:计算两个整数的和
#参数:a0 = 第一个整数,a1 = 第二个整数
#返回值:a0 = 和
add:
    add a0, a0, a1        #将 a0 和 a1 的值相加,结果存储在 a0 中
    ret                   #返回到调用函数
```

接下来,定义主函数。在主函数中,准备两个整数参数调用 add 函数,并将结果保存。

```
#主函数
main:
    li a0, 5              #加载第一个整数 5 到 a0 寄存器
    li a1, 10             #加载第二个整数 10 到 a1 寄存器
    jal ra, add           #调用 add 函数,返回地址存储在 ra
    #此时,a0 寄存器中存储的是函数返回值,即两数之和 15

    #在实际应用中,可能需要将结果存储到内存中或者进行其他操作
    #例如,这里可以将结果移动到另一个寄存器中保存
    mv t0, a0             #将结果从 a0 移动到 t0 寄存器

    #函数结束,正常情况下需要有一个退出序列
    #例如,在裸机或操作系统内核中,可能是一个无限循环
    #在应用程序中,可能是调用系统的退出函数
    #这里仅用一条无限循环表示程序结束
loop: j loop
```

在这个例子中,首先在 main 函数中准备两个整数参数,分别存储在 a0 和 a1 寄存器中,然后通过 jal 指令调用 add 函数。add 函数计算两个参数的和,并通过 a0 寄存器返回结果。调用结束后,将结果从 a0 寄存器移动到 t0 寄存器中保存,以便后续使用。

这个简单的示例展示了如何在 RISC-V 汇编语言中遵循函数调用规范实现函数调用和参数传递。在实际编程中,可能需要处理更复杂的参数传递和寄存器保存恢复等问题。

9.4.2　RISC-V 栈的管理

在 RISC-V 架构中,栈是一个重要的数据结构,用于存储函数的局部变量、函数调用的返回地址、保存的寄存器值等。栈的管理对于支持函数调用和返回、实现递归调用,以及维护程序的运行时状态非常关键。下面详细介绍 RISC-V 中栈的管理方法。

1. 栈的方向

在 RISC-V 中,栈是向下增长的,即栈的顶部地址小于栈底的地址。当数据被压入栈时,栈指针(sp)向下移动;当数据从栈中弹出时,栈指针向上移动。

2. 栈的初始化

在程序开始执行时,操作系统或启动代码通常会初始化栈指针(sp)。栈指针的初始值指向栈的顶部,即栈的最高地址。程序员需要确保栈空间足够大,以避免栈溢出。

3. 栈帧

每当一个函数被调用时，它会在栈上创建一个新的栈帧。栈帧包含了函数运行所需的所有信息，如函数的局部变量、保存的寄存器值和返回地址。每个函数的栈帧大小可能不同，取决于函数的局部变量和保存寄存器的数量。

4. 创建栈帧

当函数被调用时，首先需要在栈上为新的栈帧分配空间。这通常通过调整栈指针实现。以下是创建栈帧的基本步骤。

（1）调整栈指针：通过减少 sp 的值为栈帧分配空间。减少的量应足以容纳所有局部变量和需要保存的寄存器值。

（2）保存寄存器值：如果函数调用会修改保存的寄存器（如 s0～s11），则需要将这些寄存器的原始值保存到新创建的栈帧中。

（3）设置帧指针（可选）：有时，函数会设置帧指针（fp 或 s0）指向栈帧的某个位置，以便更容易地访问局部变量和保存的寄存器值。

5. 销毁栈帧

当函数执行完毕准备返回时，需要销毁当前的栈帧。销毁栈帧有 3 个基本步骤。

（1）恢复寄存器值：如果函数保存了寄存器值到栈帧中，现在需要从栈帧中恢复这些寄存器的原始值。

（2）调整栈指针：通过增加 sp 的值释放栈帧占用的空间，恢复到函数调用前的状态。

（3）返回到调用者：使用 ret 指令或类似机制跳转回函数的调用者。

【例 9-7】 如何创建和销毁栈帧。

下面是一个简单的 RISC-V 汇编示例，展示了如何创建和销毁栈帧：

```
# 假设函数需要保存 ra 和 s0 寄存器,并有两个局部变量
# 函数入口
function_entry:
    addi sp, sp, -16        # 为栈帧分配 16 字节空间
    sd ra, 8(sp)            # 保存 ra 寄存器
    sd s0, 0(sp)            # 保存 s0 寄存器
    # 函数体...
    # 函数返回前
    ld s0, 0(sp)            # 恢复 s0 寄存器
    ld ra, 8(sp)            # 恢复 ra 寄存器
    addi sp, sp, 16         # 释放栈帧空间
    ret                     # 返回到调用者
```

在这个示例中，函数入口时首先调整栈指针为栈帧分配空间，并保存 ra 和 s0 寄存器的值到栈帧中。在函数返回前，从栈帧中恢复这些寄存器的值，调整栈指针释放栈帧空间，然后返回到调用者。

栈的管理是 RISC-V 汇编语言编程中的一个核心概念，正确的管理栈和栈帧对于实现函数调用、参数传递和局部变量的存储至关重要。通过遵循上述步骤和规则，可以确保程序的正确执行和资源的有效管理。

9.5 GCC 工具链

GCC 工具链是一个开源的编译器套件，用于编译各种编程语言，包括 C、C++、Objective-C、Fortran、Ada 和 Go 等。GCC 全称为 GNU Compiler Collection，即 GNU 编译器集合，最初由 Richard Stallman 于 1985 年创建，目的是作为 GNU 操作系统的一部分。GCC 是自由软件，根据 GNU 通用公共许可证(GPL)发布。

9.5.1 GCC 工具链概述

GCC 是 Linux 操作系统上常用的编译工具，它实质上不是一个单独的程序，而是多个程序的集合，因此通常称为 GCC 工具链。工具链软件包括 GCC、C 运行库、Binutils 和 GDB 等。

1. GCC

(1) 将 C/C++ 语言编写的程序转换成处理器能够执行的二进制代码由编译器完成。

(2) GCC 既支持本地编译（即在一个平台上编译该平台运行的程序），也支持交叉编译（即在一个平台上编译供另一个平台运行的程序）。

① 例如在 Linux 操作系统平台上编译一个"Hello World"程序，并在此 Linux 平台上运行，即为一种本地编译的开发方式。

② 交叉编译多用于嵌入式系统的开发。

2. C 运行库

C 运行库(C Runtime Library, CRT)是一套标准的 C 函数库，提供了执行环境支持，使 C 语言编写的程序能够在特定平台上运行。它包括一系列实现了 C 标准（如 ISO C 标准）定义的功能函数，以及一些扩展的实用功能。这些函数涵盖了 I/O、内存管理、字符串操作、数学计算等多个方面。

C 运行库对于 C 语言程序的编译和执行至关重要。在编译阶段，编译器会将源代码中调用的库函数引用解析到 C 运行库中实现；在程序运行时，这些库函数提供了与操作系统的交互接口，使程序能够执行必要的操作，如读写文件、分配释放内存等。

常见的 C 运行库如下：

(1) GNU C 库(GNU C Library, glibc)：是 Linux 操作系统上最常用的 C 库，实现了 C 标准规定的所有函数，并提供了额外的 UNIX 系统调用封装和一些 GNU 扩展功能。

(2) 轻量级 C 标准库(musl libc)：一个轻量级、高性能的 C 标准库，旨在兼容各种 Linux 发行版。它提供了标准 C 库的实现，并且设计上追求简洁和高效。

(3) 微 C 库(uClibc)：面向嵌入式系统的 C 库，设计上追求小巧和灵活。它支持多种处理器架构，并且可以配置，以减少占用的空间，适合资源受限的环境。

(4) 新库(Newlib)：同样针对嵌入式系统设计的 C 库，广泛用于各种不同的处理器架构中。它提供了一套标准的 C 库函数实现，并且可以很容易地与不同的嵌入式操作系统和开发环境结合使用。

（5）MSVCRT(Microsoft C Runtime Library)：是微软视觉工作室(Microsoft Visual Studio)开发环境中使用的 C 运行库。它提供了 C 标准规定的函数实现，以及一些特定于 Windows 的扩展功能。

C 运行库是 C 语言程序正常运作的基础，它为程序提供了一个基本的执行环境和操作系统服务的接口。不同的运行库可能会有不同的性能特点和目标平台，开发者可以根据项目需求和目标环境选择合适的 C 运行库。

3. Binutils

Binutils 是一套广泛使用的工具集，主要用于处理二进制文件。这些工具支持多种文件格式，提供了创建、修改、分析等多种操作。Binutils 是 GNU 项目的一部分，通常与 GCC 编译器一同使用，也可以独立使用。Binutils 中一些核心工具的简要介绍如下。

（1）LD：GNU 链接器，用于将多个目标文件链接成一个可执行文件或一个库文件。

（2）AS：GNU 汇编器，用于将汇编语言源代码转换成机器语言的目标文件。

（3）objdump：用于显示目标文件的信息，如反汇编输出、符号表、重定位信息等。

（4）nm：用于列出目标文件或可执行文件的符号表，可以显示在文件中定义的所有符号名称（如函数、变量名）。

（5）objcopy：用于复制和转换目标文件的格式，可以用来生成不同格式的二进制文件，或者从一个大的二进制文件中提取一部分。

（6）strip：用于从目标文件或可执行文件中移除符号信息，这可以减小最终文件的大小，但可能会使调试变得困难。

（7）addr2line：用于将地址转换为文件名和行号，通常用于调试中，帮助开发者在运行时从错误的地址找到源代码中的具体位置。

（8）ar：用于创建、修改并提取静态库文件。

（9）c++filt：用于解码 C++ 符号名称，将它们还原成人类可读的形式。

（10）readelf：专门用于显示 ELF 格式文件的信息，比如段信息、符号表、重定位表等。

Binutils 是 Linux 和 UNIX 系统上开发和维护软件不可或缺的工具集，特别是在底层系统编程和操作系统开发中。由于它们提供了对二进制文件的深入操作能力，因此对于理解程序的编译、链接过程及进行性能优化等都非常有帮助。

4. GDB

GNU 调试器(GNU Debugger，GDB)是 GNU 项目的一部分，是一款功能强大的开源调试工具，用于帮助开发者调试程序。GDB 允许查看程序执行时的内部情况，可以用来检查程序在崩溃时的状态，或者在特定点暂停执行以查看变量的值。它支持多种编程语言，包括 C、C++、Rust、Go 和 FORTRAN 等。

GDB 的一些核心功能如下。

（1）启动程序：可以指定程序的执行环境，控制程序的启动参数和环境变量。

（2）使程序在指定条件下停止或暂停：GDB 允许设置断点、条件断点、观察点等，在满足特定条件时暂停程序的执行。

（3）检查程序状态：当程序暂停时,可以查看变量的值,或者调用函数。GDB 也支持查看和修改内存地址的内容。

（4）改变程序执行流程：可以改变程序的执行流程,例如通过修改变量的值或者强制执行特定的函数调用。

（5）跟踪和分析程序的执行：GDB 提供了逐行执行和逐过程执行的功能,允许深入理解程序的执行流程。也可以使用回溯功能查看函数调用栈。

（6）远程调试：GDB 支持远程调试,允许在一个系统上使用 GDB 调试在另一个系统上运行的程序。

（7）多线程程序调试：GDB 支持对多线程程序的调试,允许检查各个线程的状态,以及在特定线程上设置断点。

（8）核心转储分析：GDB 可以用来分析程序崩溃后生成的核心转储文件,找出程序崩溃的原因。

GDB 的用户界面是命令行,但也有多种图形用户界面（Graphical User Interface,GUI）前端可用,如 Eclipse、Qt Creator 和 GDB 的官方前端 GDB 文本用户界面（Text User Interface,TUI）。此外,还有像 CGDB 这样的第三方文本界面工具,提供了更友好的界面使用 GDB 的功能。

GDB 是开发者工具箱中的重要工具,尤其是对于需要深入了解程序行为、解决复杂错误或进行性能优化的开发者来说。

9.5.2　Binutils

一组二进制程序处理工具,包括 addr2line、ar、objcopy、objdump、as、ld、ldd、readelf 和 size 等。这一组工具是开发和调试不可缺少的工具。

（1）addr2line：用来将程序地址转换成对应的程序源文件及对应的代码行,也可以得到对应的函数。该工具将帮助调试器在调试的过程中定位对应的源代码位置。

（2）AS：主要用于汇编。

（3）LD：主要用于链接。

（4）ar：主要用于创建静态库。为了便于初学者理解,在此介绍动态库与静态库的概念。

① 如果要将多个.o 目标文件生成一个库文件,则存在两种类型的库,一种是静态库,另一种是动态库。

② 在 Windows 操作系统中,静态库是以.lib 为后缀的文件；共享库是以.dll 为后缀的文件；在 Linux 操作系统中,静态库是以.a 为后缀的文件；共享库是以.so 为后缀的文件。

③ 静态库和动态库的不同点在于代码被载入的时刻不同。静态库的代码在编译过程中已经被载入可执行程序,因此体积较大。共享库的代码是在可执行程序运行时才载入内存的,在编译过程中仅简单地引用,因此代码体积较小。在 Linux 操作系统中,以 ldd 命令查看一个可执行程序依赖的共享库。

④ 如果一个系统中存在多个需要同时运行的程序,且这些程序之间存在共享库,那么

用动态库的形式将更节省内存。但是对于嵌入式系统，大多数情况下整个软件就是一个可执行程序且不支持动态加载的方式，即以静态库为主。

（5）ldd：用于查看可执行程序依赖的共享库。

（6）objcopy：将一种对象文件翻译成另一种格式，例如将.bin 转换成.elf，或者将.elf 转换成.bin 等。

（7）objdump：主要的作用是反汇编。

（8）readelf：显示有关 ELF 文件的信息。

（9）size：列出可执行文件每个部分的尺寸和总尺寸、代码段、数据段、总大小等。

（10）Binutils 还有其他工具，每个工具的功能都很强大，本节限于篇幅无法详细介绍，读者可以自行查阅资料了解详情。

9.5.3　C 运行库

为了解释 C 运行库，需要先回忆一下 C 语言标准。C 语言标准主要由两部分组成：一部分描述 C 的语法，另一部分描述 C 标准库。C 标准库定义了一组标准头文件，每个头文件中包含了相关的函数、变量、类型声明和宏定义，例如常见的 printf 函数便是一个 C 标准库函数，其原型定义在 stdio 头文件中。

C 语言标准仅仅定义了 C 标准库函数原型，并没有提供实现。因此，C 语言编译器通常需要一个 C 运行时库的支持。C 运行时库又常被简称为 C 运行库。与 C 语言类似，C++ 也定义了自己的标准，同时提供相关支持库，称为 C++ 运行时库。

如上所述，要在一个平台上支持 C 语言，不仅要实现 C 编译器，还要实现 C 标准库，这样的实现才能完全支持 C 标准。glibc 是 Linux 下面的 C 标准库的实现，其要点如下。

（1）glibc 本身是 GNU 旗下的 C 标准库，后来逐渐成为 Linux 的标准 C 库。glibc 的主体分布在 Linux 操作系统的/lib 与/usr/lib 目录中，包括 libc 标准 C 函式库、libm 数学函式库等，都以".so"结尾。

注意：Linux 操作系统下的标准 C 库不仅有 glibc，而且有 uclibc、klibc 和 Linux libc，但是 glibc 使用最为广泛。在嵌入式系统中使用较多的 C 运行库为 Newlib。

（2）Linux 操作系统通常将 libc 库作为操作系统的一部分，它被视为操作系统与用户程序的接口。比如，glibc 不仅实现了标准 C 语言中的函数，还封装了操作系统提供的系统服务，即系统调用的封装。

通常情况下，每个特定的系统调用对应了至少一个 glibc 封装的库函数，如系统提供的打开文件系统调用 sys_open 对应的是 glibc 中的 open 函数；glibc 的一个单独的 API 可能调用多个系统调用，如 glibc 提供的 printf 函数会调用如 sys_open、sys_mmap、sys write、sys_close 等系统调用；另外，多个 glibc API 也可能对应同一个系统调用，如 glibc 下实现的 malloc 和 free 等函数用来分配和释放内存，且都利用了内核的 sys__ brk 的系统调用。

（3）常用的 C++ 标准库为 libstdc++。注意：libstdc++ 通常与 GCC 捆绑在一起，即安装 GCC 时会把 libstdc++ 装上，而 glibc 并没有和 GCC 捆绑在一起，这是因为 glibc 需要与操作系统内核打交道,因此与具体的操作系统平台紧密耦合。Libstdc++虽然提供了C++程序的标准库,但并不与内核打交道。对于系统级别的事件,libstdc++会与glibc交互,从而和内核通信。

9.5.4 GCC 命令行选项

GCC 是一款功能强大的编译器套件,支持多种编程语言,包括 C、C++、Objective-C、Fortran、Ada 和 Go 等。GCC 提供了丰富的命令行选项,允许开发者控制编译过程的各个方面。下面介绍一些常用的 GCC 命令行选项。

1. 控制编译过程的选项

(1) c:只编译和汇编,但不链接。

(2) S:只编译,不汇编和链接,生成汇编代码。

(3) E:只进行预处理,不进行编译、汇编和链接。

2. 优化选项

(1) O0:不进行优化,是默认选项,编译速度最快,生成的代码可能较慢。

(2) O1:进行基本优化,试图减少代码的大小和执行时间而不影响编译时间。

(3) O2:进一步优化,包括所有-O1 的优化,并增加更多的编译时间尝试提高程序运行速度。

(4) O3:比-O2 更进一步优化,包括用更多的高级优化技术提高性能。

(5) Os:优化代码大小,试图减少生成的代码量。

(6) Ofast:启用所有-O3 的优化,并添加进一步的优化,可能不符合严格的标准兼容性。

3. 调试选项

(1) g:生成调试信息。GDB 可以利用这些信息进行调试。

(2) ggdb:为使用 GDB 进行调试,并生成尽可能详细的调试信息。

4. 警告控制选项

(1) Wall:开启大多数编译警告。

(2) Wextra:开启额外的警告。

(3) Werror:将所有的警告当作错误处理。

5. 语言选择选项

x language:指定后面的文件使用的语言,可以是 C、C++、objective-c、FORTRAN 等。

6. 输出控制选项

(1) o file:指定输出的文件名。

(2) v:显示编译过程中使用的命令和一些有用的诊断信息。

7. 链接选项

(1) l library:链接指定的库文件。库名 library 会转换成文件名 liblibrary.a 或 liblibrary.so 查找库文件。

(2) L directory:在指定的目录 directory 中查找库文件。

8．预处理器选项

（1）D name：定义宏名称。
（2）D name=definition：为宏名称定义一个值，这个值的变量名为 definition。
（3）U name：取消宏名称的定义。
（4）I directory：在指定的目录 directory 中查找头文件。

这只是 GCC 命令行选项的一小部分。GCC 的选项非常多，可以通过阅读 GCC 手册或使用"gcc --help"命令获取更多信息。

9.6 ELF 文件分析

ELF 文件是一种广泛使用的文件格式，用于定义程序的代码，以及数据如何被存储、组织和执行。这种格式不仅适用于可执行文件，也适用于目标文件和共享库文件。通过分析 ELF 文件，开发者可以深入理解程序的结构和执行流程，这对于软件开发、调试和逆向工程等多个领域都非常重要。

9.6.1 ELF 文件介绍

在介绍 ELF 文件之前，首先将其与另一种常见的二进制文件格式 bin 进行对比。
（1）binary 文件中只有机器码。
（2）ELF 文件中除了含有机器码之外，还有其他信息，如段加载地址、运行入口地址、数据段等。

ELF 文件格式主要有可重定向文件、可执行文件和共享目标文件 3 种。
（1）可重定向文件：文件保存着代码和适当的数据，用来和其他的目标文件一起创建一个可执行文件或共享目标文件。
（2）可执行文件：文件保存着一个用来执行的程序（例如 bash 和 gcc 等）。
（3）共享目标文件（Linux 操作系统中后缀为.so 的文件）：即共享库。

9.6.2 ELF 文件的段

ELF 文件格式如图 9-4 所示，位于 ELF 头文件和段头表之间的都是段。

一个典型的 ELF 文件包含下面 5 个段。
（1）.text：已编译程序的指令代码段。
（2）.rodata：ro 代表只读数据（例如常数 const）。
（3）.data：已初始化的 C 程序全局变量和静态局部变量。

C 程序普通局部变量在运行时被保存在堆栈中，既不出现在.data 段中，也不出现在.bss 段中。此外，如果变量被初

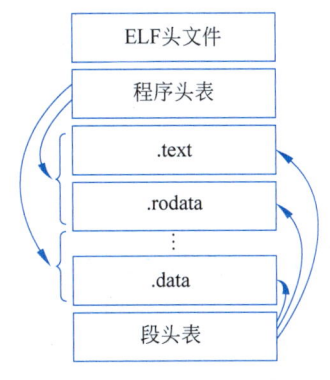

图 9-4　ELF 文件格式

始化值为 0,也可能会放到 bss 段。

（4）.bss：未初始化的 C 程序全局变量和静态局部变量。

目标文件格式区分初始化和未初始化变量是为了空间效率,在 ELF 文件中.bss 段不占据实际的存储器空间,它仅仅是一个占位符。

（5）.debug：调试符号表,调试器用此段的信息帮助调试。

上述仅讲解了最常见的节,ELF 文件还包含很多其他类型的节,本书在此不做赘述,请感兴趣的读者自行查阅资料学习。

9.6.3 查看 ELF 文件

使用 Binutils 中的 readelf 查看 ELF 文件的信息,通过 readelf--help 查看 readelf 的选项:

```
$readelf --help
Usage: readelf <option(s)> elf-file(s)
Display information about the contents of ELF format files
Options are:
 -a --all               Equivalent to: -h -l -S -s -r -d -V -A -I
 -h --file-header       Display the ELF file header
 -l --program-headers   Display the program headers
    --segments          An alias for --program-headers
 -S --section-headers   Display the sections' header
```

9.6.4 反汇编

由于 ELF 文件无法被当作普通文本文件打开,如果希望直接查看一个 ELF 文件包含的指令和数据,需要使用反汇编的方法。反汇编是调试和定位处理器问题时最常用的手段。

使用 Binutils 中的 objdump 对 ELF 文件进行反汇编,通过 objdump--help 查看其选项:

```
$objdump --help
Usage: objdump <option(s)> <file(s)>
  Display information from object <file(s)>.
  At least one of the following switches must be given:
……
 -D, --disassemble-all   Display assembler contents of all sections
 -s, --source            Intermix source code with disassembly
……
```

9.7 嵌入式开发的特点

嵌入式系统的程序编译和开发过程有其特殊性,比如:

（1）嵌入式系统需要使用交叉编译与远程调试的方法进行开发；

(2) 需要自定义引导程序；
(3) 需要注意减少代码体积；
(4) 需要移植 printf，从而使得嵌入式系统也能够打印输入；
(5) 使用 Newlib 作为 C 运行库；
(6) 每个特定的嵌入式系统都需要配套的板级支持包。

9.7.1 交叉编译和远程调试

在 Linux 操作系统的计算机上开发一个程序，对其进行编译，并运行在计算机上。在这种方式下，使用计算机上的编译器编译出该计算机本身可执行的程序，这种编译方式称为本地编译。

嵌入式平台上资源有限，嵌入式系统（例如常见 ARMMCU 或 8051 单片机）的存储器容量通常只在几 KB 到几 MB，且只有闪存，没有硬盘这种大容量存储设备。在这种资源有限的环境中，不可能将编译器等开发工具安装在嵌入式设备中，所以无法直接在嵌入式设备中进行软件开发。因此，嵌入式平台的软件一般在主机上进行开发和编译，然后将编译好的二进制代码下载至目标嵌入式系统平台上运行，这种编译方式属于交叉编译。

交叉编译可以简单理解为：在当前编译平台下，编译出来的程序能运行在体系结构不同的另一种目标平台上，但是编译平台本身却不能运行该程序。例如，在 x86 平台的计算机上编写程序，并编译成能运行在 ARM 平台的程序，编译得到的程序在 x86 平台上不能运行，必须放到 ARM 平台上才能运行。

与交叉编译同理，在嵌入式平台上往往也无法运行完整的调试器。当运行于嵌入式平台上的程序出现问题时，需要借助主机上的调试器对嵌入式平台进行调试，这种调试方式属于远程调试。

常见的交叉编译和远程调试工具是 GCC 和 GDB。GCC 不仅能作为本地编译器，还能作为交叉编译器；同理，GDB 不仅可以作为本地调试器，还可以作为远程调试器。

当作为交叉编译器时，GCC 通常有以下不同的命名。

（1）arm-none-eabi-gcc 和 arm-none-eabi-gdb 是面向裸机 ARM 平台的交叉编译器和远程调试器。裸机是嵌入式领域的一个常见形态，表示不运行操作系统的系统。

（2）riscv-none-embed-gcc 和 riscv-none-embed-gdb 是面向裸机 RISC-V 平台的交叉编译器和远程调试器。

9.7.2 移植 newlib 或 newlib-nano 作为 C 运行库

newlib 是一个面向嵌入式系统的 C 运行库。与 glibc 相比，newlib 实现了大部分的功能函数，但体积却小很多。newlib 独特的体系结构将功能实现与具体的操作系统分层，使之能很好地进行配置，以满足嵌入式系统的要求。由于 newlib 专为嵌入式系统设计，因此它具有可移植性强、轻量级、速度快、功能完备等特点，已广泛应用于各种嵌入式系统中。

嵌入式操作系统和底层硬件具有多样性，为了将 C/C++ 语言所需要的库函数实现与具体的操作系统和底层硬件进行分层，newlib 的所有库函数都建立在 20 个桩函数的基础上，这 20 个桩函数完成具体操作系统和底层硬件相关的如下功能。

（1）I/O 和文件系统访问（open、close、read、write、lseek、stat、fstat、fcntl、link、unlink、rename）。

（2）扩大内存堆的需求。

（3）获得当前系统的日期和时间。

（4）各种类型的任务管理函数（execve、fork、getpid、kill、wait、exit）。

这 20 个桩函数在语义和语法上与 UNIX 的可移植操作系统接口（Portable Operating System Interface of UNIX，POSIX）标准下对应的 20 个同名系统调用完全兼容。

如果需要移植 newlib 至某个目标嵌入式平台，成功移植的关键是在目标平台下找到能够与 newlib 桩函数衔接的功能函数或者实现这些桩函数。

newlib 的一个特殊版本-newlib-nano 版本为嵌入式平台进一步减少了代码体积，因为 newlib-nano 提供了更加精简版本的 malloc 和 printf 函数的实现，并且对库函数使用 GCC 的-Os（侧重代码体积的优化）选项进行编译优化。

9.7.3 嵌入式引导程序和中断异常处理

程序员只需要关注程序本身，程序的主体由 main 函数组织而成，程序员无须关注 Linux 操作系统在运行该程序的 main 函数之前和之后需要做什么。事实上，在 Linux 操作系统中运行应用程序，操作系统需要动态地创建一个进程，为其分配内存空间，创建并运行该进程的引导程序，然后才开始执行该程序的 main 函数。待其运行结束之后，操作系统还要清除并释放其内存空间、注销该进程等。

从上述过程中可以看出，程序的引导和清除这些"脏活累活"都是由 Linux 这样的操作系统负责的。但是在嵌入式系统中，程序员除了开发以 main 函数为主体的功能程序之外，还需要关注引导程序和中断异常处理两个方面。

1. 引导程序

（1）嵌入式系统上电后需要对系统硬件和软件的运行环境进行初始化，这些工作往往由用汇编语言编写的引导程序完成。

（2）引导程序是嵌入式系统上电后运行的第一段软件代码。对于嵌入式系统来说，引导程序非常关键。引导程序执行的操作依赖所开发的嵌入式系统的软硬件特性，一般流程包括：初始化硬件，设置异常和中断向量表，把程序复制到片上 SRAM 中，完成代码的重映射等，最后跳转到 main 函数入口。

2. 中断异常处理

中断和异常是嵌入式系统非常重要的一个环节，因此嵌入式系统软件还必须正确地配置中断和异常处理函数。

9.7.4 嵌入式系统链接脚本

程序员无须关心编译过程中的"链接"步骤所使用的链接脚本，无须为程序分配具体的内存空间。但是在嵌入式系统中，程序员除了开发以 main 函数为主体的功能程序之外，还需要关注"链接脚本"，为程序分配合适的存储器空间，例如程序段放在什么区间、数据段放在什么区间等。

9.7.5 减少代码体积

嵌入式平台上往往存储器资源有限，程序的代码体积显得尤其重要，因此有效地降低代码体积是嵌入式软件开发人员必须要考虑的问题，常见的方法如下。

（1）使用 newlib-nano 作为 C 运行库，以取得较小代码体积的 C 库函数。

（2）尽量少使用 C 语言的大型库函数，例如在正式发行版本的程序中，避免使用 printf 和 scanf 等函数。

（3）如果在开发的过程中一定需要使用 printf 函数，可以使用某些自己实现的简化版的 printf 函数（而不是 C 运行库中提供的 printf 函数），以生成较小的代码体积。

（4）除此之外，在 C/C++ 语言的语法和程序开发方面也有众多技巧取得更小的代码体积。

9.7.6 支持 printf 函数

在 Linux 操作系统中，使用 C 编写一个简单的嵌入式程序，比如打印"Hello World"到终端，是学习编程的基础。这里将分别展示如何使用 C 实现这一目标。

1. 创建源代码文件

首先，需要创建一个文本文件编写源代码。可以使用任何文本编辑器完成这个任务。假设将文件命名为 hello.c。

```c
#include <stdio.h>

int main() {
    printf("Hello World\n");
    return 0;
}
```

2. 编译源代码

在 Linux 操作系统中，GCC 是最常用的编译器之一。用户可以使用下面的命令编译 C 程序：

```
gcc hello.c -o hello
```

编译 hello.c 文件，并生成一个可执行文件名为 hello。

3. 运行程序

编译完成后，可以通过下面的命令运行程序：

```
./hello
```

在终端输出 Hello World。

注意事项如下。

确保 Linux 操作系统中已经安装了 GCC 或 G++。可以通过运行 gcc --version 或 g++ --version 检查是否已安装。

如果系统中没有安装 GCC 或 G++，可以通过包管理器安装。例如，在基于 Debian 的系统（如 Ubuntu）上，可以使用 sudo apt-get install build-essential 命令安装它们。

Hello World 程序在 Linux 操作系统里运行时，字符串被成功地输出到了 Linux 的终端界面。在这个过程中，程序员无须关心 Linux 操作系统是如何将 printf 函数的字符串输出到 Linux 终端上的。事实上，在 Linux 本地编译的程序会使用 Linux 操作系统的 C 运行库 glibc，而 glibc 充当了应用程序和 Linux 操作系统之间接口的角色。glibc 提供的 printf 函数会调用如 sys_write 等操作系统的底层系统调用函数，从而能够将字符串输出到 Linux 终端上。

从上述过程可以看出，由于有 glibc 的支持，因此 printf 函数能够在 Linux 操作系统中正确的输出。但是在嵌入式系统中，printf 的输出却不那么容易了，主要原因如下。

（1）嵌入式系统使用 newlib 作为 C 运行库，而 newlib 的 C 运行库所提供的 printf 函数最终依赖于桩函数 write，因此必须实现此 write 函数才能够正确地执行 printf 函数。

（2）嵌入式系统往往没有"显示终端"存在，例如常见的单片机作为一个黑盒子般的芯片，根本没有显示终端。为了能够支持显示输出，通常需要借助单片机芯片的通用异步收发传输器（Universal Asynchronous Receiver/Transmitter，UART）接口将 pit 函数的输出重新定向到主机的 COM 口上，然后借助主机的串口调试助手显示出输出信息。同理，对于 scanf 输入函数，也需要通过主机的串口调试助手获取输入，然后通过主机的 COM 口发送给单片机芯片的 UART 接口。

从以上两点可以看出，嵌入式平台的 UART 接口非常重要，扮演着输出管道的角色。为了将 printf 函数的输出定向到 UART 接口，需要实现 newlib 的桩函数 write，使其通过编程 UART 的相关寄存器将字符通过 UART 接口输出。

9.7.7 提供板级支持包

为了方便用户在硬件平台上开发嵌入式程序，特定的嵌入式硬件平台一般会提供板级支持包（Board Support Package，BSP）。板级支持包所包含的内容没有绝对的标准，通常来说必须包含如下内容。

（1）底层硬件设备的地址分配信息。

（2）底层硬件设备的驱动函数。

（3）系统的引导程序。

（4）中断和异常处理服务程序。

（5）系统的链接脚本。

（6）如果使用 newlib 作为 C 运行库，一般还提供 newlib 桩函数的实现。

由于板级支持包往往会将很多底层的基础设施和移植工作搭建好，因此应用程序开发人员通常都无须关心第 9.7.2～9.7.6 节中的内容，能够从底层细节中解放出来，避免重复建设而出错。

9.8 RISC-V GCC 工具链

RISC-V GCC 工具链是一套编译器和工具，用于编译、链接和调试面向 RISC-V 架构的软件。RISC-V 是一种开放源代码的 ISA，设计为支持从最小的嵌入式处理器到高性能计算机的广泛设备。GCC 为 RISC-V 提供了强大的支持，允许开发者为这一架构编译 C、C++ 等语言的程序。

9.8.1 RISC-V GCC 工具链种类

RISC-V GCC 工具链与普通的 GCC 工具链基本相同，用户可以遵照开源的 riscv-gnu-toolchain 项目（请在 GitHub 中搜索 riscv-gnu-toolchain）中的说明自行生成全套的 GCC 工具链。

GCC 工具链支持各种不同的处理器架构，不同处理器架构的 GCC 工具链会有不同的命名。遵循 GCC 工具链的命名规则，当前 RISC-V GCC 工具链有如下几个版本。

（1）以"riscv64-unknown-linux-gnu-"为前缀的版本，例如 riscv64-unknown-linux-gnu-gcc，riscv64-unknown-linux-gnu-gdb，riscv64-unknown-linux-gnu-ar 等。

① "riscv64-unknown-linux-gnu-"前缀表示该版本的工具链是 64 位架构的 Linux 版本工具链。此 Linux 不是指当前版本工具链一定要运行在 Linux 操作系统的计算机上，而是指该 GCC 工具链会使用 Linux 的 Glibc 作为 C 运行库。

② "riscv32-unknown-linux-gnu-"前缀的版本表示该版本的工具链是 32 位架构的 Linux 版本工具链。

注意：此处的前缀 riscv64（还有 riscv32 的版本）与运行在 64 位或者 32 位计算机上毫无关系，64 和 32 是指如果没有通过-march 和-mabi 选项指定的 RISC-V 架构位宽，默认将会按照 64 位或是 32 位的 RISC-V 架构编译程序。

（2）以"riscv64-unknown-elf-"为前缀的版本，表示该版本为非 Linux(Non-Linux)版本的工具链。

① 此 Non-Linux 不是指当前版本工具链一定不能运行在 Linux 操作系统的计算机上，而是指该 GCC 工具链会使用 newlib 作为 C 运行库。

② 此处的前缀 riscv64（还有 riscv32 的版本）与运行在 64 位或者 32 位计算机上同样无关，而是指如果没有通过-march 和-mabi 选项指定的 RISC-V 架构位宽，默认将会按照 64 位或是 32 位的 RISC-V 架构编译程序。

（3）以"riscv-none-embed-"为前缀的版本表示是最新的为裸机嵌入式系统而生成的交叉编译工具链。该版本使用新版本的 newlib 作为 C 运行库，并且支持 newlib-nano，能够为嵌入式系统生成更加优化的代码体积。

9.8.2 riscv-none-embed 工具链下载

对于 riscv-none-embed 版本的工具链，为了方便用户直接使用预编译好的工具链，Eclipse 开源社区会定期更新发布最新版本的预编译好的 RISC-V 嵌入式 GCC 工具链，包括 Windows 版本和 Linux 版本。请搜索"releases gnu-mcu-eclipse/riscv-none-gcc"，进入网页下载 Windows 版本或者 Linux 版本。Linux 和 Windows 版本只需在相应的操作系统中解压即可使用。

9.8.3 RISC-V GCC 工具链的选项

RISC-V GCC 工具链是为 RISC-V 架构设计的 GCC 编译器版本。它支持 RISC-V ISA，能够生成针对 RISC-V 处理器的可执行代码。RISC-V GCC 工具链在基本的 GCC 命令行选项的基础上，还引入了一些专门针对 RISC-V 架构的选项。下面介绍常用的针对 RISC-V 的 GCC 工具链选项。

1. 架构和 ABI 选项

（1）-march=ISA：指定目标架构的 ISA，例如 rv32i、rv64gc 等。这决定了编译器可以使用的指令集。

（2）-mabi=ABI：指定目标架构的 ABI，例如 lp64d、ilp32 等。ABI 定义了函数调用和返回时的数据表示和寄存器使用约定等。

2. 代码生成选项

（1）-mcmodel=medlow：为中等大小的代码模型生成代码，这适用于所有代码和数据都能够被 32 位绝对地址访问的情况。

（2）-mcmodel=medany：为中等大小的代码模型生成代码，这适用于代码和数据可以被任意 32 位相对地址访问的情况。

（3）-mexplicit-relocs：生成显式重定位信息。这是一些特殊情况下的高级选项。

3. 浮点和向量选项

（1）-mhard-float：使用硬件浮点指令。这是默认情况下启用的，如果目标架构支持浮点运算的话。

（2）-msoft-float：不使用硬件浮点指令，而是用软件库实现浮点运算。

（3）-mfp16-format=格式：指定 16 位浮点数的格式。

4. 优化选项

除了标准的 GCC 优化选项（如-O0、-O1、-O2、-O3、-Os）之外，针对 RISC-V 架构的特定优化选项不多。通常，标准优化选项已经足够用于大多数应用。

5. 调试和诊断选项

RISC-V GCC 工具链支持 GCC 的标准调试和诊断选项，如-g 用于生成调试信息。

6. 其他架构特定选项

RISC-V GCC 可能还包含一些其他架构特定的选项，这些选项可能随着工具链的版本和开发进度而变化。为了获取最新和最完整的选项列表,建议查阅在用的 RISC-V GCC 版本的官方文档或使用 riscv-gcc --help=target 命令。

请注意,RISC-V 生态系统正在快速发展,工具链和支持的选项可能会随着时间而不断更新和改进。

9.8.4　RISC-V GCC 工具链的预定义宏

RISC-V GCC 会根据编译生成若干预定义的宏,在 Linux 操作环境中可以使用如下方法查看和 RISC-V 相关的宏。

```
//首先创建一个空文件
touch empty.h
//使用 RISC-V GCC 的 -E 选项对 empty.h 进行预处理
//通过 grep 命令对于处理后的文件搜索 riscv 的关键字
//如果使用 -march=rv32imac -mabi=ilp32 选项,可以看出生成如下预定义宏
riscv-none-embed-gcc -march=rv32imac -mabi=ilp32 -E -dM empty.h | grep riscv
#define riscv 1
#define riscv_atomic 1
#define riscv_cmodel_medlow 1
#define riscv_float_abi_soft 1
#define riscv_compressed 1
#define riscv_mul 1
#define riscv_muldiv 1
#define riscv_xlen 32
#define riscv_div 1
//如果使用 -march=rv32imafdc -m 2f 选项,可以看出生成如下预定义宏 abi=ilp3
riscv-none-embed-gcc -march=rv32imafdc -mabi=ilp32f -E -dM empty.h | grep riscv
#define riscv 1
#define riscv_atomic 1
#define riscv_cmodel_medlow 1
#define riscv_float_abi_single 1
#define riscv_fdiv 1
#define riscv_flen 64
#define riscv_compressed 1
#define riscv_mul 1
#define riscv_muldiv 1
#define riscv_xlen 32
#define riscv_fsqrt 1
#define riscv_div 1
```

9.8.5　RISC-V GCC 工具链应用举例

在使用 RISC-V GCC 工具链进行编程和编译的过程中,开发者可以针对特定的 RISC-V 目标架构和应用需求,通过合适的命令行选项优化生成的代码。以下是一些使用 RISC-V GCC 工具链的应用举例,展示了如何为不同的场景配置编译选项。

1. 编译针对特定架构的代码

若为一个基于 RISC-V 32 位整数指令集(rv32i)的目标设备编写程序,可以使用以下命

令编译程序:

```
riscv64-unknown-elf-gcc -march=rv32i -mabi=ilp32 -o my_program my_program.c
```

这里,-march=rv32i 指定了使用 RISC-V 32 位整数指令集,而-mabi=ilp32 指定了使用 32 位整数、长整数和指针的 ABI。

2. 为需要使用硬件浮点支持的应用编译代码

如果目标设备支持双精度浮点数(例如使用 rv64gc 架构,其中 g 代表通用指令集,包括整数和浮点数指令,c 代表压缩指令集),可以使用以下命令:

```
riscv64-unknown-elf-gcc -march=rv64gc -mabi=lp64d -o my_program my_program.c
```

这里,-mabi=lp64d 选项表示使用双精度浮点数的 ABI,允许程序直接利用硬件浮点单元。

3. 开启优化并生成调试信息

为了调试目的,同时又希望对代码进行一定程度的优化,可以使用优化选项和生成调试信息的选项:

```
riscv64-unknown-elf-gcc -march=rv64gc -mabi=lp64d -O2 -g -o my_program my_program.c
```

这里,-O2 选项开启了一组平衡的优化,而-g 选项确保了生成调试信息,便于后续使用 GDB 等调试工具进行调试。

4. 链接外部库

如果程序依赖于外部库,例如一个名为 libmylib.a 的静态库,可以使用以下命令将其链接到程序中:

```
riscv64-unknown-elf-gcc -march=rv64gc -mabi=lp64d -o my_program my_program.c -L/path/to/lib -lmylib
```

这里,-L 选项指定了库文件的搜索路径,而-l 选项指定了要链接的库的名称(不包括前缀 lib 和后缀.a)。

5. 使用软件浮点库

如果目标设备不支持硬件浮点运算,但应用需要进行浮点运算,可以使用软件浮点库:

```
riscv64-unknown-elf-gcc -march=rv32i -mabi=ilp32 -msoft-float -o my_program my_program.c
```

这里,-msoft-float 选项告诉编译器使用软件库实现浮点运算,而不是生成硬件浮点指令。

通过这些例子,可以看到 RISC-V GCC 工具链提供了丰富的选项支持,不同的编程需求和目标设备特性。正确使用这些选项可以更有效地开发 RISC-V 目标平台上的应用程序。

第 10 章 CH32V307 嵌入式微控制器

CH32V307 微控制器作为一款基于 RISC-V 内核的 32 位微控制器，因其高性能、低功耗的特点被广泛应用于多种嵌入式系统中。本章内容将分为几个重点部分，以便于读者更好的理解 CH32V307 微控制器的设计和应用。

本章全面探讨了 CH32V307 嵌入式微控制器，这是一款基于青稞 V4F 微处理器的先进微控制器，专为高效能和多功能性设计。通过深入分析其设计与应用，本章旨在为读者提供一套完整的知识体系，帮助他们理解、开发和应用基于 CH32V307 的系统。

本章讲述的主要内容如下。

(1) CH32V307 微控制器概述。

青稞 V4F 微处理器：探讨了其基本架构，包括处理能力和内部组件，为后续内容奠定基础。

内部寄存器与 CH32 系列：详细讲解了青稞 V4F 微处理器内部寄存器的配置和作用，并概述了基于青稞 V4 内核的 CH32 系列微控制器的特点和优势。

CH32V30X 系列特性：列举了 CH32V30X 系列微控制器的主要特性，包括性能参数和功能亮点。

(2) CH32V307 微控制器外部与内部结构。

命名规则与引脚功能：通过命名规则解释了 CH32 系列微控制器之间的区别，并详细描述了 CH32V307 系列微控制器的引脚布局及功能。

内部架构：讨论了内部总线结构、时钟系统、复位系统和存储器结构，揭示了其高效数据处理和系统稳定性的内部机制。

(3) CH32V307 触摸按键检测（TKEY）。

介绍了 TKEY 功能的原理和操作步骤，展示了 CH32V307 在用户交互方面的应用潜力。

(4) CH32V307 微控制器最小系统设计。

讲述了从零开始构建基于 CH32V307 的嵌入式系统的指导，包括硬件选择、系统配置和基本应用的实现，帮助读者利用 CH32V307 的核心特性实现特定功能。

通过本章的学习，读者能深入地理解 CH32V307 微控制器，为开发基于此微控制器的嵌入式系统打下坚实的基础。

10.1 CH32V307 微控制器概述

CH32V 系列是基于青稞 RISC-V 内核设计的工业级通用微控制器，包括 CH32V305 连接型 MCU、CH32V307 互联型 MCU、CH32V208 无线型 MCU 等。CH32V30x 系列基于青稞 V4F 微处理器设计，支持单精度浮点指令和快速中断响应，支持 144MHz 主频零等待运行，提供 8 组串口、4 组电机脉冲宽度调制（Pulse Width Modulation，PWM）高级定时器、安全数字输入/输出（Secure Digital Input/Output，SDIO）、DVP 数字图像接口、4 组模拟运放、双 ADC 单元、双 DAC 单元，内置 USB2.0 高速 PHY 收发器（480Mb/s）、千兆以太网 MAC 及 10 兆物理层收发器等。

CH32V 系列微控制器是由南京沁恒微电子股份有限公司（以下简称"沁恒微电子"）推出的。

10.1.1 青稞 V4F 微处理器内部结构

本书后续几章以沁恒微电子于 2021 年推出的 CH32V307 系列 MCU 为例阐述嵌入式的应用，该系列的内核使用 32 位青稞 V4F 微处理器；内置快速可编程中断控制器（Programmable Fast Interrupt Controller，PFIC），通过硬件现场保存和恢复的方式实现中断的最短周期响应；提供 2 线串行调试接口，支持用户在线升级和调试；提供多组总线连接处理器外单元模块，实现外部功能模块与内核的交互。

1. 青稞 V4F 内核

青稞 V4F 内核支持模块化管理、RISC-V 开源指令集 RV32IMAFC 及机器模式和用户模式。

2. PFIC

CH32V307 系列 MCU 中的 PFIC 提供了 8 个内核的私有中断和 88 个外设中断，每个中断都有独立的使能位、屏蔽位和状态位，其寄存器在用户模式和机器模式下均可访问；PFIC 提供快速中断进出机制，支持 3 级硬件压栈，无须指令开销；可以对 4 路可编程快速中断通道进行中断向量地址的自定义。

3. 存储器模型

青稞 V4F 微处理器采用松散存储器模型（Relaxed Memory Model，RMM）。对单核系统而言，在理论上，RMM 对不同存储器地址的访问指令是可以改变执行顺序的。在多核系统中，RMM 允许每个单核改变其存储器访问指令（访问的必须是不同的地址）的执行顺序。由于 RMM 解除了指令束缚，使系统的运行性能更好，但多核程序这样无束缚的执行会使结果变得完全不可知，为了能够限定处理器的执行顺序，便引入了特殊的存储器屏障指令。屏障指令用于屏障"数据"存储器访问的执行顺序，该指令就像一堵屏障，在它之前的所有数据存储器访问指令必须比它之后的所有数据存储器访问指令先执行。

4. 调试访问端口

青稞 V4F 微处理器内置多种方式的调试访问端口,可以对存储器和寄存器进行调试访问。例如 SWD 或 JTAG 调试访问端口;Flash 修补和断点,用于实现硬件断点和代码修补;数据监视点及追踪,用于实现观察点、触发资源和系统分析;嵌入式追踪宏单元,用于提供对 printf() 类型调试的支持;追踪端口接口单元,用来连接追踪端口分析仪,包括单线输出模式。

5. 总线接口

青稞 V4F 微处理器提供先进的高性能总线接口,包括:I_code 存储器接口、D_code 存储器接口、系统接口,基于高性能外设总线的外部专用外设总线接口。

10.1.2 青稞 V4F 微处理器的内部寄存器

RISC-V 架构包含 32 个通用整数寄存器(X0~X31),其中 X0 被预留为常数 0,其他为普通的通用整数寄存器,如表 10-1 所示。通用整数寄存器中包含 12 个保存寄存器(S0~S11);7 个临时寄存器(T0~T6),用于存放函数参数;4 个指针寄存器,其中 X2 为堆栈指针(SP)、X3 为全局指针(GP)、X4 为线程指针(TP)、X8 为帧指针(FP)。

在 RISC-V 的架构中,如果是 32 位架构(由 RV32I 表示),则每个寄存器的宽度为 32 位;如果是 64 位架构(由 RV64I 表示),则每个寄存器的宽度为 64 位。这里青稞 V4F 为 RV32 架构的芯片,所以每个寄存器的宽度为 32 位。

表 10-1 RISC-V4F 微处理器的通用整数寄存器

寄 存 器 名	ABI 名称	中 文 描 述
X0	Zero	常数 0
X1	RA	返回地址
X2	SP	堆栈指针
X3	GP	全局指针
X4	TP	线程指针
X5~X7	T0~T2	临时寄存器
X8	S0/FP	保存寄存器或帧指针
X9	S1	保存寄存器
X10~X11	A0~A1	函数参数或返回值
X12~X17	A2~A7	函数参数
X18~X27	S2~S11	保存寄存器
X28~X31	T3~T6	临时寄存器

10.1.3 青稞 V4 内核的 CH32 系列微控制器

CH32V 系列微控制器是基于 32 位 RISC-V ISA 设计的工业级通用增强型 MCU,按照功能资源划分为通用、连接、无线等类别。它们之间以封装类别、外设资源及数量、引脚数目、器件特性高低上的差异相互延伸,但在软件和功能、硬件引脚配置上保持相互兼容,为用户在产品开发中进行产品迭代及快速应用提供了自由和方便。

基于青稞 V4 内核的 CH32 系列微控制器概览如表 10-2 所示。

表 10-2 基于青稞 V4 内核的 CH32 系列微控制器概览

青稞 V4B		青稞 V4F				青稞 V4C
中小容量通用型(V203)		大容量通用型(V303)	连接型(V305)	互联型(V307)	无线型(V208)	
32KB 闪存	64KB 闪存	128KB 闪存	256KB 闪存	128KB 闪存	256KB 闪存	128KB 闪存
10KB SRAM	20KB SRAM	32KB SRAM	64KB SRAM	32KB SRAM	64KB SRAM	64KB SRAM
2 * ADC (TKey) ADTM 3 * GPTM 2 * USART SPI I2C USBD USBFS CAN RTC 2 * WDG 2 * OPA	2 * ADC (TKey) ADTM 3 * GPTM 4 * USART 2 * SPI 2 * I2C USBD USBFS CAN RTC 2 * WDG 2 * OPA	2 * ADC (TKey) 2 * DAC ADTM 3 * GPTM 3 * USART 2 * SPI 2 * I2C USBFS CAN RTC 2 * WDG 4 * OPA	2 * ADC (TKey) 2 * DAC 4 * ADTM 4 * GPTM 2 * BCTM 8 * USART/UART 3 * SPI(2 * I2S) 2 * I2C USBFS CAN RTC 2 * WDG 4 * OPA RNG SDIO FSMC	2 * ADC (TKey) 2 * DAC 4 * ADTM 4 * GPTM 2 * BCTM 5 * USART/UART 3 * SPI(2 * I2S) 2 * I2C OTG_FS USBHS(+PHY) 2 * CAN RTC 2 * WDG 4 * OPA RNG SDI0	2 * ADC (TKey) 2 * DAC 4 * ADTM 4 * GPTM 2 * BCTM 8 * USART/UART 3 * SPI(2 * I2S) 2 * I2C OTG_FS USBHS(+PHY) 2 * CAN RTC 2 * WDG 4 * OPA RNG SDIO FSMC DVP ETH-1000MAC 10M-PHY	ADC (TKey) ADTM 3 * GPTM GPTM(32) 4 * USART/UART 2 * SPI 2 * I2C USBD USBFS CAN RTC 2 * WDG 2 * OPA ETH-10M (+PHY) BLE5.3

注：高级定时器(ADTM)；通用定时器(GPTM)；32 位通用定时器(GPTM(32))；基本定时器(BCTM)；触摸按键(TKey)；运放、比较器(OPA)；随机数发生器(RNG)；全速设备控制器(USBD)；全速主机/设备控制器(USBFS)；高速主机/设备控制器(USBHS)。

青稞 V4 系列 MCU 内核对比如表 10-3 所示。

表 10-3　青稞 V4 系列 MCU 内核对比

特点内核	指令集	硬件堆栈级数	中断嵌套级数	快速中断通道数	整数除法周期	向量表模式	扩展指令	内存保护
青稞 V4B	IMAC	2	2	4	9	地址或指令	支持	无
青稞 V4C	IMAC	2	2	4	5	地址或指令	支持	标准
青稞 V4F	IMAFC	3	8	4	5	地址或指令	支持	标准

10.1.4　CH32V30X 系列微控制器的特性

CH32V30X 系列是基于青稞 V4F 微处理器设计的 32 位 RISC-V 内核 MCU，工作频率 144MHz，内置高速存储器，系统结构中多条总线同步工作，提供了丰富的外设功能和增强型 I/O 端口。本系列产品内置 2 个 12 位模数转换器（Analog to Digital Converter，ADC）模块、2 个 12 位数模转换器（Digital to Analog Converter，DAC）模块、多组定时器、多通道触摸按键（TKey）电容检测等功能，还包含了标准和专用通信接口：I2C、I2S、SPI、USART、SDIO、CAN 控制器、USB2.0 全速主机/设备控制器、USB2.0 高速主机/设备控制器（内置 480Mb/s 收发器）、数字图像接口、千兆以太网控制器等。

产品工作额定电压为 3.3V，工作温度范围为 －40～85℃ 工业级。支持多种省电工作模式，满足产品低功耗应用要求。系列产品中各型号在资源分配、外设数量、外设功能等方面有所差异，按需选择。

CH32V30X 系列产品特性如下。

（1）内核。

① 青稞 32 位 RISC-V4F 内核，多种指令集组合。

② 快速可编程中断控制器＋硬件中断堆栈。

③ 分支预测、冲突处理机制。

④ 单周期乘法、硬件除法、硬件浮点。

⑤ 系统主频 144MHz，零等待。

（2）存储器。

① 可配最大 128KB 易失数据存储区 SRAM。

② 可配 480KB 程序存储区 CodeFlash（零等待应用区＋非零等待数据区）。

③ 28KB 系统存储区 SystemFlash。

④ 128B 系统非易失配置信息存储区。

⑤ 128B 用户自定义信息存储区。

（3）电源管理和低功耗。

① 系统供电 V_{DD} 额定：3.3V。

② GPIO 单元独立供电 V_{IO} 额定：3.3V。

③ 低功耗模式：睡眠、停止、待机。

④ V_{BAT} 电源独立为 RTC 和后备寄存器供电。

(4) 系统时钟、复位。

① 内置出厂调校的 8MHz 的 RC 振荡器。

② 内置约 40KHz 的 RC 振荡器。

③ 内置 PLL,可选 CPU 时钟达 144MHz。

④ 外部支持 3~25MHz 高速振荡器。

⑤ 外部支持 32.768KHz 低速振荡器。

⑥ 上电和掉电复位、可编程电压监测器。

(5) RTC。内部具有 32 位独立 RTC,应用于万年历的设计。

(6) 2 组 18 路通直接内存访问(Direct Memory Access,DMA)控制器。

① 18 个通道支持环形缓冲区管理。

② 支持 TIMx/ADC/DAC/USART/I2C/SPI/I2S/SDIO。

(7) 4 组运算放大、比较器。具有 4 组连接 ADC 和 TIMx 的运算放大器、比较器。

(8) 2 组 12 位 DAC。内部具有 2 组 12 位 DAC。

(9) 2 组 12 位模数转换 ADC。

① 模拟输入范围：V SSA~V DDA。

② 16 路外部信号+2 路内部信号通道。

③ 片上温度传感器。

④ 双 ADC 转换模式。

(10) 具有 16 路触摸按键通道检测。

(11) 多组定时器。

① 4 个 16 位高级定时器,支持死区控制和紧急刹车,提供用于电机控制的 PWM 互补输出。

② 4 个 16 位通用定时器,提供输入捕获/输出比较/PWM/脉冲计数及增量编码器输入。

③ 2 个基本定时器。

④ 2 个看门狗定时器(独立和窗口型)。

⑤ 系统时间基准定时器：64 位计数器。

(12) 多种通信接口。

① 8 个 USART 接口(包含 5 个 UART)。

② 2 个 I2C 接口(支持 SMBus/PMBus)。

③ 3 个 SPI(SPI2,SPI3 用 I2S2,I2S3)。

④ USB2.0 全速主机/设备接口,内置 PHY。

⑤ USB2.0 全速 OTG 接口。

⑥ USB2.0 高速主机/设备接口,内置 PHY。

⑦ 2 组 CAN 接口(2.0B 主动)。

⑧ SDIO 主机接口(MMC、SD/SDIO 卡及 CE-ATA)。

⑨ 灵活的动态存储控制器(Flexible Static Memory Controller,FSMC)接口。

⑩ 数字视频接口 DVP。

⑪ 千兆以太网控制器 MAC,10 兆 PHY 收发器。

(13) 快速 GPIO 端口。80 个 I/O 口,映射 16 个外部中断。

(14) 安全特性。CRC 计算单元,96 位芯片唯一 ID。

(15) 调试模式。串行 2 线调试接口。

(16) 封装形式。LQFP,QFN 和 TSSOP。

10.2　CH32V307 系列微控制器外部结构

CH32V307 系列 MCU 是沁恒微电子于 2021 年开始陆续推出基于 RISC-V 架构的青稞 V4F 内核处理器的超低功耗微控制器,工作频率为 144MHz,内部硬件模块主要包括 GPIO、UART、Flash、RAM、SysTick、Timer、PWM、RTC、WDG、12 位 A/D、SPI、I2C 与 TKEY、CAN、USB、OPA、RNG、SDIO、FSMC、DVP、ETH 等。该系列包含不同的产品线,如 CH32Vx03 为通用型系列,CH32V307 为互联型系列,可以满足不同应用的选型需要。

10.2.1　CH32 系列微控制器命名规则

认识一个 MCU,从了解其型号含义开始。一般来说,主要包括芯片家族、产品类型、具体特性、引脚数目、Flash 大小、封装类型和温度范围等。

CH32 系列命名遵循一定的规则,通过名字可以确定该芯片引脚、封装、Flash 容量等信息。CH32 的命名规则如图 10-1 所示。

CH32 代表的是沁恒微电子品牌的 32 位 MCU。

(1) 产品类型。

F 表示基于 ARM 内核,通用 MCU。

V 表示基于青稞 RISC-V 内核,通用 MCU。

L 表示基于青稞 RISC-V 内核,低功耗 MCU。

X 表示基于青稞 RISC-V 内核,专用架构或特殊 I/O。

```
举例：          CH32    V   3   03   R   8   T   6
产品系列                              系列产品命名规则
F=基于ARM内核，通用MCU
V=基于青稞RISC-V内核，通用MCU
L=基于青稞RISC-V内核，低功耗MCU
X=基于青稞RISC-V内核，专用架构或特殊I/O

产品类型
0=青稞V2/V4内核，主频@48M
1=M3/青稞V3/V4内核，主频@72M
2=M3/青稞V4非浮点内核，主频@144M
3=青稞V4F浮点内核，主频@144M

产品子系列
03=通用型
05=连接型（USB高速、SDIO、双CAN）
07=互联型（USB高速、双CAN、以太网、SDIO、FSMC）
08=无线型（蓝牙BLE5.X、CAN、USB、以太网）
35=连接型（USB、USB PD）

引脚数目
J=8脚       A=16脚     F=20脚
G=28脚      K=32脚     T=36脚
C=48脚      R=64脚     W=68脚
V=100脚     Z=144脚

闪存存储容量
4=16K闪存存储器
6=32K闪存存储器
7=48K闪存存储器
8=64K闪存存储器
B=128K闪存存储器
C=256K闪存存储器

封装
T=LQFP    U=QFN    R=QSOP    P=TSSOP    M=SOP

温度范围
6=-40~85℃（工业级）
7=-40~105℃（汽车2级）
3=-40~125℃（汽车1级）
D=-40~150℃（汽车0级）
```

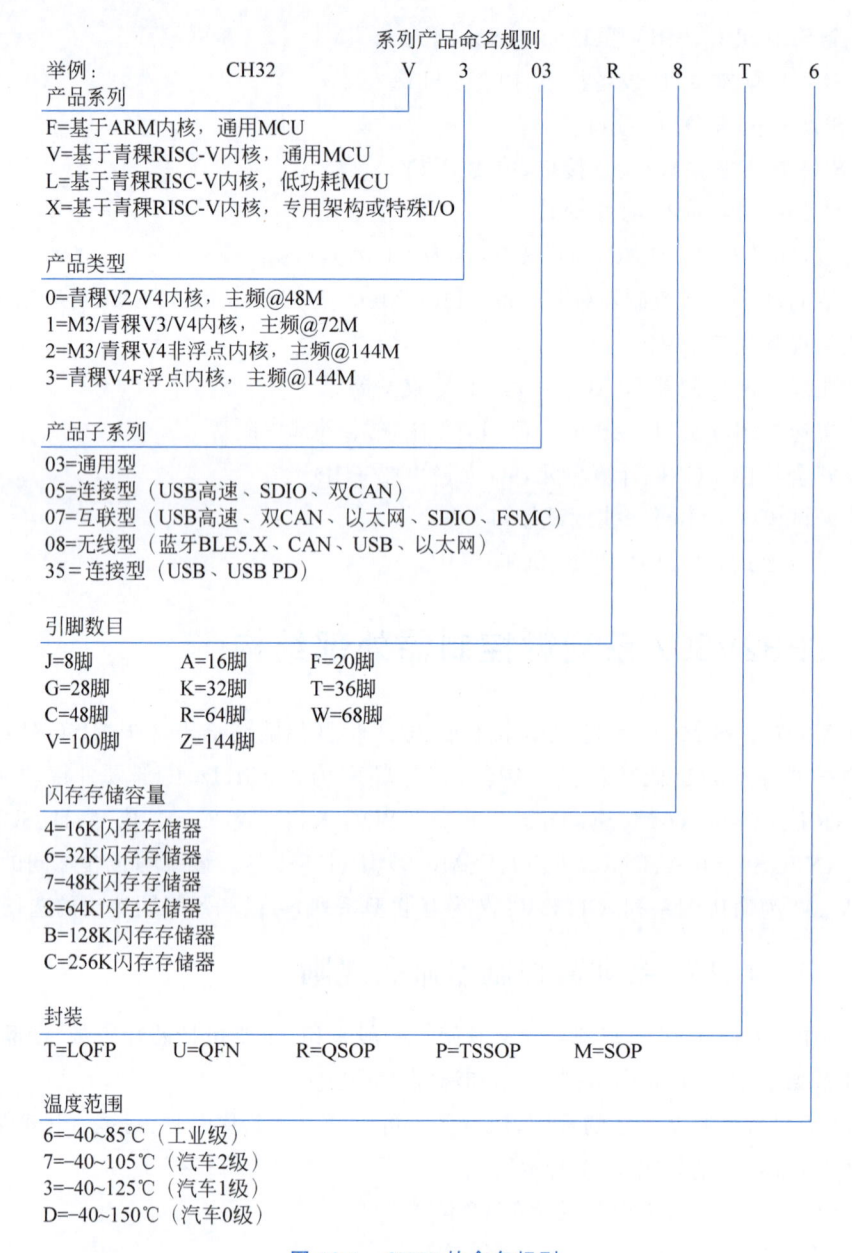

图 10-1 CH32 的命名规则

（2）产品类型。

0 表示青稞 V2/V4 内核，主频@48MHz。

1 表示 M3/青稞 V3/V4 内核，主频@72MHz。

2 表示 M3/青稞 V4 非浮点内核，主频 144MHz。

3 表示青稞 V4F 浮点内核，主频 144MHz。

(3) 产品子系列。

03 表示通用型。

05 表示连接型(USB 高速、SDIO、双 CAN)。

07 表示互联型(USB 高速、双 CAN、以太网、SDIO、FSMC)。

08 表示无线型(蓝牙 BLE5.X、CAN、USB、以太网)。

35 表示连接型(USB、USB PD)。

(4) 引脚数目。

J 表示 8 引脚,A 表示 16 引脚,F 表示 20 引脚,G 表示 28 引脚,K 表示 32 引脚,T 表示 36 引脚,C 表示 48 引脚,R 表示 64 引脚,W 表示 68 引脚,V 表示 100 引脚,Z＝144 引脚。

(5) 闪存存储容量。

4 表示 16K 闪存存储器,6 表示 32K 闪存存储器,7 表示 48K 闪存存储器,8 表示 64K 闪存存储器,B 表示 128K 闪存存储器,C 表示 256K 闪存存储器。

(6) 封装

T 表示低剖面四方扁平封装(Low Profile Quad Flat Package,LQFP),U 表示方形扁平无引脚封装(Quad Flat No-leads Package,QFN),R 表示四边形小轮廓包(Quad Small Outline Package,QSOP),P 表示薄的缩小型小尺寸封装(Thin Shrink Small Outline Package,TSSOP),M 表示标准作业程序(Standard Operating Procedure,SOP)。

(7) 工作温度范围。

6 表示 −40～85℃(工业级),7 表示 −40～105℃(汽车 2 级),3 表示 −40～125℃(汽车 1 级),D 表示 −40～150℃(汽车 0 级)。

10.2.2　CH32V307 系列微控制器引脚功能

LQFPV307(100 引脚贴片)封装的 CH32V307VCT6 芯片外形如图 10-2 所示。引脚按功能可分为电源、复位、时钟控制、启动配置和输入/输出,其中输入/输出可作为通用输入/输出,也可经过配置实现特定的第二功能,如 ADC、USART、I2C、SPI 等。

CH32V307VCT6 芯片的引脚如图 10-3 所示。

图 10-3 中所有引脚的供电电源介绍如下。

(1) VBAT、PC13/TAMPER-RTC、PC14/OSC32IN 和 PC15/OSC320UT 引脚的供电电源为 VBAT 和 VDD。

(2) VDD_5、VDD_4、VDD_2、PA12/USB1DP、PA11/USB1DM、PC9/TXN、PC8/TXP、PC7/RXN、PC6/RXP、PB7/USB2DP 和 PB6/USB2DM 引脚的供电电源为 VDD。

图 10-2　CH32V307VCT6 芯片外形

(3) 其余引脚的供电电源为 VIO。

下面按功能简要介绍各引脚。

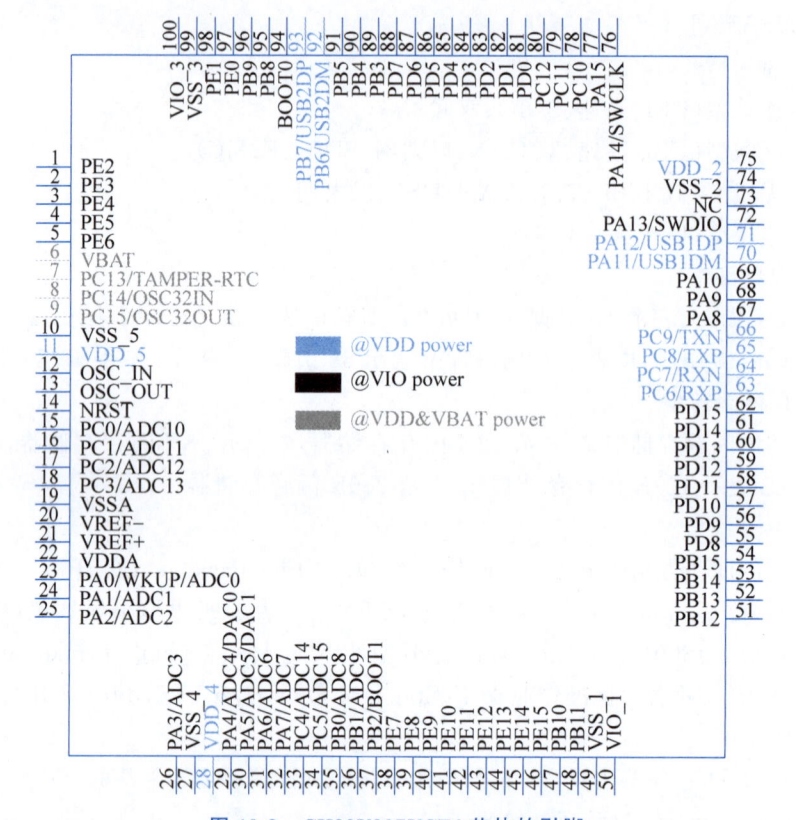

图 10-3　CH32V307VCT6 芯片的引脚

1. 电源

CH32V307 系列微控制器的工作电压为 2.7～5.5V，整个系统由 VDD_x（接 2.7～5.5V 电源）和 VSS_x（接地）提供稳定的电源供应。

（1）VDD 的供电电压为 2.7～5.5V，VDD 引脚为 I/O 引脚、RC 振荡器、复位模块和内部调压器供电。每个 VDD 引脚需要外接 0.1nF 的电容。

（2）VDDA 为 ADC、温度传感器和 PLL 的模拟部分供电。VDDA 和 VSSA 必须分别连接到 VDD 和 VSS。VDDA 和 VSSA 引脚需要外接 0.1nF 的电容。

（3）VBAT 的供电电压为 1.8～5.5V。当 VDD 移除或者不工作时，电池电压（Voltage Battery，VBAT）单独为 RTC、外部 32kHz 振荡器和后备寄存器供电。

2. 复位

NRST 引脚出现低电平将使系统复位，通常加一个按键连接到低电平以实现手动复位功能。

3. 时钟控制

OSC_IN 和 OSC_OUT 可外接 4～16MHz 晶振，为系统提供稳定的高速外部时钟；OSC32IN 和 OSC32OUT 可外接 32768Hz 的晶振，为系统提供稳定的低速外部时钟。

4. 启动模式

通过 BOOT0 和 BOOT1 引脚可以配置 CH32V307 的启动模式,为便于设置,可以通过跳线帽与高低电平连接。

5. 输入/输出

输入/输出接口可以作为通用输入/输出,有些引脚还具有第二功能(需要配置)。

10.3 CH32V307 微控制器内部结构

CH32V307 系列产品是基于青稞 RISC-V3A 内核设计的通用微控制器,其架构中的内核、仲裁单元、直接存储器访问(Direct Memory Access,DMA)模块、SRAM 存储等部分通过多组总线实现交互。内核采用 2 级流水线处理,设置了静态分支预测、指令预取机制,实现系统低功耗、低成本、高速运行的最佳性能比。

10.3.1 CH32V307 微控制器内部总线结构

微控制器基于 RISC-V 指令集设计,其架构中的内核、仲裁单元、DMA 模块、SRAM 存储等部分通过多组总线实现交互。设计中集成通用 DMA 控制器以减轻 CPU 负担,提高访问效率,应用多级时钟管理机制降低了外设的运行功耗,同时兼有数据保护机制,时钟自动切换保护等措施增加了系统的稳定性。

CH32V307 系列产品是基于青稞 RISC-V4F 内核设计的通用微控制器,其架构中的内核、仲裁单元、DMA 模块、SRAM 存储等部分通过多组总线实现交互。内核采用 23 级流水线处理,设置了静态分支预测、指令预取机制,实现系统低功耗、低成本、高速运行的最佳性能比。

CH32V307 系列产品是基于 RISC-V4F 处理器设计的通用微控制器。RISC-V4F 是 32 位嵌入式处理器,内部模块化管理,支持 RISC-V 开源指令集 IMAC 子集,采用小端数据模式。

CH32V2x 和 CH32V3x 系列内置 PFIC,最多支持 255 个中断向量。当前系统管理了 88 个外设中断通道和 8 个内核中断通道,其他保留。

CH32V307 的总线系统由驱动单元、总线矩阵和被动单元组成,如图 10-4 所示。

系统中设有 Flash 访问预取机制,用以加快代码执行速度;通用 DMA 控制器用以减轻 CPU 负担、提高效率;时钟树分级管理用以降低外设总的运行功耗,同时还兼有数据保护机制,时钟安全系统保护机制等措施增加系统稳定性。

(1) 指令总线(I-Code)将内核和 Flash 指令接口相连,预取指令在此总线上完成。

(2) 数据总线(D-Code)将内核和 Flash 数据接口相连,用于常量加载和调试。

(3) 系统总线将内核和总线矩阵相连,用于协调内核、DMA、SRAM 和外设的访问。

(4) DMA 总线负责 DMA 的高级高性能总线(Advanced High Performance Bus,AHB)主控接口与总线矩阵相连,该总线访问对象是 Flash 数据、SRAM 和外设。

(5) 总线矩阵负责的是系统总线、数据总线、DMA 总线、SRAM 和 AHB/高级外围总线(Advanced Peripheral Bus,APB)桥之间的访问协调。

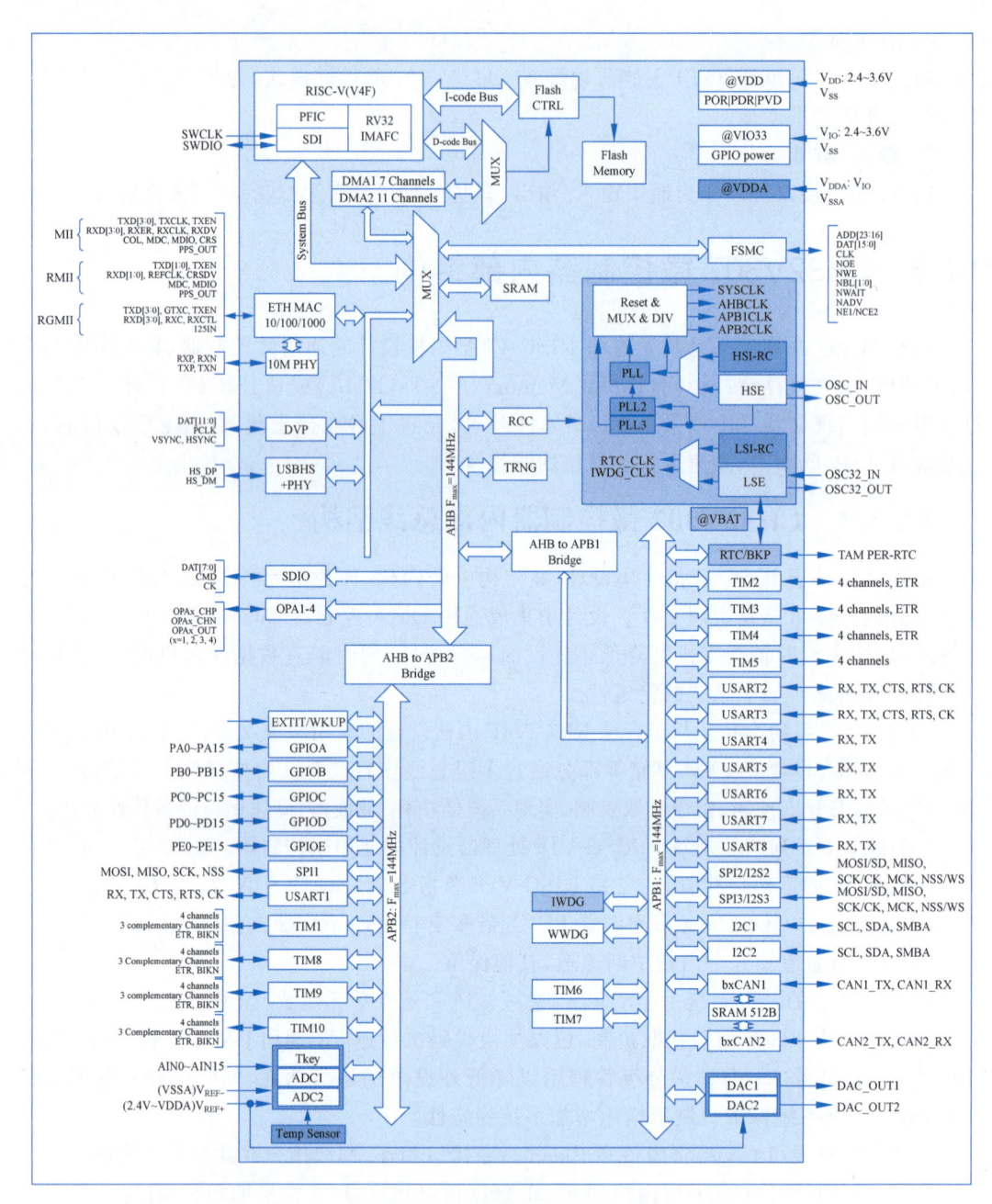

图 10-4　CH32V307 的总线系统

注：通道(Channels)；存储器(Memory)；电源(Power)；复位(Reset)；桥(Bridge)；互补的(Complementary)；温度传感器(Temp Sensor)。

(6) AHB/APB 桥为 AHB 和两个 APB 提供同步连接。不同的外设挂在不同的 APB 总线下，可以按实际需求配置不同总线时钟，优化性能。

CH32V307 微控制器片上资源丰富，系统主频最高为 144MHz，内置高速存储器，片上集成了时钟安全机制、多级电源管理、通用 DMA 控制器。该系列微控制器具有 3 路 USB2.0 主机/设备接口、多通道 12 位 ADC 转换模块、多通道触摸按键、多组定时器、多路 I2C 接口/USART 接口/SPI 等丰富的外设资源。

1. 驱动单元

（1）指令总线(I-Code)：将内核和 Flash 指令接口相连，预取指令在此总线上完成。

（2）数据总线(D-Code)：将内核和 Flash 数据接口相连，用于常量加载和调试。

（3）系统总线(System)：将内核和总线矩阵相连，用于协调内核、DMA、SRAM 和外设的访问。

（4）DMA 总线：负责 DMA 的 AHB 主控接口与总线矩阵相连，访问对象是 Flash 数据、SRAM 和外设。

2. 总线矩阵

总线矩阵负责的是系统总线、数据总线、DMA 总线、SRAM 和 AHB/APB 桥之间的访问协调。

3. 被动单元

被动单元有 3 个，分别是内部 SRAM、内部 Flash、AHB/APB 桥。

AHB/APB 桥为 AHB 和两个 APB 提供同步连接。不同的外设挂在不同的 APB 下，可以按实际需求配置不同总线时钟，优化性能。

10.3.2　CH32V307 微控制器内部时钟系统

时钟系统为整个硬件系统的各个模块提供时钟信号。由于系统的复杂性，各个硬件模块很可能对时钟有不同的要求，这就要求在系统中设置多个振荡器，分别提供时钟信号；或者从一个主振荡器开始经过多次倍频、分频、锁相环等电路，生成各个模块的独立时钟信号。

CH32V307 微控制器系统提供了 4 组时钟源：内部高频 RC 振荡器(HSI)、内部低频 RC 振荡器(LSI)、外接高频振荡器或时钟信号(HSE)、外接低频振荡器或时钟信号(LSE)。其中，系统总线时钟来自高频时钟源(HSI/HSE)或者在其送入 PLL 倍频后会产生的更高时钟。而 AHB 域、APB1 域、APB2 域由系统时钟或前一级经过相应的预分频器分频得到。低频时钟源为 RTC 和独立看门狗提供了时钟基准。PLL 倍频时钟直接通过分频器提供通用串行总线硬盘(Universal Serial Bus Hard Drive, USB HD)模块的工作时钟基准 48MHz。CH32V307 微控制器的时钟树如图 10-5 所示。

1. HSI：高速内部时钟信号(8MHz)

HSI 通过 8MHz 的内部 RC 振荡器产生，并且可以直接用作系统时钟，或者作为 PLL 的输入。HSI RC 振荡器能够在不需要任何外部器件的条件下提供系统时钟。它的启动时间很短，但时钟频率精度较差。

2. HSE：高速外部时钟信号(4~16MHz)

HSE 可以通过外部直接提供时钟，从 OSC_IN 输入，使用外部陶瓷/晶体振荡器产生。外接外部振荡器(4~16MHz)为系统提供更为精确的时钟源。

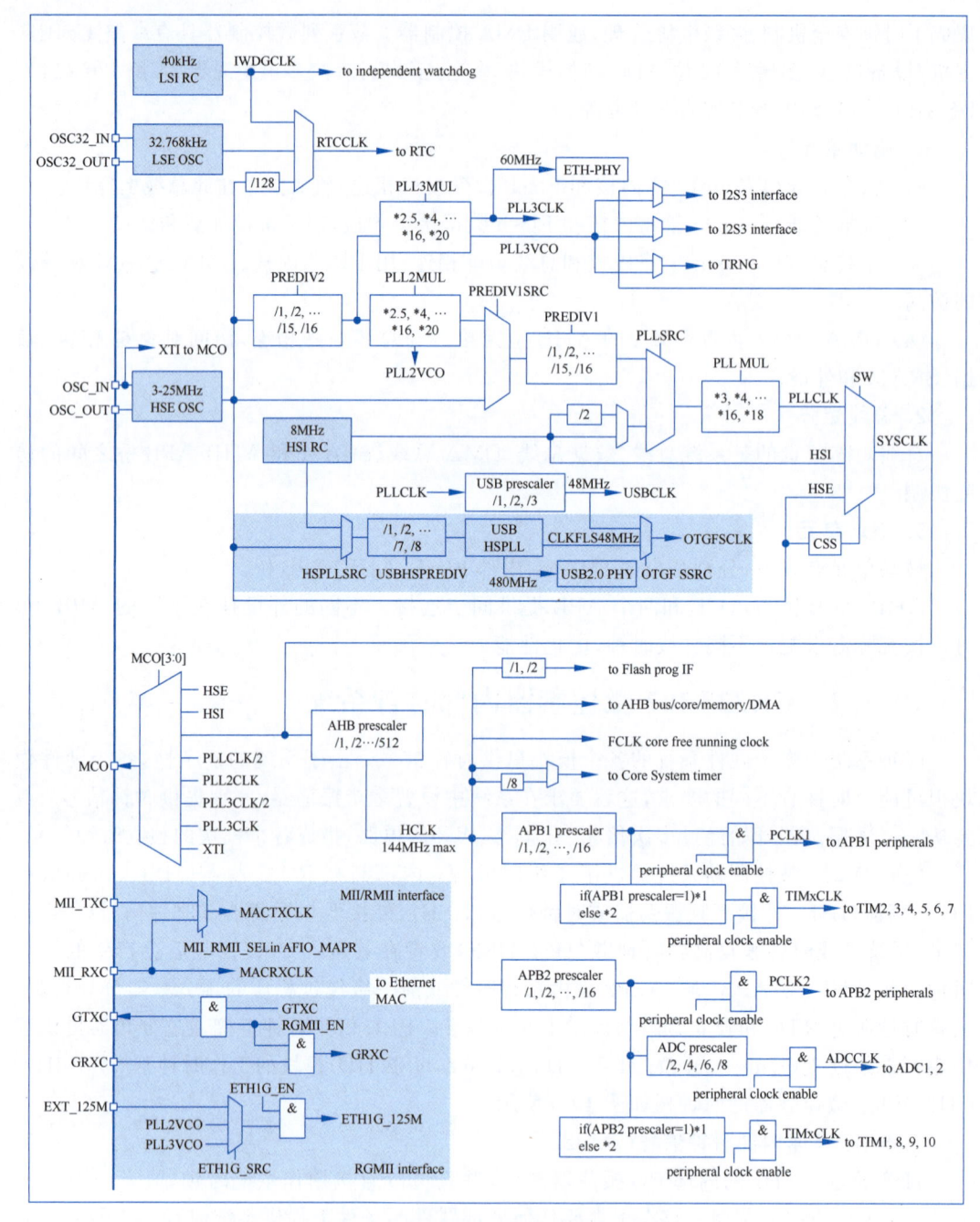

图 10-5　CH32V307 微控制器的时钟树

注：去独立看门狗（to independent watchdog）；接口（interface）；预分频器（prescaler）；到 Flash 编程接口（to Flash prog IF）；到 AHB 总线/核心/内存/DMA（to AHB bus/core/memory/DMA）；FCLK 核心自由运行时钟（FCLK core free running clock）；到核心系统定时器（to Core System timer）；APB1 预分频器（APB1 prescaler）；到 APB1 外设（to APB1 peripherals）；外设时钟使能（peripheral clock enable）；PCLK2 到 APB2 外设（PCLK2 to APB2 peripherals）；ADC 预分频器（ADC prescaler）；以太网（Ethernet）

3. LSE：低速外部时钟信号（32.768kHz）

LSE 振荡器是一个 32.768kHz 的低速外部晶体/陶瓷振荡器，为 RTC 时钟或者其他定时功能提供一个低功耗且精确的时钟源。

4. LSI：低速内部时钟信号（40kHz）

LSI 是系统内部的 RC 振荡器（约 40kHz）产生的低速时钟信号。它可以在停机和待机模式下保持运行，为 RTC 时钟、独立看门狗和唤醒单元提供时钟基准。

另外，CH32V307 系列微控制器具有时钟安全模式。打开时钟安全模式后，如果 HSE 作为系统时钟（直接或间接）在此时检测到外部时钟失效，系统时钟将自动切换到内部 RC 振荡器，同时 HSE 和 PLL 自动关闭；对于关闭时钟的低功耗模式，唤醒后，系统也将自动切换到内部的 RC 振荡器。如果使能时钟中断，软件可以接收到相应的中断。

5. PLL 时钟

通过配置 RCC_CFGR0 寄存器和扩展寄存器 EXTEN_CTR，内部 PLL 时钟可以选择 3 种时钟来源和倍频系数，这些设置必须在每个 PLL 被开启前完成，一旦 PLL 被启动，这些参数就不能被改动。

PLL 时钟来源：

（1）HSI 时钟送入；

（2）HSI 经过 2 分频送入；

（3）HSE 时钟或通过一个可配置的分频器的 PLL2 时钟。

PLL2 和 PLL3 由 HSE 通过一个可配置的分频器（PREDIV2）2 提供时钟。

6. 总线/外设时钟

（1）系统时钟（SYSCLK）。

通过配置 RCC_CFGR0 寄存器 SW[1：0]位，配置系统时钟来源，SWS[1：0]指示当前的系统时钟源。

① HSI 作为系统时钟。

② HSE 作为系统时钟。

③ PLL 时钟作为系统时钟。

控制器复位后，默认 HSI 时钟被选为系统时钟源。时钟源之间的切换必须在目标时钟源准备就绪后才会发生。

（2）AHB/APB1/APB2 总线外设时钟（HCLK/PCLK1/PCLK2）。

通过配置 RCC_CFGR0 寄存器的 HPRE[3：0]、PPRE1[2：0]、PPRE2[2：0]位，可以分别配置 AHB、APB1、APB2 总线的时钟。这些总线时钟决定了挂载在下面的外设接口访问时钟基准。应用程序可以调整不同的数值，降低部分外设工作时的功耗。

通过 RCC_AHBRSTR、RCC_APB1PRSTR、RCC_APB2PRSTR 寄存器中各个位可以复位不同的外设模块，将其恢复到初始状态。

通过 RCC_AHBPCENR、RCC_APB1PCENR、RCC_APB2PCENR 寄存器中的各个位可以单独开启或关闭不同外设模块通信时钟接口。在使用某个外设时，首先需要开启其时钟使能位,才能访问其寄存器。

(3) RTCCLK。

通过设置 RCC_BDCTLR 寄存器的 RTCSEL[1:0]位,RTCCLK 时钟源可以由 HSE/128、LSE 或 LSI 时钟提供。修改此位前要保证电源控制寄存器(PWR_CR)中的 DBP 位置 1,只有后备区域复位,才能对 RTC 进行复位操作。

① LSE 作为 RTC:由于 LSE 处于后备域由 V_{BAT} 供电,只要 V_{BAT} 维持供电,尽管 V_{DD} 供电被切断,RTC 仍可以继续工作。

② LSI 作为 RTC:如果 V_{DD} 供电被切断,RTC 自动唤醒不能保证。

③ HSE/128 作为 RTC:如果 V_{DD} 供电被切断或内部电压调压器被关闭(1.8V 域的供电被切断),则 RTC 状态不确定。

(4) 独立看门狗时钟。

如果独立看门狗已经由硬件配置设置或软件启动,LSI 振荡器将被强制打开,并且不能被关闭。在 LSI 振荡器稳定后,时钟供应给独立看门狗。

(5) 时钟输出(MCO)。

微控制器允许输出时钟信号到 MCO 引脚。在相应的 GPIO 端口寄存器配置复用推挽输出模式,通过设置 RCC_CFGR0 寄存器 MCO[2:0]位,可以选择以下 4 个时钟信号作为 MCO 时钟输出:

① 系统时钟(SYSCLK)输出。

② HSI 时钟输出。

③ HSE 时钟输出。

④ PLL 时钟经过 2 分频输出。

注:需保证输出时钟频率不超过 I/O 口最高频率 50MHz。

10.3.3　CH32V307 微控制器内部复位系统

CH32V307 控制器根据电源区域的划分及应用中的外设功耗管理考虑,提供了不同的复位形式和可配置的时钟树结构。

1. 复位系统的主要特性

(1) 多种复位形式。

(2) 多路时钟源,总线时钟管理。

(3) 内置外部晶体振荡监测和时钟安全系统。

(4) 各外设时钟独立管理:复位、开启、关闭。

(5) 支持内部时钟输出。

2. 复位

控制器提供了 3 种复位形式:电源复位、系统复位和后备区域复位。

(1) 电源复位。

电源复位发生时,将复位除了后备区域外的所有寄存器(后备区域由 V_{BAT} 供电)。其产生条件包括：

① 上电/掉电复位(POR/PDR 复位)。

② 从待机模式下唤醒。

(2) 系统复位。

系统复位发生时，将复位除了控制/状态寄存器 RCC_RSTSCKR 中的复位标志和后备区域外的所有寄存器。通过查看 RCC_RSTSCKR 寄存器中的复位状态标志位识别复位事件来源。其产生条件包括以下 8 项。

① NRST 引脚上的低电平信号(外部复位)。

② 窗口看门狗计数终止(WWDG 复位)。

③ 独立看门狗计数终止(IWDG 复位)。

④ 窗口/独立看门狗复位：由窗口/独立看门狗外设定时器计数周期溢出触发产生。

⑤ 软件复位(SW 复位)：CH32V307 产品通过可编程中断控制器 PFIC 中的中断配置寄存器 PFIC_CFGR 的 SYSRST 位置 1 复位系统。

⑥ 低功耗管理复位：通过将用户选择字节中的 STANDY_RST 位置 1，来启用待机模式复位。在执行了进入待机模式的过程后，将执行系统复位而不是进入待机模式。通过将用户选择字节中的 STOP_RST 位置 1，来启用停机模式复位。在执行了进入停机模式的过程后，将执行系统复位而不是进入停机模式。

系统复位结构如图 10-6 所示。

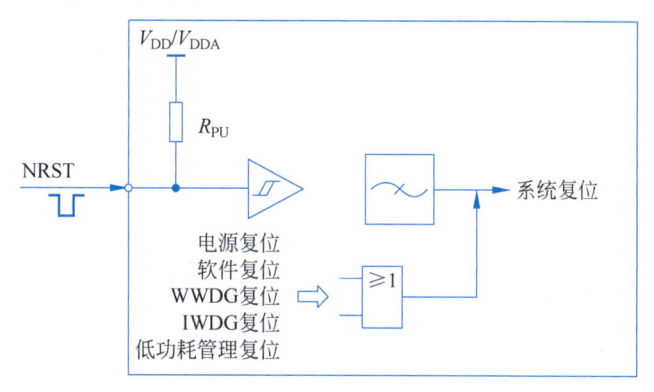

图 10-6 系统复位结构

3. 后备区域复位

后备区域复位发生时，只会复位后备区域寄存器，包括后备寄存器、RCC_BDCTLR 寄存器(RTC 使能和 LSE 振荡器)。其产生条件包括：

(1) 在 V_{DD} 和 V_{BAT} 都掉电的前提下，由 V_{DD} 或 V_{BAT} 上电引起；

(2) RCC_BDCTLR 寄存器的 BDRST 位置 1；

(3) RCC_APB1PRSTR 寄存器的 BKPRST 位置 1。

10.3.4　CH32V307 微控制器内部存储器结构

CH32V307 系列产品都包含了程序存储器、数据存储器、内核寄存器、外设寄存器等，它们都在一个 4GB 的线性空间寻址。

系统存储以小端格式存放数据，即低字节存放在低地址，高字节存放在高地址里。

青稞 V4F 处理器的直接寻址空间为 4GB，地址范围是 0x0000_0000～0xFFFF_FFFF。存储器映像是指将这 4GB 空间看作存储器，分成若干区间，都可安排一些实际的物理资源。哪些地址服务于什么资源是 MCU 生产厂家规定好的，用户一般只能使用而不能改变其性质。

CH32V307 将内核之外的模块进行统一分配编址。在 4GB 的存储器映射空间内，片内 Flash、静态存储器 SRAM、系统配置寄存器，以及其他外设均有独立的地址，以便内核进行访问。表 10-4 给出了使用的 CH32V307 系列存储器映像的主要常用部分内容。

表 10-4　CH32V307 系列存储器映像的主要常用部分内容

32 位地址范围	对应内容	说明
0x0000_0000～0x0800_0000	Flash 或系统存储器的映射	取决于 BOOT 配置
0x0800_0000～0x0807_7FFF	Flash 存储器	480KB
⋮		
0x2000_0000～0x2005_0000	SRAM	默认使用 0x2000_0000～0x20010000，64KB
0x2001_0000～0x3FFF_FFFF	保留	
0x4000_0000～0x5005_4000	系统总线和外围总线	GPIO(0x4001_0800～0x4001_1C00)
⋮		

0x2000_0000～0x2005_0000 共有 320KB SRAM 空间，可以分为快速 CODE 区和实际 RAM 区。可使用 4 种配置之一：(192,128)、(224,96)、(256,64)、(288,32)，单位为 KB。默认使用(256,64)配置。在 CH32V307 芯片中，为了解决运行 Flash 中程序比放在 SRAM 中运行慢的问题，芯片会自动将 Flash 前部的代码复制到 SRAM 后部，并转到 SRAM 中运行，速度可以提高 1 倍左右。因此，SRAM 中的这部分空间不能作为 RAM 使用，称为快速 CODE 区。例如，当 SRAM 配置成(192,128)时，Flash 中的前 192KB 被复制到 SRAM 区运行；若程序大小超过 192KB，则剩余部分仍在 Flash 中运行。

CH32V307 存储映像如图 10-7 所示，阴影部分为保留的地址空间。

1. 片内 Flash 区存储器映像空间

CH32V307 片内 Flash 大小为 480KB，用于存储中断向量、程序代码、常数等，地址范围是 0x0800_0000～0x0807_7FFF，可分为 1920 个扇区(页)，每扇区的大小为 256B。

2. 片内 RAM 区存储器映像空间

CH32V307 片内 RAM 为静态随机存储 SRAM，用于存储全局变量、静态变量、临时变量(堆栈空间)等。地址范围为 0x2000_0000～0x20010000，即 64KB，支持字节、半字(2B)和全字(4B)访问。该芯片的堆栈空间的使用方向是以相对方向进行的，因此将堆栈的栈顶设置成 SRAM 地址的最大值。这样栈的生长方向是从 SRAM 的高地址向低地址，堆的生长方向为 SRAM 的低地址向高地址。这样就可以减少重叠错误。

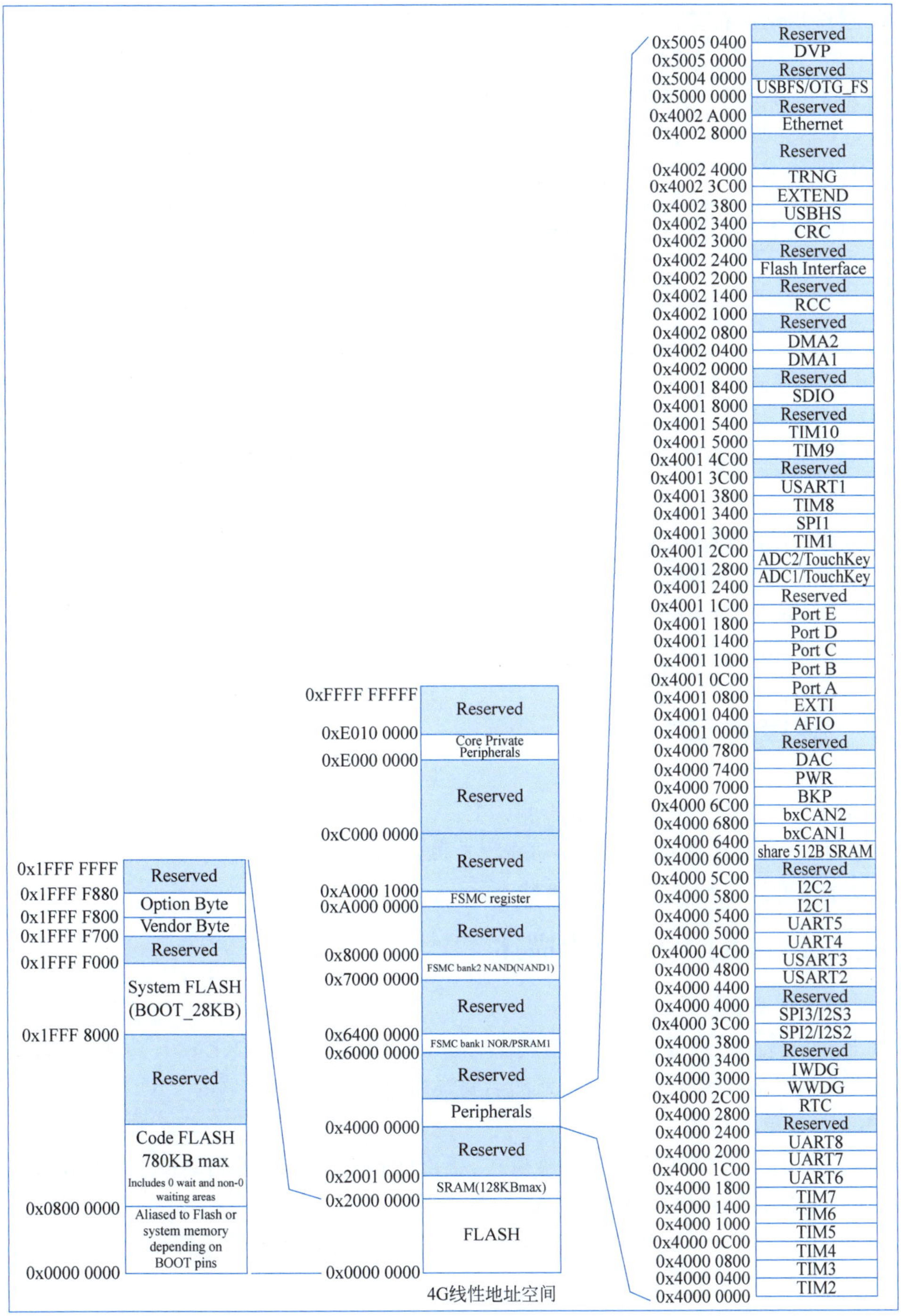

图 10-7　CH32V307 存储映像

注：块（block）；段（bank）；保留（Reserved）；核心私有外设（Core Private Peripherals）；寄存器（register）；段（Bank）；共享（Shared）；寄存器（registers）；选项字节（Option bytes）；供应商字节（Vendor bytes）；系统闪存（System Flash）；代码闪存（Code Flash）；别名（Aliased）；取决于（depending on）；启动（BOOT）；引脚（pins）；触摸按键（TouchKey）

3. 系统启动区存储器映像空间

CH32V307 芯片的 Flash 中有 28KB 的引导区，内有厂家预置的引导程序。用户可以根据 BOOT0、BOOT1 引脚的配置，设置程序复位后的启动模式。BOOT0 引脚为独立的引脚，BOOT1 引脚为 PTB2，用于选择系统启动模式。启动模式引脚硬件连接如表 10-5 所示。

表 10-5 启动模式引脚硬件连接

BOOT0	BOOT1	启 动 模 式	用 途
0	X	从程序 Flash 中启动	一般用户程序
1	0	从系统存储器启动	厂家 BOOT 程序升级
1	1	从内部 SRAM 启动	调试模式可以使用

由于启动模式不同，程序闪存存储器、系统存储器和内部 SRAM 有着不同的访问方式。CH32V307 芯片从程序闪存存储器启动时，程序闪存存储器地址被映射到 0x00000000 地址区域，同时也能够在原地址区域 0x08000000 访问；从系统存储器启动时，系统存储器地址被映射到 0x00000000 地址区域，同时也能够在原地址区域 0x1FFFF000 访问；从内部 SRAM 启动，只能够从 0x20000000 地址区域访问。

4. 其他存储器映像空间

其他存储映像，如外设区存储映像（GPIO 等）、系统保留段存储映像等，只需了解即可，在实际使用时，由芯片头文件给出宏定义。

10.4 触摸按键检测

CH32V307 系列产品触摸按键检测（TKEY_V）控制单元，通过将电容量变化转变为频率变化进行采样，实现触摸按键检测功能。检测通道复用 ADC 的 16 路外部通道。应用程序通过数字值的变化量判断触摸按键状态。

10.4.1 TKEY_F 功能描述

1. TKEY_F 开启

TKEY_F 检测过程需要 ADC 模块配合进行，所以在使用 TKEY_F 功能时，需要保证 ADC 模块处于上电状态（ADON=1），然后将 ADC_CTLR1 寄存器的 TKENABLE 位置 1，打开 TKEY_F 单元功能。

TKEY_F 只支持单次单通道转换模式，将待转换的通道配置到 ADC 模块的规则组序列第一个，软件启动转换（写 TKEY_ACT 寄存器）。

注：不进行 TKEY_F 转换时，仍然可以保留 ADC 通道配置转换功能。

TKEY_F 工作时序图如图 10-8 所示。

2. 可编程采样时间

触摸按键单元转换需要先使用若干系统时钟周期（t DISCHG）进行放电，然后再通过若干 ADCCLK 周期（t_{CHG}）对通道进行充电及电压采样，充电周期数通过 TKEY_CHARGE1

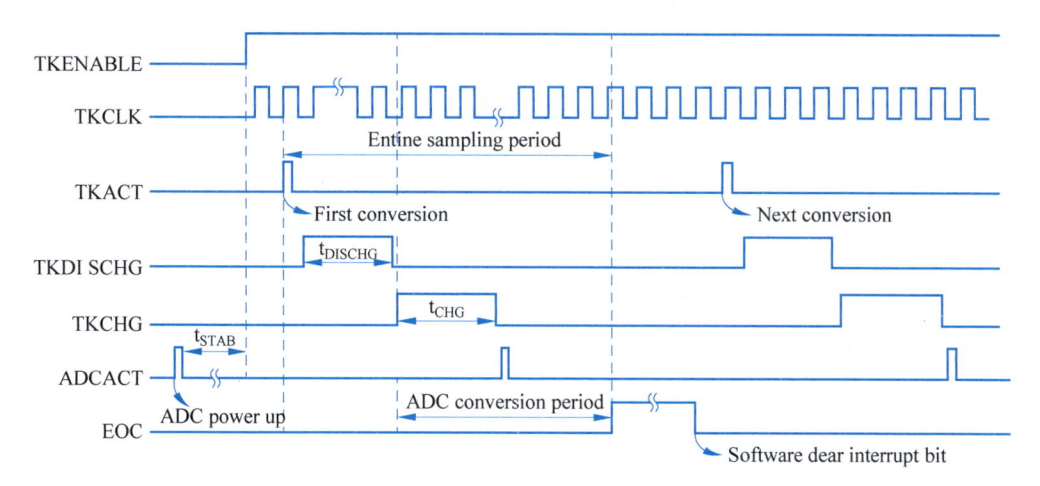

图 10-8　TKEY_F 工作时序图

和 TKEY_CHARGE2 寄存器中的 TKCGx[2:0] 位更改，每个通道可以分别用不同的充电周期调整采样电压。

总流程转换时间计算如下：

$$T_{TKCONV} = 放电周期数(T_{SYSCLK}) + 充电周期数(T_{ADCCLK}) + 13.5 T_{ADCCLK}$$

10.4.2　TKEY_F 操作步骤

TKEY_F 检测属于 ADC 模块下的扩展功能，其工作原理是通过"触摸"和"非触摸"方式让硬件通道感知到电容量发生变化，进而通过可设置的充放电周期数将电容量的变化转换为电压的变化，最后通过 ADC 模块转换为数字值。

采样时，需要将 ADC 配置为单次单通道工作模式，由 TKEY_F_ACT 寄存器的"写操作"启动一次转换，具体流程如下。

(1) 初始化 ADC 功能，配置 ADC 模块为单次转换模块，置 ACON 位为 1，唤醒 ADC 模块。将 ADC_CTLR1 寄存器的 TKENABLE 位置 1，打开 TKEY_F 单元。

(2) 设置要转换的通道，将通道号写入 ADC 规则组序列中第一个转换位置（ADC_RSQR3[4:0]），设置 L[3:0] 为 1。

(3) 设置通道的放电时间，写 TKEY_F_DISCHARGE 寄存器，放电最小时间为 1 个系统时钟（Tsys），所有通道的放电时间都一样，如果设置不一样需要重新写入。

(4) 设置通道的充电采样时间，写 TKEY_F_CHARGEx 寄存器，可为每个通道配置不同的充电时间。

(5) 写 TKEY_F_ACT 寄存器，启动一次 TKEY_F 的采样和转换，建议写入 0x00 以达到内部 0 等待执行操作。

(6) 等待 ADC 状态寄存器的 EOC 转换结束标志位置 1，读取 ADC_DR 寄存器得到此次转换值。

(7) 如果需要进行下次转换，重复步骤 (2)~(6)。如果不需修改通道放电时间或充采样时间，可省略步骤(3)或步骤(4)。

10.5 CH32V307微控制器最小系统设计

CH32V307微控制器最小系统是指仅包含必需的元器件，仅可运行最基本软件的简化系统。无论多么复杂的嵌入式系统都可以认为是由最小系统和扩展功能组成的。最小系统是嵌入式系统硬件设计中复用率最高、最基本的功能单元。典型的最小系统由微控制器芯片、供电电路、时钟电路、复位电路、启动配置电路和程序下载电路构成。CH32V307微控制器最小系统设计如图10-9所示。

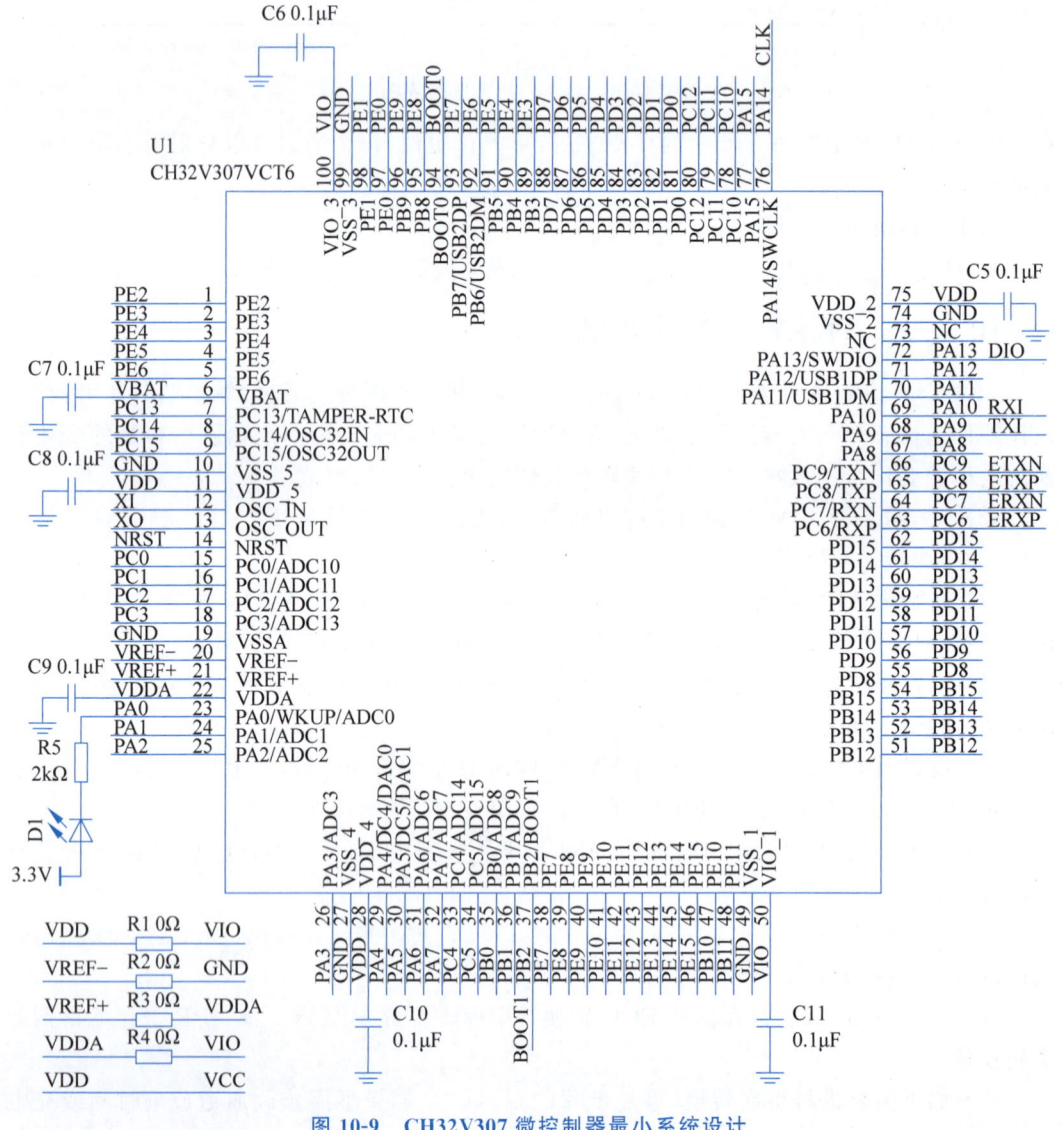

图10-9 CH32V307微控制器最小系统设计

图 10-9　（续）

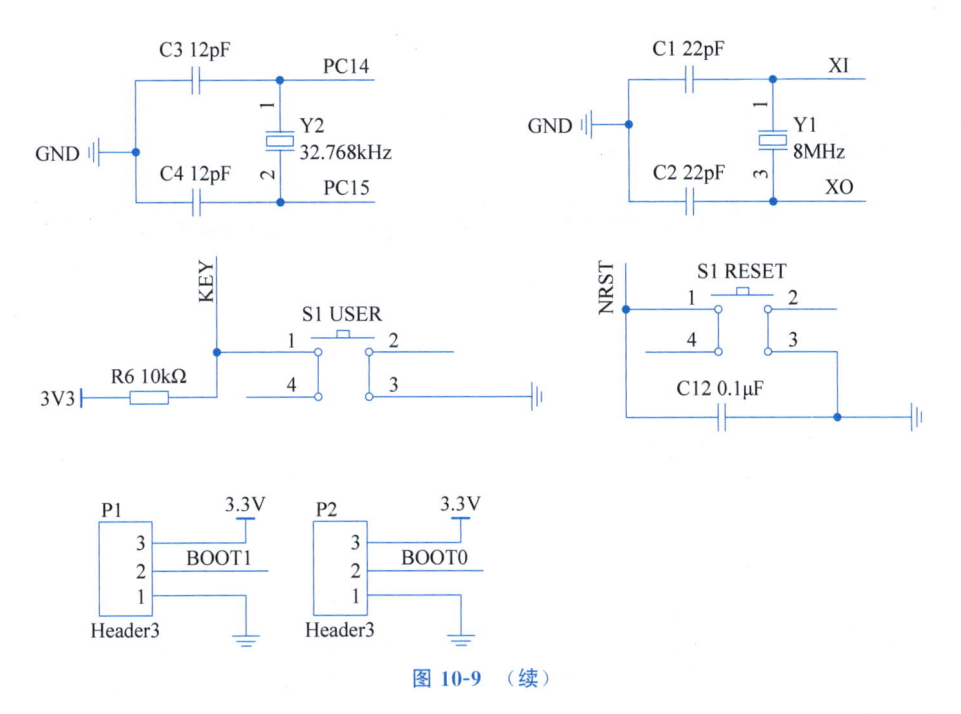

（1）时钟：时钟通常由晶体振荡器（简称晶振）产生。X1 是 32.768kHz 晶振，为 RTC 提供与不同的电平信号相联。

（2）下载：采用 2 线串行调试接口（RVSWD），硬件包括 SWDIO 和 SWCLK 引脚，支持在线代码升级与调试。

（3）I/O 口：最小系统的所有 I/O 口可以通过插针引出，以方便扩展，图 10-8 中没有画出。通常对 I/O 口加上几个辅助电路以进行简单验证，如 LED、串口。

（4）电源：CH32V307 系列微控制器的工作电压为 +2.7～+5.5V，常用电压为 3.3V。+2.7～+5.5V 电源转换芯片 AMS1117-3.3 是一款正电压输出的低压降三端线性稳压电路，输入 5V 电压，输出固定的 3.3V 电压。微控制器的电源引脚必须接电容以增强稳定性。电源设计如图 10-10 所示，D1 为红色发光二极管，用于指示电源是否正常。

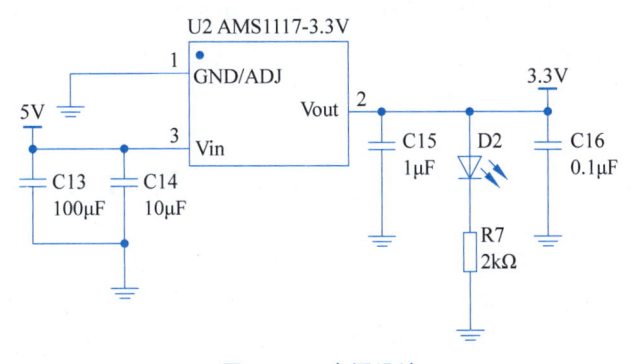

图 10-10　电源设计

第 11 章 MounRiver Studio 集成开发环境

MRS(MounRiver Studio)是一款支持多种微控制器的集成开发环境,以其强大的功能和灵活的使用方式受到广泛欢迎。通过本章的学习,开发者将能够熟练掌握 MRS 集成开发环境的各项功能,有效提升开发效率。

本章讲述的主要内容如下。

(1) 介绍 MRS 集成开发环境的安装流程,包括环境的特点和 MounRiver Studio 的具体安装步骤。这一部分将为初次接触 MRS 的开发者提供基础的安装指导。

(2) 详细讲述了 MounRiver Studio 开发环境的构成,包括菜单栏、快捷工具栏、工程目录窗口以及其他显示窗口等关键组成部分。通过对这些界面元素的详细介绍,开发者能够快速熟悉 MRS 的操作界面。

(3) 讲述了如何在 MounRiver Studio 中管理工程,包括新建工程、打开工程和编译代码等操作。这些基本操作是每个开发者必须掌握的,它们构成了使用 MRS 进行项目开发的基础。

(4) 讲述了工程调试快捷工具栏的使用、如何在代码中设置断点以及如何观察变量等调试技巧。这些技巧对于确保代码质量和性能至关重要。

(5) 介绍了工程下载过程,即如何将开发好的程序下载到目标硬件中运行。这是将软件与硬件结合起来,进行实际测试和应用的关键步骤。

(6) 分别介绍 CH32V307 开发板的选择和 CH32V307 仿真器的选择。这两部分内容将帮助开发者在进行硬件开发时做出合适的硬件选择,以适应不同的项目需求。

通过本章的学习,开发者不仅能够掌握 MRS 集成开发环境的安装和使用,还能够了解如何在该环境下进行有效的工程管理和调试,最终实现软硬件的无缝对接。这将为开发者在微控制器编程和应用开发方面打下坚实的基础。

11.1 MounRiver Studio 集成开发环境的安装

MRS 是一款面向嵌入式 MCU 的免费集成开发环境,提供了包括 C 编译器、宏汇编、链接器、库管理、仿真调试器和下载器等在内的完整开发方案,同时支持 RISC-V 和 ARM 内核。MRS 兼顾工程师的使用习惯并进行优化,在工具链方面持续优化,支持部分 MCU 厂家的扩展指令和自研指令。在兼容通用 RISC-V 项目开发功能的基础上,MRS 还集成了跨内核单片机工程转换接口,实现 ARM 内核项目到 RISC-V 开发环境的一键迁移。

11.1.1 MounRiver Studio 集成开发环境的特点

MRS 集成开发环境有以下特点。
(1) 支持 RISC-V/ARM 两种内核芯片项目开发(编译、烧录、调试)。
(2) 支持根据工程对应的芯片内核自动切换 RISC-V 或 ARM 工具链。
(3) 支持引用外部自定义工具链。
(4) 支持轻量化的 C 库函数 printf。
(5) 支持 32 和 64 位 RISC-V ISA,I、M、A、C、F 等指令集扩展。
(6) 内置 WCH、GD 等多个厂家系列芯片工程模板。
(7) 支持双击项目文件打开、导入工程。
(8) 支持自由创建、导入、导出单片机工程模板。
(9) 多线程构建,最大程度减少编译时间。
(10) 支持软件中英文、深浅色主题界面快速切换。
(11) 支持链接脚本文件可视化修改。
(12) 支持文件版本管理,一键追溯历史版本。
(13) 支持单片机在线编程(In System Programming,ISP)。
(14) 支持汇编、C 和 C++语言(均无代码大小限制)。
(15) 支持在线自动检测升级,本地补丁包离线升级。

11.1.2 MounRiver Studio 安装

下面以 MRS V1.91 版本为例,介绍该集成开发环境的安装和使用操作。

打开 MounRiver 官网,在下载页面单击软件安装包链接。

MRS 安装包如图 11-1 所示,双击图中的 MounRiver_Studio_V191_Setup 安装包进行安装,弹出安装向导界面如图 11-2 所示。

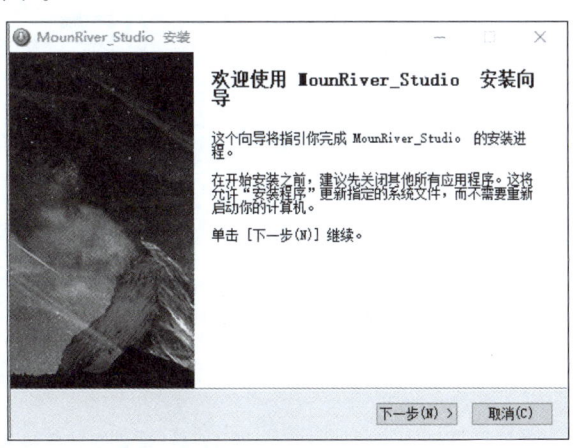

图 11-1　MRS 安装包　　　　图 11-2　安装向导界面

单击图 11-2 中的"下一步(N)"进行安装,弹出如图 11-3 所示的启动对话框界面。

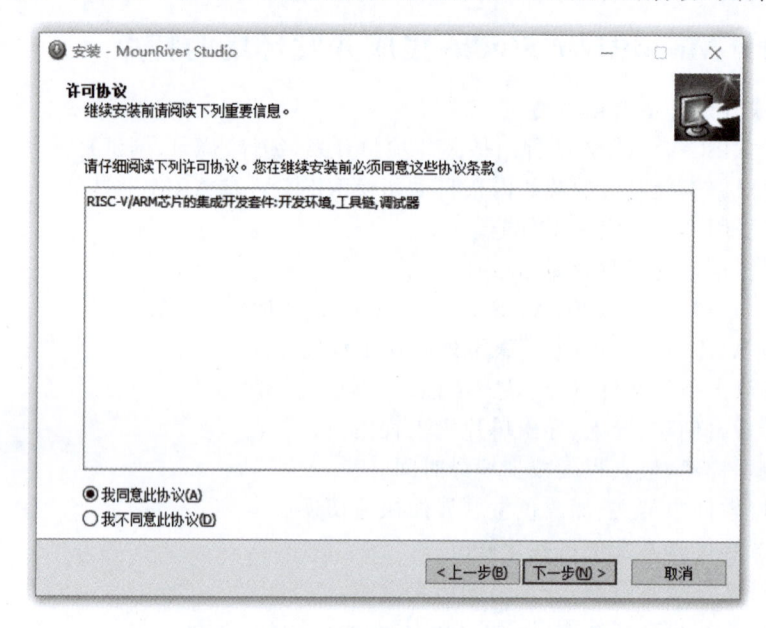

图 11-3　启动对话框界面

选择图 11-3 中的"我同意此协议(A)"选项,单击"下一步(N)"弹出如图 11-4 所示的设置安装路径界面。

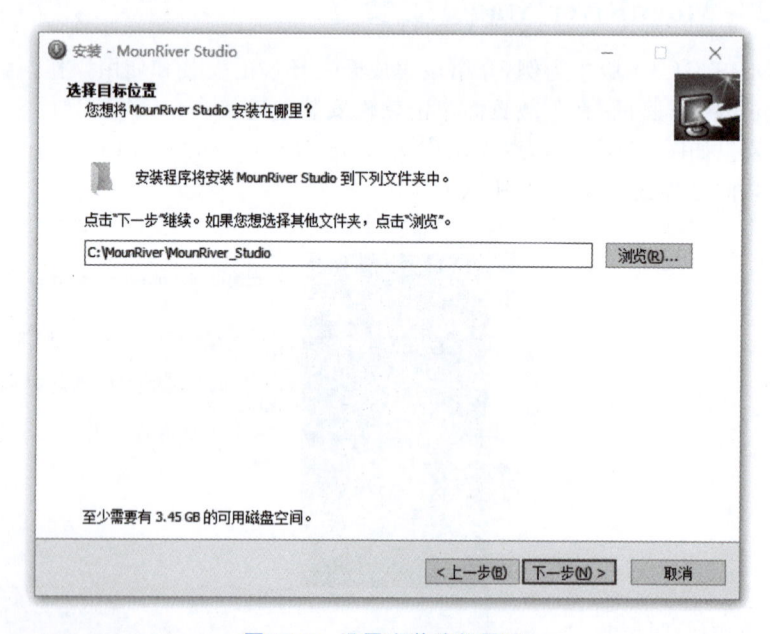

图 11-4　设置安装路径界面

选择安装路径,安装路径不能包含空格,单击图 11-4 中的"下一步(N)",弹出如图 11-5 所示安装程序界面。

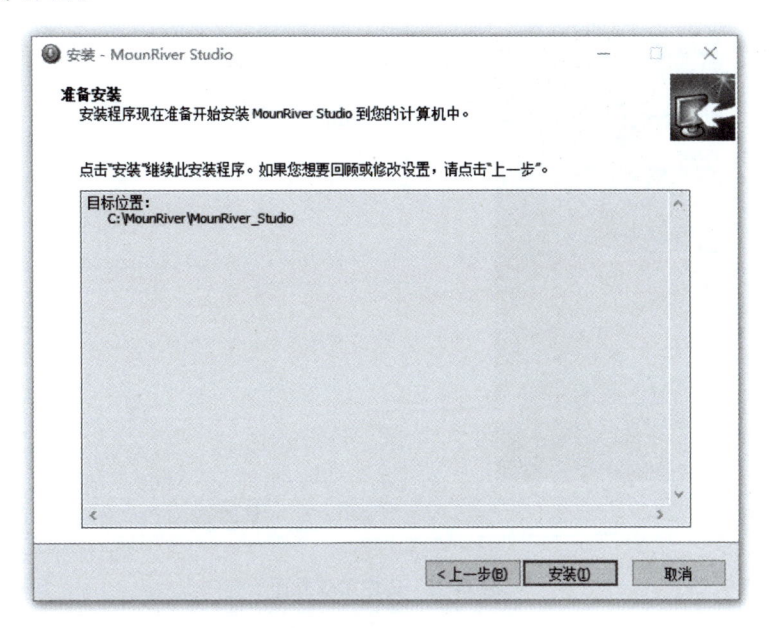

图 11-5　安装程序界面

单击图 11-5 中的"安装(I)"按钮,弹出如图 11-6 所示的安装进程界面。

图 11-6　安装进程界面

等待安装完成，弹出如图 11-7 所示的安装完成界面。

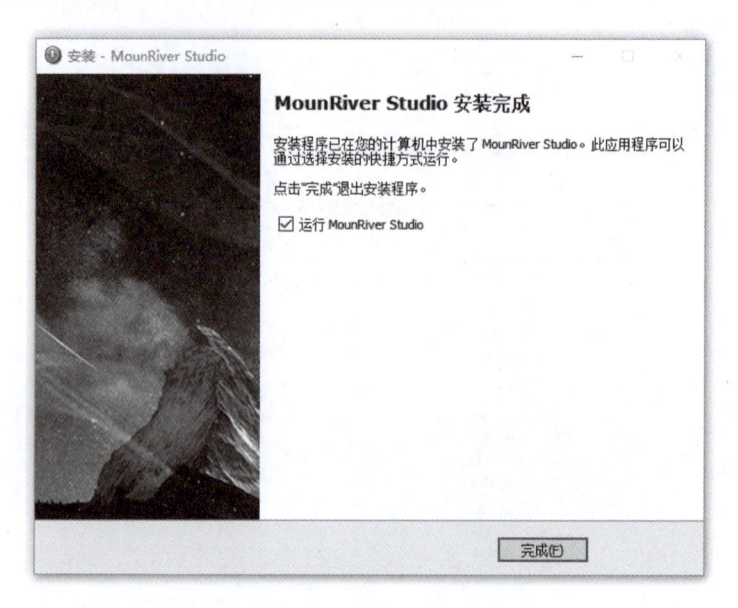

图 11-7　安装完成界面

单击图 11-7 中的"完成(F)"按钮，弹出如图 11-8 所示的 MRS 欢迎界面，至此，MRS 集成开发环境的安装完成。

MRS 安装完成后，在桌面上生成如图 11-9 所示的 MRS 集成开发环境图标。

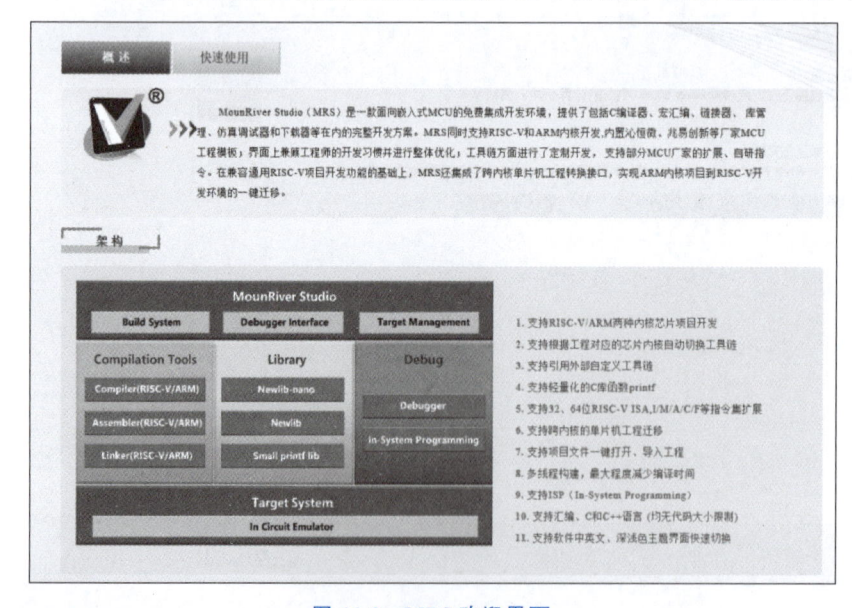

图 11-8　MRS 欢迎界面

图 11-9　MRS 集成开发环境图标

11.2　MounRiver Studio 开发运行界面

双击图 11-9 所示 MounRiver Studio 图标,弹出如图 11-10 所示的 MRS 运行界面。MRS 集成开发环境分为菜单栏、快捷工具栏、工程目录窗口和其他显示窗口。

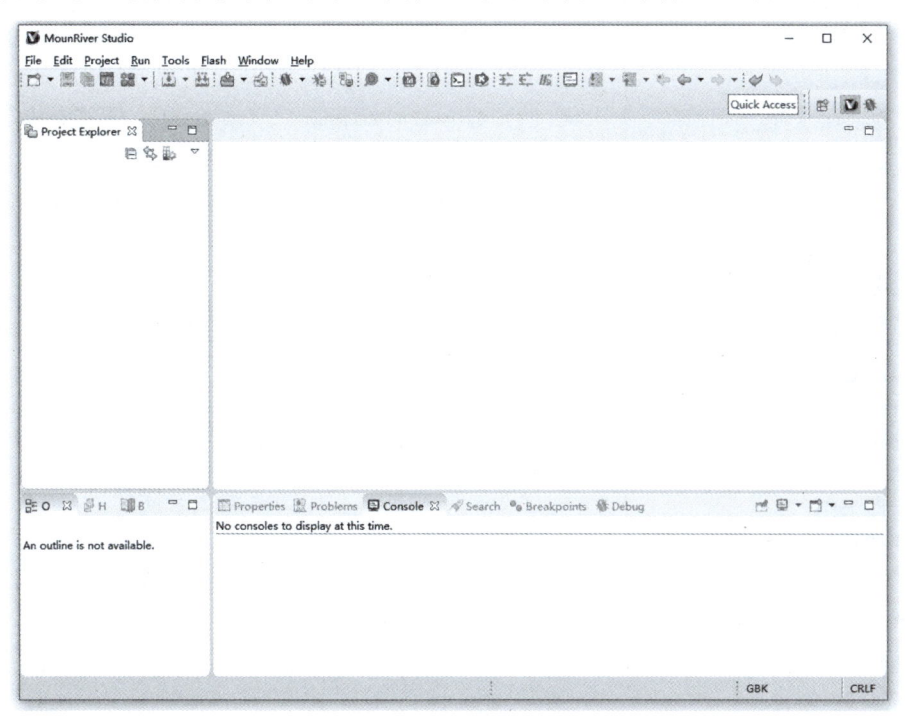

图 11-10　MRS 运行界面

11.2.1　菜单栏

菜单栏如图 11-11 所示。

图 11-11　菜单栏

图 11-11 中的菜单各项功能如下。
(1) File:提供新建文件、导入 keil 工程、加载已有工程、保存文件等功能。
(2) Edit:提供文本编辑、查找等功能。
(3) Project:进行工程文件编译等操作。
(4) Run:进行运行、调试等操作。
(5) Flash:提供程序下载、下载配置等功能。
(6) Tools:提供 ISP 下载、计算器、任务管理器的快捷启动项。

(7) Window：提供显示视图、软件全局配置等操作。

(8) Help：提供软件帮助文件、软件更新检查、中英文切换等操作。

1. File(文件)菜单

File(文件)菜单如图 11-12 所示。

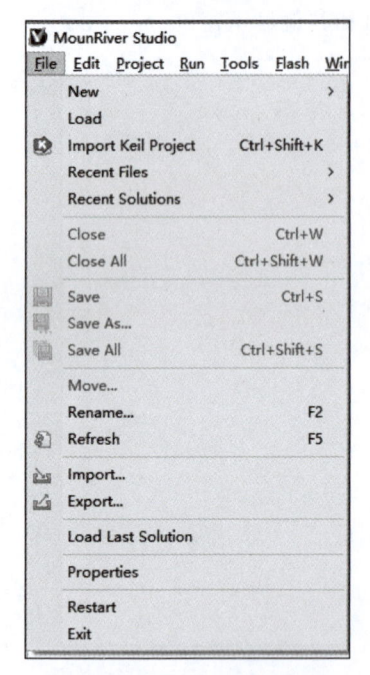

File(文件)菜单功能说明如下。

(1) `New`：新建。

(2) `Load`：加载 MounRiver 工程、解决方案。

(3) `Import Keil Project  Ctrl+Shift+K`：导入待转换的 Keil 工程。

(4) `Recent Files`：最近的文件。

(5) `Recent Solutions`：最近的解决方案。

(6) `Close  Ctrl+W`：关闭资源管理器中选中的工程。

(7) `Close All  Ctrl+Shift+W`：关闭资源管理器中所有的工程。

(8) `Save  Ctrl+S`：保存。

(9) `Save As...`：另存为。

(10) `Save All  Ctrl+Shift+S`：全部保存。

(11) `Move...`：移动。

(12) `Rename...  F2`：重命名。

图 11-12　File(文件)菜单

(13) `Refresh  F5`：刷新 IDE。

(14) `Import...`：导入。

(15) `Export...`：导出。

(16) `Load Last Solution`：加载最后的解决方案。

(17) `Properties`：属性。

(18) `Restart`：启动 IDE。

(19) `Exit`：关闭 IDE。

2. Edit(编辑)菜单

Edit(编辑)菜单如图 11-13 所示。

Edit(编辑)菜单功能说明如下。

(1) `Undo  Ctrl+Z`：撤销。

(2) `Redo  Ctrl+Y`：反撤销。

(3) `Cut  Ctrl+X`：剪切。

(4) `Copy  Ctrl+C`：复制。

(5) `Paste  Ctrl+V`：粘贴。

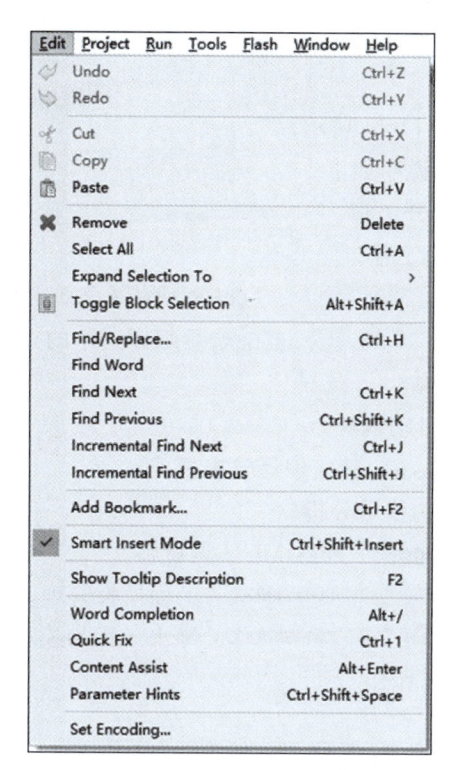

图 11-13　Edit（编辑）菜单

(6) Remove　　　　　　　　　　　　Delete　：删除。
(7) Select All　　　　　　　　　Ctrl+A　：全选。
(8) Expand Selection To　　　　　>　：将选择范围扩展到。
(9) Toggle Block Selection　　Alt+Shift+A　：打开块选择。
(10) Find/Replace...　　　　　　Ctrl+H　：查找/替换。
(11) Find Word　：查找单词。
(12) Find Next　　　　　　　　　Ctrl+K　：查找下一个。
(13) Find Previous　　　　　Ctrl+Shift+K　：查找上一个。
(14) Incremental Find Next　　　Ctrl+J　：增量式查找下一个。
(15) Incremental Find Previous　Ctrl+Shift+J　：增量式查找上一个。
(16) Add Bookmark...　　　　　　Ctrl+F2　：添加书签。
(17) Smart Insert Mode　　Ctrl+Shift+Insert　：智能插入模式。
(18) Show Tooltip Description　　F2　：显示工具提示描述。
(19) Word Completion　　　　　　Alt+/　：文字补全。
(20) Quick Fix　　　　　　　　　Ctrl+1　：快速修正。
(21) Content Assist　　　　　Alt+Enter　：内容辅助。
(22) Parameter Hints　　　　Ctrl+Shift+Space　：参数提示。

(23) `Set Encoding...`：设置编码。

3. Project(项目)菜单

Project(项目)菜单如图 11-14 所示。

Project(项目)菜单功能说明如下。

(1) `Open Project`：打开工程。

(2) `Close Project`：关闭工程。

(3) `Build All`　　　　　　　　　　`Ctrl+B`：编译全部工程。

(4) `Build Project`　　　　　　　　`F7`：增量编译选中的工程。

(5) `Clean...`：清理工程。

(6) `Build Automatically`：自动编译。

(7) `✓ Concise Build Output Mode`：精简编译输出模式。

(8) `Analysis After Build`：构建后分析。

(9) `Configure MCU Debugger`：配置 MCU 调试器。

(10) `Template Management`　　`Ctrl+Shift+T`：工程模板管理。

(11) `Save as Project Template`　　`Ctrl+Shift+X`：导出工程为模板。

(12) `Properties`：工程属性。

4. Run(运行)菜单

Run(运行)菜单如图 11-15 所示。

图 11-14　Project(项目)菜单　　　　图 11-15　Run(运行)菜单

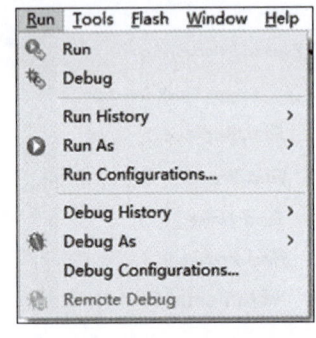

Run(运行)菜单功能说明如下。

(1) `Run`：运行。

(2) `Debug`：调试。

(3) `Run History`：运行历史记录。

(4) `Run As`：运行方式。

(5) `Run Configurations...`：运行配置。

(6) **Debug History**：调试历史记录。

(7) **Debug As**：调试方式。

(8) **Debug Configurations...**：调试配置。

(9) **Remote Debug**：远程调试。

5. Tool(工具)菜单

Tool(工具)菜单如图 11-16 所示。

Tool(工具)菜单功能说明如下。

(1) **Sensorless Remote Assistant**：无传感器远程助手。

(2) **WCH In-System Programmer**：WCH ISP 下载工具。

(3) **GD All-In-One Programmer**：GD All-In-One 下载工具。

(4) **Calculator**：计算器。

(5) **Device Management**：设备管理器。

(6) **Export WCH-Link RISC-V/ARM MCU ProgramTool**：导出 WCH-Link RISC-V/ARM MCU 编程工具。

(7) **Export IQMath Lib**：导出 IQMath 库。

6. Flash(闪存)菜单

Flash(闪存)菜单如图 11-17 所示。

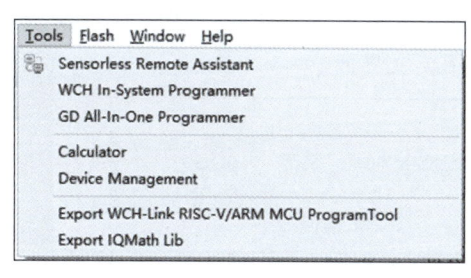

图 11-16　Tool(工具)菜单

图 11-17　Flash(闪存)菜单

Flash(闪存)菜单功能说明如下。

(1) **Download F8**：RISC-V/ARM 内核芯片下载。

(2) **Configuration**：RISC-V 内核芯片下载配置。

(3) **Remote Download**：远程下载。

7. Window(窗口)菜单

Window(窗口)菜单如图 11-18 所示。

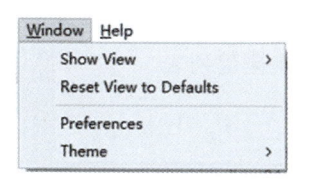

图 11-18　Windows(窗口)菜单

Windows(窗口)菜单功能说明如下。

(1) **Show View**：显示视图。

(2) **Reset View to Defaults**：恢复默认透视图排版。

(3) **Preferences**：首选项。

(4) **Theme**：界面主题。

8. Help(帮助)菜单

Help(帮助)菜单如图 11-19 所示。

图 11-19　Help(帮助)菜单

Help(帮助)菜单功能说明如下。

(1) `Welcome`：欢迎页。

(2) `Language`：切换集成开发环境(Intergrated Development Environment,IDE)界面语言。MRS 集成开发环境可以在英文和简体中文界面之间切换,如图 11-20 所示。但一般还是选择英文界面,因为开发者已经习惯使用英文界面。

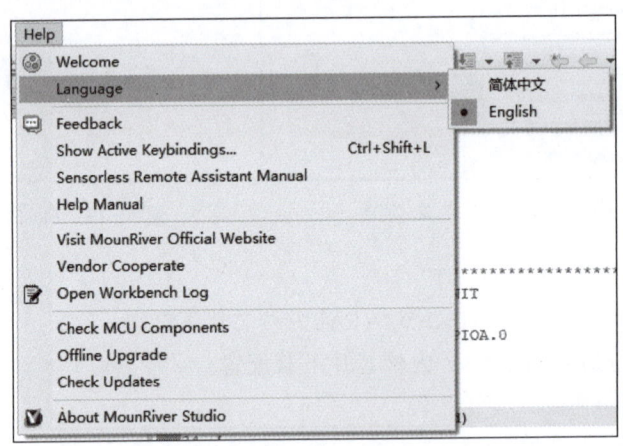

图 11-20　英文和简体中文界面之间切换

(3) `Feedback`：用户提交 MRS 使用反馈。

(4) `Show Active Keybindings...` `Ctrl+Shift+L`：查看快捷键列表。

(5) `Sensorless Remote Assistant Manual`：无传感器远程助理手册。

(6) `Help Manual`：打开帮助手册。

(7) `Visit MounRiver Official Website`：访问 MounRiver 官方网站。

(8) `Vendor Cooperate`：供应商合作。
(9) `Open Workbench Log`：查看 MRS 运行日志。
(10) `Check MCU Components`：检查 MCU 组件。
(11) `Offline Upgrade`：离线升级。
(12) `Check Updates`：检查更新。
(13) `About MounRiver Studio`：关于 MRS。

11.2.2 快捷工具栏

典型的快捷工具栏如图 11-21 所示。

图 11-21 典型的快捷工具栏

快捷工具栏图标功能从左到右说明如下。
(1) 新建空白文件(New)。
(2) 保存当前文件(Save(Ctrl＋s))。
(3) 全部保存(Undo Typing (Ctrl＋Z))。
(4) 全局工具设置(Global Tool Setting)。
(5) GPIO_Toggle 的构建设置(Build Setting of "GPIO_Toggle")。
(6) 为项目 'GPIO_Toggle' 构建 'obj' (F7)(Build 'obj' for project 'GPIO_Toggle' (F7))。
(7) 重新构建（Shift＋F7)(Rebuild (Shift＋F7))。
(8) 构建所有（Ctrl＋B)(Build All (Ctrl＋B))。
(9) 下载(F8)(Download(F8))。
(10) 远程下载(Remote Download)。
(11) 调试为(Debug As)。
(12) 调试(Debug)。
(13) 无传感器远程助手(Sensorless Remote Assistant)。
(14) 搜索(Search)。
(15) 链接配置(Link Configuration)。
(16) 工具栏介绍(Toolbar Introduction)。
(17) 打开 MRS 控制台(Ctrl＋Shift＋V)(Open MRS Console(Ctrl＋Shift＋V))。
(18) 导入 Keil 项目(Import Keil Project)。
(19) 向右移动(Shift Right)。
(20) 向左移动(Shift Left)。
(21) 切换注释(Toggle Comment)。
(22) 打开终端(Ctrl-Alt-Shift＋T)(Open a Terminal iCtrl-Alt-Shift＋T))。
(23) 下一个注释(Ctrl＋.)(Next Annotation (Ctrl＋.))。
(24) 上一个注释(Ctrl＋,)(Previous Annotation (Ctrl＋,))。

(25) 上次编辑位置(Ctrl+Q)(Last Edit Location (Ctrl+Q))。
(26) 返回到 main.c(Alt+Left)(Back to main.c(Alt+Left))。
(27) 前进(Alt+Right)(Forward (Alt+Right))。
(28) 撤销输入(Ctrl+Z)(Undo Typing (Ctrl+Z))。
(29) 重做输入(Ctrl+Y)(Redo Typing (Ctrl+Y))。

11.2.3 工程目录窗口

工程目录窗口包含各个工程的目录结构,工程的目录结构如图 11-22 所示。

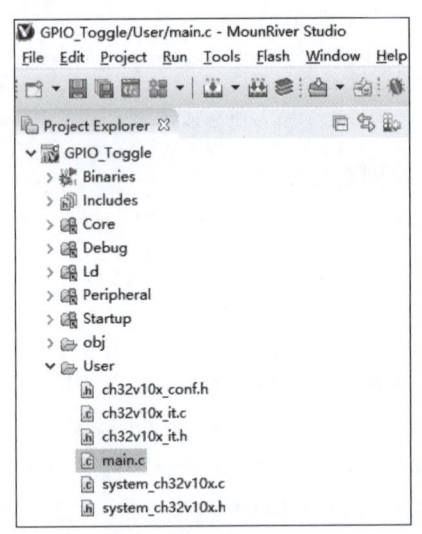

图 11-22 工程的目录结构

11.2.4 其他显示窗口

在 IDE 界面右上角可选择显示模式,单击 ,可选择显示模式,显示模式选择如图 11-23 所示。

进入调试模式后会自动切换为调试模式。各种模式显示的窗口不同,都可以在各自模式单击菜单栏中的 Window ,如图 11-24 进行配置。

图 11-23 显示模式选择

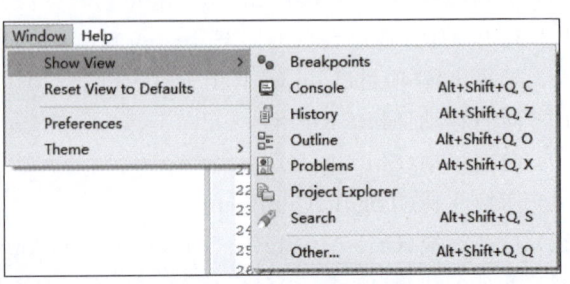

图 11-24 Window 配置

11.3　MounRiver Studio 工程

下面讲述如何新建工程、打开工程和编译代码。

11.3.1　新建工程

作为面向嵌入式 MCU 的通用型 IDE，MRS 内嵌了沁恒微电子和 GD 等厂商及通用 RV32/RV64 的单片机工程模板。支持沁恒微电子厂商的 RISC-V 内核单片机（CH32V307、CH57x 等）等。这里以 CH32V307VCT6 模板工程为例，介绍创建项目的具体过程。

（1）单击菜单栏 File→New，单击 MounRiver Project，新建工程如图 11-25 所示。

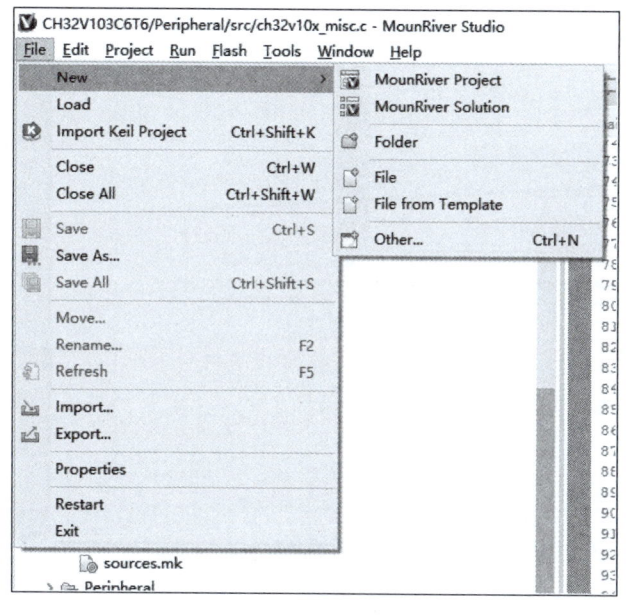

图 11-25　新建工程

（2）弹出创建工程名称与地址的界面如图 11-26 所示，在 Project Name 处空白框中填入工程名称，本次创建第一个 CH32V307 工程，命名为 GPIO_Toggle。如果勾选 Use default location，则工程文件存放在软件安装目录下；若取消勾选，则可以通过单击 Browse 按钮选择自定义存放目录。单击 Finish 按钮，完成创建新的模板工程。

（3）工程文件创建完成后，工程目录窗口如图 11-27 所示。

接下来介绍工程目录下的各分组及相关文件。

（1）Core 文件夹：存放 RISC-V 内核的核心文件。

（2）Debug 文件夹：其中的 debug.c 文件提供了一个串口调试代码，可以将调试信息通过 printf 函数打印，在串口助手中查看数据。

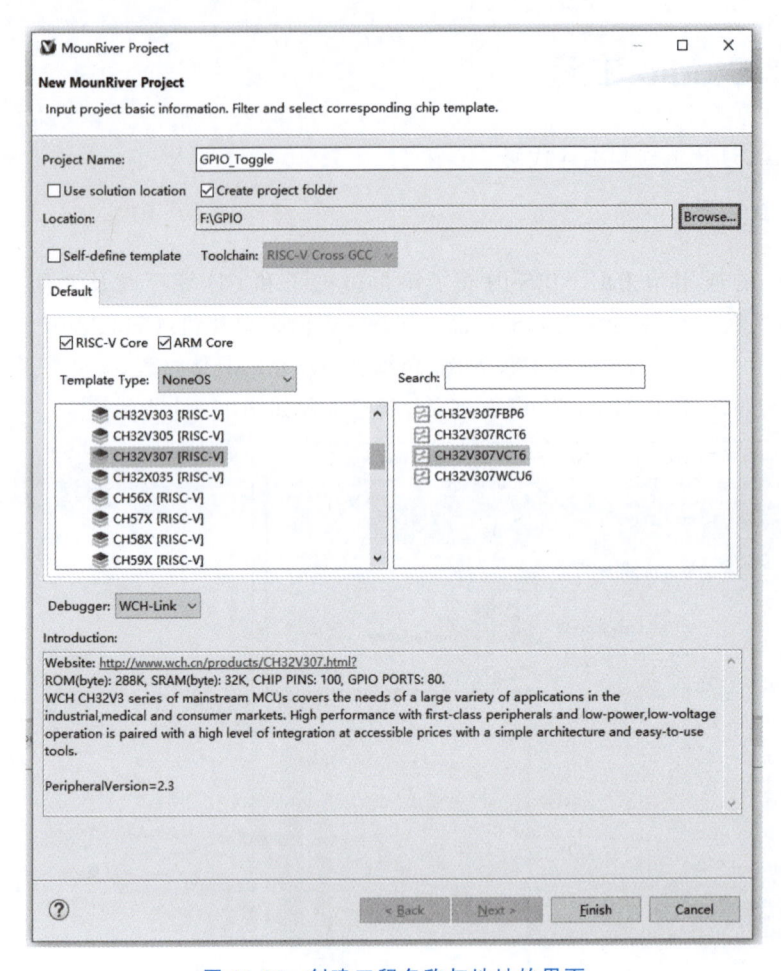

图 11-26　创建工程名称与地址的界面　　　　　图 11-27　工程目录窗口

　　(3) Peripheral 文件夹：存放 CH32V307 官方提供的外设驱动固件库文件，这些文件可以根据实际需求添加或者删除。其中 inc 文件夹下存放的为固件库头文件，src 文件夹下存放的为固件库源文件。

　　(4) Startup 文件夹：存放 RISC-V 内核的启动文件。这里的文件不需要修改。

　　(5) User 文件夹：主要存放用户代码。其中，Ch32v30x_conf.h 文件包含所有外设驱动的头文件；ch32v30x_it.c 存放部分中断服务函数；system_ch32v30x.c 里面包含芯片初始化函数 SystemInit，配置芯片时钟为 96MHz。CH32V307 芯片上电后，执行启动文件命令后调用该函数，设置芯片工作时钟。

11.3.2　打开工程

　　在建好的工程源码目录中双击工程名为 .wvproj 的文件，GPIO_Toggle 工程如图 11-28 所示，可直接进入 MRS，并使用默认的工作空间加载工程。

图 11-28　GPIO_Toggle 工程

11.3.3　编译代码

选中工程目录窗口中的"工程",右击,然后单击 build project 进行编译；或者单击快捷工具栏中的"编译"按钮进行编译,如图 11-29 所示。console 窗口会显示 build 过程中产生的信息,简洁编译信息如图 11-30 所示。可通过主菜单项 Project→Concise Build Output Mode 切换编译信息简洁/完整输出模式。

图 11-29　快捷工具栏中的"编译"按钮

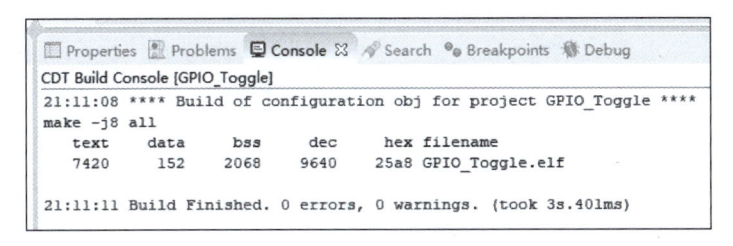

图 11-30　简洁编译信息

若编译成功,则编译过程中产生的文件存放在源码目录下的 obj 文件夹中,编译文件输出如图 11-31 所示。

如果需要对编译过程做进一步的配置,可单击快捷工具栏中"构建设置" 按钮,如图 11-32 所示。

选中左侧选项卡 C/C++ Build,再选中右侧选项卡 Behavior,工程构建设置对话框如图 11-33 所示。

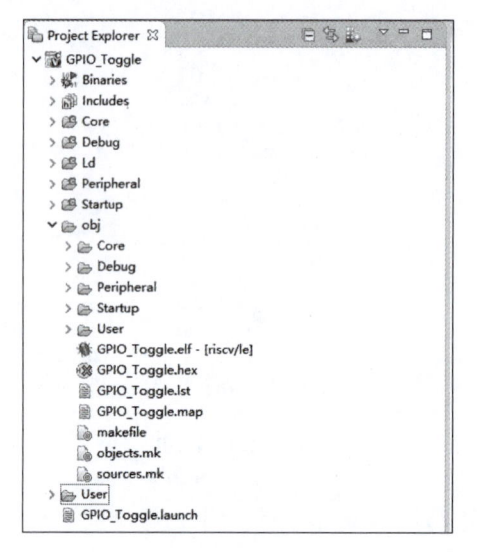

图 11-31　编译文件输出

图 11-32　快捷工具栏中的工程"构建设置"按钮

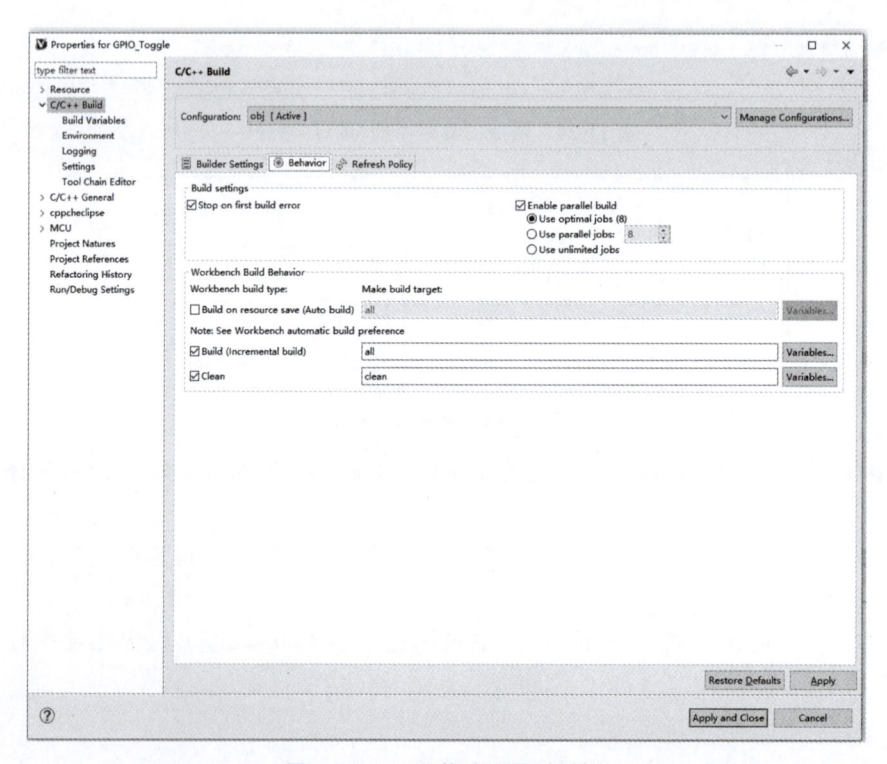

图 11-33　工程构建设置对话框

各选项含义如下。

（1) Stop on first build error：编译遇到第一个错误就停止编译。

（2) Enable parallel build：可选择的编译线程个数。

（3) Build on resource save（Auto build）：保存文件后自动编译。

（4) Build(Incremental build)：增量编译。

（5) Clean：清除 Build 产生的文件。

单击左侧选项卡 C/C++ Build 的下拉选项，选择 Settings，在右侧弹窗中选择 Tool Settings 下的 Warnings，工程(GPIO、Toggle)属性设置如图 11-34 所示。

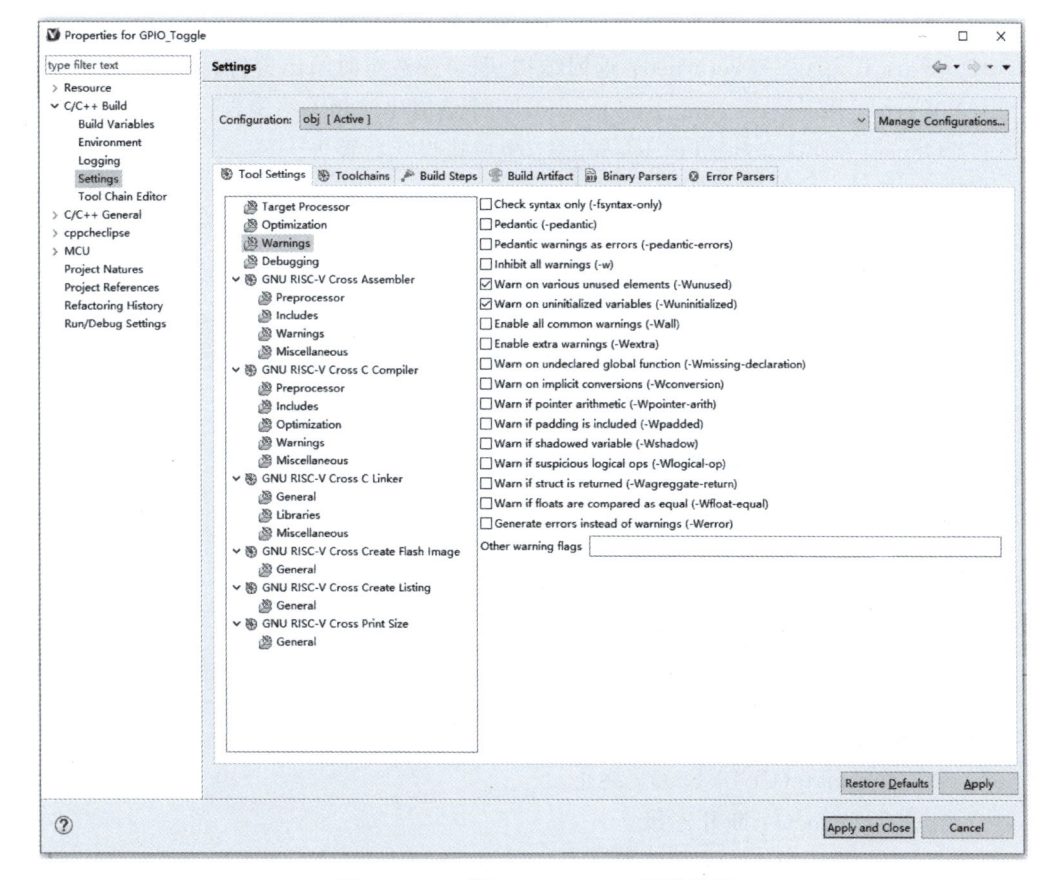

图 11-34　工程（GPIO_Toggle）属性设置

各选项含义如下。

（1) Check syntax only：只检查语法错误。

（2) Pedantic：严格执行 ISO C 和 ISO C++要求的所有警告。

（3) Pedantic warnings as errors ISO：ISO C 和 ISO C++要求的所有警告显示为错误。

（4) Inhibit all warnings：禁止全部警告。

（5) Warn on various unused elements：各种未使用参数的警告。

（6）Warn on uninitialized variables：未初始化自动变量的警告。
（7）Enable all common warning：显示所有警告。
（8）Enable extra warnings：显示使能额外的警告。
（9）Warn on undeclared global function：全局函数在头文件中没有声明。
（10）Warn on implicit conversion：隐式转换可能改变值的警告。
（11）Warn if pointer arithmetic：对指针进行算术操作时警告。
（12）Warn if padding is included：结构体填充警告。
（13）Warn if shadow variable：变量或类型声明遮盖影响了另一个变量。
（14）Warn if suspicious logical ops：可疑的逻辑操作符警告。
（15）Warn if struct is returned：返回结构、联合或数组时给出警告。
（16）Warn if floats are compared as equal：浮点值比较相关的警告。
（17）Genera errors instead of warnings：生成错误代替警告。

对编译过程进一步的配置从略。

11.4 工程调试

选中工程目录窗口中的"工程"，如果未编译，则先编译工程，再单击快捷工具栏中的 ，进入调试模式。

11.4.1 工程调试快捷工具栏

工程调试快捷工具栏如图 11-35 所示。
工程调试快捷工具栏的功能从左到右说明如下。
（1） (Skip All Breakpoints（Ctrl＋Alt＋B）)：跳过所有断点。
（2） (Restart)：重新启动。
（3） (Run(F5))：运行。
（4） (Stop)：暂停。
（5） (Terminate(Ctrl＋F5))：终止。
（6） (Disconnect)：断开连接。
（7） (Step Into(F11))：单步跳入。
（8） (Step Over(F10))：单步跳过。
（9） (Step Return(Ctrl＋F11))：单步返回。
（10） (Instruction Stepping Mode)：指令单步模式。

图 11-35 工程调试快捷工具栏

11.4.2 设置断点

双击代码行左侧，设置断点，再次双击取消断点，断点设置后的界面如图 11-36 中的方框所示。

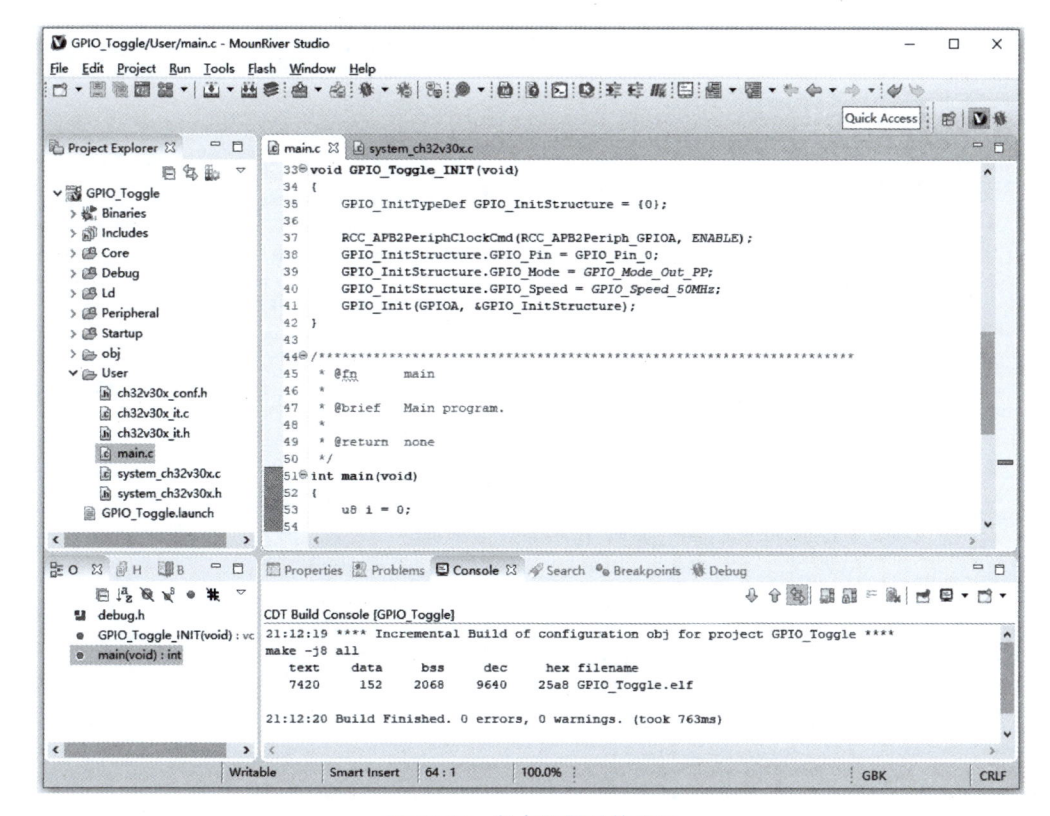

图 11-36　断点设置后的界面

11.4.3　观察变量

鼠标悬停在源码中变量之上会显示详细信息。或者选中变量，例如选中变量（Bit_SET），如图 11-37 所示。然后在变量（Bit_SET）上单击右键，弹出添加观察变量如图 11-38 所示。单击 add watch expression。

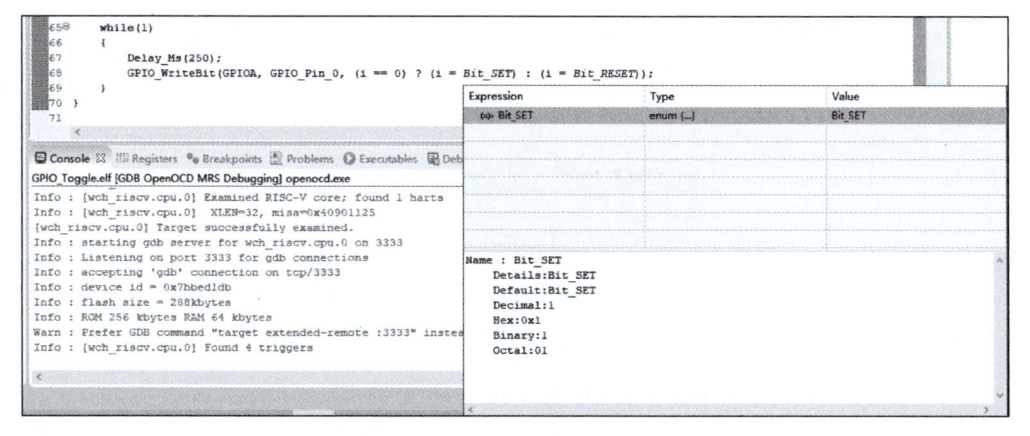

图 11-37　选择变量（Bit_SET）

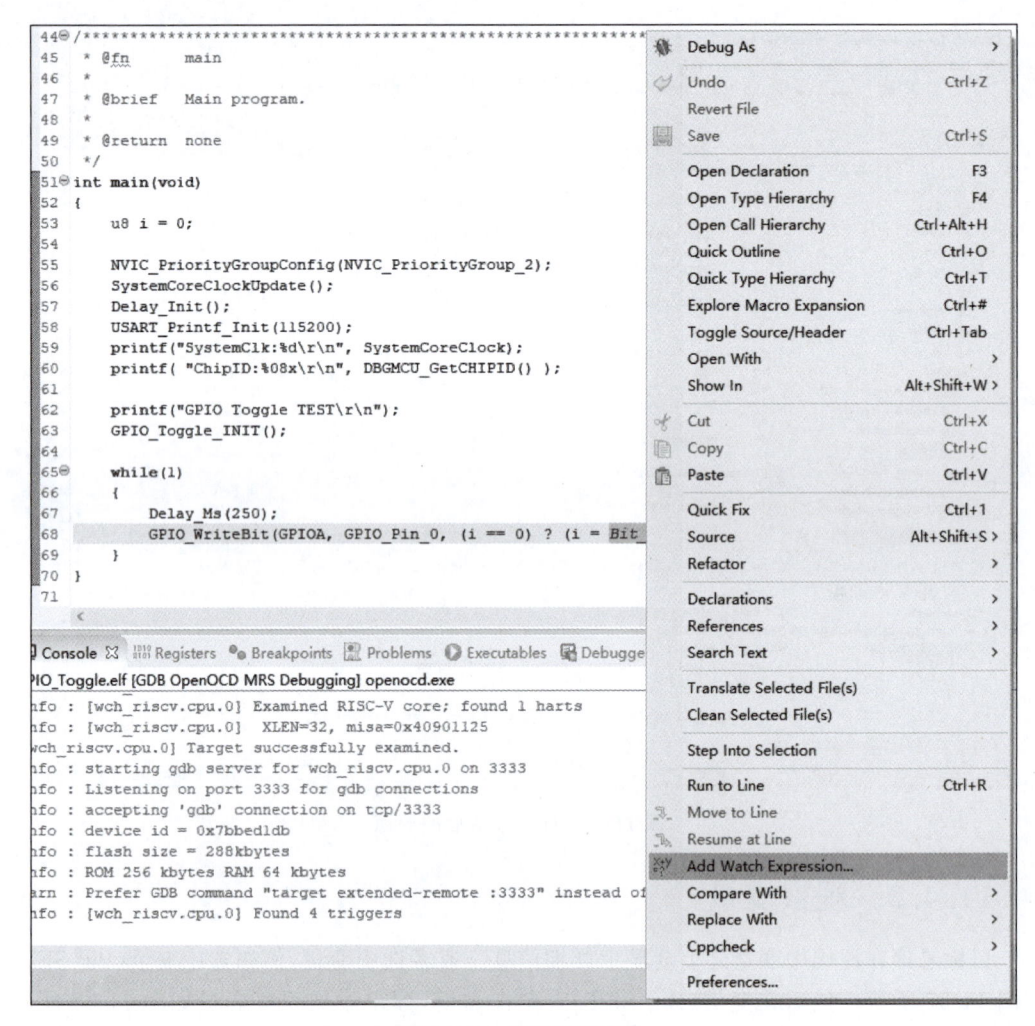

图 11-38　添加观察变量

单击图 11-36 中的 Add Watch Expression... 按钮，弹出添加变量 Bit_SET 界面如图 11-39 所示。

图 11-39　添加变量"Bit_SET"界面

填写变量名，或者直接单击 OK，将刚才选中的变量 Bit_SET 添加成功，如图 11-40 所示。

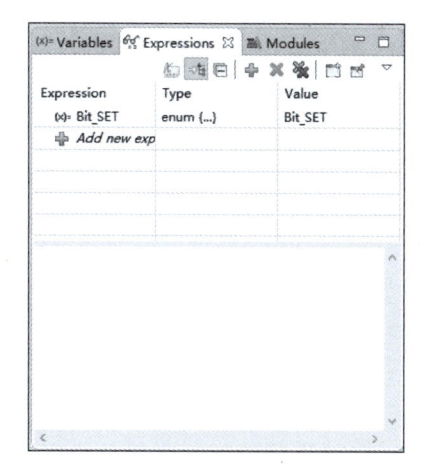

图 11-40　变量"Bit_SET"添加成功

11.5　工程下载

下载器为 WCH-LinkE 模块。将下载器与计算机的 USB 相连，WCH-LinkE 的下载接口(SWDIO、SWCLK、GND、VCC)与 CH32V307 开发板相连，单击快捷工具栏中的 箭头，工程下载配置窗口如图 11-41 所示。

图 11-41　工程下载配置窗口

图 11-41 中各项的含义如下。

（1）MCU Type：选择芯片型号。

（2）Program Address：编程地址。

（3）Erase All：全擦。

（4）Program：编程。

（5）Verify：校验。

（6）Reset and run：复位后运行。

（7）⊙：针对 CH32V307 型号，查询设备读保护状态。

（8）⊙：针对 CH32V307 型号，使能设备读保护状态。

（9）⊙：针对 CH32V307 型号，解除设备读保护状态。

单击 Browse... ，可以添加工程文件生成的 hex 文件。置完参数后，单击 Apply and Close 保存下载配置。设置完毕后需要进行下载时，直接单击工具栏图标 ⊙ 即可进行代码下载，结果显示在 Console 中，工程下载成功的界面如图 11-42 所示。

图 11-42　工程下载成功的界面

11.6　CH32V307 开发板的选择

本书的应用实例是在沁恒微电子 CH32V307 开发板上调试通过的，该开发板可以在网上购买。

CH32V307 开发板使用 CH32V307VCTT6 作为主控芯片，具有 2 个 LED 指示灯、1 个 USER 按键、1 个 USB 高速接口、1 个 USB 全速接口、1 个 RJ45 网口。

本评估板应用于 CH32V30x 芯片的开发，IDE 使用 MounRiver 编译器，可选择使用板载或独立的 WCH-Link 进行仿真和下载，并提供了与芯片资源相关的应用参考示例及演示。

CH32V307 开发板如图 11-43 所示。

结合图 11-43，CH32V307V 评估板配有以下资源。

①主板：CH32V307EVT-R1。

② 网口：主芯片的网络通信接口。

③ USB 接口 P7：连接主芯片 USB 全速通信接口。

④ 稳压芯片 U1：用于实现将 5V 电压转成芯片可用的 3.3V 电源电压。

⑤ MCU I/O 口：主控 MCU 的 I/O 引出接口。

⑥ ARDUINO 接口：方便连接 ARDUINO 接口的开发板。

⑦ LED：通过 J3 插针连接主控 MCU 的 I/O 口进行控制。

⑧ USER 按键 S2：通过 J3 插针连接主控 MCU 的 I/O 口进行按键控制。

⑨ WCH-LinkE MCU：实现 WCH-LinkE 功能的 MCU。

⑩ SDI&UART 接口：用于下载、仿真调试，需跳线选择是否使用板载 WCH-LinkE。

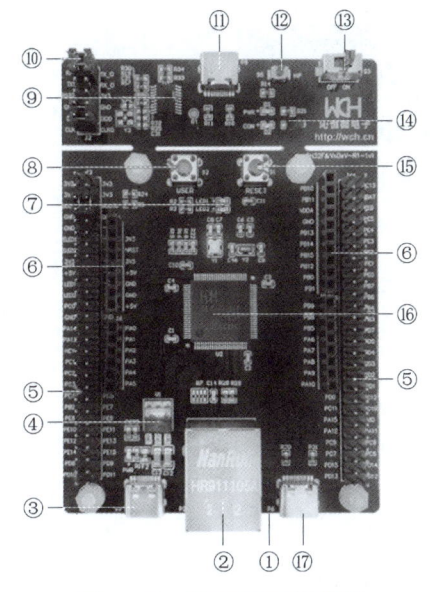

图 11-43　CH32V307 开发板

⑪ WCH-LinkE 接口：用于连接程序计数器和 WCH-LinkE 功能模块。

⑫ WCH_LinkE IAP 按键：WCH_LinkE 升级按键。

⑬ 电源开关 S3：用于切断或连接外部 5V 供电或 USB 供电。

⑭ WCH-LinkE 指示灯：指示 WCH-LinkE 运行状态。

⑮ 复位按键：用于外部手动复位主控 MCU。

⑯ 主控 MCU：CH32V307VCT6。

⑰ USB 接口 P6：连接主芯片 USB 高速通信接口。

11.7　CH32V307 仿真器的选择

CH32V307 开发板可以采用 WCH-Link 系列仿真器。

WCH-Link 系列可用于沁恒微电子的 RISC-V 架构 MCU 在线调试和下载，也可用于带有 SWD/JTAG 接口的 ARM 内核 MCU 的在线调试和下载。同时带有一路串口，方便调试输出。

目前有 4 种 WCH-Link，包括 WCH-Link、WCH-LinkE、WCH-DAPLink 和 WCH-LinkW。

本书采用 WCH-LinkE 仿真器，如图 11-44 所示。

WCH-LinkE 仿真器与计算机的 USB 接口连接成功后，在计算机设备管理器的 COM 端口中会出现"WCH-LINK SERIAL(COM24)"串口设备。COM 端口号 COM24 会因计算机的不同而不同。计算机设备管理器的 COM 端口如图 11-45 所示。

图 11-44　WCH-LinkE 仿真器

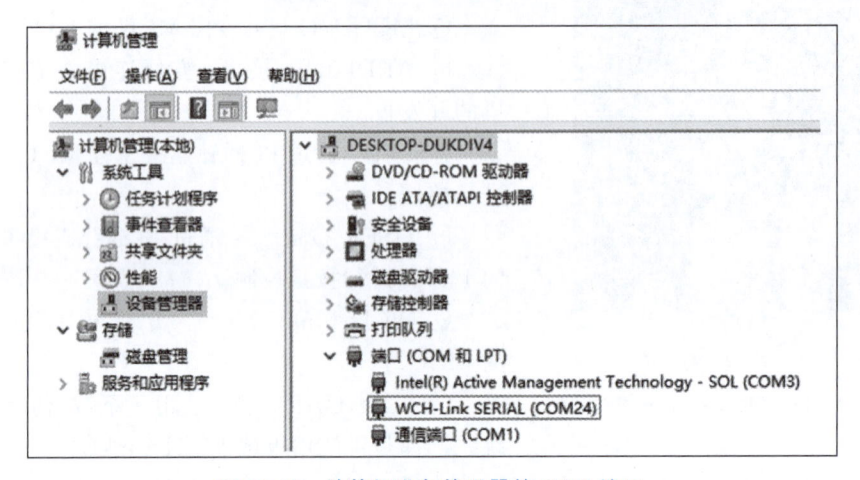

图 11-45　计算机设备管理器的 COM 端口

第 12 章 CH32V307 GPIO

CH32V307 微控制器的 GPIO 是一种多功能的外设接口，允许用户根据需要配置每个引脚作为输入或输出。这种灵活性使 GPIO 成为微控制器中最基本且最重要的接口之一，广泛应用于信号的输入输出、状态指示、数据通信等场合。

本章讲述了 CH32V307 微控制器的 GPIO 的使用，从基础的接口概述到具体的应用实例，为读者提供了一系列详细的操作指南和应用示例。

本章讲述的主要内容如下。

（1）CH32V307x GPIO 概述。讲述了 GPIO 的模块基本结构、输入配置、输出配置、复用功能配置和复用功能模拟输入配置。

（2）GPIO 功能。讲述了 CH32V307 微控制器的 GPIO 的工作模式、GPIO 的初始化功能、外部中断、复用功能和锁定机制。

（3）GPIO 库函数。讲述了 GPIO 操作的库函数，为开发者提供了编程时所需的函数接口。

（4）GPIO 使用流程。讲述了普通 GPIO 配置、引脚复用功能配置。

（5）CH32V307 的 GPIO 按键输入应用实例。讲述了硬件设计与软件设计：提供了触摸按键输入的硬件设计和软件设计方法。

（6）工程下载与测试：介绍了如何下载工程到设备并进行测试。

（7）CH32V307 的 GPIO LED 输出应用实例。

LED 输出硬件设计与软件设计：讲解了 LED 输出功能的硬件设计和软件设计步骤。

本章内容不仅详细介绍了 CH32V307 的 GPIO 功能和配置方法，还通过具体的应用实例，展示了如何在实际项目中应用这些知识，为读者提供了实际操作的参考。

12.1 CH32V307x GPIO 概述

CH32V307x 系列产品是基于 32 位 RISC-V 指令集（IMAC）及 RISC-V4F 青稞处理器设计的通用微控制器，挂载了丰富的外设接口和功能模块。其内部组织架构满足低成本低功耗嵌入式应用场景。GPIO 可以配置成多种输入或输出模式，内置可关闭的上拉或下拉电阻，可以配置成推挽或开漏功能。GPIO 还可以复用成其他功能。

12.1.1　GPIO 的模块基本结构

CH32V307x 系列产品的 GPIO 每个端口都可以配置成以下多种模式之一：浮空输入、上拉输入、下拉输入、模拟输入、开漏输出、推挽输出和复用功能的输入和输出。

CH32V307 微控制器的大部分引脚都支持复用功能，可以将其他外设的 I/O 通道映射到这些引脚上。这些复用引脚的具体用法需要参照外设说明。

CH32V307 微控制器的 GPIO 模块基本结构如图 12-1 所示。

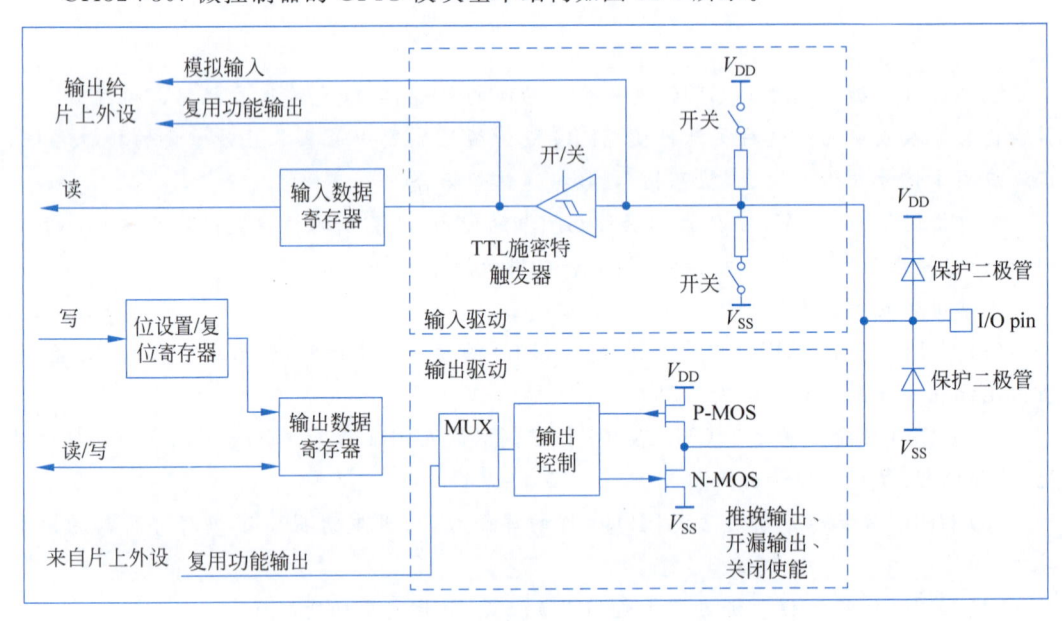

图 12-1　CH32V307 微控制器的 GPIO 模块基本结构

图 12-1 为一个 GPIO 引脚内部典型结构图。从图 12-1 中可以看出，主要有以下 8 部分。

（1）保护二极管。

每个引脚在芯片内部都有两只保护二极管，可以防止由于微控制器外部引脚过高或者过低电压输入而导致的芯片损坏。引脚电压高于 V_{DD} 时，上方二极管导通；引脚电压低于 V_{SS} 时，下方二极管导通。

（2）上下拉电阻。

通过配置是否使能弱上拉、弱下拉电阻，可以将引脚配置为上拉输入、下拉输入和浮空输入 3 种状态。

（3）P-MOS 管和 N-MOS 管。

输出驱动有一对 MOS 管，可通过配置 P-MOS 管和 N-MOS 管的状态将 I/O 口配置成开漏输出、推挽输出或关闭。在推挽输出模式时，双 MOS 管轮流工作；在开漏输出模式时，只有 N-MOS 管工作；关闭时，N-MOS 管和 P-MOS 管均关闭。

(4) 输出数据寄存器。

通过配置端口输出寄存器(GPIOx_OUTDR)的值，可以设置端口输出的数据。通过配置端口复位/置位寄存器(GPIOx_BSHR)的值，可以修改 GPIO 引脚输出高电平或低电平。

(5) 复用功能输出。

"复用"是指 CH32V307 的外设模块对 GPIO 引脚进行控制，此时 GPIO 引脚用作该外设功能的一部分。

例如，使用通用定时器 TIM2 进行 PWM 输出时，需要使用一个 GPIO 引脚作为 PWM 信号输出引脚。这时候通过将该引脚配置成定时器复用功能，可以由通用定时器 TIM2 控制该引脚，从而进行 PWM 波形输出。

(6) 输入数据寄存器。

GPIO 引脚作为输入时，GPIO 引脚经过内部的上拉、下拉电阻，可以配置成上拉、下拉输入，经过施密特触发器，将输入信号转换为 0 或 1 的数字信号存储在端口输入寄存器(GPIOx_INDR)中，微控制器通过读取该寄存器中的数据可以获取 GPIO 引脚的电平状态。

(7) 复用功能输入。

与复用功能输出模式类似，在复用功能输入时，GPIO 引脚的信号传输到 CH32V307 的外设模块中，由该外设读取引脚状态。

例如，使用 USART 配置串口通信时，需要使用某个 GPIO 引脚作为通信数据接收引脚，将该 GPIO 引脚配置成 USART 串口复用功能，可使 USART 外设模块通过该通信引脚接收数据。

(8) 模拟输入。

使用 ADC 外设模块采集模拟电压时，须将 GPIO 引脚配置为模拟输入功能。从图 12-1 可以看出，信号不经过施密特触发器，直接进行原始信号采集。

GPIO 可以配置成多种输入或者是输出模式，内置可关闭的上下拉电阻，可以配置成推挽或者是开漏功能。GPIO 还可以复用成其他功能。

在 GPIO 模块基本结构中，每个引脚在芯片内部都有两只保护二极管，I/O 口内部可分为输入和输出驱动模块。其中输入驱动有弱上下拉电阻可选，可连接到 AD 等模拟输入的外设；如果输入数字外设，就需要经过一个 TTL 施密特触发器，再连接到 GPIO 输入寄存器或者其他复用外设。输出驱动有一对 MOS 管，可通过配置上下 MOS 管是否使能，将 I/O 口配置成开漏或者推挽输出；输出驱动内部也可以配置成由 GPIO 控制输出还是由复用的其他外设控制输出。

12.1.2 输入配置

当 I/O 口配置成输入模式时，输出驱动断开，输入上下拉可选，不连接复用功能和模拟输入。在每个 I/O 口上的数据在每个 APB2 时钟被采样到输入数据寄存器，读取输入数据寄存器对应位即获取了对应引脚的电平状态。GPIO 模块输入配置结构如图 12-2 所示。

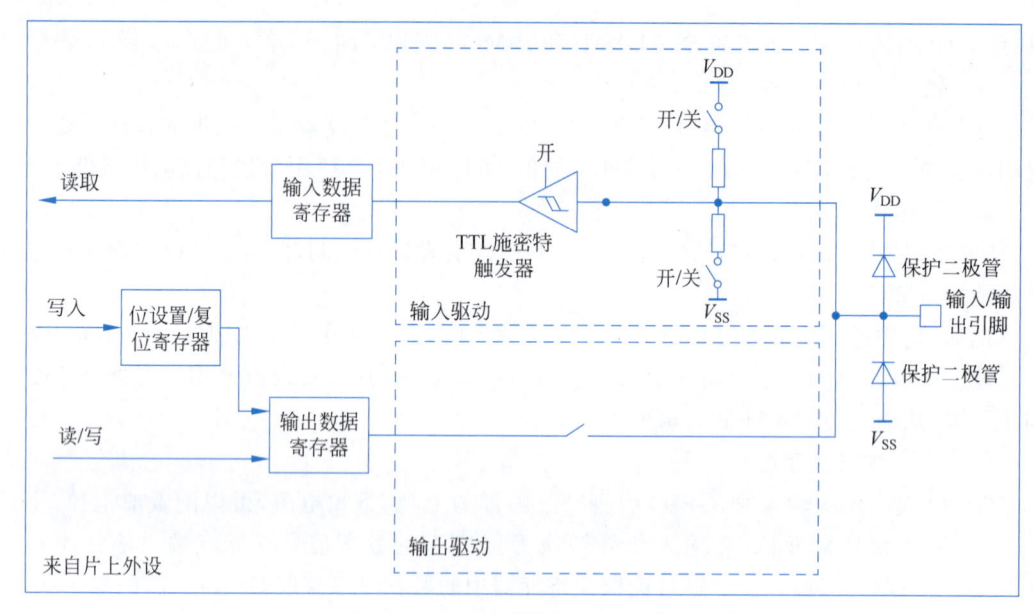

图 12-2　GPIO 模块输入配置结构

12.1.3　输出配置

当 I/O 口配置成输出模式时，输出驱动器中的一对 MOS 可根据需要被配置成推挽或者开漏模式，不使用复用功能。输入驱动的上下拉电阻被禁用，TTL 施密特触发器被激活，出现在 I/O 引脚上的电平将在每个 APB2 时钟，被采样到输入数据寄存器，所以读取输入数据寄存器将会得到 I/O 状态，在推挽输出模式时，访问输出数据寄存器会得到最后一次写入的值。GPIO 模块输出配置结构如图 12-3 所示。

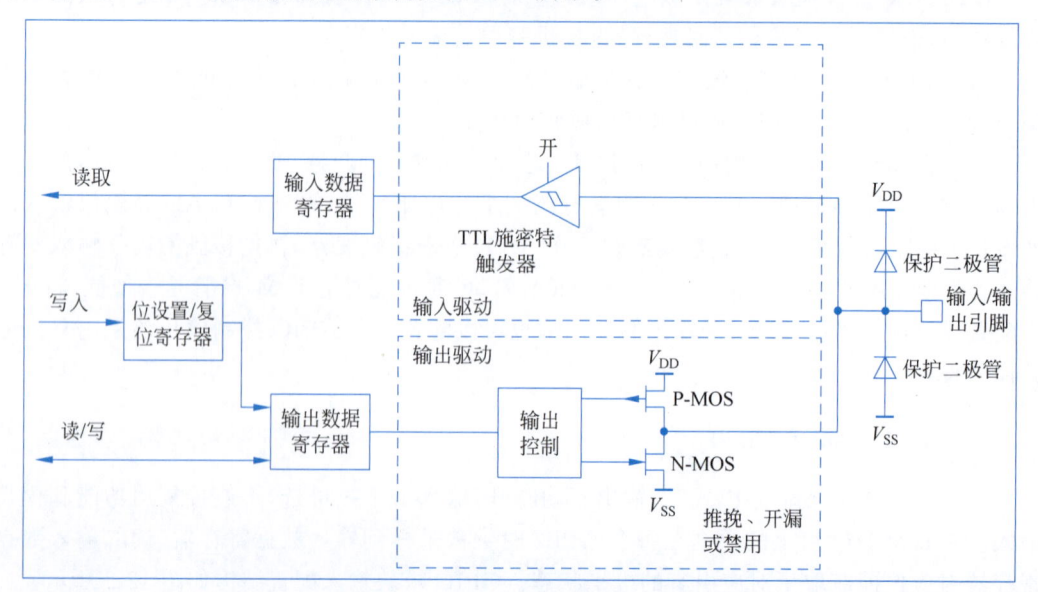

图 12-3　GPIO 模块输出配置结构

12.1.4 复用功能配置

在启用复用功能时,输出驱动器被使能,可以按需要被配置成开漏或者是推挽模式。施密特触发器也被打开,复用功能的输入和输出线都被连接,但是输出数据寄存器被断开,出现在 I/O 引脚上的电平将会在每个 APB2 时钟,被采样到输入数据寄存器。在开漏模式下,读取输入数据寄存器将会得到 I/O 口当前状态;在推挽模式下,读取输出数据寄存器将会得到最后一次写入的值。GPIO 模块被其他外设复用时的结构如图 12-4 所示。

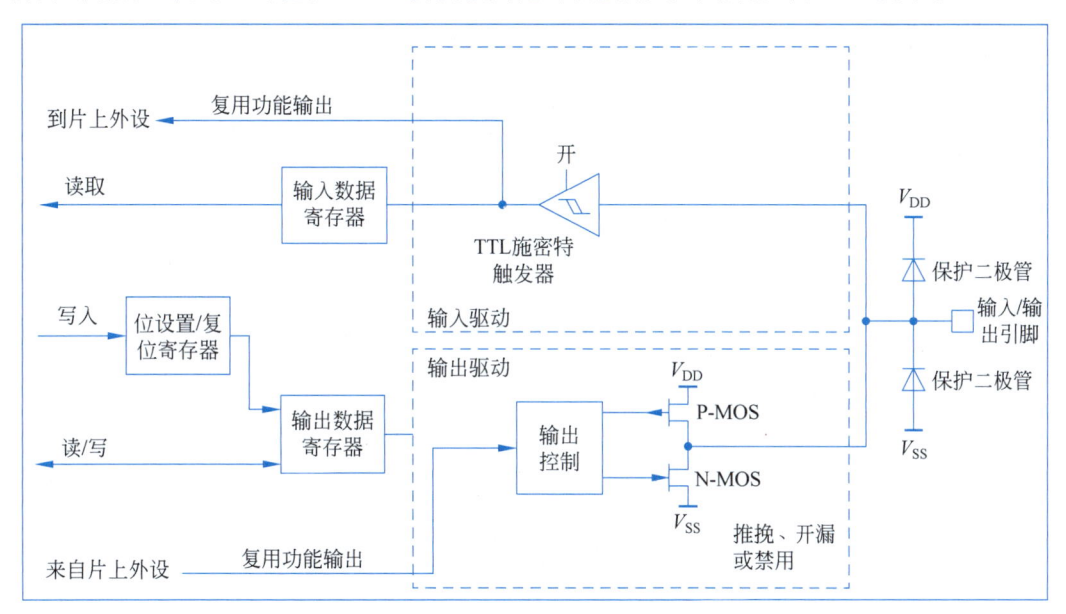

图 12-4 GPIO 模块被其他外设复用时的结构

12.1.5 模拟输入配置

在启用模拟输入时,输出缓冲器被断开,输入驱动中的施密特触发器的输入被禁止,以防止产生 I/O 口上的消耗。当上下拉电阻被禁止时,读取输入数据寄存器将一直为 0。GPIO 模块作为模拟输入时的配置结构如图 12-5 所示。

12.2 GPIO 功能

GPIO 被广泛应用于微控制器(MCU)、微处理器(MPU)和其他数字设备中。GPIO 引脚可以被配置为 I/O 模式,用于读取外部信号或驱动外部设备。GPIO 的灵活性和简单性使其成为嵌入式系统设计中不可或缺的组成部分。

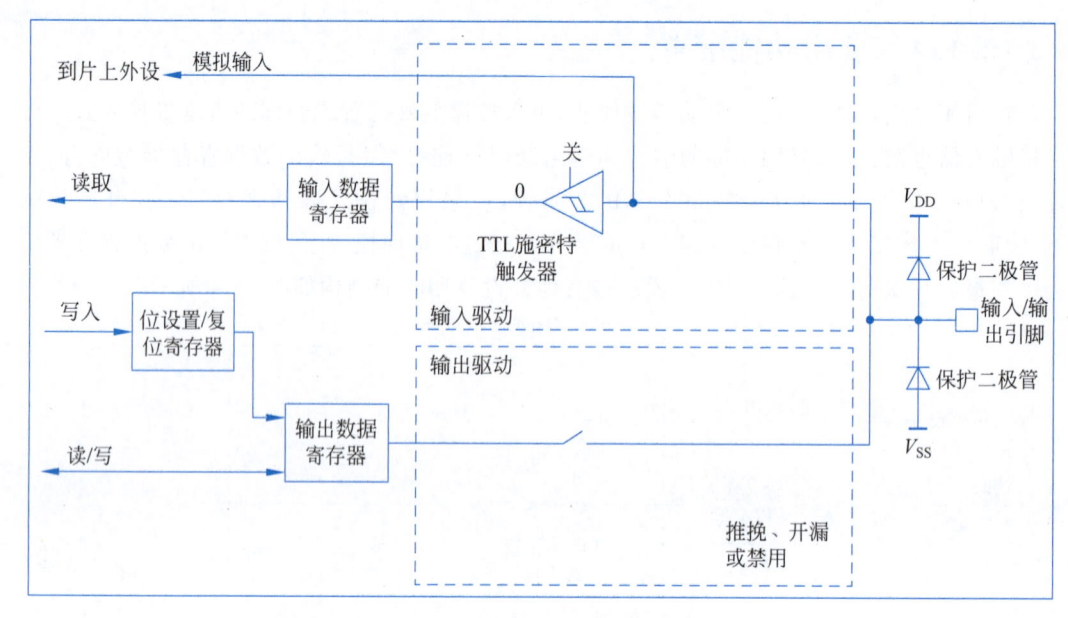

图 12-5　GPIO 模块作为模拟输入时的配置结构

12.2.1　工作模式

GPIO 有多种工作模式,如表 12-1 所示。

表 12-1　GPIO 工作模式

GPIO 工作模式	功 能 说 明
模拟输入	适用于 ADC 外设的模拟电压采集功能
浮空输入	呈高阻态,由外部输入决定电平的状态
下拉输入	默认的电平状态为低电平
上拉输入	默认的电平状态为高电平
开漏输出	没有驱动能力,输出高电平需要外接上拉电阻
推挽输出	可直接输出高电平或低电平,高电平时,电压为电源电压,低电平时为地。该模式下无须外接上拉电阻
复用开漏	信号来源于外部输入
复用推挽	信号来源于其他外设模块,输出数据寄存器此时无效

12.2.2　GPIO 的初始化功能

刚复位后,GPIO 运行在初始状态,这时大多数 I/O 口都是运行在浮空输入状态,但也有 HSE 等外设相关的引脚运行在外设复用的功能上。

12.2.3　外部中断

所有 GPIO 都可被配置成外部中断输入通道,此时 GPIO 需要配置为输入模式。一个外部中断输入通道最多只能映射到一个 GPIO 引脚上,且外部中断通道的序号必须和 GPIO 端口的位号一致,比如 PA1(或者 PB1,PC1,PD1 等)只能映射到 EXTI1 上,且 EXTI1 只能接受 PA1,PB1,PC1,PD1 等其中之一的映射,两方都是一对一的关系。

12.2.4　复用功能

同一个 I/O 口可能有多个外设复用到此引脚。为了使各个外设都有最大的发挥空间,外设的复用引脚除了默认复用引脚外,还可以重新映射到其他的引脚,避开被占用的引脚。

CH32V307 系列微控制器的 GPIO 功能均通过读写寄存器实现,每个 GPIO 端口都由 1 个 GPIO 配置寄存器低位(GPIOx_CFGLR)、1 个 GPIO 配置寄存器高位(GPIOx_CFGHR)、1 个端口输入寄存器(GPIOx_INDR)、1 个端口输出寄存器(CPIOx_OUTDR)、1 个端口复位/置位寄存器(GPIOx_BSHR)、1 个端口复位寄存器(GPIOx_BCR)、1 个配置锁定寄存器(GPIOx_LCKR)组成。有关 GPIO 寄存器的详细功能请参考 CH32V307 系列寄存器手册。GPIO 的功能也可以使用标准库函数实现,标准库函数提供了绝大部分寄存器操作函数,基于库函数开发代码更加简单便捷。

使用复用功能必须要注意以下 3 点。

(1)使用输入方向的复用功能,端口必须配置成复用输入模式,上下拉设置可根据实际需要设置;

(2)使用输出方向的复用功能,端口必须配置成复用输出模式,推挽或开漏可根据实际情况设置;

(3)对于双向的复用功能,端口必须配置成复用输出模式,这时驱动器被配置成浮空输入模式。

同一个 I/O 口可能有多个外设复用到此管脚,因此为了使各个外设都有最大的发挥空间,外设的复用引脚除了默认复用引脚,还可以进行重映射,重映射到其他的引脚,避开被占用的引脚。

12.2.5　锁定机制

锁定机制可以锁定 I/O 口的配置。经过特定的一个写序列后,选定的 I/O 引脚配置将被锁定,在下一个复位前无法更改。通过操作 Px 端口锁定配置寄存器(R32_GPIOx_LCKR)可以对需要锁定的 I/O 口进行配置。

12.3　GPIO 库函数

CH32V307 标准库函数提供 GPIO 相关的函数,GPIO 库函数如表 12-2 所示。本节将对常用的库函数进行详细介绍。

表 12-2 GPIO 库函数

序号	函数名称	函数说明
1	GPIO_DeInit	GPIO 相关的寄存器配置成上电复位后的默认状态
2	GPIO_AFIODeInit	复用功能寄存器值配置成上电复位后的默认状态
3	GPIO_Init	根据 GPIO_InitStruct 中指定的参数初始化 GPIOx
4	GPIO_StructInit	将每个 GPIO_InitStruct 成员填入默认值
5	GPIO_ReadInputDataBit	读取指定 GPIO 输入数据端口位
6	GPIO_ReadInputData	读取指定 GPIO 输入数据端口
7	GPIO_ReadOutputDataBit	读取指定 GPIO 输出数据端口位
8	GPIO_ReadOutputData	读取指定 GPIO 输出数据端口
9	GPIO_SetBits	置位指定数据端口位
10	GPIO_ResetBits	清零指定数据端口位
11	GPIO_WriteBit	置位或清零指定数据端口位
12	GPIO_Write	向指定 GPIO 数据端口写入数据
13	GPIO_PinLockConfig	锁定 GPIO 引脚配置寄存器
14	GPIO_EventOutputConfig	选择 GPIO 引脚作为事件输出
15	GPIO_EventOutputCmd	使能或失能时间输出
16	GPIO_PinRemapConfig	改变指定引脚的映射
17	GPIO_EXTILineConfig	选择 GPIO 引脚作为外部中断线

1. 函数 GPIO_Init

GPIO_Init 的说明如表 12-3 所示。

表 12-3 GPIO_Init 的说明

项目名	描述
函数原型	void GPIO_Init(GPIO_TypeDef * GPIOx, GPIO_InitTypeDef * GPIO_InitStruct)
功能描述	根据 GPIO_InitStruct 中指定的参数初始化 GPIOx
输入参数 1	GPIOx：x 可以是 A、B、C、D、E，用来选择 GPIO 端口号
输入参数 2	GPIO_InitStruct：指向结构体 GPIO_InitTypeDef 的指针，包含了指定 GPIO 的配置信息
输出参数	无

GPIO_InitTypeDef 定义在 ch32v10x_gpio.h 文件中，其结构体定义如下：

```
Typedef struct
{
uint16_t GPIO_Pin;
GPIOSpeed_TypeDef  GPIO_Speed;
GPIOMode_TypeDef GPIO_Mode;
}GPIO_InitTypeDef;
```

（1）GPIO_Pin 指定要配置的 GPIO 引脚，该参数可为 GPIO_Pin_x（x 为 0～15）的任意组合。GPIO_Pin 参数定义如表 12-4 所示。

表 12-4　GPIO_Pin 参数定义

GPIO_Pin 参数	描　　述	GPIO_Pin 参数	描　　述	GPIO_Pin 参数	描　　述
GPIO_Pin_0	选择引脚 0	GPIO_Pin_6	选择引脚 6	GPIO_Pin_12	选择引脚 12
GPIO_Pin_1	选择引脚 1	GPIO_Pin_7	选择引脚 7	GPIO_Pin_13	选择引脚 13
GPIO_Pin_2	选择引脚 2	GPIO_Pin_8	选择引脚 8	GPIO_Pin_14	选择引脚 14
GPIO_Pin_3	选择引脚 3	GPIO_Pin_9	选择引脚 9	GPIO_Pin_15	选择引脚 15
GPIO_Pin_4	选择引脚 4	GPIO_Pin_10	选择引脚 10	GPIO_Pin_All	选择所有引脚
GPIO_Pin_5	选择引脚 5	GPIO_Pin_11	选择引脚 11		

（2）GPIO_Speed 指定被选中引脚的最高输出速率。GPIO_Speed 参数定义如表 12-5 所示。

表 12-5　GPIO_Speed 参数定义

GPIO_Speed 参数	描　　述
GPIO_Speed_10MHz	最高输出频率为 10MHz
GPIO_Speed_2MHz	最高输出频率为 2MHz
GPIO_Speed_50MHz	最高输出频率为 50MHz

（3）GPIO_Mode 指定被选中引脚的工作模式。GPIO_Mode 参数定义如表 12-6 所示。

表 12-6　GPIO_Mode 参数定义

GPIO_Mode 参数	描　　述	GPIO_Mode 参数	描　　述
GPIO_Mode_AIN	模拟输入	GPIO_Mode_Out_OD	开漏输出
GPIO_Mode_IN_FLOATING	浮空输入	GPIO_Mode_Out_PP	推挽输出
GPIO_Mode_IPD	下拉输入	GPIO_Mode_AF_OD	复用开漏输出
GPIO_Mode_IPU	上拉输入	GPIO_Mode_AF_PP	复用推挽输出

该函数的使用方法如下：

```
/*设置 GPIOB 的 PIN3 和 PIN12 脚为推挽输出模式*/
GPIO_InitTypeDef F GPIO InitStructure;
GPIO_InitStructure.GPIO_Pin = GPIO_Pin_3|GPIO_Pin_12;
GPIO_InitStructure.GPIO_Mode = GPIO_Mode_Out_PP;
GPIO_InitStructure.GPIO_Speed = GPIO_Speed_50MHz;
GPIO_Init(GPIOB,&GPIO_InitStructure);
```

2．函数 GPIO_ReadInputDataBit

GPIO_ReadInputDataBit 的说明如表 12-7 所示。

表 12-7　GPIO_ReadInputDataBit 的说明

项　目　名	描　　述
函数原型	uint8_t GPIO_ReadInputDataBit(GPIO_TypeDef * GPIOx, uint16_t GPIO_Pin)
功能描述	读取指定 GPIO 输入数据端口位
输入参数 1	GPIOx：x 可以是 A、B、C、D、E，用来选择 GPIO 端口号
输入参数 2	GPIO_Pin：指定要配置的 GPIO 引脚
输出参数	指定引脚的高低电平值

该函数的使用方法如下：

```
uint8_t  value;                      //读取 PA1 引脚的输入值
Value = GPIO_ReadInputDataBit(GPIOA,GPIO_Pin_1);
```

3. 函数 GPIO_SetBits

GPIO_SetBits 的说明如表 12-8 所示。

表 12-8 GPIO_SetBits 的说明

项 目 名	描 述
函数原型	voidGPIO_SetBits(GPIO_TypeDef * GPIOx，uint16_t GPIO_Pin)
功能描述	置位指定数据端口位
输入参数 1	GPIOx：x 可以是 A、B、C、D、E，用来选择 GPIO 端口号
输入参数 2	GPIO_Pin：指定要配置的 GPIO 引脚
输出参数	无

该函数的使用方法如下：

```
//设置 PA1 引脚输出高电平
GPIO_SetBits(GPIOA,GPIO_Pin_1);
```

4. 函数 GPIO_ResetBits

GPIO_ResetBits 的说明如表 12-9 所示。

表 12-9 GPIO_ResetBits 的说明

项 目 名	描 述
函数原型	voidGPIO_ResetBits(GPIO_TypeDef * GPIOx，uint16_t GPIO_Pin)
功能描述	清零指定数据端口位
输入参数 1	GPIOx：x 可以是 A、B、C、D、E，用来选择 GPIO 端口号
输入参数 2	GPIO_Pin：指定要配置的 GPIO 引脚
输出参数	无

该函数的使用方法如下：

```
//设置 PA1 引脚输出低电平
GPIO_ResetBits(GPIOA,GPIO_Pin_1);
```

5. 函数 GPIO_PinRemapConfig

GPIO_PinRemapConfig 的说明如表 12-10 所示。

表 12-10 GPIO_PinRemapConfig 的说明

项 目 名	描 述
函数原型	voidGPIO_PinRemapConfig(uint32_t GPIO_Remap，FunctionalStateNewState)
功能描述	改变指定引脚的映射
输入参数 1	GPIO_Remap：选择需要重映射的引脚
输入参数 2	NewState：指重映射配置状态，参数可以取 ENABLE 或 DISABLE
输出参数	无

该函数的使用方法如下：

```
//重映射 USART1_TX 为 PB6,USART1_RX 为 PB7
GPIO_PinRemapConfig(GPIO_Remap_USART1,ENABLE);
```

该函数的参数说明见表 12-11。

表 12-11　GPIO_Remap 的参数说明

GPIO_Remap 参数	描　　述	GPIO_Remap 参数	描　　述
GPIO_Remap_SPI1	重映射 SPI1	GPIO_FullRemap_TIM2	完全重映射 TIM2
GPIO_Remap_I2C1	重映射 I2C1	GPIO_PartialRemap_TIM3	部分重映射 TIM3
GPIO_Remap_USART1	重映射 USART1	GPIO_FullRemap_TIM3	完全重映射 TIM3
GPIO_Remap_USART2	重映射 USART2	GPIO_Remap_TIM4	重映射 TIM4
GPIO_PartialRemap_TIM1	部分重映射 TIM1	GPIO_Remap_PD01	重映射 PD01
GPIO_FullRemap_TIM1	完全重映射 TIM1	GPIO_Remap_SWJ_NoJTRST	重映射
GPIO_PartialRemap1_TIM2	部分重映射 TIM2	GPIO_Remap_SWJ_JTAGDisable	重映射
GPIO_PartialRemap2_TIM2	部分重映射 TIM2	GPIO_Remap_SWJ_Disable	重映射

6. 函数 GPIO_EXTILineConfig

GPIO_EXTILineConfig 的说明如表 12-12 所示。

表 12-12　GPIO_EXTILineConfig 的说明

项　目　名	描　　述
函数原型	void GPIO_EXTILineConfig(uint8_t GPIO_PortSource,uint8_t GPIO_PinSource)
功能描述	选择 GPIO 引脚作为外部中断线
输入参数 1	GPIO_PortSource：选择作为外部中断源的 GPIO 端口
输入参数 2	GPIO_PinSource：待设置的外部中断引脚
输出参数	无

该函数的使用方法如下：

```
//设置 PA3 为外部中断线
GPIO_EXTILineConfig(GPIO_PortSourceGPIOA,GPIO_PinSource3);
```

12.4　CH32V307 的 GPIO 使用流程

　　GPIO 可以配置成多种 I/O 模式，芯片上电工作后，需要先对使用到的引脚功能进行配置。

　　（1）如果没有使能引脚复用功能，则配置为普通 GPIO。

　　（2）如果有使能引脚复用功能，则对需要复用的引脚进行配置。

　　（3）锁定机制可以锁定 I/O 口的配置。经过特定的一个写序列后，选定的 I/O 引脚配置将被锁定，在下一个复位前无法更改。

12.4.1　CH32V307 普通 GPIO 配置

CH32V307 的 GPIO 引脚配置过程如下。
（1）定义 GPIO 的初始化类型结构体：GPIO_InitType DefGPIO_InitStructure。
（2）开启 APB2 外设时钟使能，根据使用的 GPIO 端口使能对应 GPIO 时钟。
（3）配置 GPIO 引脚、传输速率、工作模式。
（4）完成 GPIO_Init 函数的配置。

12.4.2　CH32V307 引脚复用功能配置

CH32V307 的复用功能 I/O(Alternate Function I/O，AFIO)配置过程如下。
（1）开启 APB2 的 AFIO 时钟和 GPIO 时钟。
（2）配置引脚为复用功能。
（3）根据使用的复用功能进行配置。如果复用功能 AFIO 对应到外设模块，则需要配置对应外设的功能。

使用复用功能必须要注意以下 3 点：
（1）使用输入方向的复用功能，端口必须配置成复用输入模式，上下拉设置可根据实际需要设置；
（2）使用输出方向的复用功能，端口必须配置成复用输出模式，推挽还是开漏可根据实际情况设置；
（3）对于双向的复用功能，端口必须配置成复用输出模式，这时驱动器被配置成浮空输入模式。

CH32V307 各个外设的引脚相应的 GPIO 配置，如表 12-13～表 12-20 所示。

表 12-13　高级定时器(TIM1)

TIM1	配　　置	GPIO 配置
TIM1_CHx	输入捕获通道 x	浮空输入
	输出比较通道 x	推挽复用输出
TIM1_CHxN	互补输出通道 x	推挽复用输出
TIM1_BKIN	刹车输入	浮空输入
TIM1_ETR	外部触发时钟输入	浮空输入

表 12-14　通用定时器(TIM2/3/4)

TIM2/3/4 引脚	配　　置	GPIO 配置
TIM2/3/4_CHx	输入捕获通道 x	浮空输入
	输出比较通道 x	推挽复用输出
TIM2/3/4_ETR	外部触发时钟输入	浮空输入

表 12-15　通用同步异步串行收发器(USART)

USART 引脚	配　　置	GPIO 配置
USARTx_TX	全双工模式	推挽复用输出
	半双工同步模式	推挽复用输出
USARTx_RX	全双工模式	浮空输入或者带上拉输入
	半双工同步模式	未使用
USARTx_CX	同步模式	推挽复用输出
USARTx_RTX	硬件流量控制	推挽复用输出
USARTx_CTX	硬件流量控制	浮空输入或带上拉输入

表 12-16　串行外设接口(SPI)模块

SPI 引脚	配　　置	GPIO 配置
SPIx_SCK	主模式	推挽复用输出
	从模式	浮空输入
SPIx_MOSI	全双工主模式	推挽复用输出
	全双工从模式	浮空输入或者带上拉输入
	简单的双向数据线/主模式	推挽复用输出
	简单的双向数据线/从模式	未使用
SPIx_MISO	全双工主模式	浮空输入或带上拉输入
	全双工从模式	推挽复用输出
	简单的双向数据线/主模式	未使用
	简单的双向数据线/从模式	推挽复用输出
SPIx_NSS	硬件主或从模式	浮空或带上拉或下拉的输入
	硬件主模式	推挽复用输出
	软件模式	未使用

表 12-17　内部集成总线(I2C)模块

I2C 引脚	配　　置	GPIO 配置
I2C_SDA	时钟线	开漏复用输出
I2C_SCL	数据线	开漏复用输出

表 12-18　通用串行总线(USB)控制器

USB 引脚	GPIO 配置
USB_DM/USB_DP	使能 USB 模块后,复用的 I/O 口会自动连接到内部 USB 收发器

表 12-19　ADC

ADC	GPIO 配置
ADC	模拟输入

表 12-20　其他的 I/O 功能设置

引　　脚	配 置 功 能	GPIO 配置
TAMPER_RTC	RTC 输出	硬件自动设置
	侵入事件输入	
MCO	时钟输出	推挽复用输出
EXTI	外部中断输入	浮空输入或带上拉或下拉输入

12.5　CH32V307 的 GPIO 按键输入应用实例

本实例涉及使用 CH32V307 开发板的触摸按键,该按键连接至微控制器 CH32V307 的 PA2 引脚。通过编程,可以实现对按键触摸事件的检测与响应。若开发板的按键连接方式或引脚有所不同,仅需在代码中调整对应的引脚配置即可,其控制逻辑与原理保持不变。这种灵活性允许开发者根据具体的硬件配置,轻松地适配并实现按键功能,从而开发出适应不同硬件要求的应用程序。

12.5.1　触摸按键输入硬件设计

本实例 CH32V307 开发板连接的按键如图 12-6 所示,触摸按键分别连接 CH32V307 的 PA2 引脚。若使用的开发板按键的连接方式或引脚不一样,只需根据工程修改引脚即可,程序的控制原理相同。

图 12-6　CH32V307 开发板连接的按键

12.5.2　触摸按键输入软件设计

实现 CH32V307 开发板触摸按键输入的软件设计包含几个关键步骤,从初始化 GPIO 引脚到检测按键状态并执行相应操作。

```
#include "debug.h"

/* 全局定义 */
/*********************************************************************
 * 程序名:Touch_Key_Init
 * 功能:初始化触摸按键采集
 * 返回:无
 ********************************************************************/
void Touch_Key_Init(void)
{
```

第12章 CH32V307 GPIO

```
    GPIO_InitTypeDef GPIO_InitStructure = {0};
    ADC_InitTypeDef  ADC_InitStructure = {0};

    RCC_APB2PeriphClockCmd(RCC_APB2Periph_GPIOA, ENABLE);
    RCC_APB2PeriphClockCmd(RCC_APB2Periph_ADC1, ENABLE);
    RCC_ADCCLKConfig(RCC_PCLK2_Div8);

    GPIO_InitStructure.GPIO_Pin = GPIO_Pin_2;
    GPIO_InitStructure.GPIO_Mode = GPIO_Mode_AIN;
    GPIO_Init(GPIOA, &GPIO_InitStructure);

    ADC_InitStructure.ADC_Mode = ADC_Mode_Independent;
    ADC_InitStructure.ADC_ScanConvMode = DISABLE;
    ADC_InitStructure.ADC_ContinuousConvMode = DISABLE;
    ADC_InitStructure.ADC_ExternalTrigConv = ADC_ExternalTrigConv_None;
    ADC_InitStructure.ADC_DataAlign = ADC_DataAlign_Right;
    ADC_InitStructure.ADC_NbrOfChannel = 1;
    ADC_Init(ADC1, &ADC_InitStructure);

    ADC_Cmd(ADC1, ENABLE);
    TKey1->CTLR1 |= (1 << 26) | (1 << 24);  // Enable TouchKey and Buffer
}

/*********************************************************************
 * 程序名: Touch_Key_Adc
 * 功能:    返回 ADCx 转换结果数据
 * 参数:    ch - ADC channel.
 *           ADC_Channel_0 - ADC Channel0 selected.
 *           ADC_Channel_1 - ADC Channel1 selected.
 *           ADC_Channel_2 - ADC Channel2 selected.
 *           ADC_Channel_3 - ADC Channel3 selected.
 *           ADC_Channel_4 - ADC Channel4 selected.
 *           ADC_Channel_5 - ADC Channel5 selected.
 *           ADC_Channel_6 - ADC Channel6 selected.
 *           ADC_Channel_7 - ADC Channel7 selected.
 *           ADC_Channel_8 - ADC Channel8 selected.
 *           ADC_Channel_9 - ADC Channel9 selected.
 *           ADC_Channel_10 - ADC Channel10 selected.
 *           ADC_Channel_11 - ADC Channel11 selected.
 *           ADC_Channel_12 - ADC Channel12 selected.
 *           ADC_Channel_13 - ADC Channel13 selected.
 *           ADC_Channel_14 - ADC Channel14 selected.
 *           ADC_Channel_15 - ADC Channel15 selected.
 *           ADC_Channel_16 - ADC Channel16 selected.
 *           ADC_Channel_17 - ADC Channel17 selected.
 *
 * 返回:val 为数据转换值
**********************************************************/
u16 Touch_Key_Adc(u8 ch)
{
```

```c
    ADC_RegularChannelConfig(ADC1, ch, 1, ADC_SampleTime_7Cycles5);
    TKey1->IDATAR1 = 0x10; //Charging Time
    TKey1->RDATAR = 0x8; //Discharging Time
    while(!ADC_GetFlagStatus(ADC1, ADC_FLAG_EOC))
        ;
    return (uint16_t)TKey1->RDATAR;
}

/*********************************************************************
 * main 函数
 *********************************************************************/
int main(void)
{
    u16 ADC_val;

    SystemCoreClockUpdate();
    Delay_Init();
    USART_Printf_Init(115200);
    printf("SystemClk:%d\r\n", SystemCoreClock);
    printf( "ChipID:%08x\r\n", DBGMCU_GetCHIPID() );
    Touch_Key_Init();
    while(1)
    {
        ADC_val = Touch_Key_Adc(ADC_Channel_2);
        printf("TouchKey Value:%d\r\n", ADC_val);
        Delay_Ms(500);
    }
}
```

下面对上述代码的功能进行说明。

(1) void Touch_Key_Init(void)函数。

Touch_Key_Init 函数用于初始化一个基于 ADC 的触摸按键采集系统。其主要步骤和功能如下。

① 开启时钟。

"RCC_APB2PeriphClockCmd（RCC_APB2Periph_GPIOA, ENABLE）;"：开启 GPIOA 端口的时钟，因为触摸按键连接到该端口的某个引脚上。

"RCC_APB2PeriphClockCmd(RCC_APB2Periph_ADC1, ENABLE);"：开启 ADC1 的时钟，用于后续的模拟信号到数字信号的转换。

"RCC_ADCCLKConfig(RCC_PCLK2_Div8);"：设置 ADC 的时钟，这里将 APB2 的时钟频率除以 8 作为 ADC 的时钟源。因为 ADC 转换的精度和速度受到时钟频率的影响，根据具体的系统时钟和 ADC 性能要求，需要选择合适的分频。

② 配置 GPIO。

将 GPIOA 的第 2 号引脚(GPIO_Pin_2)配置为模拟输入模式(GPIO_Mode_AIN)。这样，该引脚可以接收来自触摸按键的模拟信号。

③ 配置 ADC。

设置 ADC 为独立模式(ADC_Mode_Independent)。

禁用扫描转换模式(ADC_ScanConvMode = DISABLE),因为只采集一个通道的数据。

禁用连续转换模式(ADC_ContinuousConvMode = DISABLE),转换将由软件或外部事件触发。

设置外部触发转换为禁用(ADC_ExternalTrigConv = ADC_ExternalTrigConv_None),即不使用外部信号触发转换。

数据对齐方式设置为右对齐(ADC_DataAlign_Right)。

设置转换的通道数量为 1(ADC_NbrOfChannel = 1),因为只读取 1 个触摸按键的信号。

④ 启动 ADC。

通过"ADC_Cmd(ADC1,ENABLE);"启用 ADC1。

⑤ 启用触摸按键和缓冲区。

Touch_Key_Init 函数的目的是初始化一个触摸按键的硬件接口,包括配置相关的 GPIO 为模拟输入模式和设置 ADC 用于读取触摸按键产生的模拟信号。这样的设置允许微控制器通过采集和转换来自触摸按键的模拟信号检测用户的触摸操作。

(2) Touch_Key_Adc(u8 ch)函数。

Touch_Key_Adc 函数的主要功能是对指定的 ADC 通道进行一次数据转换,并返回转换结果。这个函数特别用于读取触摸按键相关的模拟信号转换值。具体来说,它执行以下步骤。

① 配置 ADC 通道。

使用"ADC_RegularChannelConfig(ADC1,ch,1,ADC_SampleTime_7Cycles5);"配置 ADC1 的规则通道。ch 是函数的参数,表示要配置的 ADC 通道号,如 ADC_Channel_0 和 ADC_Channel_1 等。1 表示该通道在规则序列中的转换顺序,ADC_SampleTime_7Cycles5 指定了采样时间为 7.5 个 ADC 时钟周期。采样时间的长短会影响转换的精度和速度。

② 设置触摸按键的充放电时间(这部分代码具有特定硬件依赖性,是为了改善触摸检测的性能或稳定性)。

使用"TKey1-> IDATAR1 = 0x10;"设置充电时间。这里的 0x10 是用于控制触摸按键灵敏度或响应时间的一个值。

使用"TKey1-> RDATAR = 0x8;"设置放电时间。同样,0x8 是另一个用于调节触摸按键行为的值。

③ 等待转换完成。

使用"while(!ADC_GetFlagStatus(ADC1,ADC_FLAG_EOC));"循环等待,直到 ADC 转换完成。ADC_FLAG_EOC 是一个标志,表示转换结束。这种等待方式是阻塞的,即函数会在这里停留直到转换完成。

④ 返回转换结果。

通过"(uint16_t)TKey1-> RDATAR;"返回转换结果。这里直接从 RDATAR 寄存器读取转换值,说明该寄存器用于存放触摸按键 ADC 转换的结果。

Touch_Key_Adc 函数通过配置指定的 ADC 通道,执行一次 ADC 转换,然后返回该转换的结果。这个过程特别为读取触摸按键的模拟信号而设计,包括了对触摸按键充放电时间的设置,是为了优化触摸按键的性能或响应。

(3) main(void)函数。

main 函数是一个程序的入口,用于演示如何初始化系统和周期性地读取触摸按键的 ADC 值,并通过串口打印出来。具体步骤如下。

① 初始化系统时钟。

使用"SystemCoreClockUpdate();"更新系统核心时钟变量,确保它反映当前的系统时钟频率。

② 初始化时延功能。

使用"Delay_Init();"初始化时延功能是为了后续使用时延函数(如 Delay_Ms(500);)时能够基于正确的时钟设置工作。

③ 初始化串口打印功能。

使用"USART_Printf_Init(115200);"初始化串口,并设置波特率为 115200b/s,以便于后续通过串口输出调试信息或数据。

④ 打印系统时钟和芯片 ID。

打印当前的系统时钟频率和芯片 ID,这有助于验证系统是否按预期工作,以及识别正在使用的微控制器。

⑤ 初始化触摸按键。

使用"Touch_Key_Init();"调用之前解释的函数初始化与触摸按键相关的硬件,如 GPIO 和 ADC。

⑥ 周期性读取触摸按键 ADC 值并打印。

在一个无限循环中,使用"Touch_Key_Adc(ADC_Channel_2);"读取与触摸按键相关的 ADC 通道(这里为 ADC_Channel_2)的转换值,并将该值存储在 ADC_val 变量中。

通过 printf 函数将读取到的触摸按键 ADC 值打印出来,格式为 TouchKey Value:%d\r\n,其中%d 会被替换为 ADC_val 的值。

使用"Delay_Ms(500);"在每次读取后暂停 500ms,这样可以避免过于频繁地读取和打印,使输出更易于观察。

这个 main 函数展示了如何在微控制器上初始化和定期读取触摸按键的 ADC 值,并通过串口输出这些值,以及一些基本的系统信息。这是一个很典型的用于硬件接口测试和验证的程序结构,特别是在开发的早期阶段。

(4) printf("TouchKey Value:%d\r\n", ADC_val)函数。

"printf("TouchKey Value:%d\r\n", ADC_val);"函数的功能是在串口终端上打印出触摸按键的 ADC 转换值。具体来说,该函数功能如下。

① 格式化字符串输出。

printf 是一个标准的 C 语言库函数,用于向标准输出设备(通常是屏幕或在嵌入式设备

第 12 章　CH32V307 GPIO　　341

中是串口终端)打印格式化的字符串。

在这个例子中,"TouchKey Value:%d\r\n"是格式化字符串。其中%d 是一个格式说明符,表示一个十进制整数将被插入这个位置。

② 打印触摸按键的 ADC 值。

ADC_val 是一个变量,它的值是通过 Touch_Key_Adc 函数从触摸按键的 ADC 通道读取的。%d 格式说明符对应的就是 ADC_val 的值,这意味着 ADC_val 的值会被转换为十进制数并插入字符串中%d 的位置。

③ 换行和回车。

字符串的末尾有\r\n,这是两个转义字符:

\r 是回车符,它使光标移动到当前行的开头。

\n 是换行符,它使光标移动到下一行。

这两个字符一起使用,可以确保无论在哪种终端上,输出都能正确地开始新的一行。

"printf("TouchKey Value:%d\r\n", ADC_val);"的作用是将触摸按键的 ADC 读数以十进制格式输出到串口终端,并在输出后换行,以便于观察和调试。这是嵌入式编程中常用的一种方式,用于实时监控变量的值或系统状态。

12.5.3　工程下载

TouchKey.wvproj 工程文件夹如图 12-7 所示,双击图 12-7 中的 TOUCHKEY,会弹出 MRS 集成开发环境加载的界面,如图 12-8 所示。

图 12-7　TouchKey.wvproj 工程文件夹　　图 12-8　MRS 集成开发环境加载的界面

MRS 集成开发环境加载完毕后,进入 TouchKey 工程调试界面,如图 12-9 所示。

单击工具栏里的 ☒(Build All)按钮,编译 TouchKey 工程。TouchKey 工程编译完成后的界面如图 12-10 所示。

单击工具栏里 ☒▼ 按钮中的箭头,进入 TouchKey 工程下载配置界面,配置完成的界面如图 12-11 所示。

TouchKey 工程下载配置完成后,单击工具栏里的 ☒(Download)按钮,即可完成下载。

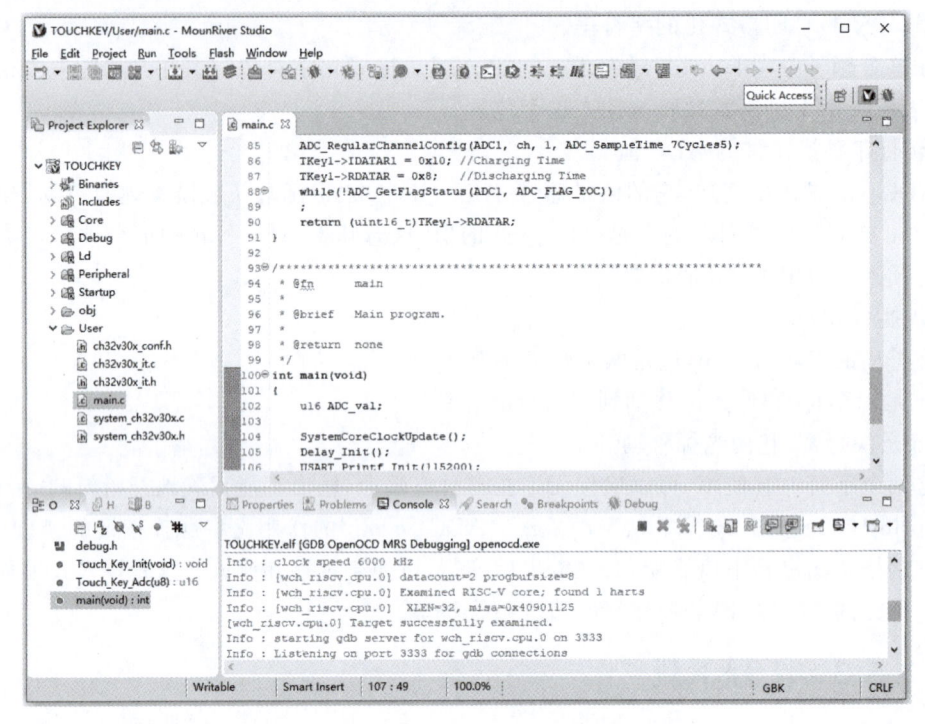

图 12-9 TouchKey 工程调试界面

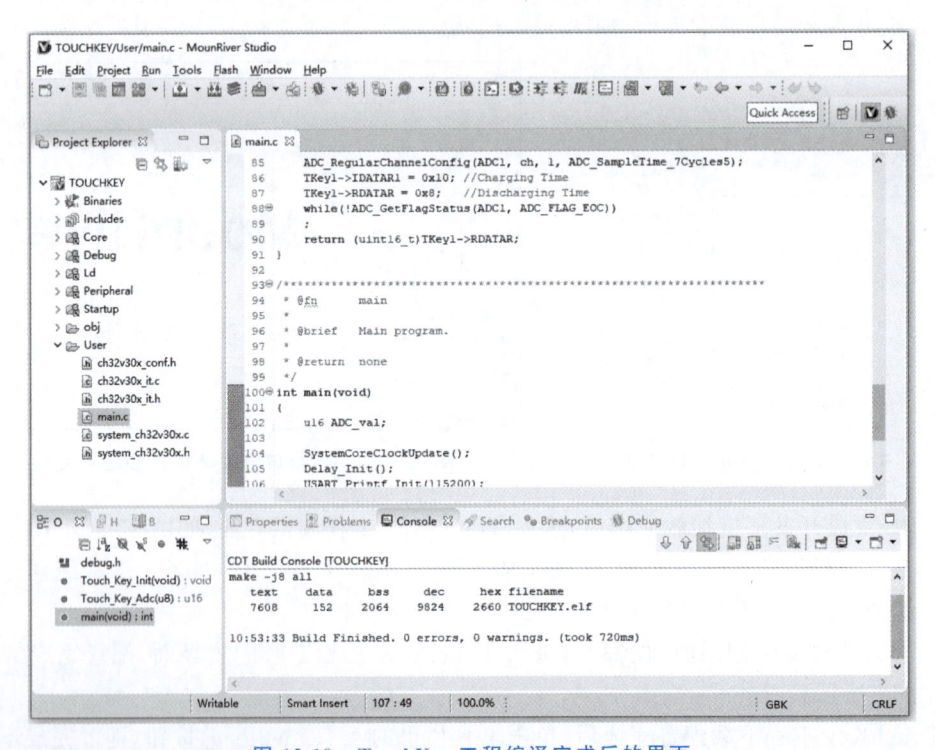

图 12-10 TouchKey 工程编译完成后的界面

图 12-11 TouchKey 工程下载配置完成的界面

12.5.4　串口助手测试

CH32V307 开发板上自带程序下载接口,用这个接口连接计算机的 USB 转虚拟串口时,通过串口调试助手可以接收并显示 ADC_val 的值。

下面讲述测试过程。

图 12-12　串口助手安装
　　　　包的程序图标

串口助手选择 SSCOM V5.13.1,串口助手安装包的程序图标如图 12-12 所示。

当 CH32V307 开发板的程序下载接口与计算机的 USB 连接时,计算机设备管理器的 COM 端口多了一个虚拟串口 COM22(WCH-LinkSERIAL),USB TO TTL 转换器虚拟串口如图 12-13 方框内所示。

双击图 12-12 所示的串口助手图标,进入串口助手测试界面,如图 12-14 所示。端口号选择 COM22,波特率自动跟踪,与 CH32V307 的波特率一致,为 115200b/s。图 12-14 的接收窗口显示 TouchKey 的值。

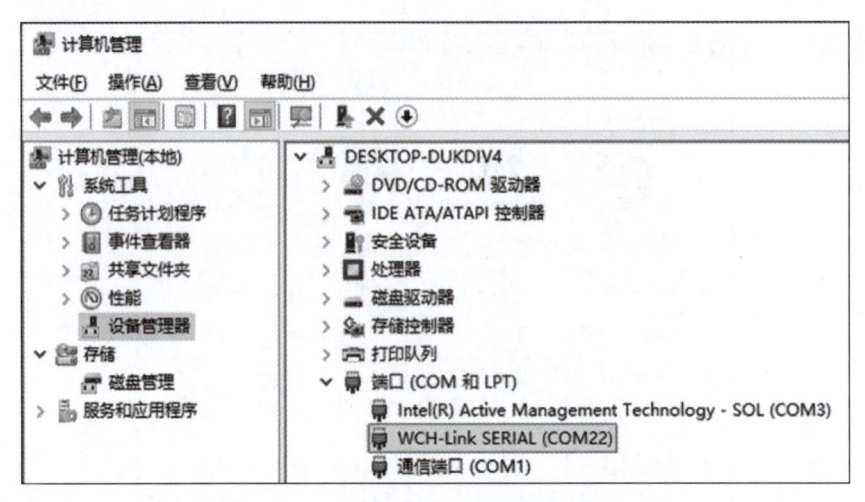

图 12-13　USB TO TTL 转换器虚拟串口

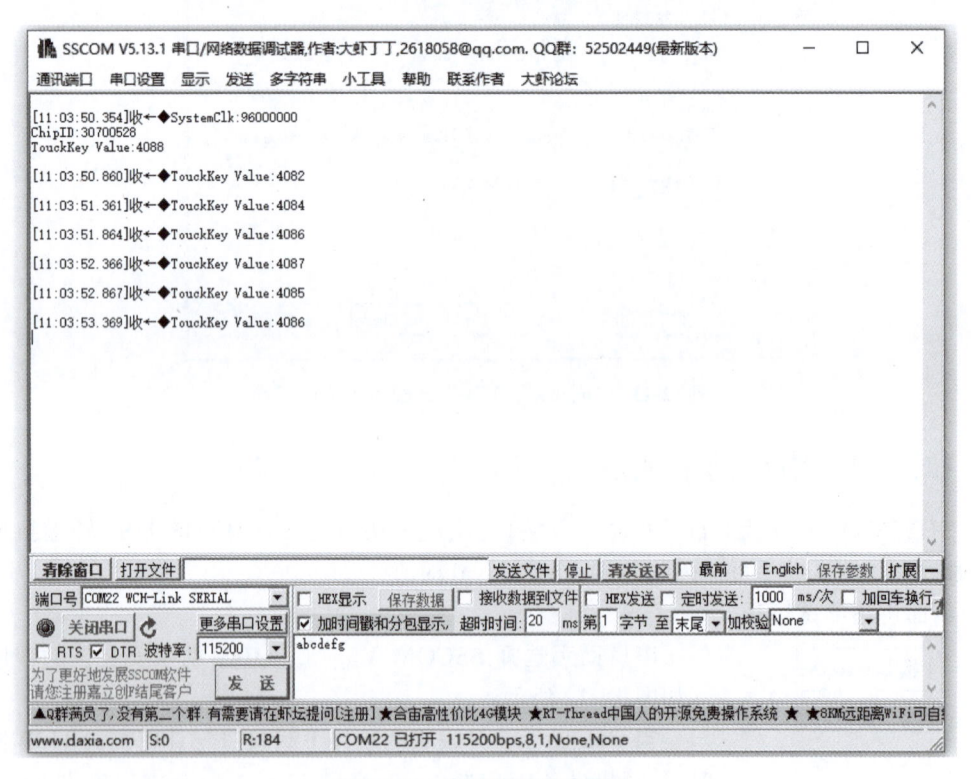

图 12-14　串口助手测试界面

12.5.5　WCH-LinkUtility 独立下载软件

CH32V307 的工程还可以通过 WCH-LinkUtility 独立下载软件进行下载。下载软件名称为 WCH-LinkUtility。WCH-LinkUtility 软件文件夹如图 12-15 所示。

双击图 12-15 中的 WCH-LinkUtility 应用程序,进入下载界面。配置完成并打开 TouchKey.hex 下载文件的界面如图 12-16 所示。

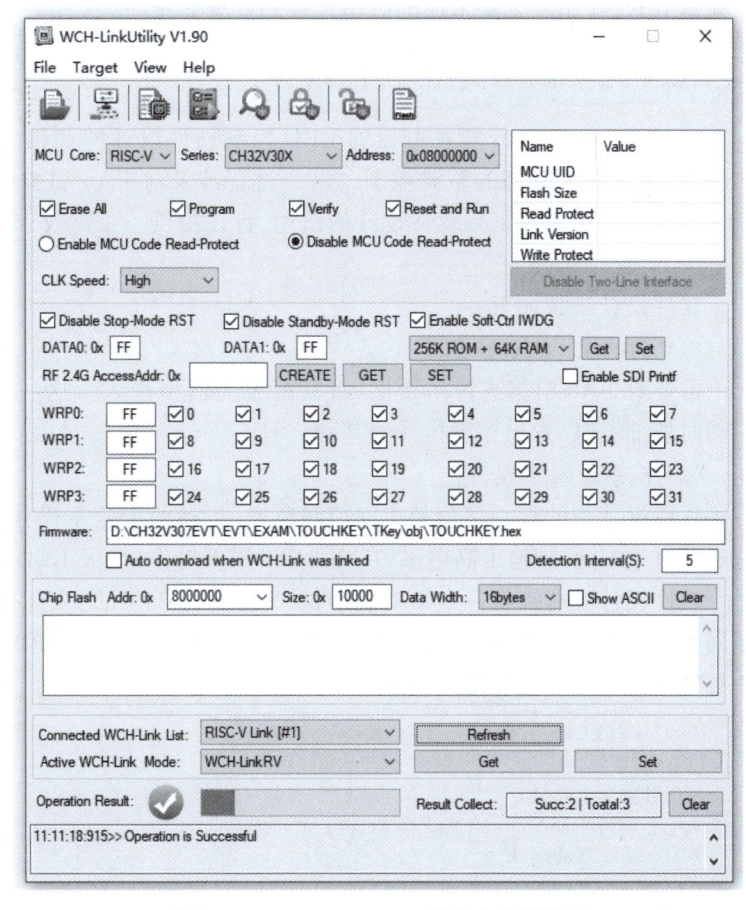

图 12-15　WCH-LinkUtility 软件文件夹

图 12-16　TouchKey.hex 下载文件的界面

单击图 12-16 中的 按钮,打开 TouchKey.hex 下载文件,单击图 12-16 中的 按钮进行工程下载。串口助手测试结果如图 12-14 所示。

12.6　CH32V307 的 GPIO LED 输出应用实例

通过 CH32V307 微控制器来控制 LED 的亮灭。

12.6.1　LED 输出硬件设计

在 LED 输出硬件设计中,通过简单地控制 PA0 引脚的电平输出状态,即可实现对 LED 的亮灭控制。这种设计方法的优势在于其简洁性和易于实现的特点,同时也具备良好的可适应性。即使在使用不同的开发板或 LED 连接至不同的引脚时，只需在软件中调整相应的引脚配置，即可按照同样的原理控制 LED。这种方法为 LED 控制提供了一种通用且灵活的解决方案，适用于多种不同的应用场景和开发需求。

12.6.2　LED 输出软件设计

在基于 CH32V307 微控制器的 LED 控制硬件设计的基础上，软件设计的核心目标是实现对 LED 亮灭状态的精确控制。这一过程涉及对 PA0 引脚电平的编程控制，通过软件来驱动硬件行为。以下是软件设计的概述，旨在提供一个高效、灵活且可适应不同开发环境的解决方案。

软件设计步骤如下。

（1）初始化 GPIO 引脚。

需要对 PA0 引脚进行初始化，将其配置为输出模式。这一步骤是确保能够通过 PA0 引脚向外部 LED 发出控制信号的基础。

（2）控制逻辑实现。

软件设计中的核心部分是实现控制逻辑，包括两个基本操作：点亮 LED 和熄灭 LED。这通过对 PA0 引脚输出高电平（点亮 LED）或低电平（熄灭 LED）来实现。

软件设计应能提供一个结构清晰、易于维护和扩展的 LED 控制解决方案，同时保持对不同硬件配置的高适应性。这种软件设计方法不仅适用于简单的 LED 控制场景，还可以作为更复杂系统中的组件被集成和利用。

```
/********************************
GPIO 程序
PA0 引脚为上拉输出
******************************** /
# include "debug.h"
/****************************************************************
 * 程序名:GPIO_Toggle_INIT
 * 功能:初始化 GPIOA.0
 * 返回:无
 **************************************************************** /
void GPIO_Toggle_INIT(void)
{
    GPIO_InitTypeDef GPIO_InitStructure = {0};

    RCC_APB2PeriphClockCmd(RCC_APB2Periph_GPIOA, ENABLE);
    GPIO_InitStructure.GPIO_Pin = GPIO_Pin_0;
    GPIO_InitStructure.GPIO_Mode = GPIO_Mode_Out_PP;
    GPIO_InitStructure.GPIO_Speed = GPIO_Speed_50MHz;
    GPIO_Init(GPIOA, &GPIO_InitStructure);
}
/**********************************************************
main 程序
********************************************************** /
```

```
int main(void)
{
    u8 i = 0;
    NVIC_PriorityGroupConfig(NVIC_PriorityGroup_2);
    SystemCoreClockUpdate();
    Delay_Init();
    USART_Printf_Init(115200);
    printf("SystemClk:%d\r\n",SystemCoreClock);
    printf( "ChipID:%08x\r\n", DBGMCU_GetCHIPID() );

    printf("GPIO Toggle TEST\r\n");
    GPIO_Toggle_INIT();

    while(1)
    {
        Delay_Ms(250);
        GPIO_WriteBit(GPIOA, GPIO_Pin_0, (i == 0) ? (i = Bit_SET) : (i = Bit_RESET));
    }
}
```

下面对上述代码的功能进行说明。

(1) void GPIO_Toggle_INIT(void)函数。

上面的函数"GPIO_Toggle_INIT"是用于初始化微控制器上的GPIO引脚的函数。具体来说，这个函数初始化了GPIOA端口的第0号引脚（GPIOA.0）。初始化过程包括以下3个步骤。

① 开启GPIOA的时钟：通过调用"RCC_APB2PeriphClockCmd(RCC_APB2Periph_GPIOA，ENABLE);"这行代码，使能（开启）了与GPIOA相关的时钟。在STM32微控制器中，不同的外设（如GPIO端口）是通过不同的时钟线路供电的，因此在使用任何外设之前，需要先开启它的时钟。

② 配置GPIO引脚的模式和速度。

引脚号：通过"GPIO_InitStructure.GPIO_Pin = GPIO_Pin_0;"指定了要初始化的是GPIOA的第0号引脚。

模式：通过"GPIO_InitStructure.GPIO_Mode = GPIO_Mode_Out_PP;"设置引脚的模式为推挽输出。这意味着该引脚可以输出高电平或低电平，用于驱动外部负载。

速度：通过"GPIO_InitStructure.GPIO_Speed = GPIO_Speed_50MHz;"设置引脚的输出速度为50MHz。这是引脚输出变化能达到的最大速度。

③ 应用配置。

通过调用"GPIO_Init(GPIOA，&GPIO_InitStructure);"这行代码，应用之前设置的配置到GPIOA的第0号引脚上。

这个函数的功能是初始化GPIOA的第0号引脚为推挽输出模式，输出速度为50MHz，通常用于后续的引脚状态切换（LED灯的开关控制等）。

(2) main(void)函数。

上面的 main 函数实现了一个简单的程序,其主要功能是周期性地切换 GPIOA 端口第 0 号引脚的电平状态,通常用于点亮或熄灭连接到该引脚的 LED 灯。下面是详细的功能解释。

① 初始化系统。

使用"NVIC_PriorityGroupConfig(NVIC_PriorityGroup_2);"设置嵌套向量中断控制器(Nested Vectored Interrupt Controller,NVIC)的优先级分组。

使用"SystemCoreClockUpdate();"更新系统时钟频率变量,确保系统时钟频率与实际相符。

使用"Delay_Init();"初始化时延函数,用于后续的时延操作。

使用"USART_Printf_Init(115200);"初始化 USART,设置波特率为 115200b/s,用于调试打印信息。

② 打印系统信息。

打印系统时钟频率。

打印芯片 ID。

打印提示信息:输出"GPIO Toggle TEST",表示程序将执行 GPIO 切换测试。

③ 初始化 GPIO:调用"GPIO_Toggle_INIT();"函数初始化 GPIOA 的第 0 号引脚为输出模式。

④ 无限循环切换 GPIOA.0 引脚的电平状态。

使用"Delay_Ms(250);"使程序每隔 250ms 执行一次循环体内的操作。

"GPIO_WriteBit(GPIOA, GPIO_Pin_0,(i == 0)? (i = Bit_SET):(i = Bit_RESET));"通过三目运算符切换变量 i 的值,并据此设置 GPIOA 的第 0 号引脚的电平状态。如果 i 为 0,则设置引脚为高电平(Bit_SET),否则设置为低电平(Bit_RESET)。这样,每次循环都会翻转 GPIOA.0 的电平状态。

这个程序的主要功能是以大约 2Hz 的频率(每 250ms 切换一次,1s 内切换 4 次,但考虑到高电平和低电平各占一半时间,因此是 2 次完整的切换周期)切换 GPIOA 的第 0 号引脚的电平状态,这在实际应用中通常用于制作简单的闪烁 LED 指示灯。

Internal_Temperature 工程文件夹如图 12-17 所示。双击如图 12-17 中的 GPIO_Toggle,会弹出如图 12-18 所示的 GPIO_Toggle 工程调试界面。

工程下载和串口助手测试方法同触摸按键工程 TouchKey,详细过程从略。

程序执行的结果是 CH32V307 开发板上的 LED1 指示灯闪烁,如图 12-19 方框内所示。

图 12-17 Internal_Temperature 工程文件夹

双击图 12-12 所示的串口助手图标,进入 GPIO_Toggle 程序测试界面,如图 12-20 所示。端口号选择 COM26,波特

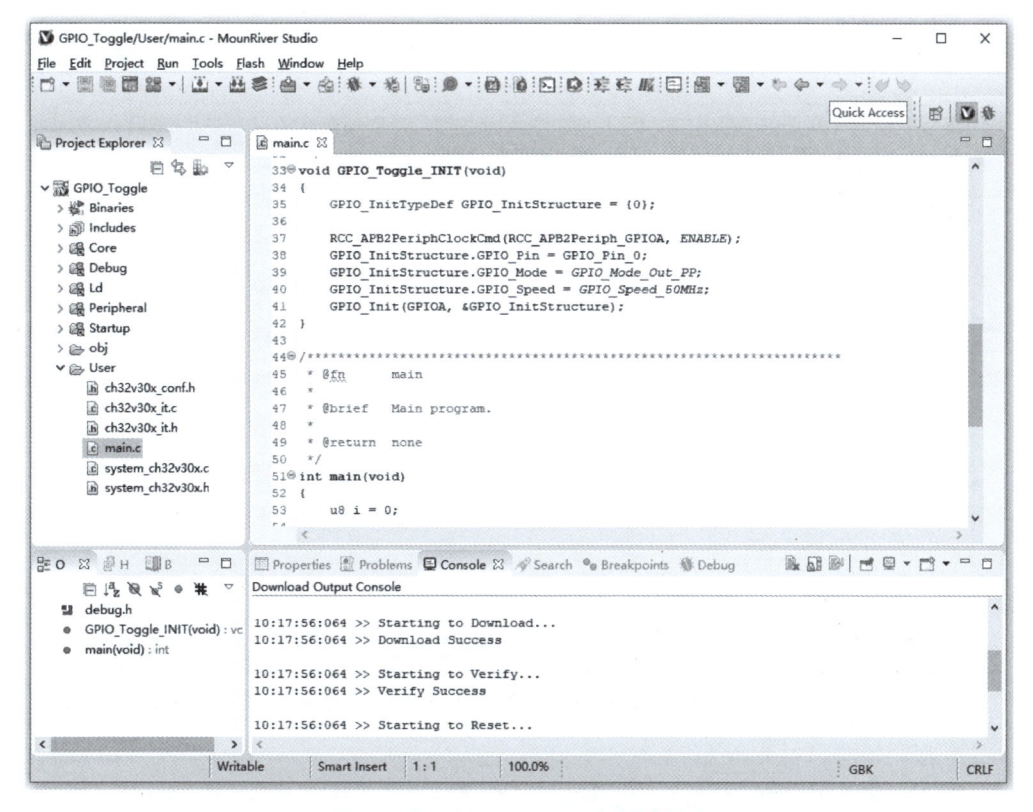

图 12-18　GPIO_Toggle 工程调试界面

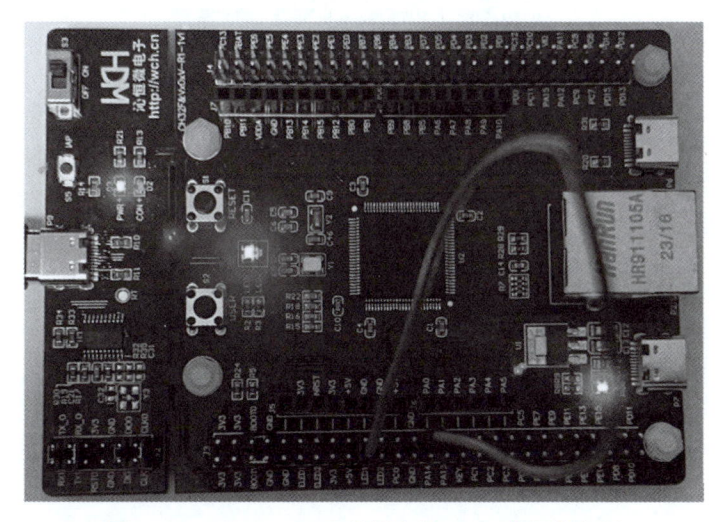

图 12-19　CH32V307 开发板上的 LED1 指示灯闪烁

率自动跟踪，与 CH32V307 的波特率一致，为 115200b/s。图 12-20 的接收窗口显示：

[10:20:32.241]收←◆SystemClk:96000000

ChipID:30700528
GPIO Toggle TEST

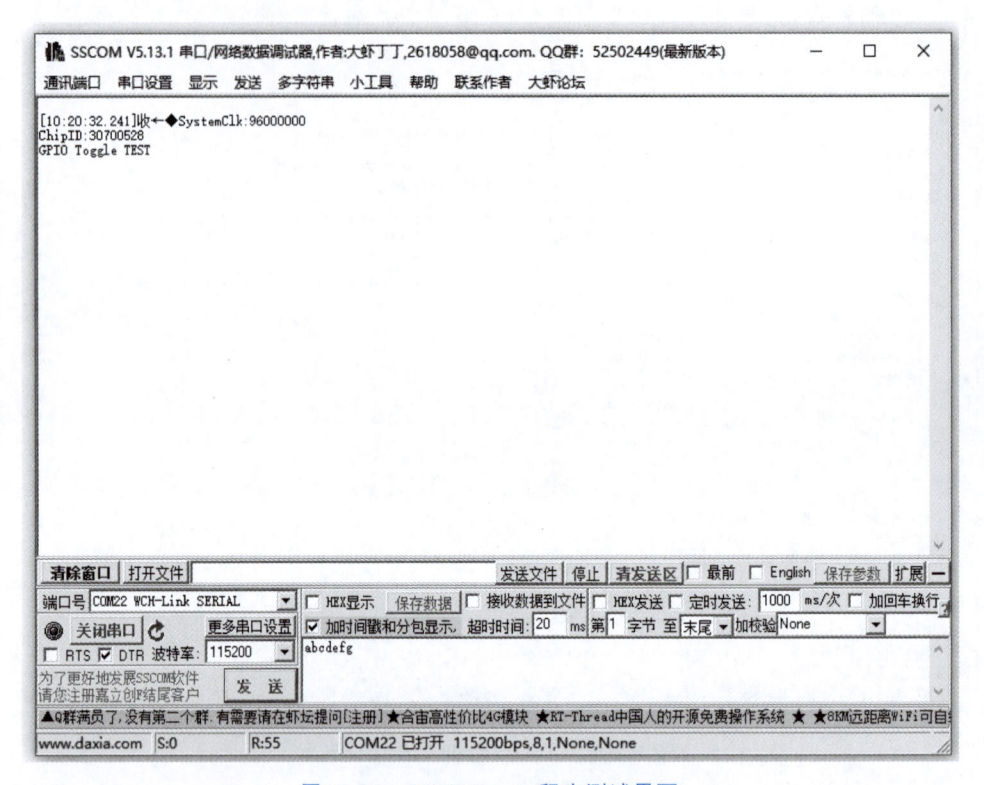

图 12-20　GPIO_Toggle 程序测试界面

第 13 章 CH32V307 外部中断系统

CH32V307 微控制器的外部中断（EXTI）功能是一种重要的硬件特性，它允许设备对外部事件做出快速响应。这一功能在许多嵌入式系统应用中至关重要，比如按键处理、传感器信号捕获等场景。

本章深入讲解了 CH32V307 微控制器的 EXTI 功能，覆盖了从基础理论到实际应用的全方位内容。本章旨在为读者提供一个关于 CH32V307 外部中断的综合性指南，内容包括中断的基本概念、系统组成结构、控制策略、库函数的使用，以及硬件与软件设计的实践指导。

本章讲述的主要内容如下。

(1) 中断基础。

中断定义：解释了中断的概念及其在微控制器中的作用。

中断应用：讨论了中断技术的应用场景和优势。

(2) CH32V307 中断系统。

系统特征：概述了 CH32V307 中断系统的主要特点。

系统定时器：介绍了系统定时器在中断管理中的角色。

中断和异常向量表：详细说明了中断和异常处理机制的向量表结构。

外部中断结构：分析了 CH32V307 外部中断系统的构成。

(3) 中断控制机制。

屏蔽控制：介绍了中断屏蔽的概念和应用。

优先级控制：解释了如何设置中断优先级以及其重要性。

(4) 库函数介绍。

快速中断控制库函数：介绍了针对快速可编程中断控制器（PFIC）的库函数。

外部中断 EXTI 库函数：提供了 CH32V307 外部中断功能相关的库函数使用指南。

(5) 外部中断配置与应用。

PFIC 配置：详述了 PFIC 的配置流程。

中断端口设置：讲解了如何配置中断端口以响应外部事件。

中断处理程序：指导了中断处理函数的编写方法。

(6) 实践案例。

硬件设计：介绍了针对 CH32V307 外部中断功能的硬件设计方法。

软件设计：详细讲解了外部中断功能的软件设计步骤，包括配置和中断处理。

13.1 中断的基本概念

中断是计算机处理异步事件的重要方法。它的作用是在计算机的 CPU 运行软件的同时，监测系统内外有没有发生需要 CPU 处理的"紧急事件"。当需要处理的事件发生时，中断控制器会打断 CPU 正在处理的常规事务，转而插入一段处理该紧急事件的代码；在该事务处理完成之后，CPU 能正确地返回刚才被打断的地方，以继续运行原来的代码。中断可以分为中断响应、中断处理和中断返回 3 个阶段。

中断处理事件的异步性是指紧急事件发生的时间与 CPU 正在运行的程序完全没有关系，是无法预测的。既然无法预测，只能随时查看这些"紧急事件"是否发生，而中断机制最重要的作用是将 CPU 从不断监测紧急事件是否发生这类繁重工作中解放出来，将这项"相对简单"的繁重工作交给中断控制器这个硬件完成。中断机制的第二个重要作用是判断哪个或哪些中断请求更紧急，应该被优先响应和处理，并且寻找不同中断请求所对应的中断处理代码所在的位置。中断机制的第三个作用是帮助 CPU 在完成处理紧急事务的代码后，正确地返回之前运行被打断的地方。根据上述中断处理的过程及其作用，中断机制既提高了 CPU 正常运行常规程序的效率，又提高了响应中断的速度，是几乎所有计算机都配备的一种重要机制。

嵌入式系统是嵌入宿主对象中的，帮助宿主对象完成特定任务的计算机系统，其主要工作就是和真实世界打交道。能够快速、高效地处理来自真实世界的异步事件，并成为嵌入式系统的重要标志，因此中断对于嵌入式系统而言显得尤其重要，是学习嵌入式系统的难点和重点。

在实际的应用系统中，嵌入式微控制器 CH32V 可能与各种各样的外部设备相连接。这些外设的结构形式、信号种类与大小、工作速度等差异很大，因此，需要有效的方法使微控制器与外部设备协调工作。通常微控制器与外设交换数据有 3 种方式：无条件传输方式、程序查询方式和中断方式。

1. 无条件传输方式

微控制器无须了解外部设备状态，当执行传输数据指令时，直接向外部设备发送数据，因此适合快速设备或者状态明确的外部设备。

2. 程序查询方式

控制器主动对外部设备的状态进行查询，依据查询状态传输数据。查询方式常常使微控制器处于等待状态，同时也不能做出快速响应。因此，在微控制器任务不太繁忙，对外部设备响应速度要求不高的情况下常采用这种方式。

3. 中断方式

外部设备主动向微控制器发送请求,微控制器在接到请求后立即中断当前工作,处理外部设备的请求,处理完毕后继续处理未完成的工作。这种传输方式提高了 STM32 微处理器的利用率,并且对外部设备有较快的响应速度。因此,中断方式更加适应实时控制的需要。

13.1.1 中断的定义

在计算机执行程序的过程中,CPU 暂时终止其正在执行的程序,转去执行请求中断的那个外设或事件的服务程序,等处理完毕后再返回执行原来终止的程序,即中断。

13.1.2 中断的应用

1. 提高 CPU 工作效率

在早期的计算机系统中,CPU 工作速度快,外设工作速度慢,形成 CPU 等待,效率降低。设置中断后,CPU 不必花费大量的时间等待和查询外设工作,例如,计算机和打印机连接,计算机可以快速地传送一行字符给打印机(由于打印机存储容量有限,一次不能传送很多),打印机开始打印字符,CPU 可以不理会打印机,继续处理自己的工作,待打印机打印完毕,发给 CPU 一个信号,CPU 中断正在处理的工作,转而再传送一行字符给打印机。在打印机打印字符期间(外设慢速工作),CPU 可以不必等待或查询,继续处理自己的工作,从而大幅提高了 CPU 工作效率。

2. 具有实时处理功能

实时控制是计算机系统特别是微控制器系统应用领域的一个重要任务。在实时控制系统中,现场各种参数和状态的变化是随机发生的,要求 CPU 能做出快速响应,及时处理。有了中断系统,这些参数和状态的变化可以作为中断信号使 CPU 中断,在相应的中断服务程序中及时处理这些参数和状态的变化。

3. 具有故障处理功能

微控制器应用系统在实际运行中,常会出现一些故障。例如,电源突然掉电、硬件自检出错、运算溢出等。利用中断就可执行处理故障的中断程序服务。例如,电源突然掉电,由于稳压电源输出端接有大电容,从电源掉电至大电容的电压下降到正常工作电压之下,一般有几 ms 至几百 ms 的时间。这段时间内若使 CPU 产生中断,则在处理掉电的中断服务程序中将需要保存的数据和信息及时转移到具有备用电源的存储器中,待电源恢复正常时,再将这些数据和信息送回原存储单元之中,返回中断点继续执行原程序。

4. 实现分时操作

微控制器应用系统通常需要控制多个外设同时工作。例如,键盘、打印机、显示器、ADC、DAC 等,这些设备的工作有些是随机的,有些是定时的,对于一些定时工作的外设,可以利用定时器设定一定时间产生中断,在中断服务程序中控制这些外设工作。例如,动态扫描显示,每隔一定时间会更换显示字位码和字段码。

13.2 CH32V307 中断系统的组成结构

13.2.1 CH32V307 中断系统的主要特征

CH32V2x 和 CH32V3x 系列内置 PFIC，最多支持 255 个中断向量。当前系统管理了 88 个外设中断通道和 8 个内核中断通道，其他保留。

1. NVIC 控制器

NVIC 控制器的主要特征如下。

(1) 88 个可屏蔽的中断通道。
(2) 提供不可屏蔽中断的第一时间响应。
(3) 向量化的中断设计实现向量入口地址直接进入内核。
(4) 中断进入和退出时自动压栈和恢复，无须额外指令开销。
(5) 16 级嵌套，优先级动态修改。

2. PFIC 控制器

PFIC 控制器的主要特征如下。

(1) 88 个外设中断，每个中断请求都有独立的触发和屏蔽控制位，有专用的状态位。
(2) 可编程多级中断嵌套，最大嵌套深度 8 级，硬件压栈深度 3 级。
(3) 特有快速中断进出机制，硬件自动压栈和恢复，无须指令开销。
(4) 特有免向量表(Vector Table Free,VTF)中断响应机制,4 路可编程直达中断向量地址。

特有 VTF 中断响应机制是一种在某些微控制器或处理器架构中实现的特殊中断处理机制。这种机制允许中断服务程序(Interrupt Service Routine,ISR)直接由硬件调用，而不是通过传统的中断向量表来查找并跳转到相应的 ISR。这样做的目的是减少中断响应时间，提高系统的实时性能。

在传统的中断处理机制中，当发生中断时，处理器会根据中断号到中断向量表中查找对应的 ISR 的地址，然后跳转到该地址执行中断处理。中断向量表是一个存储了所有 ISR 入口地址的数组。这种机制虽然灵活，因为它允许动态地修改 ISR 的地址，但是查找和跳转的过程会增加中断响应的时延。

VTF 中断响应机制的一个潜在缺点是它牺牲了一定的灵活性，因为 ISR 的地址是固定的，不像传统机制那样可以动态修改。因此，这种机制更适合对实时性要求极高、中断处理代码相对固定的应用场景。

VTF 中断响应机制并不是所有微控制器或处理器架构都支持的特性。它的实现和存在与否取决于具体的硬件设计和架构选择。

13.2.2 系统定时器

CH32V307 系列采用的 RISC-V4F 内核自带了一个 64 位自增型计数器(SysTick)，支持 HCLK/8 作为时间基准,具有较高优先级,校准后可用于时间基准。

13.2.3 中断和异常的向量表

CH32V307 的中断源分为两类:一类是内核中断,另一类是非内核中断。CH32V307 的中断和异常向量表如表 13-1 所示,这种表供中断编程时备查。内核中断主要是异常中断,也就是说,当出现错误的时候,这些中断会复位芯片或是做出其他处理。非内核中断是指由 MCU 各个模块引起的中断,MCU 执行完 ISR 后,又回到刚才正在执行的程序,从停止的位置继续执行后续的指令。非内核中断又称可屏蔽中断,可以通过编程控制开启或关闭该类中断。

表 13-1 CH32V307 的中断和异常向量表

中断类型	IRQ 号	优先级	中断源	描述
内核中断	0~1		保留	
	2	−5	NMI	不可屏蔽中断
	3	−4	HardFault	异常中断
	4		保留	
	5	−3	Ecall-M	机器模式回调中断
	6~7		保留	
	8	−2	Ecall-U	用户模式回调中断
	9	−1	BreakPoint	断点回调中断
	10~11		保留	
	12	0	SysTick	系统定时器中断
	13		保留	
	14	1	SW	软件中断
	15		保留	
外部中断	16	2	WWDG	窗口定时器中断
	17	3	PVD	电源电压检测中断(EXTI)
	18	4	TAMPER	侵入检测中断
	19	5	RTC	实时时钟中断
	20	6	Flash	闪存全局中断
	21	7	RCC	复位和时钟控制中断
	22~26	8~12	EXTI0~EXTI4	EXTI 线 0~4 中断
	27~33	13~19	DMA1_CH1~7	DMA1 通道 1~7 全局中断
	34	20	ADC1_2	ADC1 和 ADC2 全局中断
	35	21	USB_HP 或 CAN1_TX	USB_HP 或 CAN1_TX 全局中断
	36	22	USB_LP 或 CAN1_RX0	USB_LP 或 CAN1_RX0 全局中断

续表

中断类型	IRQ号	优先级	中断源	描述
外部中断	37	23	CAN1_RXI	CAN1_RXI 全局中断
	38	24	CAN1_SCE	CAN1_SCE 全局中断
	39	25	EXTI9_5	EXTI 线[9：5]中断
	40	26	TIM1_BRK	TIM1 刹车中断
	41	27	TIM1_UP	TIM1 更新中断
	42	28	TIM1_TRG_COM	TIM1 触发和通信中断
	43	29	TIM1_CC	TIM1 捕获比较中断
	44~46	30~32	TIM2~4	TIM2~4 全局中断
	47	33	I2C1_EV	I2C1 事件中断
	48	34	I2C1_ER	I2C1 错误中断
	49	35	I2C2_EV	I2C2 事件中断
	50	36	I2C2_ER	I2C2 错误中断
	51~52	37~38	SPI1~2	SPI1~2 全局中断
	53~55	39~41	USART1~3	USART1~3 全局中断
	56	42	EXTI15_10	EXTI 线[15：10]中断
	57	43	RTCAlarm	RTC 闹钟中断（EXTI）
	58	44	USBWakeUp	USB 唤醒中断（EXTI）
	59	45	TIM8_BRK	TIM8 刹车中断
	60	46	TIM8_UP	TIM8 更新中断
	61	47	TIM8_TRG_COM	TIM8 触发和通信中断
	62	48	TIM8_CC	TIM8 捕获比较中断
	63	49	RNG	RNG 全局中断
	64	50	FSMC	FSMC 全局中断
	65	51	SDIO	SDIO 全局中断
	66	52	TIM5	TIM5 全局中断
	67	53	SPI3	SPI3 全局中断
	68~69	54~55	UART4~5	UART4~5 全局中断
	70~71	56~57	TIM6~7	TIM6~7 全局中断
	72~76	58~62	DMA2_CH1~5	DMA2 通道 15~全局中断
	77	63	ETH	ETH 全局中断
	78	64	ETH_WKUP	ETH 唤醒中断
	79	65	CAN2_T	CAN2_TX 全局中断
	80	66	CAN2_RX0	CAN2_RX0 全局中断
	81	67	CAN2_RX1	CAN2_RX1 全局中断
	82	68	CAN2_SCE	CAN2_SCE 全局中断
	83	69	OTG_FS	全速 OTG 中断

续表

中断类型	IRQ号	优先级	中断源	描述
外部中断	84	70	USBHSWakeUp	高速 USB 唤醒中断
	85	71	USBHS	高速 USB 全局中断
	86	72	DVP	DVP 全局中断
	87～89	73～75	UART6～8	UART7～8 全局中断
	90	76	TIM9_BRK	TIM9 刹车中断
	91	77	TIM9_UP	TIM9 更新中断
	92	78	TIM9_TRG_COM	TIM9 触发和通信中断
	93	79	TIM9_CC	TIM9 捕获比较中断
	94	80	TIM10_BRK	TIM10 刹车中断
	95	81	TIM10_UP	TIM10 更新中断
	96	82	TIM10_TRG_COM	TIM10 触发和通信中断
	97	83	TIM10_CC	TIM10 捕获比较中断
	98～103	84～89	DMA2_CH6～11	DMA2 通道 6～11 全局中断

CH32V307 的中断源包含中断请求号(Interrupt Request，IRQ)、优先级、中断源及描述等信息。IRQ 号是从 0 开始编号的，包含内核中断和非内核中断。

CH32V307 系列内置 PFIC，每个中断请求都有独立的触发和屏蔽位、状态位。可屏蔽中断包括定时器中断、外部中断、DMA 中断、I2C 中断和 USART 中断等。不可屏蔽中断包括一个 NMI。

中断向量表非常重要。当处理器响应某个中断源后，硬件将通过查询中断向量表中存储的程序计数器地址跳转到对应的 ISR 函数中，中断向量表示意如图 13-1 所示。

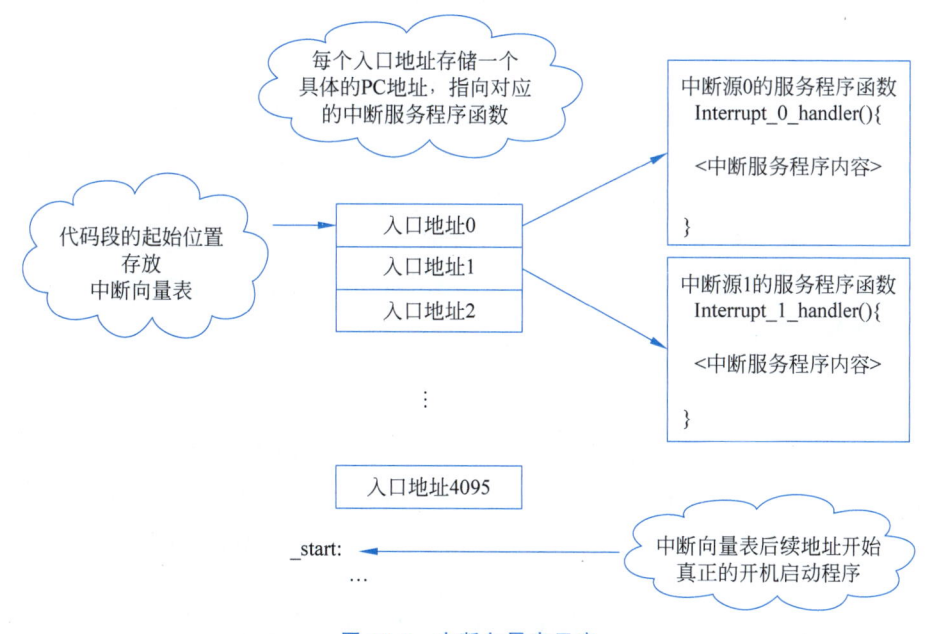

图 13-1 中断向量表示意

13.2.4 外部中断系统结构

外部中断系统是微控制器(MCU)或微处理器(MPU)中的一个关键特性,它允许设备响应外部事件,如按键按下、传感器信号变化等。外部中断系统的设计使处理器能够在特定事件发生时立即中断当前执行的任务,转而执行一个特定的 ISR 处理该事件。这种机制对于实现实时系统和提高能效至关重要。

1. 外部中断系统结构概述

外部中断(EXTI)接口如图 13-2 所示。

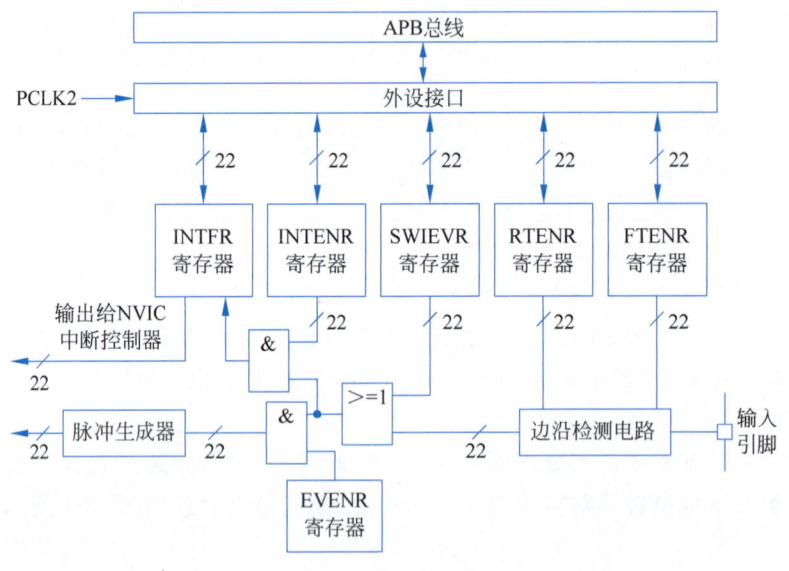

图 13-2 EXTI 接口

由图 13-2 可以看出,外部中断的触发源既可以是软件中断事件向量寄存器(Software Interrupt Event Vector Register,SWIEVR)也可以是实际的外部中断通道,外部中断通道的信号会先经过边沿检测电路的筛选。只要产生软件中断或外部中断信号之一,就会通过图 13-2 中的或门电路输出给事件使能和中断使能两个与门电路,只要有中断被使能或事件被使能,就会产生中断或事件。EXTI 的 6 个寄存器由处理器通过 APB2 接口访问。

2. 唤醒事件说明

系统可以通过唤醒事件唤醒由等待事件(Wait for Event,WFE)指令引起的睡眠模式。唤醒事件通过以下两种配置产生。

(1) 在外设的寄存器里使能一个中断,但不在内核的 NVIC 或 PFIC 里使能这个中断,同时在内核里使能 SEVONPEND 位。体现在 EXTI 中,就是使能 EXTI,但不在 NVIC 或 PFIC 中使能 EXTI,同时使能 SEVONPEND 位。当 CPU 从 WFE 中唤醒后,需要清除 EXTI 的中断标志位和 NVIC 或 PFIC 挂起位。

(2) 使能一个 EXTI 通道为事件通道,CPU 从 WFE 唤醒后无须清除中断标志位和

NVIC 或 PFIC 挂起位的操作。

3. 使用外部中断说明

使用外部中断需要配置相应外部中断通道，即选择相应触发沿，使能相应中断。当外部中断通道上出现了设定的触发沿时，将产生一个中断请求，对应的中断标志位也会被置位。对标志位写 1 可以清除该标志位。

使用外部硬件中断步骤如下。

（1）配置 GPIO 操作。

（2）配置对应的外部中断通道的中断使能位（EXTI_INTENR）。

（3）配置触发沿（EXTI_RTENR 或 EXTI_FTENR），选择上升沿触发、下降沿触发或双边沿触发。

（4）在内核的 NVIC/PFIC 中配置 EXTI 中断，以保证其可以正确响应。

使用外部硬件事件步骤如下。

（1）配置 GPIO 操作。

（2）配置对应的外部中断通道的事件使能位（EXTI_EVENR）。

（3）配置触发沿（EXTI_RTENR 或 EXTI_FTENR），选择上升沿触发、下降沿触发或双边沿触发。

使用软件中断/事件步骤如下。

（1）使能外部中断（EXTI_INTENR）或外部事件（EXTI_EVENR）。

（2）如果使用中断服务函数，需要设置内核的 NVIC 或 PFIC 里 EXTI。

（3）设置软件中断触发（EXTI_SWIEVR），即会产生中断。

4. 外部事件映射

通用 I/O 端口可以映射到 22 根外部中断/事件上。EXTI 映射如表 13-2 所示。

表 13-2　EXTI 映射

外部中断/事件线路	映射事件描述
EXTI0～EXTI15	Px0～Px15（x＝A/B/C/D/E），任何一个 I/O 口都可以启用外部中断/事件功能，由 AF10_EXTICRx 寄存器配置。
EXTI16	PVD 事件：超出电压监控阈值
EXTI17	RTC 闹钟事件
EXTI18	USBD/USBFSOTG 唤醒事件（适用 CH32F20x_D8、CH32F20x_D8C、CH32V30x_D8、CH32V30x_D8C）USBD 唤醒事件（其余芯片型号）
EXTI19	ETH 唤醒事件
EXTI20	USBHS 唤醒事件（适用 CH32F20x_D8C 和 CH32V30x_D8C）USBFS 唤醒事件（适用其余芯片型号）
EXTI21	内部 32K 校准唤醒事件（适用于 CH32V20x_D8、CH32V20x_D8W、CH32F20x_D8W）

13.3 中断控制

中断控制是微处理器(CPU)或微控制器(MCU)中用于管理和处理外部或内部事件(中断)的一种机制。中断使处理器能够响应异步事件,暂停当前执行的任务,转而执行一个特定的 ISR,处理完毕后再返回到中断前的任务继续执行。中断控制对于构建高效、响应快速的嵌入式系统至关重要。中断控制通常包括中断屏蔽控制和中断优先级控制两个主要方面。

13.3.1 中断屏蔽控制

中断屏蔽控制包括快速可编程中断控制器、外部中断和事件控制器、各外设中断控制器。其中,PFIC 包含有以下寄存器:PFIC 中断配置寄存器(R32_PFIC_CFGR)、PFIC 中断使能设置寄存器(R32_PFIC_IENR1 和 R32_PFIC_IENR2)、PFIC 中断使能清除寄存器(R32_PFIC_IRER1 和 R32_PFIC_IRER2)、PFIC 中断挂起设置寄存器(R32_PFIC_IPSR1 和 R32_PFIC_IPSR2)、PFIC 中断挂起清除寄存器(R32_PFIC_IPRR1 和 R32_PFIC_IPRR2)。这些寄存器读/写可以通过编程设置寄存器自由实现,也可以使用标准库读/写。外部中断/事件控制器由 19 个产生事件/中断要求的边沿检测器组成,控制 GPIO 的中断。外设中断控制器包括串口、定时器、RTC、ADC 等相关功能寄存器。

1. 快速可编程中断控制器

CH32V307 系列内置快速可编程中断控制器,最多支持 255 个中断向量。当前系统管理 88 个可单独屏蔽中断,每个中断请求都有独立的触发和屏蔽位、状态位;提供一个不可屏蔽中断(Non-Maskable Interrupt,NMI);具有 3 级嵌套中断进入和退出,硬件自动压栈和恢复,无须指令开销;具有 4 路可编程快速中断通道,可自定义中断向量地址。

2. 外部中断/事件控制器

EXTI 由 22 个产生事件/中断要求的边沿检测器组成,但其中只有 16 个是由用户自由支配的,是 EXTI0~EXTI15 通道,这 16 个输入线可以独立地配置输入类型(脉冲或挂起)和对应的事件触发方式(上升沿、下降沿或双边沿触发);每根输入线都可以被独立地屏蔽,由挂机寄存器保持状态线的中断请求。而 EXTI16~EXTI21 通道分配给 PVD 事件、实时时钟(Real Time Clock,RTC)闹钟事件、USBD/USBFSOTG 唤醒事件、ETH 唤醒事件、USBHS 唤醒事件和内部 32K 校准唤醒事件使用。

3. 外设中断控制器

除了 GPIO 的 EXTI 外,其他外设均有自己的中断屏蔽控制器,比如定时器 TIMx 中断由 DMA/中断使能寄存器(R16_TIMx_DMAINTENR)控制,串口中断由 USART 状态寄存器(R32_USARTx_STATR)控制等。

13.3.2 中断优先级控制

CH32V307 系列的中断向量具有两个属性:抢占属性和响应属性。属性编号越小,优先级越高。其中断优先级由 PFIC 中断优先级配置寄存器(PFIC_IPRIORx)控制,这个寄存器组包含 64 个 32 位寄存器，每个中断使用 8 位设置控制优先级，因此一个寄存器可以控制 4 个中断，一共支持 256 个中断。在这占用的 8 位中，只使用了高 4 位，低 4 位固定为 0，可以分为 5 组，即 0、1、2、3、4 组，5 组分配决定了 CH32V307 系列微控制器中断优先级的分配。

CH32V307 系列微控制器具有 3 级中断嵌套功能：当中断系统正在执行一个中断服务时，有另一个抢占优先级更高的中断请求，这时会暂时终止当前执行的中断服务去处理抢占优先级更高的中断，处理完毕后再返回被中断的中断服务中继续执行。

PFIC 中断优先级配置寄存器（PFIC_IPRIORx，x＝0～63）使用说明如下。

偏移地址：0x400～0x4FF。

控制器支持 256 个中断(0～255)，每个中断使用 8 位设置控制优先级。

PFIC 中断优先级配置寄存器格式如图 13-3 所示。

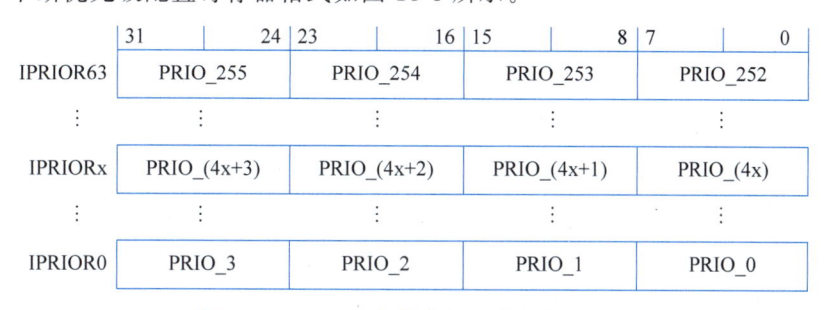

	31　　　　24	23　　　　16	15　　　　8	7　　　　0
IPRIOR63	PRIO_255	PRIO_254	PRIO_253	PRIO_252
⋮	⋮	⋮	⋮	⋮
IPRIORx	PRIO_(4x+3)	PRIO_(4x+2)	PRIO_(4x+1)	PRIO_(4x)
⋮	⋮	⋮	⋮	⋮
IPRIOR0	PRIO_3	PRIO_2	PRIO_1	PRIO_0

图 13-3　PFIC 中断优先级配置寄存器格式

以编号"0"中断优先级配置为例。

(1) PRIO_0 的位[7:5]：优先级控制位。

若配置无嵌套，无抢占位。

若配置 2 级嵌套，位(bit)7 为抢占位。

若配置 4 级嵌套，位(bit)7～位(bit)6 为抢占位。

若配置 8 级嵌套，位(bit)7～位(bit)5 为抢占位。

优先级数值越小优先级越高。若同一抢占优先级中断同时挂起，则优先执行优先级高的中断。

(2) PRIO_0 的位[4:0]：保留，固定为 0，写无效。

注：适用于青稞 V4F 内核 CH32V30x_D8 和 CH32V30x_D8C。

PRIO_1～PRIO_255 中断优先级配置与 PRIO_0(编号 0)是相同的。

13.4　EXTI 常用库函数

对于基于 CH32V307 微控制器的外部中断库函数，这些函数主要围绕外部中断的配置、管理和处理来展开。由于 CH32V307 基于 RISC-V 架构，其外部中断库函数的设计旨在提供一套方便的接口，以便开发者能够轻松地在其应用程序中实现对外部事件的响应。

13.4.1 PFIC 库函数

CH32V307 系列微控制器通过 PFIC 管理 44 个外设中断通道和 5 个内核中断通道。在使用 EXTI 前需要对 PFIC 进行配置。CH32V307 标准库函数提供了 PFIC 库函数，如表 13-3 所示。

表 13-3 PFIC 库函数

序 号	函数名称	函数说明
1	NVIC_PriorityGroupConfig	优先级分组配置
2	NVIC_Init	根据 NVIC_InitStruct 中指定参数配置寄存器

1. 函数 NVIC_PriorityGroupConfig

函数 NVIC_PriorityGroupConfig 的说明如表 13-4 所示。

表 13-4 函数 NVIC_PriorityGroupConfig 的说明

项目名	描述
函数原型	void NVIC_PriorityGroupConfig(uint32_t NVIC_PriorityGroup)
功能描述	配置优先级分组，抢占优先级和响应优先级
输入参数	NVIC_PriorityGroup：指定优先级分组
输出参数	无
注意事项	优先级分组配置习惯上在初始化时设置一次

参数 NVIC_PriorityGroup 的说明如表 13-5 所示。

表 13-5 参数 NVIC_PriorityGroup 的说明

参 数	描述
NVIC_PriorityGroup_0	抢占优先级为 0 级，响应优先级为 4 级
NVIC_PriorityGroup_1	抢占优先级为 1 级，响应优先级为 3 级
NVIC_PriorityGroup_2	抢占优先级为 2 级，响应优先级为 2 级
NVIC_PriorityGroup_3	抢占优先级为 3 级，响应优先级为 1 级
NVIC_PriorityGroup_4	抢占优先级为 4 级，响应优先级为 0 级

该函数使用方法如下：

```
//设置优先级为第 2 组
NVIC_PriorityGroupConfig(NVIC_PriorityGroup_2);
```

2. 函数 NVIC_Init

函数 NVIC_Init 的说明如表 13-6 所示。

表 13-6 函数 NVIC_Init 的说明

项目名	描述
函数原型	void NVIC_Init(NVIC_InitTypeDef * NVIC_InitStruct)
功能描述	根据 NVI_InitStruct 中指定参数配置寄存器

项 目 名	描 述
输入参数	NVIC_InitStruct：指向 NVIC_InitTypeDef 结构体的指针，包含寄存器配置信息
输出参数	无

NVIC_InitTypeDef 定义在 ch32v10x_misc.h 文件中，其结构体定义如下：

```
typedef struct
  {
  uint8_t NVIC_IRQChannel;
  uint8_t NVIC_IRQChannelPreemptionPriority;
  uint8_t NVIC_IRQChannelSubPriority;
  FunctionalState NVIC_IRQChannelCmd;
  }NVIC_InitTypeDef;
```

(1) NVIC_IRQChannel：指定要配置的 IRQ 通道，NVIC_IRQChannel 参数定义如表 13-7 所示。

表 13-7 NVIC_IRQChannel 参数定义

NVIC_IRQChannel	描 述	NVIC_IRQChannel	描 述
WWDG_IRQn	窗口看门狗中断	TIM1_BRK_IRQn	TIM1 暂停中断
PVD_IRQn	PVD 通过 EXTI 探测中断	TIM1_UP_IRQn	TIM1 更新中断
TAMPER_IRQn	篡改中断	TIM1_TRG_COM_IRQn	TIM1 触发和交换中断
RTC_IRQn	RTC 全局中断	TIM1_CC_IRQn	TIM1 捕获比较中断
FLASH_IRQn	Flash 全局中断	TIM2_IRQn	TIM2 全局中断
RCC_IRQn	RCC 全局中断	TIM3_IRQn	TIM3 全局中断
EXTI0_IRQn	外部中断线 0 中断	TIM4_IRQn	TIM4 全局中断
EXTI1_IRQn	外部中断线 1 中断	I2C1_EV_IRQn	I2C1 事件中断
EXTI2_IRQn	外部中断线 2 中断	I2C1_ER_IRQn	I2C1 错误中断
EXTI3_IRQn	外部中断线 3 中断	I2C2_EV_IRQn	I2C2 事件中断
EXTI4_IRQn	外部中断线 4 中断	I2C2_ER_IRQn	I2C2 错误中断
DMA1_Channel1_IRQn	DMA 通道 1 中断	SPI1_IRQn	SPI1 全局中断
DMA1_Channel2_IRQn	DMA 通道 2 中断	SPI2_IRQn	SPI2 全局中断
DMA1_Channel3_IRQn	DMA 通道 3 中断	USART1_IRQn	USART1 全局中断
DMA1_Channel4_IRQn	DMA 通道 4 中断	USART2_IRQn	USART2 全局中断
DMA1_Channel5_IRQn	DMA 通道 5 中断	USART3_IRQn	USART3 全局中断
DMA1_Channel6_IRQn	DMA 通道 6 中断	EXTI15_10_IRQn	外部中断线 15～10 中断
NVIC_IRQChannel	描述	NVIC_IRQChannel	描述
DMA1_Channel7_IRQn	DMA 通道 7 中断	RTCAlarm_IRQn	经 EXTI 线的 RTC 闹钟中断
ADC_IRQn	ADC 全局中断	USBWakeUp_IRQn	经 EXTI 线的 USB 唤醒中断
EXTI9_5_IRQn	外部中断线 9～5 中断	USBHD_IRQn	USBHD 全局中断

(2) NVIC_IRQChannelPreemptionPriority：设置成员 NVIC_IRQChannel 中的抢占优先级，其设置范围取决于 NVIC_PriorityGroup，两种优先级设置范围如表 13-8 所示。

表 13-8　两种优先级设置范围

NVIC_PriorityGroup	NVIC_IRQChannel 的抢占优先级	NVIC_IRQChannel 的响应优先级	描　　述
NVIC_PriorityGroup_0	0	0～15	抢占优先级 0 位, 响应优先级 4 位
NVIC_PriorityGroup_1	0～1	0～7	抢占优先级 1 位, 响应优先级 3 位
NVIC_PriorityGroup_2	0～3	0～3	抢占优先级 2 位, 响应优先级 2 位
NVIC_PriorityGroup_3	0～7	0～1	抢占优先级 3 位, 响应优先级 1 位
NVIC_PriorityGroup_4	0～15	0	抢占优先级 4 位, 响应优先级 0 位

（3）NVIC_IRQChannelSubPriority：设置成员 NVIC_IRQChannel 中的响应优先级，其设置范围取决于 NVIC_PriorityGroup，如表 13-8 所示。

（4）NVIC_IRQChannelCmd：指定在成员 NVIC_IRQChannel 中定义的 IRQ 通道被使能还是失能。这个参数取值为 ENABLE 或 DISABLE。

该函数使用方法如下：

```
//开启外部中断线 10～15 中断,赋予其抢占优先级 2,响应优先级 2,使能 EXTI15_10_IRQn 通道
NVIC_InitTypeDef    NVIC_InitStructure;
NVIC_InitStructure.NVIC_IRQChannel = EXTI15_10_IRQn;
NVIC_InitStructure.NVIC_IRQChannelPreemptionPriority = 2:
NVIC_InitStructure.NVIC_IRQChannelSubPriority = 2;
NVIC_InitStructure.NVIC_IRQChannelCmd = ENABLE;
NVIC_Init(&NVIC_InitStructure);
```

13.4.2　CH32V307EXTI 库函数

CH32V307 标准库中提供大部分 EXTI 操作函数，如表 13-9 所示。

表 13-9　EXTI 操作函数

序号	函 数 名 称	函 数 说 明
1	EXTI_DeInit	将 EXTI 寄存器设置为初始值
2	EXTI_Init	将 EXTI_InitTypeDef 中指定参数初始化 EXTI 寄存器
3	EXTI_StructInit	将 EXTI_InitTypeDef 中每个参数按照初始值填入
4	EXTI_GenerateSWInterrupt	产生一个软件中断
5	EXTI_GetFlagStatus	检查指定的 EXTI 线路状态标志位
6	EXTI_ClearFlag	清除 EXTI 线路挂起标志位
7	EXTI_GetITStatus	检查指定的 EXTI 线路是否触发请求
8	EXTI_ClearITPendingBit	清除 EXTI 线路挂起位

1. 函数 EXTI_Init

函数 EXTI_Init 的说明如表 13-10 所示。

第13章　CH32V307外部中断系统

表 13-10　函数 EXTI_Init 的说明

项 目 名	描 述
函数原型	void EXTI_Init(EXTI_InitTypeDef * EXTI_InitStruct)
功能描述	将 EXTI_InitTypeDef 中指定参数初始化 EXTI 寄存器
输入参数	EXTI_InitStruct：指向 EXTI_InitTypeDef 结构体的指针
输出参数	无

EXTI_InitTypeDef 定义在 ch32v10x_exti.h 文件中，其结构体定义如下：

```
typedef struct
  {
uint32_t    EXTI_Line;
EXTIMode_TypeDef    EXTI_Mode;
EXTITrigger_TypeDef    EXTI_Trigger;
FunctionalState    EXTI_LineCmd;
}EXTI_InitTypeDef;
```

(1) EXTI_Line：指定要配置的 EXTI 线路，EXTI_Line 参数如表 13-11 所示。

表 13-11　EXTI_Line 参数

EXTI_Line 参数	描 述	EXTI_Line 参数	描 述
EXTI_Line0	外部中断线 0	EXTI_Line10	外部中断线 10
EXTI_Line1	外部中断线 1	EXTI_Line11	外部中断线 11
EXTI_Line2	外部中断线 2	EXTI_Line12	外部中断线 12
EXTI_Line3	外部中断线 3	EXTI_Line13	外部中断线 13
EXTI_Line4	外部中断线 4	EXTI_Line14	外部中断线 14
EXTI_Line5	外部中断线 5	EXTI_Line15	外部中断线 15
EXTI_Line6	外部中断线 6	EXTI_Line16	外部中断线 16，连接到 PVD 事件：超电压监控阈值
EXTI_Line7	外部中断线 7		
EXTI_Line8	外部中断线 8	EXTI_Line17	外部中断线 17，连接到 RTC 闹钟事件
EXTI_Line9	外部中断线 9	EXTI_Line18	外部中断线 18，连接到 USB 唤醒事件

(2) EXTI_Mode：设置中断线工作模式，EXTI_Mode 参数如表 13-12 所示。

表 13-12　EXTI_Mode 参数

EXTI_Mode 参数	描 述
EXTI_Mode_Interrupt	设置线路为中断请求
EXTI_Mode_Event	设置线路为事件请求

(3) EXTI_Trigger：设置被使能线路的触发边沿，EXTI_Trigger 参数如表 13-13 所示。

表 13-13　EXTI_Trigger 参数

EXTI_Trigger 参数	描 述
EXTI_Trigger_Rising	设置线路上升沿为中断请求
EXTI_Trigger_Falling	设置线路下降沿为中断请求
EXTI_Trigger_Rising_Falling	设置线路上升沿和下降沿均为中断请求

(4) EXTI_LineCmd：设置被使能线路的状态。可以被设置为，ENABLE 或 DISABLE。该函数的使用方法如下：

```
/*设置 GPIOB 的 PIN0 引脚为下降沿触发中断*/
GPIO_EXTILineConfig(GPIO_PortSourceGPIOB,GPIO_PinSource0);
EXTI_InitStructure.EXTI_Line = EXTI_Line0;                //设置中断线
EXTI_InitStructure.EXTI_Mode = EXTI_Mode_Interrupt;       //设置中断请求
EXTI_InitStructure.EXTI_Trigger = EXTI_Trigger_Falling;   //设置下降沿
EXTI_InitStructure.EXTI_LineCmd = ENABLE;                 //使能状态
EXTI_Init(&EXTI_InitStructure);                           //EXTI 初始化
```

2. 函数 EXTI_GetFlagStatus

函数 EXTI_GetFlagStatus 的说明如表 13-14 所示。

表 13-14 函数 EXTI_GetFlagStatus 的说明

项 目 名	描 述
函数原型	FlagStatus EXTI_GetFlagStatus(uint32_t EXTI_Line)
功能描述	检查指定的 EXTI 线路状态标志位
输入参数	EXTI_Line：指定外部中断线使能或失能
输出参数	FlagStatus：返回外部中断线最新状态参数，为 SET 或 RESET

该函数的使用方法如下：

```
//获取外部中断线 0 的状态标志位
FlagStatus bitstatus;
Bitstatus = EXTI_GetFlagStatus(EXTI_Line0);
```

3. 函数 EXTI_ClearFlag

函数 EXTI_ClearFlag 的说明如表 13-15 所示。

表 13-15 函数 EXTI_ClearFlag 的说明

项 目 名	描 述
函数原型	void EXTI_ClearFlag(uint32_t EXTI_Line)
功能描述	清除 EXTI 线路挂起标志位
输入参数	EXTI_Line：指定外部中断线使能或失能
输出参数	无

该函数的使用方法如下：

```
//清除外部中断线 0 的状态标志位
EXTI_ClearFlag(EXTI_Line0);
```

4. 函数 EXTI_GetITStatus

函数 EXTI_GetITStatus 的说明如表 13-16 所示。

表 13-16 函数 EXTI_GetITStatus 的说明

项 目 名	描 述
函数原型	ITStatus EXTI_GetITStatus(uint32_t EXTI_Line)

续表

项 目 名	描 述
功能描述	检查指定的 EXTI 线路的中断状态标志位
输入参数	EXTI_Line：指定外部中断线使能或失能
输出参数	ITStatus：返回外部中断线最新状态参数，为 SET 或 RESET

该函数的使用方法如下：

```
//获取外部中断线 0 的中断状态标志位
FlagStatus bitstatus;
bitstatus = ITStatus EXTI_GetITStatus(EXTI_Line0);
```

5. 函数 EXTI_ClearITPendingBit

函数 EXTI_ClearITPendingBit 的说明如表 13-17 所示。

表 13-17　函数 EXTI_ClearITPendingBit 的说明

项 目 名	描 述
函数原型	void EXTI_ClearITPendingBit(uint32_t EXTI_Line)
功能描述	清除 EXTI 线路挂起位
输入参数	EXTI_Line：指定外部中断线使能或失能
输出参数	无

该函数的使用方法如下：

```
//清除外部中断线 0 的中断状态标志位
EXTI_ClearITPendingBit(EXTI_Line0);
```

13.5　外部中断使用流程

CH32V307 系列微控制器中断设计包括 3 部分，即 PFIC 设置、中断端口配置、中断处理。

13.5.1　PFIC 配置

使用中断时，首先需要对 PFIC 进行配置。PFIC 设置流程如图 13-4 所示，主要包括以下内容。

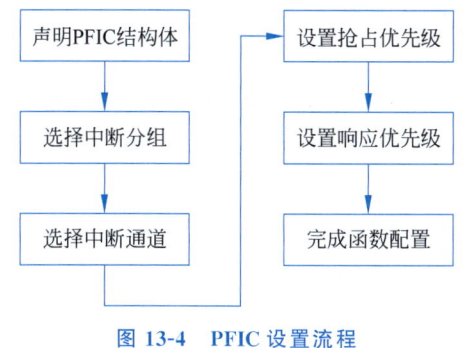

（1）根据需要对中断优先级进行分组，确定抢占优先级和响应优先级的个数。

（2）选择中断通道，不同的引脚对应不同的中断通道。在 ch32v30x.h 中定义中断通道结构体 IRQn_Type，包含芯片的所有中断通道。EXTI0～EXTI4 有独立的中断通道 EXTI0_IRQn～EXTI4_IRQn，而 EXTI5～EXTI9 共用一个中断通道 EXTI9_5_IRQn，EX-TI10～EXTI15 共用一个中

图 13-4　PFIC 设置流程

断通道 EXTI15_10_IRQn。

(3) 根据系统要求设置中断优先级,包括抢占优先级和响应优先级。

(4) 使能相应的中断,完成 PFIC 的设置。

13.5.2 中断端口设置

PFIC 设置完成后需要对中断 I/O 口进行配置,即配置哪个引脚发生什么中断。GPIO EXTI 端口配置流程如图 13-5 所示。

图 13-5 GPIO EXTI 端口配置流程

中断端口配置主要包括以下内容:

(1) 首先进行 GPIO 配置,对引脚进行配置,使能引脚;

(2) 对外部中断方式进行配置,包括中断线路设置、中断或事件选择、触发方式设置、使能中断线完成设置。

其中,中断线路 EXTI_Line0～EXTI_Line15 分别对应 EXTI0～EXTI15。EXTI16～EXTI21 通道分配给 PVD 事件、RTC 闹钟事件、USBD/USBFSOTG 唤醒事件、ETH 唤醒事件、USBHS 唤醒事件和内部 32K 校准唤醒事件。

13.5.3 中断处理

中断处理的整个过程包括中断请求、中断响应、中断服务程序及中断返回 4 个步骤。其中,中断服务程序主要完成中断线路状态检测、中断服务内容和中断清除。

(1) 中断请求。

如果系统存在多个中断源,处理器要先对当前中断的优先级进行判断,先响应优先级高的中断。当多个中断请求同时到达且抢占优先级相同时,先处理响应优先级高的中断。

(2) 中断响应。

在中断事件产生后,若当前系统没有同级别或者更高级别中断正在服务时,系统将调用新的入口地址,进入中断服务程序中。

(3) 中断服务程序。

以外部中断为例,中断服务程序处理流程如图 13-6 所示。

(4) 中断返回。

中断返回是指中断服务完成后，处理器返回到原来程序断点处继续执行原来的程序。例如，外部中断 0 的中断服务程序如下：

```
void EXTI0_IRQHandler(void)
  {
    if(EXTI_GetITStatus(EXTI_Line0)!= RESET)
      {
      //中断服务内容
        .....
        EXTI_ClearITPendingBit(EXTI_Line0);    //清除外部中断
                                               //线 0 中断标志
      }
  }
```

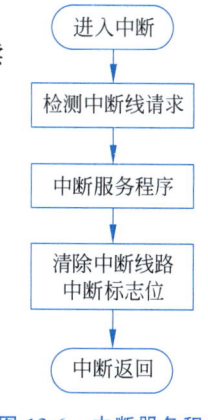

图 13-6　中断服务程序处理流程

13.6　CH32V307 的外部中断设计实例

中断在嵌入式应用中占有非常重要的地位，几乎每个控制器都有中断功能。中断对保证紧急事件在第一时间处理是非常重要的。

设计使用外接的按键作为触发源，使控制器产生中断，并在中断服务函数中实现控制 RGB 彩灯的任务。

在基于 CH32V307 微控制器的系统设计中，外部中断是一种重要的功能，它允许系统响应外部事件。通过配置外部中断，系统可以在特定的硬件事件发生时立即执行预定的 ISR，从而实现对实时事件的快速反应。

13.6.1　CH32V307 的外部中断硬件设计

以 EXTI_Line0（即 PA0 引脚）为例，展示如何设置外部中断以响应下降沿触发的事件。外部中断硬件设计步骤如下。

（1）引脚配置。

PA0 引脚作为外部中断输入。首先，需要将 PA0 引脚配置为上拉输入模式。这种配置有助于防止因为浮动输入而产生的不必要的中断触发。上拉输入模式意味着在没有外部输入信号时，PA0 引脚会被内部拉高至逻辑高电平。

（2）触发条件设置。

下降沿触发中断。外部中断的触发条件设置为下降沿触发。这意味着当 PA0 引脚的电平从高电平变为低电平时，将触发中断。这种触发方式适用于检测按钮按下、传感器信号变化等场景。

（3）中断优先级和使能。

配置中断优先级：根据系统的实际需求，可以对外部中断的优先级进行配置，确保重要的中断能够优先处理。

使能外部中断：完成引脚配置和触发条件设置后，需要在微控制器的中断控制器中使能该外部中断线(EXTI_Line0)，使其能够响应外部事件。

(4) 中断服务程序。

编写 ISR：为 EXTI_Line0 编写 ISR，定义在中断触发时需要执行的操作。这些操作可以包括读取传感器数据、改变某些输出的状态、发送通知等。

CH32V307 微控制器的外部中断功能提供了一种有效的机制，以实现对外部事件的实时响应。这种设计不仅适用于简单的输入设备，如按钮和开关，也适用于更复杂的传感器和通信设备，为构建高效、响应灵敏的嵌入式系统提供了坚实的基础。

13.6.2 CH32V307 的 EXTI 软件设计

基于 CH32V307 微控制器实现 EXTI 响应下降沿触发事件的软件设计，旨在通过精确配置和编程来响应外部信号变化，特别是针对 PA0 引脚的信号。此设计涵盖从引脚配置到 ISR 的编写，确保系统能够高效、可靠地处理外部触发的中断事件。

CH32V307 的外部中断软件设计步骤如下。

(1) 初始化配置。

引脚配置：在软件层面，首先要确保 PA0 引脚被正确配置为上拉输入模式，这有助于防止因浮动输入导致的误触发，同时为下降沿触发中断做好准备。

(2) 中断触发条件设置。

下降沿触发：通过配置微控制器的外部中断控制寄存器，设置 PA0 引脚的外部中断触发条件为下降沿。这意味着只有当 PA0 的电平从高变低时，才会触发中断。

(3) 中断优先级与使能。

优先级配置：根据系统需求，通过编程设置外部中断的优先级，确保关键的中断能够得到及时处理。

中断使能：在中断控制器中使能 EXTI_Line0 的外部中断，允许系统监测 PA0 引脚的状态变化，并在条件满足时触发中断。

(4) 中断服务程序。

编写 ISR：为 EXTI_Line0 编写 ISR，具体实现中断触发时的响应逻辑。这可能包括读取和处理传感器数据、更新系统状态、触发其他任务或发送通知等。

软件层面的实现将确保 CH32V307 微控制器能够准确、可靠地响应外部中断事件，特别是对 PA0 引脚的下降沿触发。这种设计方法不仅增强了系统的实时性和可靠性，而且提高了系统对外部事件的响应能力，为开发高效、响应灵敏的嵌入式系统提供了坚实的基础。

这里只讲解核心的部分代码，有些变量的设置、头文件的包含等并没有涉及。

```
# include "debug.h"
/*********************************************************
 * 函数名称:EXTI0_INT_INIT
 * 功能:初始化 EXTI0 采集
 * 返回:无
```

```c
  **************************************************************/
void EXTI0_INT_INIT(void)
{
    GPIO_InitTypeDef GPIO_InitStructure = {0};
    EXTI_InitTypeDef EXTI_InitStructure = {0};
    NVIC_InitTypeDef NVIC_InitStructure = {0};

    RCC_APB2PeriphClockCmd(RCC_APB2Periph_AFIO | RCC_APB2Periph_GPIOA, ENABLE);

    GPIO_InitStructure.GPIO_Pin = GPIO_Pin_0;
    GPIO_InitStructure.GPIO_Mode = GPIO_Mode_IPU;
    GPIO_Init(GPIOA, &GPIO_InitStructure);

    /* GPIOA ----> EXTI_Line0 */
    GPIO_EXTILineConfig(GPIO_PortSourceGPIOA, GPIO_PinSource0);
    EXTI_InitStructure.EXTI_Line = EXTI_Line0;
    EXTI_InitStructure.EXTI_Mode = EXTI_Mode_Interrupt;
    EXTI_InitStructure.EXTI_Trigger = EXTI_Trigger_Falling;
    EXTI_InitStructure.EXTI_LineCmd = ENABLE;
    EXTI_Init(&EXTI_InitStructure);

    NVIC_InitStructure.NVIC_IRQChannel = EXTI0_IRQn;
    NVIC_InitStructure.NVIC_IRQChannelPreemptionPriority = 1;
    NVIC_InitStructure.NVIC_IRQChannelSubPriority = 2;
    NVIC_InitStructure.NVIC_IRQChannelCmd = ENABLE;
    NVIC_Init(&NVIC_InitStructure);
}
/***********************************************************
 * 函数名称:EXTI0_IRQHandler
 * 功能: EXTI0 中断处理程序
 * 返回:无
 **************************************************************/
void EXTI0_IRQHandler(void)
{
  if(EXTI_GetITStatus(EXTI_Line0)!= RESET)
  {
#if 0
    printf("Run at EXTI\r\n");
#endif
    EXTI_ClearITPendingBit(EXTI_Line0); /* 清除 EXTI_Line0 标志 */
  }
}
/***********************************************************
 * main 函数
 **************************************************************/
int main(void)
{
    NVIC_PriorityGroupConfig(NVIC_PriorityGroup_2);
    SystemCoreClockUpdate();
    Delay_Init();
```

```
    USART_Printf_Init(115200);
    printf("SystemClk:%d\r\n", SystemCoreClock);
    printf( "ChipID:%08x\r\n", DBGMCU_GetCHIPID() );
    printf("EXTI0 Test\r\n");
    EXTI0_INT_INIT();

    while(1)
    {
        Delay_Ms(1000);
        printf("Run at main\r\n");
    }
}
```

下面对上述代码的功能进行说明。

(1) void EXTI0_INT_INIT(void)函数。

函数 EXTI0_INT_INIT 用于初始化外部中断 EXTI0。这个函数配置了 GPIO、EXTI 和嵌套向量中断控制器（Nested Vectored Interrupt Controller，NVIC）以便处理来自 GPIOA 的第 0 号引脚（即 PA0）的外部中断信号。具体的步骤和功能如下。

① 开启时钟。

通过"RCC_APB2PeriphClockCmd(RCC_APB2Periph_AFIO | RCC_APB2Periph_GPIOA, ENABLE);"开启 AFIO（用于重映射外部中断线）和 GPIOA 的时钟。这是确保 GPIOA 和外部中断功能正常工作的必要步骤。

② 配置 GPIO。

将 GPIOA 的第 0 号引脚（GPIO_Pin_0）配置为上拉输入模式（GPIO_Mode_IPU），这通常用于接收外部中断信号。上拉输入模式意味着在没有外部输入时，该引脚将被内部拉高至逻辑高电平。

③ 配置外部中断线路。

通过"GPIO_EXTILineConfig(GPIO_PortSourceGPIOA, GPIO_PinSource0);"将 GPIOA 的第 0 号引脚映射到 EXTI 的第 0 条线（EXTI_Line0）上，这样 PA0 上的变化就能触发外部中断 0（EXTI0）了。

配置 EXTI0 为中断模式（EXTI_Mode_Interrupt），并设置为下降沿触发（EXTI_Trigger_Falling）。这意味着当 PA0 从高电平变为低电平时，将触发外部中断。

使能 EXTI_Line0，以便开始监听对应的外部中断信号。

④ 配置 NVIC。

为 EXTI0 配置 NVIC 中断通道（EXTI0_IRQn），并设置抢占优先级为 1，子优先级为 2。这些优先级设置决定了中断相对于其他中断的处理优先级。

使能 NVIC 中的 EXTI0 中断通道，允许处理 EXTI0 的中断请求。

EXTI0_INT_INIT 函数通过配置 GPIO、EXTI 和 NVIC，实现对 GPIOA 第 0 号引脚（PA0）外部下降沿中断信号的监听和处理。这通常用于处理如按钮按下等外部事件。在实际应用中，还需要编写相应的 ISR 定义当中断发生时具体执行的操作。

(2) void EXTI0_IRQHandler(void)。

void EXTI0_IRQHandler(void)是一个用于处理 EXTI0(外部中断 0)中断的 ISR。当 EXTI0 中断被触发时,这个函数将被自动执行。其功能和操作步骤如下。

① 检查中断标志:"if(EXTI_GetITStatus(EXTI_Line0)!=RESET)"这一行代码检查 EXTI_Line0(即 PA0 引脚,如果按照标准 STM32 库的配置)的中断标志位是否被设置。如果该中断标志位被设置(不等于 RESET),说明 EXTI0 中断已经被触发。

② 执行中断处理逻辑:在 #if 0 和 #endif 之间的代码是被注释掉的,这意味着在当前的配置下不会执行任何操作。通常在这部分,会放置中断被触发时需要执行的代码,比如处理一个外部事件(如按钮按下)。在这个例子中,"printf("Run at EXTI\r\n");"这行代码被注释掉了,如果取消注释,它将在中断发生时尝试打印一条消息。但在实际的嵌入式应用中,由于资源限制和执行时间的考虑,通常不推荐在 ISR 中直接使用 printf 函数。

③ 清除中断标志位:"EXTI_ClearITPendingBit(EXTI_Line0);"这一行代码清除了 EXTI_Line0 的中断挂起位,这是非常重要的步骤。如果不清除挂起位,ISR 会被立即再次执行,导致程序陷入无限循环中,无法执行其他操作。

该函数的功能是处理 EXTI0 外部中断事件。当指定的外部事件(比如 PA0 引脚的电平变化)触发中断时,这个函数将被调用以执行相应的中断处理逻辑,然后清除中断标志位以确保中断不会被错误地再次触发。

(3) main 函数。

main 函数是一个嵌入式系统程序的主入口点,用于配置和演示外部中断 EXTI0 的使用。这个函数执行了以下 7 个关键步骤。

① 配置 NVIC 中断优先级分组。

使用"NVIC_PriorityGroupConfig(NVIC_PriorityGroup_2);"设置 NVIC 的优先级分组。在这种分组配置下,中断优先级被分为抢占优先级和子优先级,具体分组方式取决于所选的分组模式。

② 更新系统时钟。

使用"SystemCoreClockUpdate();"更新系统时钟变量,确保其反映当前的系统时钟频率。

③ 初始化时延函数。

Delay_Init();初始化了时延函数,以便于后续使用时延函数。

④ 初始化串口打印功能。

使用"USART_Printf_Init(115200);"初始化串口,并设置波特率为 115200b/s。这允许通过串口输出调试信息或数据。

⑤ 打印系统信息。

通过 printf 函数打印系统时钟频率、芯片 ID 和一条关于 EXTI0 测试的信息。这有助于确认程序已经启动,并且系统参数符合预期。

⑥ 初始化 EXTI0 外部中断。

使用"EXTI0_INT_INIT();"调用之前定义的函数初始化 EXTI0 外部中断,包括配置相关的 GPIO 引脚、EXTI 和 NVIC 设置。

⑦ 主循环。

程序进入了一个无限循环，在这个循环中，每隔一秒钟通过串口打印一条消息("Run at main\r\n")，然后时延 1000ms。这个循环演示了主程序在等待外部中断发生时可以执行的操作。

main 函数展示了如何在嵌入式系统中初始化和使用外部中断(EXTI0)，同时通过串口输出系统信息和运行状态，这对于嵌入式开发的调试和验证非常有用。请注意，为了完整地实现外部中断功能，还需要编写相应的 ISR，用于响应 EXTI0 中断。

该程序的主要目的是演示如何配置和使用 CH32V307 的 EXTI0 功能(特别是 EXTI0)，同时通过串口输出一些系统信息和运行状态，用于调试和演示。

EXTI0 工程文件夹如图 13-7 所示。双击图 13-7 中的"EXTI0"，弹出如图 13-8 所示的 EXTI0 工程调试界面。

工程编译、下载和串口助手测试方法同触摸按键工程，详细过程从略。

双击"串口助手"图标，进入 EXTI0 工程的串口助手测试界面，如图 13-9 所示。端口号选择 COM26，波特率自动跟踪，与 CH32V307 的波特率一致，为 115200b/s。图 13-9 的接收窗口显示：

图 13-7 EXTI0 工程文件夹

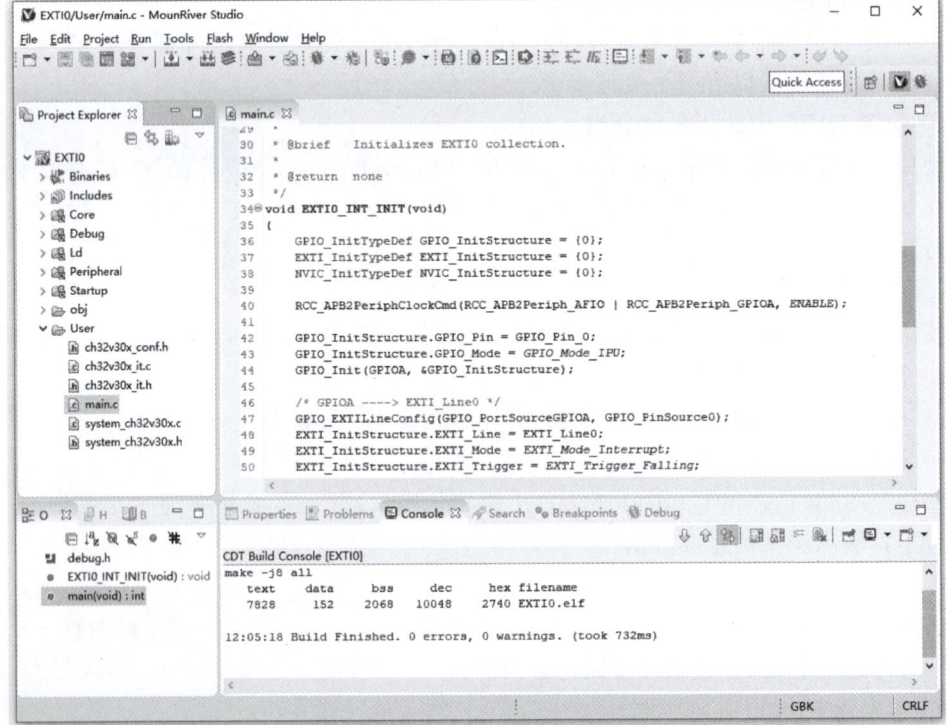

图 13-8 EXTI0 工程调试界面

第13章　CH32V307外部中断系统　375

[12:07:18.350]收←◆SystemClk:96000000
ChipID:30700528
EXTI0 Test
然后一直接收到 Run at main

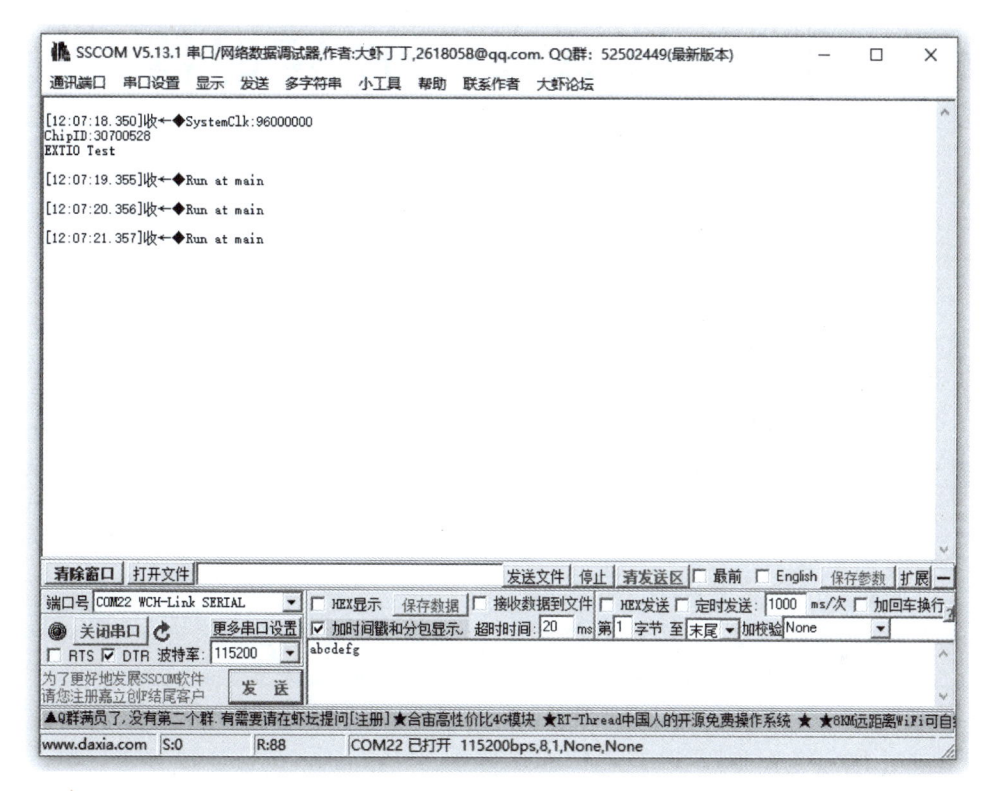

图 13-9　EXTI0 工程的串口助手测试界面

第 14 章 CH32V307 定时器

CH32V307 定时器是微控制器中非常重要的组成部分,它们提供了精确的时间控制和事件计时功能,支持广泛的应用,包括时间测量、事件计数、信号产生和响应外部事件等。

本章深入探讨了 CH32V307 微控制器的定时器系统,提供了一个全面的指南,从定时器的基础概念、类型和计数模式,到详细的定时器结构、功能,以及如何在实际项目中应用定时器。

本章讲述的主要内容如下。

(1) CH32V307 定时器概述。

讲述了定时器的类型:介绍了 CH32V307 支持的不同类型定时器,为后续的应用选择提供基础;定时器的计数模式:探讨了定时器支持的多种计数模式,如向上计数、向下计数等,为复杂应用提供灵活性;定时器的主要功能:概述了定时器的核心功能,包括时间测量、事件计数、时延生成等。

(2) CH32V307 通用定时器的结构。

讲述了输入时钟、核心计数器、比较捕获通道、通用定时器的功能寄存器、通用定时器的外部触发及输入/输出通道。

(3) CH32V307 通用定时器的功能。

详细介绍了通用定时器的多种功能模式,包括输入捕获、比较输出、PWM 输入/输出、单脉冲、编码器模式、同步模式及调试技巧,为开发人员提供了丰富的功能选项和灵活的应用场景。

(4) 通用定时器常用库函数。

介绍了一系列的库函数,简化了定时器配置和控制的过程,加速开发周期。

(5) 通用定时器使用流程。

讲述了从 PFIC 设置、中断配置到中断处理的整个流程,为定时器的有效使用提供了清晰的步骤。

(6) CH32V307 定时器应用实例。

本章通过具体的硬件和软件设计实例,讲述了如何在实际项目中应用 CH32V307 的定时器功能,为读者提供了实践操作的参考。

本章内容旨在为读者提供一个关于 CH32V307 定时器系统的全面认识,从理论到实践,从基础到高级应用,帮助读者有效地利用定时器完成各种复杂的时间控制任务。

14.1　CH32V307 定时器概述

从本质上讲,定时器就是"数字电路"课程中的计数器,它像"闹钟"一样忠实地为处理器完成定时或计数任务,几乎是所有现代微处理器必备的一种片上外设。

定时与计数的应用十分广泛。在实际生产中,许多场合都需要定时或者计数操作。例如产生精确的时间,对流水线上的产品进行计数等。因此,定时/计数器在嵌入式微控制器中十分重要。定时和计数可以通过以下方式实现。

1. 软件时延

单片机是在一定时钟下运行的,可以根据代码所需的时钟周期完成时延操作,软件时延会导致 CPU 利用率低。因此主要用于短时间时延,如高速 ADC。

2. 可编程定时/计数器

微控制器中的可编程定时/计数器可以实现定时和计数操作,定时/计数器功能的程序灵活设置,可重复利用。设置完成后由硬件与 CPU 并行工作,不占用 CPU 时间,这样在软件的控制下,可以实现多个精密定时/计数。嵌入式处理器为了适应多种应用,通常集成多个高性能的定时/计数器。

微控制器中的定时器本质上是一个计数器,可以对内部脉冲或外部输入进行计数,不仅具有基本的时延/计数功能,还具有输入捕获、输出比较和 PWM 波形输出等高级功能。在嵌入式开发中,充分利用定时器的强大功能,可以显著提高外设驱动的编程效率和 CPU 利用率,增强系统的实时性。

CH32V307 系列单片机具有丰富的定时器资源,有通用定时器(TIM2/3/4)、高级定时器(TIM1)、专用定时器(RTC、独立看门狗、窗口看门狗、系统滴答定时器)。

14.1.1　CH32V307 定时器的类型

1. 通用定时器

通用定时器模块包含一个 16 位可自动重装的定时器,用于测量脉冲宽度或者产生特定频率的脉冲、PWM 波等,可用于自动化控制和电源等领域。通用定时器的主要特征包括:

(1) 16 位自动重装计数器,支持增计数模式和减计数模式;

(2) 16 位预分频器,分频系数为 1~65536,动态可调;

(3) 支持 4 路独立的比较捕获通道;

(4) 每路比较捕获通道支持多种工作模式,比如输入捕获、输出比较、PWM 生成和单脉冲输出;

(5) 支持外部信号控制定时器；

(6) 支持在多种模式下使用直接内存访问(Direct Memory Access,DMA)；

(7) 支持增量式编码；

(8) 支持定时器之间的级联和同步。

2．高级定时器

高级定时器模块包含一个功能强大的 16 位自动重装定时器(TIM1)，可用于测量脉冲宽度或者产生脉冲、PWM 波等，用于电机控制和电源等领域。高级定时器(TIM1)的主要特征包括：

(1) 16 位自动重装计数器，支持增计数模式和减计数模式；

(2) 16 位预分频器，分频系数为 1~65536，动态可调；

(3) 支持 4 路独立的比较捕获通道；

(4) 每路比较捕获通道支持多种工作模式，比如输入捕获、输出比较、PWM 生成和单脉冲输出；

(5) 支持可编程死区时间的互补输出；

(6) 支持外部信号控制定时器；

(7) 支持在确定周期后，使用重复计数器更新定时器；

(8) 支持使用刹车信号将定时器复位或置其于确定状态；

(9) 支持在多种模式下使用 DMA；

(10) 支持增量式编码器；

(11) 支持定时器之间的级联和同步。

3．系统定时器

CH32V307 系列产品的 RISC-V3A 内核自带了一个 64 位自增型计数器(SysTick)，支持 HCLK/8 作为时间基准，具有较高优先级，校准后可用于时间基准。

4．通用定时器和高级定时器的区别

与高级定时器相比，通用定时器缺少以下功能：

(1) 缺少对核心计数器的计数周期进行计数的重复计数寄存器；

(2) 通用定时器的比较捕获功能缺少死区产生模块，没有互补输出的功能；

(3) 没有刹车信号机制；

(4) 通用定时器的默认时钟 CK_INT 都来自 APB2，而高级定时器(TIM1)的 CK_INT 来自 APB1。

14.1.2　CH32V307 定时器的计数模式

(1) 增计数模式。在增计数模式中，计数器从 0 计数到 TIMx 后会自动重装值寄存器(R16TIMx_ATRLR)，然后重新从 0 开始计数，并且产生一个计数器溢出事件，每次计数器溢出时都可以产生更新事件。

(2) 减计数模式。在减计数模式中，计数器从 TIMx 自动重装值寄存器(R16_T Imx_A

T-RLR)开始向下计数,然后重新从 0 开始计数,并且产生一个计数器溢出事件,每次计数器溢出时都可以产生更新事件。

14.1.3　CH32V307 定时器的主要功能

CH32 定时器的主要功能如下。

(1) 定时功能:通过对内部系统时钟计数实现定时的功能。

(2) 输入捕获模式:计算脉冲频率和宽度。

(3) 比较输出模式:当核心计数器(Counter,CNT)的值与比较捕获寄存器的值一致时,输出特定的变化或波形。

(4) 强制输出模式:比较捕获通道的输出模式可以由软件强制输出确定的电平,而不依赖比较捕获寄存器的影子寄存器和核心计数器的比较。

(5) PWM 输入模式:用来测量 PWM 的占空比和频率,是输入捕获模式的一种特殊情况。

(6) PWM 输出模式:最常见的是使用重装值确定 PWM 频率,使用捕获比较寄存器确定占空比。

(7) 单脉冲模式:可以响应一个特定的事件,在一个时延之后产生一个脉冲,时延和脉冲的宽度可编程。

(8) 编码器模式:用来接入编码器的双相输出,核心计数器的计数方向和编码器的转轴方向同步,编码器每输出一个脉冲就会使核心计数器加 1 或减 1。

(9) 定时器同步模式:定时器能够输出时钟脉冲,也能接收其他定时器的输入。

(10) 互补输出和死区控制:高级定时器 TIM1 能够输出两个互补的信号,并且能够管理输出的瞬时关断和接通,这段事件被称为死区。用户应该根据连接的输出器件和它们的特性(电平转换的时延、电源开关的时延等)调整死区时间。

(11) 刹车信号输入功能:用来完成紧急停止。

14.2　CH32V307 通用定时器的结构

CH32V307 通用定时器主要包括 1 个外部触发引脚(TIMx_ETR)、4 个输入/输出通道(TIMx_CH1,TIMx_CH2,TIMx_CH3,TIMx_CH4)、1 个内部时钟、一个触发控制器、1 个时钟单元(由预分频器(Prescaler,PSC)、自动重载寄存器(Auto-Reload Register,ARR)和计数器组成)。CH32V307 通用定时器的基本结构如图 14-1 所示。

14.2.1　输入时钟

通用定时器的时钟可以来自 AHB 总线时钟(CK_INT)、外部时钟输入引脚(TIMx_ETR)、其他具有时钟输出功能的定时器(ITRx),以及比较捕获通道的输入端(TIMx_CHx)。这些输入的时钟信号经过各种设定的滤波分频等操作后成为 CK_PSC 时钟,输出给核心计数器部分。另外,这些复杂的时钟来源还可以作为触发输出(Trigger Output,

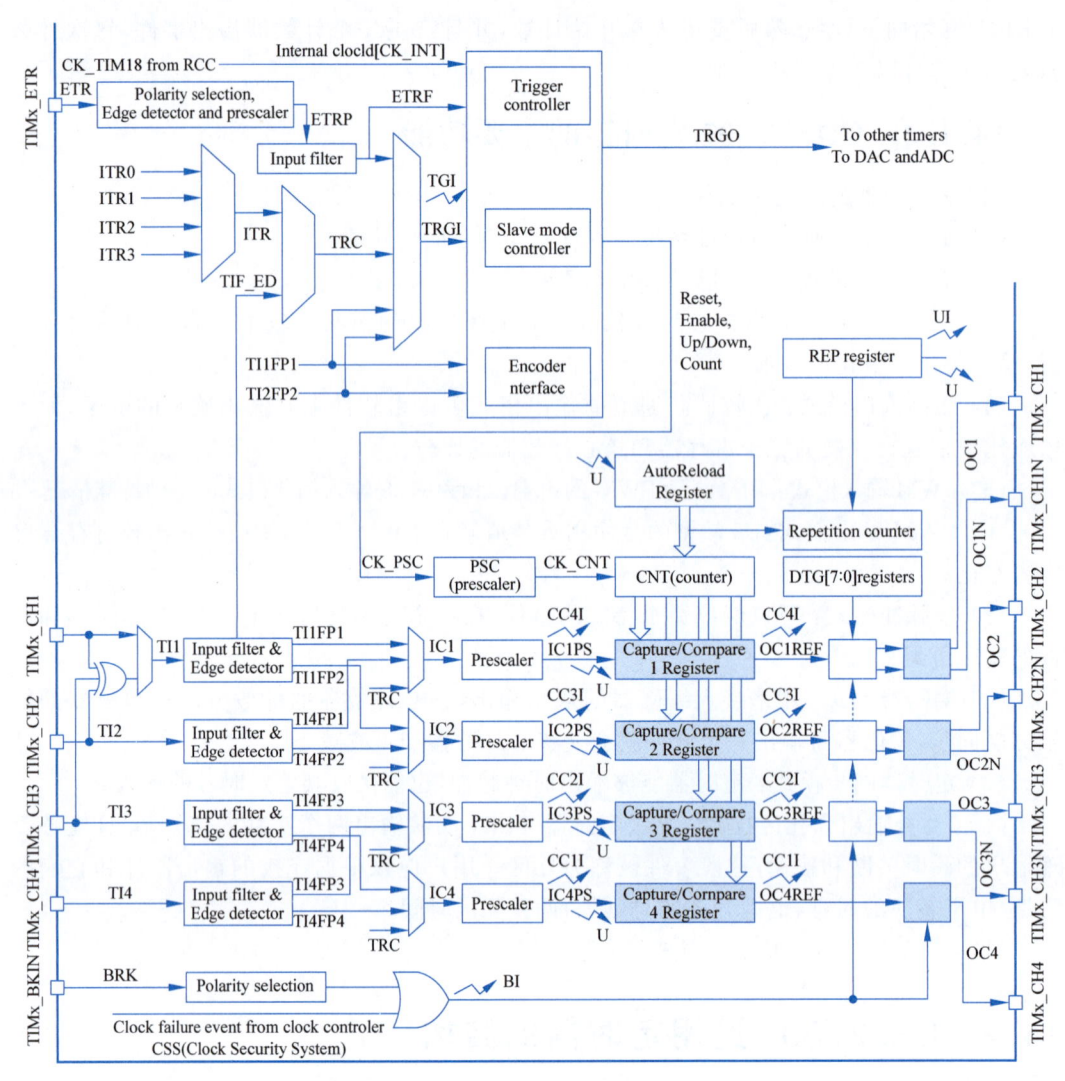

图 14-1　CH32V307 通用定时器的基本结构

注：内部时钟(Internal clock)；触发控制器(Trigger controller)；极性选择(Polarity selection)；边沿检测器和预分频器(Edge detector and Prescaler)；到其他定时器(To other timers)；到 DAC 和 ADC(To DAC and ADC)；输入滤波器(Input filter)；从模式(Slave mode)；控制器(Controller)；编码器接口(Encoder interface)；复位(Reset)；使能(Enable)；上/下(Up/Down)；计数(Count)；自动重装载寄存器(Auto Reload Register)；重复计数器(Repetition counter)；预分频器(Prescaler)；计数器(Counter)；捕获/比较(Capture/Compare)；边沿检测器(Edge detector)；预分频器(Prescaler)；寄存器 Register()；时钟控制器的时钟故障事件(Clock failure event from clock controller)；时钟安全系统(Clock Security System)。

TRGO)输出给其他定时器、ADC 等外设。

当时钟源选择内部 APB 时钟时，计数器对内部时钟脉冲计数，属于定时功能，可以完成精密定时；当时钟源选择外部信号时，可以完成外部信号计数。具体包括：一、时钟源为外部输入引脚 TIx 时，计时器对选定输入端（TIMx_CH1，TIMx_CH2，TIMTIMx_CH3，TIMx_CH4）的每个上升沿或下降沿计数，属于计数功能；二、时钟源为外部时钟引脚（ETR）时，计数器对外部触发引脚（TIMx_ETR）计数，属于计数功能。通用定时器输入时钟源如图 14-2 所示。

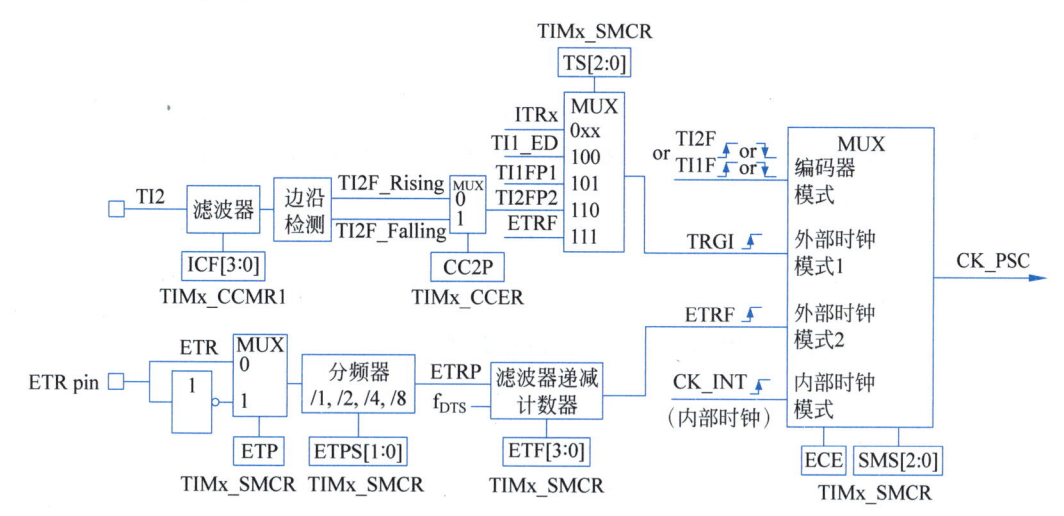

图 14-2　通用定时器输入时钟源

14.2.2　核心计数器

通用定时器的核心是一个 16 位计数器（CNT）。CK_PSC 经过预分频器（PSC）分频后成为 CK_CNT，再最终输给 CNT，CNT 支持增计数模式、减计数模式和增减计数模式，并有一个自动重装值寄存器（ATRLR），该寄存器在每个计数周期结束后为 CNT 重装载初始化值。

14.2.3　比较捕获通道

通用定时器拥有 4 组比较捕获通道，每组比较捕获通道都可以从专属的引脚上输入脉冲，也可以向引脚输出波形，即比较捕获通道支持输入和输出模式。比较捕获寄存器的每个通道的输入都支持滤波、分频、边沿检测等操作，并支持通道间的互触发，还能为核心计数器提供时钟。每个比较捕获通道都拥有一组比较捕获寄存器（CHxCVR），支持与主计数器进行比较而输出脉冲。

14.2.4　通用定时器的功能寄存器

计数寄存器（16 位）包括 TIMx 计数器（R16_TIMx_CNT）、TIMx 计数时钟预分频器（R16_TIMx_PSC）、TIMx 自动重装值寄存器（R16_TIMx_ATRLRLR）。该计数器可以进行增计数、减计数或增减计数。

控制寄存器（16 位）包括：TIMx 控制寄存器 1（R16_TIMx_CTLR1）、TIMx 控制寄存器 2

(R16_TIMx_CTLR2)、TIMxx 从模式控制寄存器(R16_TIMx_SMCFGR)、TIMxDMA/中断使能寄存器(R16_TIMx_DMAINTENR)、TIMx 中断状态寄存器(R16_TIMx_INTFR)、TIMx 事件产生寄存器(R16_TIMx_SWEVGR)、TIMx 比较/捕获控制寄存器 1(R16_TIMx_CHCTLR1)、TIMx 比较/捕获控制寄存器 2(R16_TIMx_CHCTLR2)、TIMx 比较/捕获使能寄存器(R16_TIMx_CCER)、TIMx 比较/捕获寄存器 1(R16_TIMx_CHCTLR)、TIMx 比较/捕获寄存器 2(R16_TIMx_CH2CVR)、TIMx 比较/捕获寄存器 3(R16_TIMx_CH3CVR)、TIMx 比较/捕获寄存器 4(R16_TIMx_CH4CVR)、TIMxDMA 控制寄存器(R16_TIMx_DMACFGR)、TIMx 连续模式的 DMA 地址寄存器(R16_TIMx_DMAADR)。

通用定时器的相关寄存器功能请参考芯片手册。定时器各种功能的设置可以通过控制寄存器实现。寄存器的读写可通过编程设置寄存器自由实现,也可以利用通用定时器标准库函数实现。标准库提供了几乎所有寄存器操作函数,使基于标准库的开发更加简单、快捷。

14.2.5　通用定时器的外部触发及 I/O 通道

CH32V307VCT6 的通用定时器有 1 个外部触发引脚 TIM2_ETR(PA0)。外部触发引脚经过各种设定的滤波分频等操作后成为 CK_PSC 时钟,输出给核心计数器部分。另外,该时钟还可作为 TRGO 输出给其他定时器、ADC 等外设。

CH32V307VCT6 有 3 个通用定时器共 12 个输入/输出通道:TIM2_CH1(PA0)、TIM2CH2(PA1)、TIM2_CH3(PA2)、TIM2_CH4(PA3)、TIM3_CH1(PA6)、TIM3_CH2(PA7)、TIM3_CH3(PB0)、TIM3_CH4(PB1)、TIM4_CH1(PB6)、TIM4_CH2(PB7)、TIM4_CH3(PB8)、TIM4_CH4(PB9)。

14.3　CH32V307 通用定时器的功能

CH32V307 通用定时器的基本功能是定时和计数。当可编程定时/计数器的时钟源来自内部 APB 时钟时,可以完成精密定时;当时钟源来自外部信号时,可完成外部信号计数;在使用过程中,需要设置时钟源、时间基准单元和计数模式。

时间基准单元是设置定时器/计数器计数时钟的基本单元,包含计数器寄存器(R16_TIMx_CNT)、预分频器(R16_TIMx_PSC)和自动重装值寄存器(R16_TIMx_ATRLR)。

(1) 计数器寄存器(R16_TIMx_CNT)由预分频器的时钟输出 CK_INT 驱动。设置控制寄存器 1(TIMx_CTLR1)中的使能计数器位(CEN)时,CK_INT 有效。

(2) 预分频器(R16_TTMx_PSC)可以将计数器的时钟频率按照 1~65536 的任意值分频。计数器的时钟频率等于分频器的输入频率/(PSC+1)。

(3) 自动重装值寄存器(R16_TIMx_ATRLR)是预先装载的,写或读自动重装载寄存器将访问预装载寄存器。

时间基准单元可根据实际需要,由软件设置预分频器,得到定时器/计数器的计数时钟。可通过设置相应的寄存器或由库函数设置。

14.3.1　输入捕获模式

输入捕获模式是定时器的基本功能之一,其原理是:当检测到 ICxPS 信号上确定的边沿后,产生捕获事件,计数器当前的值会被锁存到比较捕获寄存器(R16_TIMx_CHCTLRx)中。发生捕获事件时,CCxIF(在 R16_TIMx_INTFR 中)被置位,如果使能了中断或者 DMA,还会产生相应中断或者 DMA。如果发生捕获事件时,CCxIF 已经被置位了,那么 CCxOF 位会被置位。CCxIF 可由软件清除,也可以通过读取比较捕获寄存器由硬件清除。CCxOF 由软件清除。

下面举个通道 1 的例子说明使用输入捕获模式的步骤。

(1) 配置 CCxS 域,选择 ICx 信号的来源。比如设为 10b,选择 TI1FP1 作为 IC1 的来源,不可以使用默认设置,CCxS 域默认状态是使比较捕获模块作为输出通道。

(2) 配置 ICxF 域,设定 TI 信号的数字滤波器。数字滤波器会以确定的频率,采样确定的次数,再输出一个跳变。这个采样频率和次数是通过 ICxF 确定的。

(3) 配置 CCxP 位,设定 TIxFPx 的极性。比如保持 CC1P 位为低,选择上升沿跳变。

(4) 配置 IICxPS 域,设定 ICx 信号成为 ICxPS 之间的分频系数。比如保持 ICxPS 为 00b,不分频。

(5) 配置 CCxE 位,允许捕获核心计数器(CNT)的值到比较捕获寄存器中,置 CC1E 位。

(6) 根据需要配置 CCxIE 和 CCxDE 位,决定是否允许使能中断或者 DMA。

至此已经将比较捕获通道配置完成。

当 TI1 输入了一个被捕获的脉冲时,核心计数器(CNT)的值会被记录到比较捕获寄存器中,CC1IF 被置位。如果 CC1IF 在之前就已经被置位了,CCIOF 位也会被置位;如果 CC1IE 被置位,那么会产生一个中断;如果 CC1DE 被置位,会产生一个 DMA 请求。可以通过写事件产生寄存器(R16_TIMx_SWEVGR)的方式由软件产生一个输入捕获事件。

14.3.2　比较输出模式

比较输出模式是定时器的基本功能之一,原理是在核心计数器(CNT)的值与比较捕获寄存器的值一致时,输出特定的变化或波形。由 OCxM 域(在 R16_TIMx_CHCTLRx 中)和 CCxP 位(在 R16_TIMx_CCER 中)决定输出的是确定的高低电平还是电平翻转。产生比较一致事件时还会置 CCxIF 位,如果预先置了 CCxIE 位,则会产生一个中断;如果预先设置了 CCxDE 位,则会产生一个 DMA 请求。

配置为比较输出模式的步骤如下:

(1) 配置核心计数器(CNT)的时钟源和自动重装值;

(2) 设置好需要对比的计数值到比较捕获寄存器(R16_TIMx_CHxCVR)中;

(3) 如果需要产生中断,置 CCxIE 位;

(4) 保持 OCxPE 为 0,禁用比较捕获寄存器的预装载寄存器;

(5) 设定输出模式,设置 OCxM 域和 CCxP 位;
(6) 使能输出,置 CCxE 位;
(7) 置 CEN 位启动定时器。

14.3.3　强制输出模式

强制输出模式指定时器的比较捕获通道的输出模式可以由软件强制输出确定的电平,而不依赖比较捕获寄存器的影子寄存器和核心计数器的比较。

具体的做法是将 OCxM 置为 100b,即强制将 OCxREF 置为低,或者将 OCxM 置为 101b,即强制将 OCxREF 置为高。

需要注意的是,将 OCxM 强制置为 100b 或者 101b,内部主计数器和比较捕获寄存器的比较过程还在进行,相应的标志位还在置位,中断和 DMA 请求还在产生。

14.3.4　PWM 输入模式

PWM 输入模式用于测量 PWM 的占空比和频率,是输入捕获模式的一种特殊情况。除下列区别外,操作和输入捕获模式相同:PWM 占用两个比较捕获通道,且两个通道的输入极性设为相反,其中一个信号被设为触发输入,SMS 设为复位模式。

例如,测量从 TI1 输入的 PWM 波的周期和频率,需要进行以下操作:
(1) 将 TI1(TI1FP1)设为 IC1 信号的输入,将 CC1S 置为 01b;
(2) 将 TI1FP1 置为上升沿有效,将 CC1P 保持为 0;
(3) 将 TI1(TI1FP2)置为 IC2 信号的输入,将 CC2S 置为 10b;
(4) 选 TI1FP2 置为下降沿有效,将 CC2P 置为 1;
(5) 时钟源的来源选择 TI1FP1,将 TS 设为 101b;
(6) 将 SMS 设为复位模式,即 100b;
(7) 使能输入捕获,CC1E 和 CC2E 置位。

14.3.5　PWM 输出模式

PWM 输出模式是定时器的基本功能之一。PWM 输出模式最常见的是使用重装值确定 PWM 频率,使用捕获比较寄存器确定占空比的方法。将 OCxM 域置 110b 或者 111b,使用 PWM 模式 1 或者模式 2,置 OCxPE 位使能预装载寄存器,最后置 ARPE 位使能预装载寄存器的自动重装载。只有在发生一个更新事件时,预装载寄存器的值才能被送到影子寄存器,所以在核心计数器开始计数之前,需要置更新产生(Update Generation,UG)位初始化所有寄存器。在 PWM 模式下,核心计数器和比较捕获寄存器一直在进行比较,根据中心对齐模式选择(Center-Aligned Mode Selection,CMS)位,定时器能够输出边沿对齐或者中央对齐的 PWM 信号。

1. 边沿对齐

使用边沿对齐时,核心计数器增计数或者减计数。在 PWM 模式 1 的情景下,在核心计数器的值大于比较捕获寄存器时,OCxREF 上升为高;当核心计数器的值小于比较捕获寄存器时(比如核心计数器增长到 R16_TIMx_ATRLR 的值而恢复成全 0 时),OCxREF 下降为低。

2. 中央对齐

使用中央对齐模式时,核心计数器运行在增计数和减计数交替进行的模式下。OCxREF 在核心计数器和比较捕获寄存器的值一致时,进行上升和下降的跳变。但比较标志在 3 种中央对齐模式下,置位的时机有所不同。在使用中央对齐模式时,最好在启动核心计数器之前产生一个软件更新标志(置 UG 位)。

14.3.6 单脉冲模式

单脉冲模式可以响应一个特定的事件,在一个时延之后产生一个脉冲,时延和脉冲的宽度可编程。置单脉冲模式(One Pulse Mode,OPM)位可以使核心计数器在产生下一个更新事件(Update Event,UEV)时(计数器翻转到 0)停止。

事件产生和脉冲响应如图 14-3 所示。需要在 TI2 输入引脚上检测到一个上升沿开始,然后,在时延 t_{delay} 之后,在 OC1 上产生一个长度为 t_{pulse} 的正脉冲:

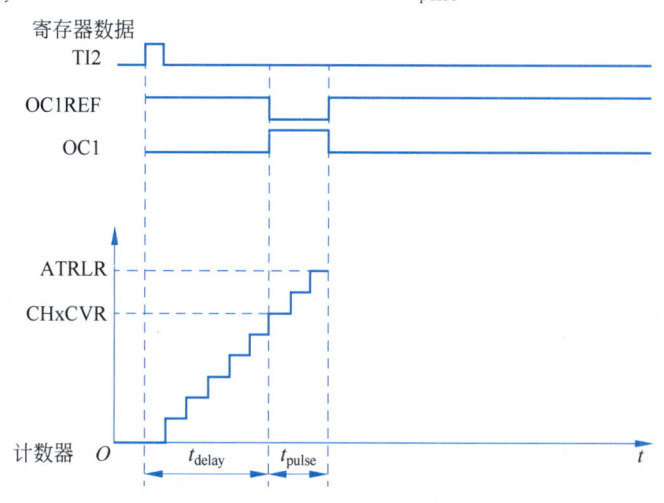

图 14-3 事件产生和脉冲响应

(1) 设定 TI2 触发。置 CC2S 域为 01b,把 TI2FP2 映射到 TI2;置 CC2P 位为 0b,TI2FP2 设为上升沿检测;置 TS 域为 110b,TI2FP2 设为触发源;置 SMS 域为 110b,TI2FP2 被用启动计数器。

(2) t_{delay} 由比较捕获寄存器定义,t_{pulse} 由自动重装值寄存器的值和比较捕获寄存器的值确定。

14.3.7 编码器模式

编码器模式是定时器的一个典型应用,可以用来接入编码器的双相输出,核心计数器的计数方向和编码器的转轴方向同步，编码器每输出一个脉冲就会使核心计数器加 1 或减 1。使用编码器的步骤为：一，将 SMS 域置为 001b（只在 TI2 边沿计数）、010b（只在 TI1 边沿计数）或者 011b（在 TI1 和 TI2 双边沿计数）；二，将编码器接到比较捕获通道 1、2 的输入端，设一个重装值计数器的值，这个值可以设得大一点。在编码器模式时，定时器内部的比较捕获寄存器、预分频器、重复计数寄存器等都正常工作。定时器编码器模式的计数方向和编码器信号的关系如表 14-1 所示。

表 14-1　定时器编码器模式的计数方向和编码器信号的关系

计数有效边沿	相对信号的电平	TI1FP1 信号边沿		TI2FP2 信号	
		上升沿	下降沿	上升沿	下降沿
仅在 TI1 边沿计数	高	向下计数	向上计数	不计数	
	低	向上计数	向下计数		
仅在 TI2 边沿计数	高	不计数		向上计数	向下计数
	低			向下计数	向上计数
在 TI1 和 TI2 双边沿计数	高	向下计数	向上计数	向上计数	向下计数
	低	向上计数	向下计数	向下计数	向上计数

14.3.8　定时器同步模式

定时器能够输出时钟脉冲，即定时器触发输出（Timer Trigger Output，TRGO），也能接收其他定时器的输入触发（Input Trigger for Other Timers，ITRx）。不同定时器的 ITRx 来源（别的定时器的 TRGO）是不一样的。

尽管 RISC-V 规范本身没有直接定义"定时器同步模式"，但在嵌入式系统和计算机架构的语境中，同步模式通常指的是定时器操作与系统中其他事件或定时器的操作保持一定的同步关系。具体到定时器，同步模式可能涉及以下 3 个方面。

（1）与 CPU 时钟同步：定时器的计数操作与 CPU 的时钟周期同步，确保定时精度与 CPU 时钟频率紧密相关。

（2）多个定时器之间的同步：在一些复杂的应用场景中，可能需要多个定时器协同工作，这时它们之间的启动、停止或计数可能需要同步，以协调它们的操作。

（3）与外部事件同步：在一些应用中，定时器的操作可能需要与外部事件（如输入信号的变化）同步，以便在特定事件发生时启动或停止计数。

14.3.9　调试模式

系统进入调试模式时，根据调式模块（Debug Module，DBG）的设置可以控制定时器继续运转或者停止。

RISC-V 架构中的通用定时器（如 Machine Timer 在 RISC-V 的特权架构中定义）本身并不直接规定一个特定的"调试模式"。然而，定时器的调试通常涉及在调试环境中检查和修改定时器的配置，包括计数器的当前值、定时器的比较值（用于生成时间中断的值），以及相关的控制寄存器等。

在 RISC-V 环境中,调试模式通常指的是处理器进入一种特殊状态,使调试者可以检查和控制执行环境,包括寄存器、内存和外设状态。

14.4 通用定时器常用库函数

TIM 固件库提供了 92 个库函数,定时器函数库如表 14-2 所示。为了理解这些函数的使用方法,本节将对其中的部分函数做详细介绍。

表 14-2 定时器函数库

序号	函数名称	功能描述
1	TIM_DeInit	将外设 TIMx 寄存器重设为缺省值
2	TIM_TimeBaseInit	根据 TIM_TimeBaseInitStruct 中指定的参数,初始化 TIMx 的时间基数单位
3	TIM_OC1Init	根据 TIM_OCInitStruct 中指定的参数,初始化外设 TIMx 通道 1
4	TIM_OC2Init	根据 TIM_OCInitStruct 中指定的参数,初始化外设 TIMx 通道 2
5	TIM_OC3Init	根据 TIM_OCInitStruct 中指定的参数,初始化外设 TIMx 通道 3
6	TIM_OC4Init	根据 TIM_OCInitStruct 中指定的参数,初始化外设 TIMx 通道 4
7	TIM_ICInit	根据 TIM_ICInitStruct 中指定的参数,初始化外设 TIMx
8	TIM_PWMIConfig	根据 TIM_ICInitStruct 中指定的参数配置外设 TIM,以测量外部 PWM 信号
9	TIM_BDTRConfig	配置中断特性、死区时间、锁定级别、输出停止状态立即(Output Stop State Immediate,OSSI)/输出停止状态寄存器(Output Stop State Register,OSSR)状态和自动输出使能(Automatic Output Enable,AOE)
10	TIM_TimeBaseStructInit	把 TIM_TimeBaseStructInit 中的每一个参数按缺省值填入
11	TIM_OCStructInit	把 TIM_OCInitStruct 中的每一个参数按缺省值填入
12	TIM_ICStructInit	把 TIM_ICInitStruct 中的每一个参数按缺省值填入
13	TIM_BDTRStructInit	把 TIM_BDTRInitStruct 中的每一个参数按缺省值填入
14	TIM_Cmd	使能或者失能 TIMx 外设
15	TIM_CtrlPWMOutputs	使能或者失能外设 TIM 的主要输出
16	TIM_ITConfig	使能或者失能指定的 TIM 中断
17	TIM_GenerateEvent	设置 TIMx 事件由软件产生
18	TIM_DMAConfig	设置 TIMx 的 DMA 接口
19	TIM_DMACmd	使能或者失能指定的 TIMx 的 DMA 请求
20	TIM_InternalClockConfig	设置 TIMx 的内部时钟
21	TIM_ITRxExternalClockConfig	设置 TIMx 的内部触发为外部时钟模式
22	TIM_TIxExternalClockConfig	设置 TIMx 触发为外部时钟
23	TIM_ETRClockMode1Config	设置 TIMx 外部时钟模式 1
24	TIM_ETRClockMode2Config	设置 TIMx 外部时钟模式 2

续表

序号	函数名称	功能描述
25	TIM_ETRConfig	配置 TIMx 外部触发
26	TIM_PrescalerConfig	设置 TIMx 预分频
27	TIM_CounterModeConfig	设置 TIMx 计数器模式
28	TIM_SelectInputTrigger	选择 TIMx 输入触发源
29	TIM_EncoderInterfaceConfig	设置 TIMx 编码界面
30	TIM_ForcedOC1Config	置 TIMx 输出 1 为活动或者非活动电平
31	TIM_ForcedOC2Config	置 TIMx 输出 2 为活动或者非活动电平
32	TIM_ForcedOC3Config	置 TIMx 输出 3 为活动或者非活动电平
33	TIM_ForcedOC4Config	置 TIMx 输出 4 为活动或者非活动电平
34	TIM_ARRPreloadConfig	使能或者失能 TIMx 在 ARR 上的预装载寄存器
35	TIM_SelectCOM	选择外设 TIM 交换事件
36	TIM_SelectCCDMA	选择 TIMx 外设的捕获比较 DMA 源
37	TIM_CCPreloadControl	设置或重置 TIM 外设捕获比较预加载控制位
38	TIM_OC1PreloadConfig	使能或者失能 TIMx 在 CCR1 上的预装载寄存器
39	TIM_OC2PreloadConfig	使能或者失能 TIMx 在 CCR2 上的预装载寄存器
40	TIM_OC3PreloadConfig	使能或者失能 TIMx 在 CCR3 上的预装载寄存器
41	TIM_OC4PreloadConfig	使能或者失能 TIMx 在 CCR4 上的预装载寄存器
42	TIM_OC1FastConfig	设置 TIMx 捕获/比较 1 快速特征
43	TIM_OC2FastConfig	设置 TIMx 捕获/比较 2 快速特征
44	TIM_OC3FastConfig	设置 TIMx 捕获/比较 3 快速特征
45	TIM_OC4FastConfig	设置 TIMx 捕获/比较 4 快速特征
46	TIM_ClearOC1Ref	在一个外部事件时清除或者保持 OCREF1 信号
47	TIM_ClearOC2Ref	在一个外部事件时清除或者保持 OCREF2 信号
48	TIM_ClearOC3Ref	在一个外部事件时清除或者保持 OCREF3 信号
49	TIM_ClearOC4Ref	在一个外部事件时清除或者保持 OCREF4 信号
50	TIM_OC1PolarityConfig	设置 TIMx 通道 1 极性
51	TIM_OC1NPolarityConfig	设置 TIMx 通道 1 极性
52	TIM_OC2PolarityConfig	设置 TIMx 通道 2 极性
53	TIM_OC2NPolarityConfig	设置 TIMx 通道 2 极性
54	TIM_OC3PolarityConfig	设置 TIMx 通道 3 极性
55	TIM_OC3NPolarityConfig	设置 TIMx 通道 3 极性
56	TIM_OC4PolarityConfig	设置 TIMx 通道 4 极性
57	TIM_OC4NPolarityConfig	设置 TIMx 通道 4 极性
58	TIM_CCxCmd	使能或者失能 TIM 捕获比较通道 x
59	TIM_CCxNCmd	使能或者失能 TIM 捕获比较通道 xN
60	TIM_SelectOCxM	选择 TIM 输出比较模式
61	TIM_UpdateDisableConfig	使能或者失能 TIMx 更新事件
62	TIM_UpdateRequestConfig	设置 TIMx 更新请求源
63	TIM_SelectHallSensor	使能或者失能 TIMx 霍尔传感器接口

续表

序号	函 数 名 称	功 能 描 述
64	TIM_SelectOnePulseMode	设置 TIMx 单脉冲模式
65	TIM_SelectOutputTrigger	设置 TIMx 触发输出模式
66	TIM_SelectSlaveMode	选择 TIMx 从模式
67	TIM_SelectMasterSlaveMode	设置或重置 TIMx 主/从模式
68	TIM_SetCounter	设置 TIMx 计数器寄存器值
69	TIM_SetAutoreload	设置 TIMx 自动重装载寄存器值
70	TIM_SetCompare1	设置 TIMx 捕获/比较 1 寄存器值
71	TIM_SetCompare2	设置 TIMx 捕获/比较 2 寄存器值
72	TIM_SetCompare3	设置 TIMx 捕获/比较 3 寄存器值
73	TIM_SetCompare4	设置 TIMx 捕获/比较 4 寄存器值
74	TIM_SetIC1Prescaler	设置 TIMx 输入捕获 1 预分频
75	TIM_SetIC2Prescaler	设置 TIMx 输入捕获 2 预分频
76	TIM_SetIC3Prescaler	设置 TIMx 输入捕获 3 预分频
77	TIM_SetIC4Prescaler	设置 TIMx 输入捕获 4 预分频
78	TIM_SetClockDivision	设置 TIMx 的时钟分割值
79	TIM_GetCapture1	获得 TIMx 输入捕获 1 的值
80	TIM_GetCapture2	获得 TIMx 输入捕获 2 的值
81	TIM_GetCapture3	获得 TIMx 输入捕获 3 的值
82	TIM_GetCapture4	获得 TIMx 输入捕获 4 的值
83	TIM_GetCounter	获得 TIMx 计数器的值
84	TIM_GetPrescaler	获得 TIMx 预分频值
85	TIM_GetFlagStatus	检查指定的 TIM 标志位设置与否
86	TIM_ClearFlag	清除 TIMx 的待处理标志位
87	TIM_GetITStatus	检查指定的 TIM 中断发生与否
88	TIM_ClearITPendingBit	清除 TIMx 的中断待处理位
89	TI1_Config	配置 TI1 作为输出
90	TI2_Config	配置 TI2 作为输出
91	TI3_Config	配置 TI3 作为输出
92	TI4_Config	配置 TI4 作为输出

1. TIM_TimeBaseInit 函数

TIM_TimeBaseInit 的说明如表 14-3 所示。

表 14-3　TIM_TimeBaseInit 的说明

项 目 名	描　　述
函数原型	Void TIM_TimeBaseInit(TIM_TypeDef * TIMx, TIM_TimeBaseInitTypeDef * TIM_TimeBaseInitStruct)
功能描述	根据 TIM_TimeBaseInitStruct 中指定的参数,初始化 TIMx 的时间基数单位
输入参数 1	TIMx：x 可以从 1～4 中选择 TIM 外设

续表

项 目 名	描 述
输入参数2	TIM_TimeBaseInitStruct：指向 TIM_TimeBaseInitTypeDefStruct
输出参数	无

参数描述：TIM_TimeBaseInit TypeDefTIM_TimeBaseStructure，该结构体定义在文件 ch32v10x_tim.h 中。

```
/ * TIM Time Base Init structure definition * /
typedef struct
{
uint16_t  TIM_Prescaler;
uint16_t  TIM_CounterMode;
uint16_t  TIM_Period;
uint16_t  TIM_ClockDivision;
uint8_t   TIM_RepetitionCounter;
}TIM_TimeBaseInitTypeDef;
```

（1）TIM_Prescaler：设置了用作 TIMx 时钟频率除数的预分频值。它的取值范围是 0x0000～0xFFFF。

（2）TIM_CounterMode：选择计数器模式，参数 TIM_CounterMode 定义如表 14-4 所示。

表 14-4 参数 TIM_CounterMode 定义

TIM_CounterMode 参数	描 述
TIM_CounterMode_Up	向上计数模式
TIM_CounterMode_Down	向下计数模式
TIM_CounterMode_CenterAligned1	中央对齐模式1计数模式
TIM_CounterMode_CenterAligned2	中央对齐模式2计数模式
TIM_CounterMode_CenterAligned3	中央对齐模式3计数模式

（3）TIM_Period：设置计数周期。它的取值范围是 0x0000～0xFFFF。

（4）TIM_ClockDivision：设置时钟分割，参数 TIM_ClockDivision 定义如表 14-5 所示。

表 14-5 参数 TIM_ClockDivision 定义

TIM_ClockDivision 参数	描 述
TIM_CKD_DIV1	TDTS=Tck_tim
TIM_CKD_DIV2	TDTS=2Tck_tim
TIM_CKD_DIV4	TDTS=4Tck_tim

（5）TIM_RepetitionCounter：重复计数器，属于高级控制寄存器专用寄存器位，利用它可以很容易地控制输出 PWM 个数，这里不用设置。

该函数的使用方法如下：

```
TIM_TimeBaseInitTypeDef    TIM_TimeBaseStructure;
//设置在下一个更新事件装入活动的自动重装载寄存器周期的值,计数到 5000 为 500ms
TIM_TimeBaseStructure. TIM_Period = 4999;
//设置用作 TIMx 时钟频率除数的预分频值,10kHz 的计数频率
TIM _TimeBaseStructure. TIM_Prescaler = 7199;
TIM_TimeBaseStructure.TIM_ClockDivision = 0;         //设置时钟分割:TDTS = Tck_tim
TIM_TimeBaseStructure.TIM_CounterMode = TIM_ CounterMode_Up;     //TIM 向上计数模式
//根据 TIM_TimeBaseInitStruct 中指定的参数初始化 TIMx 的时间基数单位
TIM_TimeBaseInit(TIM3,&TIM _TimeBaseStructure);
```

2．TIM_Cmd 函数

TIM_Cmd 的说明如表 14-6 所示。

表 14-6　TIM_Cmd 的说明

项 目 名	描 述
函数原型	void TIM_Cmd(TIM_TypeDef * TIMx,FunctionalStateNewState)
功能描述	使能或者失能 TIMx 外设
输入参数 1	TIMx：x 可以从 1～4 中选择 TIM 外设
输入参数 2	NewState：使能或者失能
输出参数	无

该函数的使用方法如下：

```
//使能 TIM2 外设
TIM_Cmd(TIM2, ENABLE);
```

3．TIM_ITConfig 函数

TIM_ITConfig 的说明如表 14-7 所示，表 14-7 中的 TIM_IT 中断源说明如表 14-8 所示。

表 14-7　TIM_ITConfig 的说明

项 目 名	描 述
函数原型	void TIM_ITConfig(TIM_TypeDef * TIMx,uint16_t TIM_IT,FunctionalStateNewState)
功能描述	使能或者失能指定的 TIM 中断
输入参数 1	TIMx：x 可以从 1～4 中选择 TIM 外设
输入参数 2	TIM_IT：使能或者失能指定的 TIM 中断源
输入参数 3	NewState：使能或者失能
输出参数	无

表 14-8　TIM_IT 中断源说明

TIM_IT 中断源	描 述
TIM_IT_Update	TIM 更新中断源
TIM_IT_CC1	TIM 捕获比较 1 中断源
TIM_IT_CC2	TIM 捕获比较 2 中断源
TIM_IT_CC3	TIM 捕获比较 3 中断源
TIM_IT_CC4	TIM 捕获比较 4 中断源

续表

TIM_IT 中断源	描述
TIM_IT_COM	TIM 交换中断源
TIM_IT_Trigger	TIM 触发中断源
TIM_IT_Break	TIM 中断中断源

该函数的使用方法如下：

```
//配置 TIM3 更新中断使能
TIM_ITConfig( TIM3, TIM_IT_Update,ENABLE);
```

4. TIM_PrescalerConfig 函数

TIM_PrescalerConfig 的说明如表 14-9 所示。TIM_PSCReloadMode 的说明如表 14-10 所示。

表 14-9　TIM_PrescalerConfig 的说明

项 目 名	描 述
函数原型	void TIM_PrescalerConfig(TIM_TypeDef * TIMx, uint16_t Prescaler, uint16_t TIM_PSCReloadMode)
功能描述	设置 TIMx 预分频
输入参数 1	TIMx：x 可以从 1~4 中选择 TIM 外设
输入参数 2	Prescaler：指定预分频器寄存器值
输入参数 3	TIM_PSCReloadMode：指定 TIM 预分频加载模式
输出参数	无

表 14-10　TIM_PSCReloadMode 的说明

TIM_PSCReloadMode 模式	描 述
TIM_PSCReloadMode_Update	预分频器在更新事件时加载
TIM_PSCReloadMode_Immediate	立刻加载预分频器

该函数的使用方法如下：

```
//设置 TIM3 预分频系数为 100,立刻加载预分频器
TIM_PrescalerConfig(TIM3,99,TIM_PSCReloadMode_Immediate);
```

5. TIM_GenerateEvent 函数

TIM_GenerateEvent 的说明如表 14-11 所示。TIM_EventSource 的说明如表 14-12 所示。

表 14-11　TIM_GenerateEvent 的说明

项 目 名	描 述
函数原型	void TIM_GenerateEvent(TIM_TypeDef * TIMx,uint16_t TIM_EventSource)
功能描述	设置 TIMx 事件由软件产生
输入参数 1	TIMx：x 可以从 1~4 中选择 TIM 外设

续表

项 目 名	描 述
输入参数 2	TIM_EventSource：指定事件源
输出参数	无

表 14-12　TIM_EventSource 的说明

TIM_EventSource 事件源	描 述
TIM_EventSource_Update	计时器更新事件源
TIM_EventSource_CC1	计时器捕获比较 1 事件源
TIM_EventSource_CC2	计时器捕获比较 2 事件源
TIM_EventSource_CC3	计时器捕获比较 3 事件源
TIM_EventSource_CC4	计时器捕获比较 4 事件源
TIM_EventSource_COM	计时器 COM 事件源
TIM_EventSource_Trigger	计时器触发事件源
TIM_EventSource_Break	计时器中断事件源

该函数的使用方法如下：

```
//选择 TIM3 触发事件源
TIM_ GenerateEvent(TIM3, TIM_EventSource_Trigger);
```

6. TIM_SetCounter 函数

TIM_SetCounter 的说明如表 14-13 所示。

表 14-13　TIM_SetCounter 的说明

项 目 名	描 述
函数原型	void TIM_SetCounter(TIM_TypeDef * TIMx, uint16_t Counter)
功能描述	设置 TIMx 计数器寄存器值
输入参数 1	TIMx：x 可以从 1～4 中选择 TIM 外设
输入参数 2	Counter：指定计数器寄存器的新值
输出参数	无

该函数的使用方法如下：

```
//设置 TIM3 新的计数值为 0xFFF
TIM_SetCounter(TIM3,0xFFF);
```

7. TIM_SetAutoreload 函数

TIM_SetAutoreload 的说明如表 14-14 所示。

表 14-14　TIM_SetAutoreload 的说明

项 目 名	描 述
函数原型	void TIM_SetAutoreload(TIM_TypeDef * TIMx, uint16_t Autoreload)
功能描述	设置 TIMx 自动重装载寄存器值
输入参数 1	TIMx：x 可以从 1～4 中选择 TIM 外设

续表

项 目 名	描 述
输入参数 2	Autoreload：指定自动重新加载寄存器的新值
输出参数	无

该函数的使用方法如下：

```
//设置 TIM3 新的计数值为 0xFFF
TIM_SetAutoreload(TIM3,0xFFF);
```

8. TIM_GetFlagStatus 函数

TIM_GetFlagStatus 的说明如表 14-15 所示。TIM_FLAG 的说明如表 14-16 所示。

表 14-15　TIM_GetFlagStatus 的说明

项 目 名	描 述
函数原型	FlagStatus TIM_GetFlagStatus(TIM_TypeDef * TIMx, uint16_t TIM_FLAG)
功能描述	检查指定的 TIM 标志位设置与否
输入参数 1	TIMx：x 可以从 1～4 中选择 TIM 外设
输入参数 2	TIM_FLAG：指定要检查的标志
输出参数	bitstatus：设置或重置

表 14-16　TIM_FLAG 的说明

TIM_FLAG 参数	描 述	TIM_FLAG 参数	描 述
TIM_FLAG_Update	TIM 更新标志	TIM_FLAG_Trigger	TIM 触发标志
TIM_FLAG_CC1	TIM 捕获比较标志 1	TIM_FLAG_Break	TIM 中断标志
TIM_FLAG_CC2	TIM 捕获比较标志 2	TIM_FLAG_CC1OF	TIM 捕获比较过剩标志 1
TIM_FLAG_CC3	TIM 捕获比较标志 3	TIM_FLAG_CC2OF	TIM 捕获比较过剩标志 2
TIM_FLAG_CC4	TIM 捕获比较标志 4	TIM_FLAG_CC3OF	TIM 捕获比较过剩标志 3
TIM_FLAG_COM	TIM COM 标志	TIM_FLAG_CC4OF	TIM 捕获比较过剩标志 4

该函数的使用方法如下：

```
//检查 TIM3 更新标志位是否为 1
if(TIM_GetFlagStatus(TIM3,TIM_FLAG_Update) = = SET){}
```

9. TIM_ClearFlag 函数

TIM_ClearFlag 的说明如表 14-17 所示。

表 14-17　TIM_ClearFlag 的说明

项 目 名	描 述
函数原型	void TIM_ClearFlag(TIM_TypeDef * TIMx, uint16_t TIM_FLAG)
功能描述	清除 TIMx 的待处理标志位
输入参数 1	TIMx：x 可以从 1～4 中选择 TIM 外设
输入参数 2	TIM_FLAG：指定要清除的标志位
输出参数	无

该函数的使用方法如下：

```
//清除 TIM3 更新标志位
TIM_ClearFlag(TIM3,TIM_FLAG_Update);
```

10. TIM_GetITStatus 函数

TIM_GetITStatus 的说明如表 14-18 所示。

表 14-18　TIM_GetITStatus 的说明

项　目　名	描　　　述
函数原型	ITStatusTIM_GetITStatus(TIM_TypeDef * TIMx,uint16_t TIM_IT)
功能描述	检查指定的 TIM 中断发生与否
输入参数 1	TIMx：x 可以从 1～4 中选择 TIM 外设
输入参数 2	TIM_IT：待检查的指定 TIM 中断源
输出参数	bitstatus：设置或重置

该函数的使用方法如下：

```
//检查 TIM3 更新中断标志位是否为 1
if(TIM_GetITStatus(TIM3,TIM_FLAG_Update) = = SET)
{
}
```

11. TIM_ClearITPendingBit 函数

TIM_ClearITPendingBit 的说明如表 14-19 所示。

表 14-19　TIM_ClearITPendingBit 的说明

项　目　名	描　　　述
函数原型	void TIM_ClearITPendingBit(TIM_TypeDef * TIMx,uint16_t TIM_IT)
功能描述	清除 TIMx 的中断待处理位
输入参数 1	TIMx：x 可以从 1～4 中选择 TIM 外设
输入参数 2	TIM_IT：待清除的指定待处理位
输出参数	无

该函数的使用方法如下：

```
//清除 TIM3 更新中断挂起位
TIM_ClearITPendingBit(TIM3,TIM_FLAG_Update);
```

14.5　CH32V307 通用定时器使用流程

通用定时器具有多种功能，其原理大致相同，仅流程有所区别。下面以使用中断方式为例介绍，主要包括 PFIC 设置、TIM 中断配置、定时器 ISR。

14.5.1　PFIC 设置

PFIC 设置用来完成中断分组、中断通道选择、中断优先级分组及中断使能。其中，需要注意通道的选择，对于不同的定时器，在不同事件发生时会产生不同的中断请求，因此针对不同的功能要选择相应的中断通道。

14.5.2 定时器中断配置

定时器中断配置用来配置定时器时间基准及开启中断，定时器中断配置流程如图 14-4 所示。

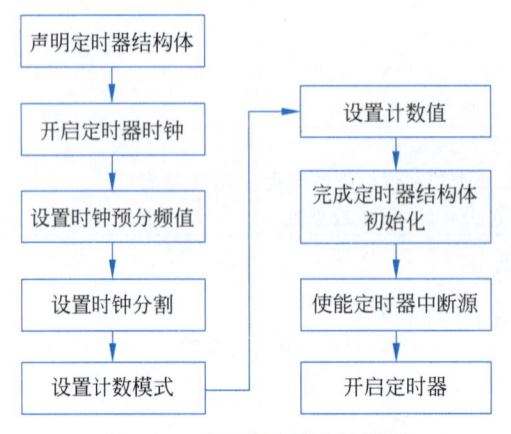

图 14-4 定时器中断配置流程

高级定时器 TIM1 使用的是 APB2 总线，通用定时器 TIM2/3/4 使用的是 APB1 总线，使用相应的函数开启时钟。

预分频将输入的时钟按照 1～65535 的任一值进行分频，分频值决定了计数频率。计数值为计数的个数。当计数寄存器的值达到计数值时，产生溢出，发生中断。比如，TIM2 系统时钟为 72MHz，若设定的分频值 TIN_TimeBaseStructure.TIM_Prescaler=7200-1，计数值 TIM_TimeBaseStructure.TIIM_Period = 10000，则计数时钟周期为 7200/72MHz=0.1ms，定时器产生 10000×0.1ms=1s 的定时，每 1s 产生一次中断。

计数模式可以设置为向上计数、向下计数。设置好定时器结构体后，调用函数 TIM_TimeBaseInit 完成设置。

中断在使用时必须使能，如向上溢出中断，则需要调用函数 TIM_ITConfig。不同模式的参数不同，如配置为更新中断时为 TIM_ITConfig(TIM3,TIM_IT_Update,ENABLE)。在需要的时候使用函数 TIM_Cmd 开启定时器。

14.5.3 定时器中断处理

进入定时器中断后需要根据设计完成相应操作，定时器中断处理流程如图 14-5 所示。

图 14-5 定时器中断处理流程

14.6　CH32V307定时器应用实例

下面讲述使用CH32V307定时器的一个简单应用实例,这个例子展示了如何使用定时器来实现周期性的任务执行,比如每隔一定时间发送串口消息。

14.6.1　CH32V307的定时器应用硬件设计

采用CH32V307的定时器TIM2,每隔1s通过CH32V307的USART打印调试信息"I,M TIM2 interrupt"。实现步骤如下。

（1）系统初始化：配置系统时钟,确保微控制器运行在合适的频率。

（2）USART配置：初始化USART所需的GPIO端口为复用推挽输出模式；配置USART参数（如波特率、数据位、停止位等）；使能USART模块。

（3）定时器配置：使能TIM2定时器的时钟；设置定时器的预分频值和自动重装载值,以达到1s的定时周期；使能定时器更新（溢出）中断,并配置中断优先级；启动定时器。

（4）中断服务函数：实现TIM2的中断服务函数；在中断服务函数中,通过USART发送调试信息；清除定时器的中断标志位,以避免重复进入中断。

（5）主循环：在主循环中,程序可以执行其他任务或进入低功耗模式等待中断发生。

14.6.2　CH32V307的定时器应用软件设计

要实现每隔1s通过CH32V307的USART打印调试信息"I,M TIM2 interrupt",需要做以下工作。

（1）初始化USART,配置波特率等参数以便能够发送数据。

（2）初始化定时器TIM2,设置适当的预分频器和自动重装载寄存器的值,以生成1s的定时中断。

（3）在TIM2的ISR中,发送调试信息。

```
#include "debug.h"

void TIM2_INIT(void)
{
    TIM_TimeBaseInitTypeDef TIM_TimeBaseInitStructure = { 0 };
    NVIC_InitTypeDef NVIC_InitStructure = {0};

    RCC_APB1PeriphClockCmd( RCC_APB1Periph_TIM2, ENABLE);

    TIM_TimeBaseInitStructure.TIM_Period = 10000 - 1;
    TIM_TimeBaseInitStructure.TIM_Prescaler = 9600 - 1;
    TIM_TimeBaseInitStructure.TIM_ClockDivision = TIM_CKD_DIV1;
    TIM_TimeBaseInitStructure.TIM_CounterMode = TIM_CounterMode_Up;
    TIM_TimeBaseInit(TIM2, &TIM_TimeBaseInitStructure);
```

```
            TIM_Cmd(TIM2, ENABLE);

                NVIC_InitStructure.NVIC_IRQChannel = TIM2_IRQn ;
                NVIC_InitStructure.NVIC_IRQChannelPreemptionPriority = 2;
                NVIC_InitStructure.NVIC_IRQChannelSubPriority = 1;
                NVIC_InitStructure.NVIC_IRQChannelCmd = ENABLE;
                NVIC_Init(&NVIC_InitStructure);
                TIM_ClearFlag(TIM2, TIM_FLAG_Update);
                TIM_ITConfig(TIM2,TIM_IT_Update,ENABLE);
    }

    void TIM2_IRQHandler(void) __attribute__((interrupt("WCH-Interrupt-fast")));
    void  TIM2_IRQHandler(void)
    {
        if ( TIM_GetITStatus( TIM2, TIM_IT_Update) != RESET )
        {
            printf( "I,M  TIM2 interrupt\r\n");
            TIM_ClearITPendingBit(TIM2 , TIM_FLAG_Update);
        }
    }


    int main(void)
    {
        NVIC_PriorityGroupConfig(NVIC_PriorityGroup_2);
        SystemCoreClockUpdate();
        Delay_Init();
        USART_Printf_Init(115200);
        printf("SystemClk:%d\r\n",SystemCoreClock);
        printf( "ChipID:%08x\r\n", DBGMCU_GetCHIPID() );
        printf("This is printf example\r\n");
        TIM2_INIT();
        while(1)
        {

        }
    }
```

下面对上述代码的功能进行说明。

(1) TIM2_INIT(void)函数。

函数 TIM2_INIT 用于初始化定时器 TIM2,并设置其为周期性中断模式。这个函数的主要步骤和功能包括开启定时器时钟、配置定时器基本参数、启动定时器和配置中断。

① 开启定时器时钟。

通过调用"RCC_APB1PeriphClockCmd(RCC_APB1Periph_TIM2,ENABLE);"开启 TIM2 的时钟。在 STM32 微控制器中,定时器的时钟必须首先被使能,定时器才能工作。

② 配置定时器基本参数。

设置定时器的周期(TIM_Period)为 9999(因为计数从 0 开始,所以实际周期为

10000)。

设置预分频器(TIM_Prescaler)为9599。预分频器用于减慢定时器时钟速度,实际预分频值为9600(因为预分频数从0开始计数)。

设置时钟分频因子(TIM_ClockDivision)为TIM_CKD_DIV1,这意味着不对定时器的时钟进行分频。

设置计数模式(TIM_CounterMode)为向上计数模式(TIM_CounterMode_Up)。

使用"TIM_TimeBaseInit(TIM2,&TIM_TimeBaseInitStructure);"初始化TIM2的时间基准配置。

③ 启动定时器。

通过"TIM_Cmd(TIM2,ENABLE);"启动TIM2。

④ 配置中断。

设置TIM2的中断(TIM2_IRQn)优先级,并通过"NVIC_Init(&NVIC_InitStructure);"使能中断。

清除定时器的更新标志位,以避免立即产生中断。

使能定时器的更新中断(TIM_IT_Update),允许定时器在达到预设周期时产生中断。

函数配置了TIM2作为一个周期性中断源。当定时器计数达到预设的周期(这里是通过预分频和周期值计算得到的),就会产生一个更新(溢出)中断。在实际应用中,这种机制通常用于周期性执行任务,如定时采样、定时更新状态等。为了响应定时器中断,还需要实现相应的ISR。

(2) TIM2_IRQHandler(void)函数。

函数TIM2_IRQHandler是TIM2定时器的ISR。这个函数的作用是响应TIM2定时器达到预设周期时产生的更新(溢出)中断。函数的主要功能包括:

① 检查中断状态。

通过"TIM_GetITStatus(TIM2,TIM_IT_Update)"检查TIM2定时器是否因为更新(溢出)事件产生了中断。如果返回值不是RESET,说明确实是因为更新事件触发了中断。

② 处理中断。

如果检测到更新中断,函数内部通过"printf("I,M TIM2 interrupt\r\n");"打印一条消息。这通常用于调试目的,以确认ISR被正确调用。

③ 清除中断标志位。

使用"TIM_ClearITPendingBit(TIM2,TIM_FLAG_Update);"清除TIM2的更新中断标志位。这一步是必需的,因为如果不清除中断标志位,ISR会被连续不断地调用,导致程序无法正常运行。

此外,函数声明中的"_attribute_((interrupt("WCH-Interrupt-fast")));"是一个特殊的属性,用于告诉编译器这个函数是一个ISR。具体的属性语法(如"WCH-Interrupt-fast")依赖于编译器的类型和版本,这里的属性指示编译器对这个ISR进行某种特殊的优化或处理。

TIM2_IRQHandler 函数是 TIM2 定时器更新中断的处理程序,用于响应定时器周期完成时的中断,执行特定的用户定义操作(在这个例子中是打印一条消息),并清除中断标志位以准备下一次中断。

(3) main(void)函数。

main 函数展示了一个典型的嵌入式系统初始化流程,以及如何在 CH32V307 微控制器上配置和使用定时器中断。下面是该函数各部分的功能解释。

① 配置中断优先级分组。

"NVIC_PriorityGroupConfig(NVIC_PriorityGroup_2);"这行代码配置了嵌入式系统的中断优先级分组。NVIC 是 CH32 系列微控制器的一部分,负责管理中断。NVIC_PriorityGroup_2 指定了中断优先级分组方式,这会影响可用的抢占优先级和响应优先级的数量。

② 更新系统时钟频率。

使用"SystemCoreClockUpdate();"更新系统核心时钟频率变量,以确保其值反映了当前的系统时钟设置。

③ 初始化时延函数。

使用"Delay_Init();"初始化时延功能,以便后续代码可以使用时延函数。

④ 初始化串口打印功能。

使用"USART_Printf_Init(115200);"初始化 USART 串口,设置波特率为 115200b/s,用于打印调试信息。这允许通过串口输出文本信息到外部设备,如计算机。

⑤ 打印系统信息。

使用 printf 函数打印系统核心时钟频率、芯片 ID 和一条示例信息。这有助于验证系统初始化是否成功,以及串口通信是否正常。

⑥ 初始化 TIM2 定时器。

使用"TIM2_INIT();"调用之前定义的 TIM2_INIT 函数,初始化 TIM2 定时器并配置其为周期性中断模式。

⑦ 无限循环。

"while(1) {}"主循环为空,这意味着主函数的主要目的是完成上述初始化操作。在实际应用中,主循环包含程序的主要逻辑,但在这个例子中,主要逻辑(如定时器中断处理)被放在了 ISR 中。

main 函数展示了如何在 STM32 微控制器上进行基本的系统初始化,包括配置中断优先级、更新系统时钟、初始化时延和串口打印功能,并通过初始化和配置 TIM2 定时器演示中断的使用。这为开发更复杂的嵌入式应用提供了基础。

V307VCT6-TIM-1MS 工程文件夹如图 14-6 所示。双击图 14-6 中的"V307VCT6-TIM-1MS",弹出如图 14-7 所示

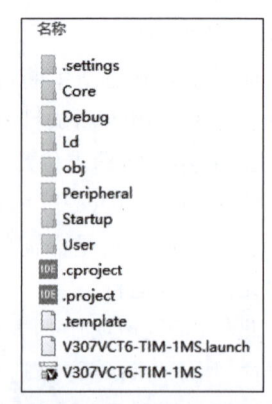

图 14-6　V307VCT6-TIM-1MS 工程文件夹

的 V307VCT6-TIM-1MS 工程调试界面。

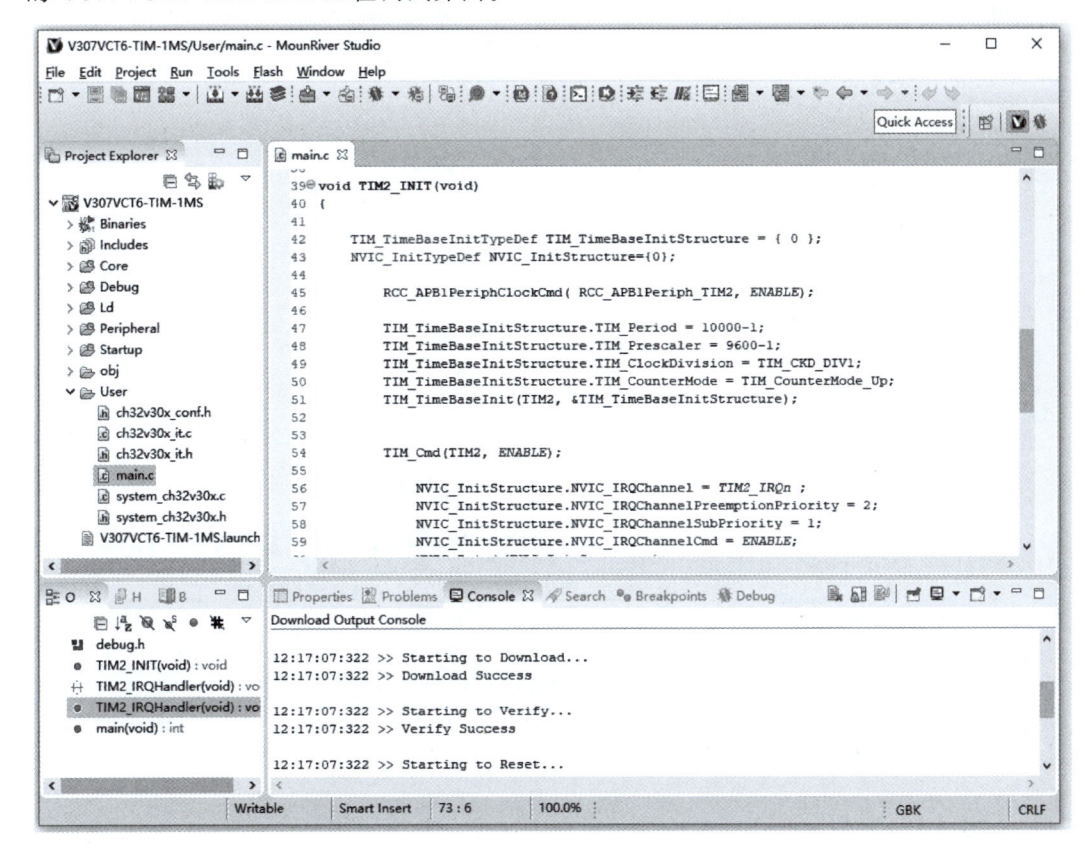

图 14-7　V307VCT6-TIM-1MS 工程调试界面

工程下载和串口助手测试方法同触摸按键工程 V307VCT6-TIM-1MS,详细过程从略。

双击"串口助手"图标,进入 V307VCT6-TIM-1MS 程序测试界面,如图 14-8 所示。端口号选择 COM22,波特率自动跟踪,与 CH32V307 的波特率一致,为 115200b/s。图 14-8 的接收窗口复位后开始显示:

```
[14:25:59.919]收←◆nterrupt
SystemClk:96000000
ChipID:30700528
This is printf example
```

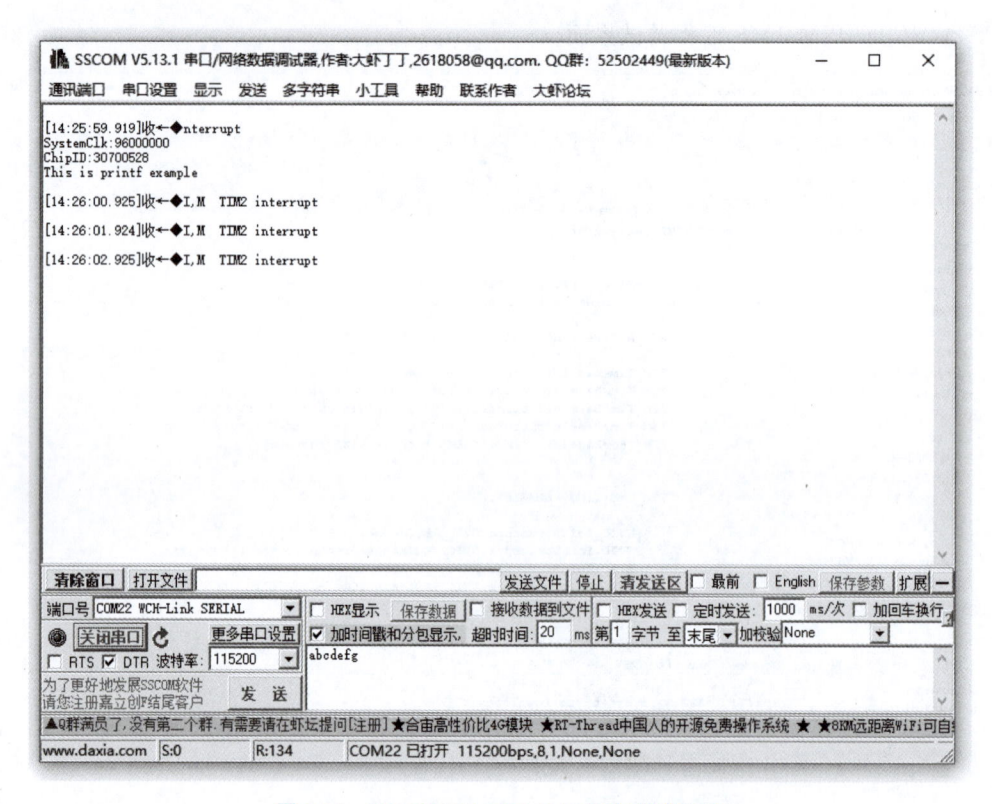

图 14-8　V307VCT6-TIM-1MS 程序测试界面

参 考 文 献

[1] 李正军,李潇然.Arm Cortex-M4 嵌入式系统——基于 STM32Cube 和 HAL 库的编程与开发[M].北京:清华大学出版社,2024.
[2] 李正军,李潇然.Arm Cortex-M3 嵌入式系统——基于 STM32Cube 和 HAL 库的编程与开发[M].北京:清华大学出版社,2024.
[3] 李正军.Arm 嵌入式系统原理及应用——STM32F103 微控制器架构、编程与开发[M].北京:清华大学出版社,2024.
[4] 李正军.Arm 嵌入式系统案例实战——手把手教你掌握 STM32F103 微控制器项目开发[M].北京:清华大学出版社,2024.
[5] 李正军.零基础学电子系统设计[M].北京:清华大学出版社,2024.
[6] 李正军.电子爱好者手册[M].北京:清华大学出版社,2025.
[7] 胡振波.RISC-V 架构与嵌入式开发快速入门[M].北京:人民邮电出版社,2019.
[8] 裴晓芳.RISC-V 架构嵌入式系统原理与应用[M].北京:北京航空航天大学出版社,2019.
[9] 奔跑吧 Linux 社区.RISC-V 体系结构编程与实践[M].北京:人民邮电出版社,2023.
[10] 袁春风,余子濠.计算机组成与设计(基于 RISC-V 架构)[M].北京:高等教育出版社,2020.
[11] 陈宏铭.SiFive 经典 RISC-V FE310 微控制器原理与实践[M].北京:电子工业出版社,2020.